天然水除铁除锰

李圭白　梁　恒　杜　星　余华荣　编著

中国建筑工业出版社

图书在版编目（CIP）数据

天然水除铁除锰 / 李圭白等编著. — 北京 ：中国
建筑工业出版社，2021.6
ISBN 978-7-112-26101-7

Ⅰ.①天…　Ⅱ.①李…　Ⅲ.①水处理　Ⅳ.
①TU991.2

中国版本图书馆 CIP 数据核字(2021)第 078246 号

作者曾于 1977 年出版了《地下水除铁》，1989 年出版了《地下水除铁除锰》（第二版），本书在作者的科研成果以及大量工程经验的基础上，对第二版内容进行了补充、修改和精炼，重点对锰质活性滤膜接触氧化法除锰的机理、水中二价铁对除锰的影响、接触氧化除锰工艺系统的选择、接触氧化除锰工艺对水质的适应性，以及地下水除锰工艺的发展方向等作了相应的论述。全书共 11 章，第 1 章绪论；第 2 章天然水中的铁和锰；第 3 章自然氧化法除铁；第 4 章为接触氧化法除铁；第 5 章为地下水接触氧化法除锰；第 6 章除铁除锰水的稳定性；第 7 章含铁含锰地下水的曝气；第 8 章除铁除锰滤池；第 9 章地表水除铁除锰；第 10 章天然水的其他除铁除锰方法；第 11 章除铁除锰水厂废水的回收和利用。

本书理论实际结合紧密，实用性强，可供给排水科学与工程、环境工程专业的科研人员和工程技术人员，及政府管理部门人员参考使用。

责任编辑：王美玲
责任校对：芦欣甜

天然水除铁除锰

李圭白　梁　恒　杜　星　余华荣　编著

*

中国建筑工业出版社出版、发行（北京海淀三里河路 9 号）

各地新华书店、建筑书店经销

北京科地亚盟排版公司制版

北京君升印刷有限公司印刷

*

开本：787 毫米×1092 毫米　1/16　印张：22¼ 字数：540 千字

2021 年 9 月第一版　2021 年 9 月第一次印刷

定价：**69.00** 元

ISBN 978-7-112-26101-7

(37171)

前　言

关于生活饮用水除铁除锰，由哈尔滨建筑工程学院给水排水教研室编、笔者执笔，曾于1977年出版了《地下水除铁》（第一版），1989年出版了《地下水除铁除锰》（第二版）。自《地下水除铁除锰》出版以来至今已有30余年。在这30余年中，我国在改革开放的方针指导下，社会经济和科学技术都有了巨大发展，人民生活水平明显提高，相应地人民对身体健康和生活品质的要求也越来越高，在这种社会需求推动下，我国生活饮用水除铁除锰工程和技术也都得到了很大发展，积累了丰富的工程经验和大量科研成果。本书在总结了若干工程经验和科研成果基础上，对第二版内容进行了补充、修改和精练，以求适应工程界的需要。

本书重点扩充了地下水接触氧化法除锰的内容。20世纪80年代初，我国在地下水除锰技术上取得突破性进展，总结出了锰质活性滤膜接触氧化法除锰原理，并在工程中得到推广和应用，但第二版成稿时相关工程实例尚不多，工程经验也较少，所以第二版中此部分内容的篇幅有限。本书在笔者的科研成果以及大量工程经验的基础上，对之进行了重点补充，特别是对锰质活性滤膜接触氧化法除锰的机理、水中二价铁对除锰的影响、接触氧化除锰工艺系统的选择、接触氧化除锰工艺对水质的适应性，以及地下水除锰工艺的发展方向等，都做了相应的论述。

在本书中，特别增加了地表水除锰的章节。我国有70%的城镇及工矿企业以地表水为水源，当水源受到污染，特别是对于湖、库水源，常有季节性锰超标的情况，成为地表水厂水质净化的新课题。地表水水质比较复杂，特别是易于受到复合污染，使地表水除铁除锰处理更复杂。本书重点论述了地表水氧化法除铁除锰的问题。由于在地下水除铁除锰基础上又增加了地表水除铁除锰内容，故第三版书名进一步改为《天然水除铁除锰》。

本书在第二版的基础上进行补充、修改的内容如下：

第1章绪论部分做了大的修改，主要是补充了近年来国内外除铁除锰技术发展的历程，并提出除铁除锰技术的发展方向。

第2章为天然水中的铁和锰，将原来分开论述地下水中铁和锰的性质改为一起论述，以加强其系统性。

第3章为自然氧化法除铁。不少地下水都是铁、锰共存，而水中二价铁易于氧化，所以在除铁或除锰过程中常有二价铁被氧化生成三价铁氢氧化物现象，而生成的三价铁氢氧化物有时絮凝不佳，易穿透滤层影响出水水质，所以现在虽以自然氧化法除铁已不多见，但关于二价铁氧化生成的三价铁的去除仍不容忽视。

第4章为接触氧化法除铁。接触氧化法除铁是目前工程应用最多的除铁方法。本书在第二版基础上对内容进行了补充，使之更系统、更精练和实用。

第5章为地下水接触氧化法除锰。如前所述，这部分为本书内容扩充的重点。为了使读者对锰质活性滤膜接触氧化法除锰的应用情况有更多的了解，书中介绍了数十个水厂的实例，其中包括在全国各地不同地下水水质、不同工程规模、不同工艺流程等条件下的除锰情况，以供参考。

第 6 章为除铁除锰水的稳定性。现代社会对城镇自来水水质的要求越来越高，水质稳定性对水质的影响已日益受到人们的重视，所以第二版中的内容以独立章节的篇幅列于本书中。

第 7 章为含铁含锰地下水的曝气。在本书中对曝气的工艺参数和曝气效果做了补充，而将若干曝气构筑物的计算方法进行精简方便工程人员参考使用。

第 8 章为除铁除锰滤池。本书对适于地下水除铁除锰滤池的要求进行了论述，精简了许多有关滤池工艺理论和一些滤池工艺设计计算问题，保留了指导滤池优化设计的理念，以利于工程设计人员参考。

第 9 章为地表水除铁除锰。如前所述，地表水除铁除锰为城镇水厂水质净化的新课题。本章重点阐述了地表水中铁锰的来源以及目前生产应用最多的高锰酸钾（及其复合剂）氧化法除锰的原理，特别是列举了许多工程实例，使读者能了解该技术在各种水质条件下的应用情况以及取得的效果。此外，还介绍了其他氧化法除锰的原理及应用情况。

第 10 章为天然水其他除铁除锰方法。本章对地层除铁除锰进行了重点阐述。地层除铁除锰是一种十分经济有效的除铁除锰技术，在北欧应用较多。

第 11 章为除铁除锰水厂废水的回收和利用。我国近年来对环境保护越来越重视，对水厂废水处理并进行回用，是水厂工艺的一个发展方向。

本书主要由李圭白负责执笔编著，梁恒和杜星参与本书的编辑和校核，余华荣参与第 5 章和第 10 章的部分编辑和校核工作。

本书引用了中外许多科研成果，特别是我国大量的工程生产数据与结论（所引资料时间跨度长，其间我国行政区划发生变化，有些地方撤县设市，地名与现在或许会有不同，如德都县即今五大连池市），此外还采用了笔者课题组研究生的学术论文和学位论文中的材料，在此一并表示感谢。

由于编著者水平有限，不足之处在所难免，请读者批评指正。

李圭白

2020 年 9 月于南京

目　录

第1章
绪 论

1.1 水中铁和锰的危害及用水要求

我国不少地区的水源水中含有过量的铁和锰，不符合人们生活和工业生产的要求。铁和锰都是人体必需的微量元素。饮水中含有微量的铁和锰，一般认为对人体无害。但铁和锰的摄入量超过一定限量，就会对人体健康造成危害，一般成人每日安全的摄入量铁为 $12\sim15mg$，锰为 $2\sim5mg$。当人每日摄入铁达 $1000mg$ 时，可致铁中毒（血色素沉着症），但通过饮水不可能摄入这样多的铁。锰的危害比较大，人体摄入过量的锰可使脑中的多巴胺合成减少，长期饮用被锰污染的水可能会患脑炎导致死亡。水中含有过量锰，可能是诱发某些地方病的病因之一。

地下水中的铁常以二价铁的形式存在，由于二价铁在水中的溶解度较高，所以刚从地下含水层中抽出来的含铁地下水仍然清澈透明，但一与空气接触，水中的二价铁便被空气中的氧气氧化，生成难溶于水的三价铁的氢氧化物而由水中析出。因此，地下水中的铁虽然对人的健康并无影响，但也不能超过一定的含量。如水中的含铁量大于 $0.3mg/L$（以 Fe 计）时水变浑，超过 $1mg/L$ 时，水具有铁腥味。特别是水中含有过量的铁，在洗涤的衣物上能生成锈色斑点；在光洁的卫生用具上，以至与水接触的墙壁和地板上，都能着上黄褐色锈斑，给生活应用带来许多不便。

地下水中的锰也常以二价锰的形式存在。二价锰被水中溶解氧氧化的速度非常缓慢，所以一般并不使水迅速变浑，但它产生沉淀后，能使水的色度增大，其着色能力比铁高数倍，对衣物和卫生器皿的污染能力很强。当锰的含量超过 $0.3mg/L$ 时，能使水产生异味。

在锅炉用水中，铁和锰是生成水垢和罐泥的成分之一。

在冷却用水中，铁能附着于加热管壁上，降低管壁的传热系数，当水中含铁量高时，甚至能堵塞冷却水管。

在油田的油层注水中，铁和锰能堵塞地层孔隙，减少注水量，降低注水效果。

在纺织工业中，水中的铁和锰能固着于纤维上，在纺织品上产生锈色斑点。染色时，铁和锰能与染料结合，使色调不鲜艳。铁和锰还对漂白剂的分解有催化作用，使漂白作业发生困难。

在造纸工业中，水中铁和锰能选择性地吸附于纤维素之间，使纸浆颜色变黄，并使漂白和染色效果降低。

在酿造用水中，铁和锰有异味，并能与某些有机物（如水杨酸、丹宁等）生成带色的化合物，使产品色和味的质量降低。

在食品工业中，水中过量的铁和锰能影响产品的色泽。

在电解用水中，铁和锰能在阴极生成霜，并增大隔膜的电阻，降低电解效率。

在给水工程中，水中含有过量铁和锰能在管道中产生沉积，当沉积物被冲起会产生"黄水"和"黑水"，居民意见很大。特别是当水中含有溶解氧时，含铁含锰地下水为铁锰细菌的大量繁殖提供了条件，从而常造成管道部分堵塞。此外，铁锰细菌和硫酸盐还原菌共生，能加速金属管道的腐蚀。

水中的铁和锰沉积在离子交换剂和离子交换树脂膜上，能降低这些水处理设备的效能。

水中铁和锰的危害还有很多，在此不再逐一列举。

为了避免水中铁和锰给生产和生活带来危害，对水中的铁锰浓度有一定的限制。表 1-1 为不同国家生活饮用水中铁和锰的含量标准。表 1-2 为工业生产用水允许的含铁量和含锰量。

不同国家饮用水中铁和锰的含量标准 表 1-1

所在洲	国家	Fe(mg/L)	Mn(mg/L)
亚洲	中国	0.3	0.1
	印度	0.3	0.1
	日本	0.3	0.05
	韩国	0.3	—
	马来西亚	0.3	0.1
北美洲	加拿大	0.3	0.05
	美国	0.3	0.05
欧洲	法国	0.2	0.05
	德国	0.2	0.05
	爱尔兰	0.2	0.05
	意大利	0.2	0.05
	丹麦	0.2	0.05
	西班牙	0.2	0.05
	荷兰	0.2	0.05
	芬兰	0.2	0.05
	英国	0.2	0.05

工业生产用水允许的含铁量和含锰量 表 1-2

名称	Fe(mg/L)	Mn(mg/L)	Fe＋Mn(mg/L)
酿造用水	0.1	0.1	0.1
食品工业用水	0.2	0.2	0.2～0.3
罐头工业用水	0.2	0.2	0.2
汽水工业用水	0.2	0.2	0.2
制冰用水	0.03～0.2	0.2	0.2
制糖工业用水	0.1	—	—
面包工业用水	0.2	0.2	0.2
洗衣行业用水	0.2	0.2	0.2

名称	Fe(mg/L)	Mn(mg/L)	Fe+Mn(mg/L)
棉毛织品工业用水	0.25	0.25	0.25
纤维制品漂白用水	0.05~0.1	0.05	0.1
染色工业用水	0.05	—	—
人造丝生产用水	0	0	0
塑料工业用水（透明）	0.02	0.02	0.02
感光胶片制造用水	0.05	0.03	0.05
制革工业用水	0.2	0.2	0.2
纸浆制作用水	0.05	0.03	0.05
电镀工业用水	痕量	痕量	痕量
油田油层注水	0.5	0.5	0.5
一般锅炉用水	0.3	0.3	0.3
一般冷却用水	0.5	0.5	0.5
空气调节用水	0.5	0.5	0.5

我国含铁含锰地下水分布甚广。含铁含锰地下水比较集中的地区是松花江流域和长江中、下游地区。此外，黄河流域、珠江流域等部分地区也有含铁含锰地下水。同时含铁含锰地下水多分布在这些水系的干、支流的河漫滩地区，其水质因水的形成条件不同而有很大差异。

我国地下水的含铁量，多数在 10mg/L 以下，少数超过 20mg/L。地下水的含锰量，多数在 1.5mg/L 以下，少数超过 3mg/L。

我国含铁含锰地下水的 pH，绝大多数介于 6.0～7.5，其中多数低于 7.0，少数高于 7.0。但是，黄河流域的含铁含锰地下水的 pH 则大都高于 7.0，相应的含铁量和含锰量则较低。含铁含锰地下水的 pH 低于 6.0 的和高于 7.5 的都比较罕见。

浅层含铁含锰地下水的温度，因所在地区不同而呈规律性地变化。松花江流域地下水的温度一般为 8～10℃，黄河下游地区为 15℃左右，长江中下游地区为 20℃左右，珠江中下游地区为 25～30℃，但在北疆有的地区则为 5℃左右。

地下水含有过量的铁和锰，对人们的健康及生活，以及工业生产都造成危害，所以需要进行地下水除铁除锰处理。地下水除铁除锰不仅是我国的问题，也是一个世界性课题。我国约有 40% 的城镇以湖、库为水源。大部分湖、库由于夏季会沿水深形成温度梯度，上层水温高下层水温低，形成水温分层现象，使上、下水层难以交换，库底层有机质在微生物作用下将水中溶解氧耗尽出现厌氧还原状态，使高价铁和高价锰被还原而溶于水中，致湖、库水季节性地含有超量的铁和锰。此外，由于环境污染，特别是工业废水排放也会使水中铁、锰含量超标，使除铁除锰成为地表水厂处理的新课题。

1.2 地下水除铁除锰技术的发展

1.2.1 国外的地下水除铁除锰技术

除铁除锰技术的发展与各国的社会经济条件息息相关。

除铁除锰水厂始建于 19 世纪下半叶，1868 年荷兰建成第一座地下水除铁水厂，1874 年德国建成第一座地下水除锰水厂，1893 年美国也建设了地下水除锰水厂。国外常规的地下水除铁除锰工艺，是地下水曝气后进行砂滤（或煤、砂双层介质过滤），这一方法常与接触池或气浮池以及添加化学药剂结合在一起使用，当水中含锰时，在曝气和过滤之间加入二氧化氯或高锰酸钾等强氧化剂。其他处理方法还有：常规处理结合石灰软化；化学氧化再进行过滤；使用能产生离子交换功能的特殊材料进行过滤，如锰绿砂、火山岩中的沸石或被人工涂上 MnO_2 的砂石（人造锰砂）；氧化镁和硅藻土除锰。此外，还使用硅酸钠、磷酸盐或多聚磷酸盐作为螯合剂，以稳定水中的铁和锰等。

1946 年，Edwards 和 Mc Call 在用液氯去除饮水中锰的试验中发现滤料表面上附着了一种锰的氧化物，它对锰的氧化具有催化作用。Knocke 等人在研究中发现溶解性锰离子在多种水质条件下在上述氯接触催化工艺中均能得到有效去除，碱性的 pH 条件有利于锰离子在锰氧化物表面的氧化，自由氯的存在能加速锰离子的去除，或是在滤前水中加入自由氯，便能够氧化吸附在锰氧化物表面上的锰而使吸附位得到再生。若滤前水中不加氯，则溶解性锰离子只能通过吸附得以去除。他们在此基础上提出了氯接触氧化法除锰原理和技术。

在地下水除铁除锰工艺方面，各国并不相同，这是由于各国都有各自的经验和习惯。例如，美国多用加氯或高锰酸钾氧化后过滤，同时加硅酸钠和聚合磷酸盐对水中残留的铁和锰进行稳定性处理的方法。日本多采用自然氧化法、接触氧化法和氯接触氧化法除铁除锰。法国普遍采用曝气加过滤的工艺，通常不设中间接触槽。荷兰常使用慢滤除铁，使铁的氧化和过滤去除同时进行。

20 世纪 60 年代，芬兰成功试验了地层除铁除锰技术。该技术是在取水井附近打几口注水井，将含氧的水注入地层，在取水井周围形成一个氧化带，当由取水井抽水时，四周的含铁含锰地下水流经氧化带，铁、锰在氧化带中被氧化去除，由取水井抽出的便是除铁除锰水。地层除铁除锰是一种比较经济有效的除铁除锰技术，现已在北欧一些国家推广使用。

1.2.2　我国地下水除铁除锰技术的发展

我国地下水除铁除锰技术的发展比较晚。中华人民共和国成立前，我国经济十分落后，净水厂很少，只有少数几座小型地下水除铁设施。

1949 年，中华人民共和国成立。之后，我国国民经济有了迅速发展，特别是第一个五年计划期间，苏联援建的大多数工厂设在东北地区，许多工厂和城镇以地下水为水源，就遇到了含铁、锰过高的地下水处理问题。这时，采用的地下水除铁技术主要是从苏联和东欧引进的自然氧化法除铁工艺。这种工艺一般由曝气、氧化反应、沉淀和过滤组成。曝气是先使含铁地下水与空气充分接触，让空气中的氧气溶解于水中，同时大量散除地下水中的二氧化碳，以提高水的 pH。氧化反应和沉淀是让水在反应沉淀池中停留相当长的时间，使水中的二价铁被溶解氧全部氧化为三价铁，并絮凝沉淀下来。由于地下水中二价铁的氧化反应一般比较缓慢，所以要求水在池中的停留时间较长，从而需要十分庞大的反应沉淀池容积。反应沉淀后，水中还残留许多铁质悬浮物，需经石英砂滤池过滤去除。这种由曝气、反应沉淀、石英砂过滤三级处理构筑物组成的自然氧化除铁工艺，其系统复杂，设备庞大，水在整个处理系统中的总停留时间达 2～3h，设备投资高，并且除铁效果有时还达不到用水要求。为了满足当时工业和城市建设的急需，于 1953 年建成规模为 $10000m^3/d$ 的佳木斯东水源工程，就是采用的这种自然氧化除铁工艺。此后，于 1954 年建成规模为 $20000m^3/d$ 的佳木斯造纸厂地下水除铁水厂，于 1955 年建成规模为 $10000m^3/d$ 的广东湛江地下水除铁水厂等。

为了降低工程建设费用，提高除铁效率，以李圭白、虞维元为首的哈尔滨工业大学团队将催化技术引入了除铁工艺。团队参考了国外使用的人造锰砂接触氧化除铁工艺，虽然除铁效果良好，但由于中华人民共和国成立初期我国工业不发达，化学药品昂贵，所以制作的人造锰砂价格很高，不适应当时的社会经济发展水平。在人造锰砂除铁的启发下，团队成员林生等对国内锰矿进行了调研，发现矿区 50mm 以上的锰矿石用作炼钢，50mm 以下细碎矿石作为粉矿废料堆放或铺路。团队采集数种锰矿粉矿样品进行除铁试验，发现效果极好。

1959 年～1960 年以李圭白、虞维元为首的哈尔滨工业大学部分师生（主要是给水排水专业 1955 级和 1956 级学生）在齐齐哈尔铁路局给水段开展了天然锰砂除铁的试验研究工作，成功试验了天然锰砂接触氧化除铁工艺。

天然锰砂接触氧化除铁工艺是将催化技术用于地下水除铁的一种新工艺。试验表明，用天然锰砂作滤料除铁时，对水中二价铁的氧化反应有很强的接触催化作用，它能大大加快二价铁的氧化反应速度。将曝气后的含铁地下水经过天然锰砂滤层过滤，水中二价铁的氧化反应能迅速地在滤层中完成，并同时将铁质截留于滤层中，从而一次完成了全部除铁过程。所以，天然锰砂接触氧化除铁不要求水中二价铁在过滤以前进行氧化反应，因此不需要设置反应沉淀构筑物，这就使处理系统大为简化。天然锰砂接触氧化除铁工艺一般由曝气溶氧和锰砂过滤组成。因为天然锰砂能在水的 pH 不低于 6.0 的条件下顺利地进行除铁，所以对我国绝大多数含铁地下水而言，曝气的目的主要是为了向水中溶氧，而不要求散除水中的二氧化碳以提高水的 pH，这可使曝气装置大大简化。曝气后的含铁地下水，经天然锰砂滤池过滤除铁，从而完成除铁过程。在天然锰砂除铁系统中，水的总停留时间只有 5～30min，使处理设备投资大为降低。

根据哈尔滨工业大学提出的曝气-天然锰砂过滤除铁的原理和方法，1960 年在解放军5704 工厂采用天然锰砂压力式过滤除铁，将原水含铁浓度由 9～11mg/L 降至 0.1～0.3mg/L。这是我国第一套按接触氧化法除铁原理设计投产的压力式除铁系统。

1960 年设计的齐齐哈尔市自来水公司重力式地下水除铁水厂，规模为 3 万 m^3/d（1966 年投产 1.2 万 m^3/d），采用曝气-天然锰砂过滤除铁工艺。

天然锰砂接触氧化除铁工艺对含铁地下水的水质，有很强的适应性。许多应用自然氧化除铁工艺效果不好的设备，改用了天然锰砂接触氧化除铁工艺后，都取得了良好效果。

1964 年佳木斯一水厂（1 万 m^3/d）将石英砂滤料改为天然锰砂滤料，成为我国第一套大型的改造成功的重力式天然锰砂除铁系统。

大庆油田设计研究院郭维章等按照上述原理于 1963 年 7 月也开展了天然锰砂除铁和石英砂除铁的现场试验，并根据试验结果进行了水厂设计。1964 年 7 月大庆油田投产的规模为 6 万 m^3/d 压力式天然锰砂除铁系统，是当时我国最大规模的地下水除铁系统。其设计滤速为 20m/h，在原水含铁 $0.8\sim1.0mg/L$ 条件下，出水含铁浓度达 0.05mg/L 以下，截至 1975 年 8 月已建成大型除铁处理厂 6 座，总规模为 32 万 m^3/d。

天然锰砂除铁工艺利用空气中的氧作为氧化剂，不再向水中投加其他药物，经济高效，运行管理简易，所以在生产中得到迅速推广和应用。迄今，我国多数地下水除铁设备，都采用了天然锰砂接触氧化除铁工艺。

在天然锰砂除铁工艺的生产实践中，由于该工艺只要求向水中溶氧不要求散除二氧化碳和提高水的 pH，所以研发出跌水曝气、喷淋曝气和射流曝气等简易的曝气形式，使系统更紧凑更经济。

1973 年，李圭白发表的《天然锰砂除铁设计原则》论文为国内设计推广提供了依据。1977 年出版了《地下水除铁》，这是国内第一部地下水除铁专著，对除铁技术推广起到了推动作用。

早在 20 世纪六七十年代，李圭白、虞维元、刘灿生等在进行天然锰砂除铁的试验和生产观测中已经发现，旧天然锰砂的接触氧化活性比新天然锰砂强。旧天然锰砂若反冲洗过度，催化活性会大大降低，表明锰砂表面覆盖的铁质滤膜具有催化作用，称为铁质活性滤膜。过去人们一直认为 MnO_2 是催化剂。铁质活性滤膜催化作用的发现，表明催化剂是铁质化合物，而不是锰质化合物，天然锰砂对铁质活性滤膜只起载体作用，这是对经典理论的修正。由于滤料只是铁质活性滤膜的载体，所以可以采用性能更好更经济的材料作滤料，如常用的石英砂、无烟煤等。铁质活性滤膜催化作用的发现，是接触氧化除铁机理的一次突破。

铁质活性滤膜可在地下水除铁过滤过程中自然生成。如用石英砂为滤料过滤曝气后的含铁地下水，开始时滤后水含铁量很高，随着过滤的进行，滤后水中含铁量逐渐降低，直至含铁量降至 0.3mg/L 以下，表明石英砂滤料表面已生成铁质活性滤膜。在石英砂等滤料表面自然生成活性滤膜的过程，可称为滤料的成熟过程；在成熟过程中，滤后水中含铁量降低至 0.3mg/L 以下，便认为滤料已经成熟；由生料到成熟滤料经历的时间，称为滤料的成熟期。一般石英砂、无煤烟等滤料的成熟期，因水质与工艺条件不同而异，一般为10d 左右。

1975 年，李圭白、彭永臻等在大庆成功试验了人造锈砂除铁工艺。它以石英砂为滤料，用人工配制的高浓度含铁水在滤料表面形成铁质活性滤膜，而使石英砂滤料具有催化作用，可称为人造锈砂，使石英砂滤料的成熟期可缩短至 $2\sim3d$。

天然锰砂和自然形成的成熟滤料，以及人造锈砂，都是铁质活性滤膜起催化除铁作用，只是载体滤料不同，所以可统称为铁质活性滤膜接触氧化除铁工艺。

20 世纪 80 年代初，在我国不少地方发现，用自然氧化法除铁时，除铁效果受到水中溶解性硅酸的干扰而恶化。王志石对二价铁氧化的规律进行了研究。业界也对溶解性硅酸的干扰及其解决途径进行了广泛的探讨，试验发现接触氧化法除铁基本上不受溶解性硅酸的影响。所以，在有硅酸干扰的地方，采用接触氧化法除铁获得成功，是除铁技术的一项新成果。

李圭白虽然在 20 世纪 60 年代初就发现了铁质活性滤膜的接触催化除铁现象，但由于

"文革"，没有及时发表。1973 年，高井雄发表文章，报道了他关于铁质活性滤膜接触催化除铁现象的发现，并认为催化物质为结晶质 α-FeOOH 和 β-FeOOH。

1974 年，李圭白发表了天然锰砂除铁的机理的文章，提出了铁质活性滤膜接触氧化除铁机理。

1981 年，刘灿生对铁质活性滤膜接触氧化除铁进行了研究。通过研究测出新鲜铁质活性滤膜的化学组成 $[m\text{Fe(OH)}_3+(1-m)\text{Fe(OH}_2)]\cdot 2\text{H}_2\text{O}$。用 X 光衍射、电子衍射和红外吸附光谱分析，得知新鲜滤膜为无定形结构，并提出铁质活性滤膜的自催化氧化除铁的反应式，以及滤层的接触氧化除铁速率方程式。他还提出，铁质活性滤膜脱水干燥后的化学组成为 FeOOH。

刘灿生还对铁质活性滤膜的成熟过程、成熟期及其影响因素，铁质滤膜的活性及其影响因素等问题进行了比较系统的研究，并提出了滤层氧化速率的数学表达式。

关于铁质活性滤膜接触氧化除铁的机理，国内外都有提出生物除铁机理的报道。1972 年李圭白与刘灿生、吴贵本在佳木斯自来水公司现场研究铁细菌在地下水除铁中的作用，做了大量的试验。当时筛选出包括小嘉氏铁柄杆菌在内的若干菌属。铁细菌以氧化亚铁离子作为生存的能量来源。通过当时对铁细菌的菌属种类，在各种水质情况下培养生长的情况及消毒、灭菌后的作用等多方面试验，表明铁细菌在地下水除铁过程中虽有作用，但不是主要的。

20 世纪 80 年代，许多厂家制作出各种形式的接触氧化除铁设备，为中、小型水厂（站）的建立提供了条件。

在有含铁地下水的广大农村地区，主要采用慢滤除铁工艺。在农村家庭用的除铁滤缸，缸内用河砂及碎木炭，或单用河砂作滤料，每缸每日可滤水百余升，足够一家饮食和洗涤衣物之用。随着农村社会主义建设的发展，在村镇建起不少集体使用的除铁滤槽，滤槽面积有 1 至数平方米不等，每日滤水数千升，可供学校、食堂和居民使用。在一些有地方病（如大骨节病）的农村地区，结合地方病的防治工作，大力推广家庭除铁滤缸和集体使用的除铁滤槽，以改善饮用水水质。

相比较而言，地下水除锰要比除铁困难得多，所以发展也比较缓慢。这是由于锰的氧化还原电位比铁高，在天然水条件下（pH 为 6.0～7.5）难以被溶解氧氧化，所以去除比较困难。

1958 年，在哈尔滨建成一座地下水除铁除锰水厂，处理效果良好。这是我国最早具有除锰效果的水厂。这座水厂采用曝气塔曝气，反应沉淀、石英砂过滤三级处理流程。滤池经长期运行后，在石英砂滤料表面自然形成了锰质滤膜，具有催化作用，可称为锰质活性滤膜。水中的二价锰在锰质活性滤膜自动催化作用下，在天然水条件下能迅速被溶解氧氧化而从水中去除，称为锰质活性滤膜接触氧化法除锰。这种除锰方法，以空气中的氧作为氧化剂，不需要再向水中投加任何氧化药剂，经济简便，效果稳定，所以比较适合我国国情。锰质活性滤膜催化氧化除锰作用的发现，是除锰技术的一大进步。锰质活性滤膜的化学组成，已被证明是一种以锰为主要组成的特殊化合物。

1975 年，黄震鑫在南宁几个水厂用产于广西的优质天然锰砂进行试验，发现除锰效果甚好。

1974 年，李圭白与范懋功、刘育超等一起在哈尔滨某水厂进行除锰试验，使用一年前从除锰滤池更换出来的陈砂，陈砂表面有一层风干了的锰质滤膜。用陈砂过滤含锰水，发现一开始有极好的除锰效果，但 10d 后出水锰含量升高，即锰穿透期只有 10d。如将水的 pH 从 7.0～7.1 升高到 7.6～7.8，锰穿透期便可延长到 106d，即增加超过 10 倍。这时陈砂表面包裹的锰质滤膜的吸附量也会有所增大（约增大 1 倍），但远不到 10 倍，这表明陈砂对 Mn^{2+} 除了有吸附除锰作用外，还应有催化氧化除锰作用。陈砂表面的高价锰化合物具有催化氧化除锰作用的发现，有重要意义。在这个基础上，李圭白提出滤层除锰过程存在吸附速率与氧化速率的概念：当吸附速率大于氧化速率时，被滤层吸附的 Mn^{2+} 不能被全部氧化再生，从而滤层的锰穿透期是有限的（例如 10d）；当吸附速率小于氧化速率时，被吸附的 Mn^{2+} 能被全部氧化再生，从而使滤层从一开始就具有持续的接触氧化除锰能力。

1978 年，在哈尔滨建成一座以优质天然锰砂为滤料的地下水除铁除锰水厂，水厂从一投产就持续获得达标的除铁除锰水，表明天然锰砂亦具有自催化氧化除锰能力，同时应有锰质活性滤膜这一催化物质的生成。由于天然锰砂含有高价锰氧化物，在该水质条件下其滤层的氧化速率大于吸附速率，所以从投产开始就能持续获得除锰水。这是我国第一座大型天然锰砂除铁除锰水厂。

用石英砂为滤料，锰质活性滤膜在其表面自然生成需要很长的时间，此期间水厂出水锰含量会超标，如何使滤池一开始就能获得合格的除锰水，是一直困扰工程界的一个难题。天然锰砂除锰技术解决了这一难题，从而在国内迅速推广，成为地下水除锰的一个通用工艺。

1978 年，工程建设全国通用设计标准规范管理委员会下达重点科研项目"地下水除锰技术"，该课题由哈尔滨建筑工程学院李圭白负责主持，中国市政工程东北设计院刘超及航空工业部第四规划设计院范懋功参加，自 1978 年秋至 1982 春，历时三年半。课题组综合分析了国内外大量地下水除锰资料；对我国东北地区、两广、长江中下游的十余套地下水除锰装置进行了比较全面和系统的调研测试；结合若干专题，在黑龙江哈尔滨、吉林海龙和九台、辽宁新民等地又进行了大规模的模型试验和生产性试验研究；在全面总结科研成果和生产实践基础上，完整、系统地提出了地下水曝气接触氧化除锰工艺，以及不同水质条件下的除锰流程。这项成果于 1982 年被编成专辑《地下水除锰技术》出版。

该书的出版推动了锰质活性滤膜接触氧化除锰工艺的工程应用。

1982 年，刘超等人在吉林九台进行高含锰地下水的除锰试验。地下水锰含量高达 6～8mg/L，实验滤速 7.5m/h。试验发现，即使采用了优质天然锰砂（马山锰砂、乐平锰砂），由于原水含锰量很高，且滤速较大，故初期吸附速率大于氧化速率，所以其锰穿透期是有限的（马山锰砂为 18d，乐平锰砂为 12d），结果滤后水锰含量开始升高，在随后的过滤中因滤料表面锰质活性滤膜不断生成使氧化速率不断增大，当氧化速率超过吸附速率时，出水锰含量开始下降，使出水锰含量过程线出现一个峰值，峰值以后出水锰含量降至限值以下（<0.1mg/L），最终滤料成熟。刘超等人的试验，使人们对除锰滤料成熟的过程有了一个全面的了解。在上述试验中，如降低滤速使吸附速率降至氧化速率以下，便可从水厂一投产就能获得持续除锰水；随着锰质活性滤膜的生成，氧化速率提高，可逐渐提

高速率，最后达到设计值。

地下水的铁和锰常常共存，由于铁的氧化还原电位比锰低得多，所以二价铁便成为高价锰的还原剂，阻碍二价锰的氧化。当锰质活性滤膜遇到二价铁，滤膜中的高价锰会被二价铁还原，使滤膜的结构遭到破坏失去催化活性，这对锰质活性滤膜接触氧化除锰产生严重影响，使出水锰含量升高，水质恶化，这从工程角度是一个严重问题。李圭白早在 20 世纪 80 年代就提出二价铁对锰质活性滤膜污染的问题，但未得到关注，这可能是造成有的除铁除锰水厂出水锰不达标的一个重要原因。例如，铁力木材干馏厂以含铁含锰地下水为水源，水站采用压缩空气曝气、石英砂压力滤池过滤，水厂投产运行 3 年只能除铁不能除锰。李继震于 20 世纪 80 年代用该水源水进行试验，采用石英砂滤料恒速过滤方式工作，滤柱出水数日后铁含量即小于 0.3mg/L，但经约 5 个月后锰含量才小于 0.1mg/L。这时滤柱中已形成上部深黄色的除铁带和下层黑褐色的除锰带。将滤速由 6m/h 提高至 12m/h，二价铁穿透除铁带污染下部的除锰带，出水锰含量便升至 0.2mg/L；表明下部除锰带中的锰质活性滤膜受到污染已部分丧失催化活性。将滤速从 12m/h 降至 6m/h，出水锰含量仍为 0.2mg/L，并未好转，直至 1 个月后出水锰含量才降至 0.1mg/L 以下。这个发现很重要。因为试验表明，锰质活性滤膜一旦受到二价铁的污染便会遭到破坏丧失催化活性，而催化活性的恢复有待于锰质活性滤膜的重新生成，这需要很长的时间，在这期间水厂出水锰含量是超标的，后果十分严重。

2012 年以来，李圭白团队的陈天意、倪小溪、张莉莉、孙成超、赵煊琦等对二价铁对锰质活性滤膜的污染进行了比较系统的研究。研究表明，对于单级除铁除锰滤池，由于滤层上下滤料在反冲洗时相互混杂，使下部最初生成的锰质活性滤膜受到二价铁污染，使滤层除锰成熟期大大延长，且二价铁含量越高影响也越大；当在单级天然锰砂滤池中除铁除锰时，滤池刚投产，上部除铁带未成熟，二价铁会穿透滤层污染下部锰砂，使其氧化速率减小，出水水质恶化。所以，当含铁量很高时，宜采用两级过滤工艺，第一级将铁大部分除去，第二级除锰，基本免除了二价铁的污染。二价铁污染的再次提出和系统研究，为锰质活性滤膜接触氧化除锰的正确设计和运行，提供了一个有价值的理论依据。

1986 年，沈阳建成石佛寺地下水除铁除锰水厂，供水规模为 20 万 m³/d，因原水含铁量高，采用了两级曝气两级过滤工艺，两级过滤皆采用天然锰砂为滤料，处理效果良好。这是当时我国规模最大的地下水除铁除锰水厂。

1988 年，在佳木斯建设第七水源工程，供水规模 8 万 m³/d，也因水源水中含铁量和含锰量都很高，除铁除锰采用了两级曝气两级过滤工艺，并在滤池中采用了无烟煤和双层滤料滤层，处理水达到国家水质标准要求。

由于水环境受到污染，地下水中氨氮含量有不断升高趋势。水中氨氮对除锰的影响虽有所报道，但长期以来未引起人们的关注。含氨氮的地下水在除铁除锰过程中，会通过生物氧化消耗水中的溶解氧。氨氧化菌广泛存在于自然界中，当然也存在于除铁除锰构筑物中。氨氧化菌每氧化 1mg 氨氮约需消耗 4.5mg 的溶解氧，这比氧化铁和锰所需氧量高得多。当水中氨氮含量比较高而地下水曝气溶氧又不足时，氨氮氧化会将水中溶解氧耗尽而影响除锰效果。2010 年，曾辉平对水中氨氮对除铁除锰的影响进行了比较系统的研究，发现溶解氧优先氧化水中的二价铁，所以除铁基本不受氨氮的影响；而氨氮的氧化是在整个滤层中进行的，所以水中溶解氧不足时，二价铁和氨氮以及水中一些易于氧化的物质会在滤层上中层将溶解氧消耗殆尽，从而在滤层下部使锰无法被氧化去除，影响除锰效果。这可能是某些水厂出水锰不达标的另外一个重要原因。曾辉平用加强曝气提高水中溶解氧的含量，使除锰获得了好效果。曾辉平的研究，为按照水质进行设计提供了依据。

在国外，生物除锰早有报道，这是由于有的学者在除铁除锰滤池中检测到存在大量铁锰细菌，从而认为是生物除铁和生物除锰。在国内，1990年，刘德明在鞍山进行除锰试验时，认为滤柱除锰效果与反冲洗水中铁细菌数量相关，从而提出生物除锰问题。随后，有更多人进行生物除锰的试验。有的测定滤层中铁细菌数量，认为除锰效果与铁细菌的对数增长期相对应，且与滤层中铁细菌的对数值相关；有的认为在除锰过程中，铁锰细菌的存在是重要的，甚至认为是实现持续除锰的唯一因素，即除锰滤料表面锰质活性滤膜的最初生成、滤料的成熟过程和滤料的长期持续除锰，铁锰细菌的生物催化氧化是唯一的主要作用。

关于除锰机理的研究十分重要。在国外生物除锰曾是一个热门话题。在国内提出生物除锰至今已近30年，不少人按生物除锰的思路进行铁锰细菌的生态、高效菌种筛选、生物接种、铁锰细菌的固定化等研究，但是如果锰质活性滤膜接触氧化除锰的机理不是生物作用或主要作用不是生物作用，而是化学作用，则除锰技术的研究和发展方向将完全不同。

铁、锰细菌是广泛存在于自然界的微生物，当然也会存在于除铁除锰构筑物中，但铁锰细菌在除铁除锰过程中所起的作用则是需要试验证实的。

李圭白团队杨海洋、仲琳等对石英砂滤料表面生成锰质活性滤膜中生物作用进行了系列试验，发现滤层除锰率与滤膜的锰量有良好的线性相关的关系，而与铁细菌数量相关性不大，表明决定除锰效果的主要是砂表面滤膜的锰量，而非铁细菌的数量。在对石英砂持续进行灭菌条件下，溶解氧在砂表面能氧化二价铁并生成有持续除锰能力的活性滤膜，表明石英砂表面锰质活性滤膜的生成，铁锰细菌的存在并非必要条件，即砂表面锰质活性滤膜的最初生成，溶解氧化学氧化和铁锰细菌的生物氧化都有贡献。天然锰砂和包有高价锰氧化物的陈砂，在开始过滤时其上并无铁细菌，但却具有自催化氧化除锰能力，表明高价锰氧化物能氧化水中二价锰，并生成具有持续除锰能力的锰质活性滤膜，这主要是化学作用，而非生物作用。

李圭白团队还对成熟滤料进行灭菌试验，发现其除锰效果没有降低，表明在成熟滤料长期除锰过程中，起主要作用的是化学催化氧化作用，而生物作用已相当微弱。即新的石英砂表面最初生成锰质活性滤膜，既有溶解氧化学氧化的贡献，也有铁锰细菌生物氧化的贡献，并且随着锰质活性滤膜的积累，化学作用越来越强，生物作用越来越弱，当滤料已充分成熟，除锰主要是化学催化氧化作用。

李圭白团队还用无氧高浓度二价铁溶液对成熟滤料进行污染试验，发现受污染的成熟滤料接触催化氧化除锰活性大大降低，出水水质显著恶化，锰浓度超标可连续数十日，但滤层中的铁细菌却仍在持续增多，表明锰质活性滤膜接触氧化除锰效果确实与铁细菌数相关性不大。

2011年，钟爽在长春进行试验，在石英砂过滤含锰水过程中用臭氧对滤层进行曝气，仅用 5d 就使除锰滤料成熟，并能长期持续地除锰。2017 年，黄廷林团队在西安试验用高锰酸钾氧化地下水中的二价锰，再经石英砂过滤，仅用 15～30d 就能使除锰滤料成熟，并在不灭菌和无菌平行试验条件下使滤柱运行了一年，皆取得良好除锰效果，表明高锰酸钾氧化生成的锰质活性滤膜确实具有长期持续的接触氧化除锰能力。在不灭菌条件下，滤层中生长的除锰细菌对除锰的贡献甚微。上述两则试验，表明完全用化学的方法就能生成锰质活性滤膜，并具有长期持续的接触氧化除锰作用。由于臭氧和高锰酸钾都是杀菌剂，所以基本排除了生物作用，接触氧化除锰机理完全是化学作用。

1999 年，荷兰学者 Bruins 对位于荷兰、比利时和德国的 100 个采用曝气—过滤工艺进行地下水除锰的水厂进行了调查，这些水厂被认为是生物除锰水厂。Bruins 从这 100 个水厂的滤池滤料上负载的锰氧化物（锰质活性滤膜）采样，通过 X 光衍射分析（XRD）、拉曼光谱分析、扫描电镜和能谱分析（SEM-EDS）以及电子自旋共振（EPR）等一系列分析方法，对滤料上负载的锰氧化物进行了表征和鉴定。通过以上分析方法，证实了水钠锰矿（Birnessite）这种无定型结构的锰氧化物，广泛存在于所有样品中。水钠锰矿对 Mn^{2+} 具有很强的离子吸附性能，也具有很强的自催化氧化性能，是除锰过程中的催化物质。这两种性能使得水钠锰矿可以有效并且高效地去除地下水中的 Mn^{2+}。2016 年，Bruins 对过滤介质成熟过程的研究是在比利时赫罗本东克（Pidpa, Grobbendonk）水厂的中试中进行的，对熟化过程中的过滤介质和反冲洗水进行了收集和分析。其中也包括对滤层中铁、锰细菌种群的分析。此外，结合 SEM 和 EPR 分析来区分水钠锰矿是在生物过程还是化学过程中形成的。分析表明，过滤介质熟化的初期阶段中水钠锰矿是通过生物作用来形成的，当熟化过程完成并在过滤介质表面形成负载物（锰质活性滤膜）时，水钠锰矿则主要通过化学作用生成。在经过约 500d 后，所有的水钠锰矿均由物理化学作用形成。Bruins 的结论是国外近年研究取得的新成果，与李圭白的基本一致，只是关于滤料表面锰质活性滤膜最初是通过生物作用生成的结论，与李圭白的试验不符，笔者试验表明其中尚有溶解氧化学氧化生成活性滤膜的贡献。

2019 年，李圭白、梁恒、余华荣、杜星、杨海洋发表了《锰质活性滤膜化学催化氧化除锰机理研究》一文，文中综合近年来国内外的研究成果。李圭白团队和国内外的研究新成果，基本纠正了国内外长期习惯认为的除锰主要是铁锰细菌的生物催化氧化作用的观点，提出锰质活性滤膜接触氧化除锰主要是化学催化氧化作用的机理。

1980 年李圭白、朱启光与大庆供水公司柏蔚华等人合作，首先在大庆进行了单井充氧回灌地层除铁生产性试验研究，并取得成功。此后，不少单位也进行了地层除铁除锰的试验，并在东北地区推广应用。1988 年，张亚峰完成了硕士学位论文《关于地层除铁除锰的研究》，对地层除铁除锰技术进行了比较系统的研究。

1.3 除铁除锰技术的发展方向

优质天然锰砂具有很强的除锰能力，可使水厂从投产一开始就能获得优质的除锰水。天然锰砂除锰事实上已是一条完整的吸附/接触氧化除锰工艺，它为我国所独有，是具有我国特色的除锰工艺。多年来，该工艺已在业界被广泛采用。

目前我国钢铁工业限产，导致锰矿减产或停产，使天然锰砂短缺价格升高。再加上市场上锰砂商品质量下降，对其应用影响很大。所以除锰技术也需要走创新之路。

石英砂作为除锰滤料要便宜得多，但石英砂的成熟期长达数十日，在这期间水厂出水锰不达标，是许多业主难以接受的。如在附近有除锰水厂，向新石英砂滤层投加成熟滤料，会加快滤层的成熟。用化学方法加快石英砂滤层成熟，是一个发展方向。用高锰酸钾、臭氧等氧化剂，使石英砂成熟期缩短到15d以内，已是一项可用于生产的技术。

另一个发展方向，是以人造锰砂（改性滤料）替代天然锰砂。中华人民共和国成立初期，化学药品昂贵，使天然锰砂有明显优势，现在化学工业发达，人造锰砂制作价格比较天然锰砂已有优势，所以已经到了以人造锰砂替代天然锰砂的时候。迄今，国内外对用于除锰的改性滤料的研究已有许多。利用各种化学药品对滤料进行改性。用于改性的材料有石英砂、无烟煤、沸石、蛭石、火山岩、活性炭、硅氮素、凹凸棒石、蓝玛瑙、生物等物质。

此外，将膜技术用于除铁除锰，无疑也是一个发展方向。这些都为除铁除锰技术的发展提供了广阔发展前景。

本章参考文献

[1] 鲍志戎，孙书菊，王国彦，等. 自来水厂除锰滤砂的催化活性分析 [J]. 环境科学，1997 (1)：38~41.

[2] 曹昕. 铁锰复合氧化物催化氧化去除地下水中氨氮研究 [D]. 西安：西安建筑科技大学，2015.

[3] 陈天意，陈志和，金树峰，等. pH对滤池处理高浓度铁、锰及氨氮地下水的影响 [J]. 中国给水排水，2015，31 (23)：5~9.

[4] 宫喜君. 东北小村镇地区地下水中铁锰氨氮去除试验研究 [D]. 长春：吉林大学，2015.

[5] 顾鼎言. 表面曝气河砂过滤除铁 [J]. 建筑技术通讯（给水排水），1978 (1)：7~8.

[6] 哈尔滨建筑工程学院（李圭白执笔）. 地下水除铁 [M]. 北京：中国建筑工业出版社，1977.

[7] 哈尔滨建筑工程学院，大庆油田. 单井充氧回灌地层除铁试验研究 [J]. 建筑技术通讯（给水排水），1982 (2)：16~21.

[8] 李圭白，梁恒，余华荣，等. 锰质活性滤膜化学催化氧化除锰机理研究 [J]. 给水排水，2019，55 (5)：6~10，75.

[9] 李圭白，刘超，范懋功. 地下水除锰技术 [R]. 中国建筑科学研究院情报研究所，1989.

[10] 李圭白，刘超. 地下水除铁除锰 [M]. 第2版. 北京：中国建筑工业出版社，1989.

[11] 李圭白，虞维元. 天然锰砂除铁法试验研究 [J]. 哈尔滨建筑工程学院学报，1963 (4).

[12] 李圭白. 对"曝气-石英砂过滤法除铁的调研和试验"一文的几点看法 [J]. 建筑技术通讯（给水排水），1981 (3).

[13] 李圭白. 关于用自然形成的锰砂除锰的研究 [J]. 哈尔滨建筑工程学院学报，1979 (1)：60~65.

[14] 李圭白. 接触催化除铁的人造"锈砂"滤料 [J]. 给水排水，1976 (2).

[15] 李圭白. 天然锰砂除铁的机理 [J]. 哈尔滨建筑工程学院学报，1974 (1).

[16] 李圭白. 天然锰砂除铁滤层的设计和计算 [J]. 建筑技术通讯，1973 (6)：36~42.

[17] 李圭白. 天然锰砂除铁设备的设计原则 [J]. 建筑技术通讯（给水排水），1975 (1)：1~8.

[18] 刘灿生. 关于地下水接触氧化法除铁若干问题的试验研究 [D]. 哈尔滨：哈尔滨建筑工程学院，1981.

[19] 刘灿生. 我国地下水除铁除锰技术发展简史［G］// 崔福义主编. 贺李圭白院士八十寿辰水科学与技术学术报告会论文集. 北京：中国建筑工业出版社，2010.

[20] 刘超，陶子顺，高书环. 含铁锰较高地下水处理的几个问题［J］. 建筑技术通讯（给水排水），1982（2）：21～25.

[21] 刘德明，徐爱军，李维，等. 鞍山市大赵台地下水除锰机理试验［J］. 中国给水排水，1990（4）：42～49.

[22] 沈志恒，杜茂安. 曝气天然锰砂接触氧化法除锰试验研究［J］. 哈尔滨建筑工程学院学报，1982（3）：63～70.

[23] 孙成超. 高锰酸钾快速启动接触氧化除锰滤池及处理效能［D］. 哈尔滨：哈尔滨工业大学，2019.

[24] 王志石. 关于地下水自然氧化法除铁若干问题的试验研究［D］. 哈尔滨：哈尔滨建筑工程学院，1980.

[25] 杨威，倪小溪，余华荣，等. Fe^{2+} 对单级除铁除锰滤池除锰成熟期的影响［J］. 中国给水排水，2017，33（7）：6～10.

[26] 杨威，张莉莉，余华荣，等. 滤料材质及二价铁污染对除铁除锰的影响［J］. 哈尔滨商业大学学报：自然科学版，2018，34（5）：545～550.

[27] 张吉库，张凯，傅金祥，等. 地下水除锰的生物作用试验［J］. 沈阳建筑大学学报：自然科学版，2015（6）：719～722.

[28] 张杰，杨宏，徐爱军，等. 生物固锰除锰技术的确立［J］. 给水排水，1996（11）：5～10，3.

[29] 张亚峰. 关于地层除铁除锰的研究［D］. 哈尔滨：哈尔滨建筑工程学院，1988.

[30] 赵煊琦. 改性硅铝矿石处理含锰地下水效能及其机理探讨［D］. 哈尔滨：哈尔滨工业大学，2019.

[31] 钟爽，吕聪，王斯佳，等. 接触氧化除锰滤池的快速启动［J］. 化工学报，2011，62（5）：1435～1440.

[32] 仲琳. 锰砂对地下水除锰的化学作用与生物作用效果研究［D］. 哈尔滨：哈尔滨工业大学，2019.

[33] 朱来胜，黄廷林，程亚，等. 地下水中锰对接触氧化滤池快速启动的影响［J］. 中国给水排水，2017，33（21）：6～12.

[34] 高井雄. 接触酸化による新しい除铁法（Ⅰ）、（Ⅱ）［J］. 水道協會雜誌，第 394、396 号（1967）。

[35] BRUINS J H. Manganese Removal from Groundwater：Role of Biological andpHysico-Chemical Autocatalytic Processes［D］. Delft：Delft University of Technology and of the Academic Board of the UNESCO-IHE Institute，2016.

[36] GUO Y M，HUANG T L，WEN G，et al. The simultaneous removal of ammonium and manganese from groundwater by iron-manganese co-oxide filter film：the role of chemical catalytic oxidation for ammonium removal［J］. Chemical Engineering Journal，2017，308：322～329.

第 2 章
天然水中的铁和锰

2.1 水中铁的化学性质

2.1.1 水中铁质的来源

铁在地球表面分布很广。铁在地壳的表层（深至 15m）的含量约为 6.1%，其中二价铁的氧化物约为 3.4%，三价铁的氧化物约为 2.7%，仅次于氧、硅和铝而占第四位。地壳中的铁质多半分散在各种晶质岩和沉积岩中，它们都是难溶性的化合物。这些铁质大量地进入水中，大致通过以下几种途径：

（1）含碳酸的水，对岩层中二价铁的氧化物起溶解作用。在水的循环中，部分降水由地表渗入地下的过程中，一般都要经过富含有机物的表层土壤。土壤中的有机物在微生物的作用下，被分解而产生出大量二氧化碳，这些二氧化碳溶于水中便使地下水含有大量的碳酸。此外，在具有沉积岩的深层地下水中，由于复杂的水文地质化学作用，也常使地下水含有大量的碳酸。

含有碳酸的水在通过地层的过滤过程中，能逐渐溶解岩层中二价铁的氧化物而生成可溶性的重碳酸亚铁：

$$FeO + 2CO_2 + H_2O \Longrightarrow Fe(HCO_3)_2 \qquad (2-1)$$

当岩层中有碳酸亚铁（菱铁矿）存在时，碳酸亚铁在碳酸作用下也能溶解于水：

$$FeCO_3 + CO_2 + H_2O \Longrightarrow Fe(HCO_3)_2 \qquad (2-2)$$

（2）三价铁的氧化物在还原条件下被还原而溶解于水。在富含有机质的地层中，常由于微生物的强烈作用而处于厌氧条件之下。这时，水中的溶解氧被消耗殆尽，而由于有机物的厌氧分解作用，产生出相当数量的硫化氢、二氧化碳和沼气。在这种条件下，地层中的三价铁能被还原为二价铁而溶于水中。三价铁的氧化物被硫化氢还原的过程如下：

$$Fe_2O_3 + 3H_2S \Longrightarrow 2FeS + 3H_2O + S \qquad (2-3)$$

生成的硫化铁在碳酸作用下溶于水中：

$$FeS + 2CO_2 + 2H_2O \Longrightarrow Fe(HCO_3)_2 + H_2S \qquad (2-4)$$

这可能是河漫滩地区地下水中铁质的重要来源。特别是不少河漫滩地区的含铁地下水中含有微量的硫化氢，更证明地层中厌氧还原状态的存在。此外，在湖泊、水库底层有机物被微生物分解将水中溶解氧耗尽，也会出现厌氧状态，使三价铁被还原为二价铁而溶于水中。

（3）有机物质对铁质的溶解作用。有些有机酸能溶解岩层中的二价铁；有些有机物质能将岩层中的三价铁还原成为二价铁而使之溶于水中；还有一些有机物质能和铁质生成复杂的有机铁而溶于水中。

（4）铁的硫化物被氧化而溶于水中。例如：

$$2FeS_2 + 7O_2 + 2H_2O \Longrightarrow 2FeSO_4 + 2H_2SO_4 \tag{2-5}$$

这常是酸性矿水中铁质的主要来源。酸性矿水的含铁浓度可达数百毫克/升，一般不作为工业和城镇的给水水源。

由于地层对地下水的过滤作用，一般地下水中只含有溶解性铁的化合物。根据上述水中铁质的来源，一般含铁水主要含有二价铁的重碳酸盐，此外还有可能含有可溶性的有机铁。水中含有硫酸亚铁的情况十分少见。二价铁的重碳酸盐是较强的电解质，它在水中能够离解：

$$Fe(HCO_3)_2 \Longrightarrow Fe^{2+} + 2HCO_3^- \tag{2-6}$$

二价铁 [Fe(Ⅱ)] 在水中主要是以二价铁离子（Fe^{2+}）的形式存在的。三价铁 [Fe(Ⅲ)] 在 pH>5 时在水中的溶解度很小，一般在水中的含量甚微。

2.1.2　二价铁在不含碳酸盐的水中的溶解度

在不含碳酸盐的水中，二价铁离子能和水中的氢氧根离子生成难溶的氢氧化物，从而限制了二价铁在水中的浓度：

$$Fe^{2+} + 2OH^- \Longrightarrow Fe(OH)_2 \tag{2-7}$$

当氢氧化亚铁在水中的浓度达到饱和平衡时，按照质量作用定律可写出下式：

$$[Fe^{2+}][OH^-]^2 \Longrightarrow K_{Fe(OH)_2} \tag{2-8}$$

式中　$[Fe^{2+}]$——水中二价铁离子的浓度（mol/L）；

$[OH^-]$——水中氢氧根离子的浓度（mol/L）；

$K_{Fe(OH)_2}$——氢氧化亚铁在水中的溶度积常数，其值与温度有关。

水在常温下能微微离解：

$$H_2O \Longrightarrow H^+ + OH^- \tag{2-9}$$

按照质量作用定律，可写出下式：

$$[H^+][OH^-] \Longrightarrow K_w \tag{2-10}$$

式中　K_w——水的离子积常数，其值与温度有关。

将式（2-10）代入式（2-8），整理后可得：

$$[Fe^{2+}] = \frac{[H^+]^2 K_{Fe(OH)_2}}{K_w^2} \tag{2-11}$$

对上式两端取对数，得：

$$lg[Fe^{2+}] = 2lg[H^+] + lgK_{Fe(OH)_2} - 2lgK_w$$

以符号 p 表示负对数值（$-lg$），则有：

$$lg[H^+] = -pH \tag{2-12}$$

$$\lg K_{Fe(OH)_2} = - pK_{Fe(OH)_2} \quad (2\text{-}13)$$

$$\lg K_w = - pK_w \quad (2\text{-}14)$$

上式可改写为以下形式:

$$\lg[Fe^{2+}] = 2pK_w - pK_{Fe(OH)_2} - 2pH \quad (2\text{-}15)$$

此式表明，二价铁在水中的溶解度随 pH 的升高
而迅速减小。

若以 $\lg[Fe^{2+}]$ 为纵坐标，以 pH 为横坐标，
式 (2-15) 在此坐标系中应为一直线，如图 2-1 所
示。

此外，$Fe(OH)_2$ 的离解还产生一系列其他
形式的化合物，如表 2-1 所示。这些相应的反应，
按上述方法在 $\lg[Fe^{2+}]$-pH 坐标系上亦可得到相
应的直线，从而可将 $Fe(OH)_2$ 的固态界限描绘出来，如图 2-1 所示。

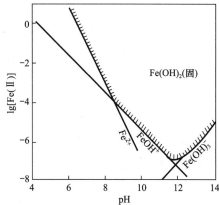

图 2-1　二价铁在不含碳酸盐水中的溶解度

氢氧化亚铁的离解反应式及其平衡常数　　　　　　　表 2-1

反应式	平衡常数 K, 25℃
$H_2O = H^+ + OH^-$	1×10^{-14}
$Fe(OH)_2(固) = Fe^{2+} + 2OH^-$	8×10^{-10}
$Fe(OH)_2(固) = Fe(OH)^+ + OH^-$	4×10^{-10}
$Fe(OH)_2(固) + OH^- = Fe(OH)_3^-$	8.3×10^{-8}

2.1.3　水中其他离子对化学平衡的影响

当水中其他离子的含量高时，化学平衡便会受到影响，这时应用质量作用定律时，不
能直接用离子浓度进行计算，而应改用离子活度来进行计算。

离子活度要比浓度小，其值可以离子浓度和活度系数的乘积表示。以二价铁离子
为例:

$$\alpha_{Fe^{2+}} = f_{Fe^{2+}} \cdot [Fe^{2+}] \quad (2\text{-}16)$$

式中　$\alpha_{Fe^{2+}}$——二价铁离子的活度；

　　　$f_{Fe^{2+}}$——二价铁离子的活度系数；

　　　$[Fe^{2+}]$——二价铁离子的浓度。

离子活度系数与水中的离子强度有关。水中的离子强度可由下式计算:

$$\mu = \frac{1}{2}(C_1 Z_1^2 + C_2 Z_2^2 + C_3 Z_3^2 + \cdots) \quad (2\text{-}17)$$

式中　　　　μ——水中的离子强度；

C_1，C_2，C_3…——水中各种离子的浓度（mol/L）；

Z_1，Z_2，Z_3…——各种离子的价数。

对于含盐量不超过 1000mg/L 的淡水，且水中主要离子为钙、镁，离子强度可近似地
按下式计算;

$$\mu = 0.000022P \tag{2-18}$$

式中 P——水的含盐量（mg/L）。

水中离子的活度系数可由下式计算：

$$\lg f_i = -0.5Z_i^2\left[\frac{\sqrt{\mu}}{1+\sqrt{\mu}} - 0.3\mu\right] \tag{2-19}$$

当 $\mu < 0.005$ 时，上式可简化为以下近似计算式：

$$\lg f_i = -0.5Z_i^2\sqrt{\mu} \tag{2-20}$$

若计及其他离子的影响，即用离子活度来进行计算，式（2-15）便为

$$\lg[Fe^{2+}] = 2pK_w - pK_{Fe(OH)_2} - 2pH + 2\sqrt{\mu} \tag{2-21}$$

2.1.4 天然水中碳酸的平衡

天然含铁水中大都含有碳酸。水中的碳酸与溶解性二氧化碳有下列平衡反应：

$$CO_2 + H_2O \Longrightarrow H_2CO_3 \tag{2-22}$$

水中未离解的碳酸（H_2CO_3）浓度一般只有水中二氧化碳浓度的 0.1% 左右，并且在实际上又不易区别碳酸和二氧化碳，所以习惯上所谓"游离碳酸"或"游离二氧化碳"皆指水中碳酸和二氧化碳的总量而言，其浓度可用符号 $[H_2CO_3]$ 或 $[CO_2]$ 表示。

碳酸是弱酸，它在水中能微微离解。

$$H_2CO_3 \Longrightarrow H^+ + HCO_3^- \tag{2-23}$$

$$HCO_3^- \Longrightarrow H^+ + CO_3^{2-} \tag{2-24}$$

上面第一个反应式称为碳酸的第一级离解，第二个反应式称为碳酸的第二级离解。按照碳酸的两级离解平衡反应，可列出下列关系式：

$$\frac{[H^+][HCO_3^-]}{[H_2CO_3]} = K_1 \tag{2-25}$$

$$\frac{[H^+][CO_3^{2-}]}{[HCO_3^-]} = K_2 \tag{2-26}$$

式中 K_1 和 K_2——碳酸的第一级和第二级离解平衡常数，其值与温度有关。平衡常数列于表 2-2 中。

碳酸（H_2CO_3）、重碳酸根离子（HCO_3^-）和碳酸根离子（CO_3^{2-}）统称为水中的碳酸化合物。水中碳酸化合物的总浓度为：

$$C_z = [H_2CO_3] + [HCO_3^-] + [CO_3^{2-}] \tag{2-27}$$

联立解式（2-25）、式（2-26）和式（2-27）三式，可得三种碳酸化合物浓度的计算式：

$$[H_2CO_3] = \lambda_0 C_z \tag{2-28}$$

$$[HCO_3^-] = \lambda_1 C_z \tag{2-29}$$

$$[CO_3^{2-}] = \lambda_2 C_z \tag{2-30}$$

$$\lambda_0 = 1\Big/\left(1 + \frac{K_1}{[H^+]} + \frac{K_1 K_2}{[H^+]^2}\right) \tag{2-31}$$

$$\lambda_1 = 1\Big/\left(\frac{[H^+]}{K_1} + 1 + \frac{K_2}{[H^+]}\right) \tag{2-32}$$

$$\lambda_2 = 1 / \left(\frac{[H^+]^2}{K_1 K_2} + \frac{[H^+]}{K_2} + 1 \right) \tag{2-33}$$

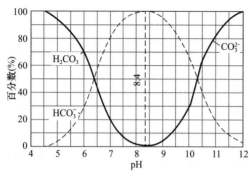

图 2-2　水中碳酸化合物各组分在
总量中所占比例与 pH 的关系

由上式可见，H_2CO_3、HCO_3^- 和 CO_3^{2-} 在碳酸化合物的总量中所占比例，都是氢离子浓度或 pH 的函数。将三者所占比例与 pH 作图，可得图 2-2 所示曲线。

由图 2-2 可见，当 pH<4.5 时，水中几乎只有 H_2CO_3 存在，HCO_3^- 和 CO_2^{2-} 的含量都很少；当 4.5<pH<8.4 时，水中主要是 H_2CO_3 和 HCO_3^-，CO_3^{2-} 的含量甚少，即主要受第一级碳酸离解平衡的控制；当 pH= 8.4 时，水中主要只含有 HCO_3^-，而 H_2CO_3+

CO_2^{2-} 的含量不足 2%；当 pH>8.4 时，水中主要只有 HCO_3^- 和 CO_3^{2-}，而 H_2CO_3 的含量甚少，即主要受第二级碳酸离解平衡的控制。

由于天然含铁水的 pH 都介于 5~8 之间，所以碳酸的第一级离解平衡就特别重要。

碳酸化合物各组分的浓度及其在总量中所占比例，尚与水的温度及含盐量有关，当要进行精确计算时，还需作水温及含盐量的修正。

一般天然水的碱度主要由 HCO_3^-、CO_3^{2-} 和 OH^- 三种组分组成。在进行水质分析时，加酸量的 H^+（即滴定得到的水的碱度）与水中原有的 H^+ 的正电荷，恰好中和了水中 HCO_3^-、CO_3^{2-} 和 OH^- 的负电荷，故可写出下列关系式：

$$[碱] + [H^+] = [HCO_3^-] + 2[CO_3^{2-}] + [OH^-] \tag{2-34}$$

式中　[碱]——水的碱度，其他符号同前。

将上式与式（2-10）、式（2-25）及式（2-26）联立解，可得到水中三种碱度组分的数量的计算式：

$$[HCO_3^-] = \frac{[碱] + [H^+] - \dfrac{K_w}{[H^+]}}{1 + \dfrac{2K_2}{[H^+]}} \tag{2-35}$$

$$[CO_3^{2-}] = \frac{K_2}{[H^+]} \cdot [HCO_3^-] \tag{2-36}$$

$$[OH^-] = \frac{K_w}{[H^+]} \tag{2-37}$$

对于 pH 介于 5~8 的天然含铁水，$K_w/[H^+]<10^{-6}$，$K_2/[H^+]<0.005$，$[H^+]<10^{-5}$，所以

$$[HCO_3^-] \approx [碱] \tag{2-38}$$

而 $[CO_3^{2-}]$ 不足 $[HCO_3^-]$ 的 0.5%，$[OH^-]$ 的含量更少，故在实用上可以忽略不计。

在 pH 为 5~8 范围内，根据碳酸的第一级离解平衡关系式（式 2-25），可得水中二氧

化碳含量的计算式（考虑到其他离子的影响）：

$$[CO_2] = [碱] \cdot 10^{pK_1 - pH - 0.5\sqrt{\mu}} \tag{2-39}$$

或 pH 的计算式；

$$pH = pK_1 - 0.5\sqrt{\mu} - \lg \frac{[CO_2]}{[碱]} \tag{2-40}$$

由于天然水的碱度和 pH 都能比较准确地测定，所以式（2-39）可供计算水中二氧化碳含量之用。图 2-3 为计算水中二氧化碳含量的算图。

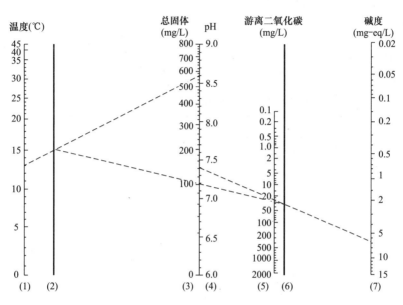

图 2-3　求水中二氧化碳含量的算图

【例题 2-1】　含铁地下水的 pH＝7.4，碱度为 6.5mg-eq/L，水温为 13℃，总固体为 570mg/L，用图 2-3 的算图计算水中游离二氧化碳的含量。

【解】　将温度算尺（1）上的 13℃一点与总固体算尺（3）上的 570mg/L 一点用直线连接，与（2）相交；再将 pH 标尺（4）上的 7.4 一点与碱度标尺（7）上的 6.5mg-eq/L 一点用直线连接，与（6）相交；将（2）和（6）上的两个交点用直线连接，与游离二氧化碳标尺（5）相交，交点的读值即为要求的游离二氧化碳的含量 29mg/L。

2.1.5　二价铁在含碳酸盐的水中的溶解度

二价铁离子在含碳酸盐的水中，能与碳酸根离子化合，生成难溶于水的碳酸亚铁：

$$Fe^{2+} + CO_3^{2-} \xrightarrow{} FeCO_3 \tag{2-41}$$

当水中碳酸亚铁达到饱和时，按照质量作用定律，可写出下列关系式：

$$[Fe^{2+}][CO_3^{2-}] = K_{FeCO_3} \tag{2-42}$$

式中　K_{FeCO_3}——$FeCO_3$ 的溶度积常数，其值与水的温度有关，25℃时的值见表 2-2。

从式（2-26）和式（2-42）中消去 $[CO_3^{2-}]$，整理后得水中 $[Fe^{2+}]$ 的计算式：

$$[Fe^{2+}] = \frac{K_{FeCO_3}[H^+]}{K_2[HCO_3^-]} \tag{2-43}$$

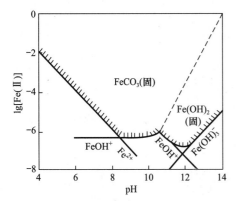

图 2-4　二价铁在含碳酸盐的水中的溶解度
水中碳酸化合物的总量为 $5×10^{-3}\,mol/L$

如将对含盐量的修正引入，并将式（2-38）代入，再对全式取对数，整理后得：

$$Lg[Fe^{2+}]=pK_2-pK_{FeCO_3}-pH-$$
$$lg[碱]+2.5\sqrt{\mu} \qquad (2-44)$$

此式表明，因受碳酸亚铁溶解度的控制，水中 Fe^{2+} 的溶解度随 pH 的升高而迅速降低。此式在 $lg[Fe^{2+}]-pH$ 坐标系上为一直线，如图 2-4 所示。

表 2-2 中为二价铁在含碳酸盐水中的各种反应式及其相应的平衡常数。

二价铁在含碳酸盐水中的各种反应式及其平衡常数　　　　表 2-2

反应式	平衡常数 K，25℃
$H_2CO_2 \Longrightarrow H^+ + HCO_3^-$	$4.45×10^{-7}$
$HCO_2^- \Longrightarrow H^+ + CO_3^{2-}$	$4.69×10^{-11}$
$FeCO_2(固) \Longrightarrow Fe^{2+} + CO_3^{2-}$	$5.7×10^{-11}$
$FeCO_2(固)+OH^- \Longrightarrow FeOH^+ + CO_3^{2-}$	$3.15×10^{-5}$
$FeCO_2(固)+2OH^- \Longrightarrow Fe(OH)_2 + CO_3^{2-}$	—

表中第四个和第五个反应式的有关二价铁的溶解度线综合绘于图 2-4 中，可描绘出碳酸亚铁 $[FeCO_3]$ 的固态边界线。

在含碳酸盐的水中，二价铁的溶解度同时还受氢氧化亚铁 $[Fe(OH)_2]$ 的溶度积的控制。所以，对于每一 pH，比较由碳酸亚铁控制和由氢氧化亚铁控制的二价铁的溶解度，而以较低者作为二价铁溶解度的控制值。为便于进行全面的比较，将图 2-1 的溶解度曲线合绘于图 2-4 上。由图可见，当水的 pH<10.5 时，一般由碳酸亚铁控制将得到较低的二价铁的溶解度；当水的 pH>10.5 时，由氢氧化亚铁控制将得到较低的二价铁的溶解度。当然，当水的温度、含盐量以及碱度等变化时，上述分界点的 pH 亦会相应地增减。

由于天然含铁水的 pH 都介于 5~8 之间，所以水中二价铁的溶解度将受碳酸亚铁的控制。

【例题 2-2】　地下水的碱度为 2mg-eq/L，含盐量为 220mg/L，水温为 25℃，当水的 pH 在 5~8 范围时，水中二价铁的溶解度为多少？

【解】　已知 $[碱]=2mg-eq/L=2×10^{-3}\,g-eq/L$，则 $lg[碱]=-2.699$；$P=220mg/L$，$\mu=0.000022×P≈0.0049$，$\sqrt{\mu}=0.07$，$2.5\sqrt{\mu}=0.175$；$K_2=4.69×10^{-11}$，$pK_2=10.318$；$K_{FeCO_3}=5.7×10^{-11}$，$pK_{FeCO_3}=10.243$。将以上各值代入式（2-44），得：

$$lg[Fe^{2+}]=pK_2-pK_{FeCO_3}-lg[碱]+2.5\sqrt{\mu}-pH$$
$$=10.318-10.243+2.699+0.175-pH$$
$$=2.949-pH$$

由此式可求得水温为 25℃，不同 pH 时的二价铁的溶解度，如表 2-3 所示。

不同 pH 时二价铁的溶解度（水温 25℃） 表 2-3

pH	lg $[Fe^{2+}]$	$[Fe^{2+}]$(mol/L)	$[Fe^{2+}]$(mg/L)
5.0	3.949	8.9×10^{-3}	500
5.5	3.449	2.8×10^{-3}	160
6.0	4.949	8.9×10^{-4}	50
6.5	4.449	2.8×10^{-4}	16
7.0	5.949	8.9×10^{-5}	5
7.5	5.449	2.8×10^{-5}	1.6
8.0	6.949	8.9×10^{-6}	0.5

对于另外的水质，二价铁在水中的溶解度将与上述数据有所不同。例如，当水的碱度为 10mg-eq/L，含盐量为 800mg/L，水温为 25℃时，可得计算式：

$$lg[Fe^{2+}] = 2.405 - pH$$

按此式计算结果列于表 2-4。

不同 pH 时二价铁的溶解度 表 2-4

pH	$[Fe^{2+}]$(mg/L)	pH	$[Fe^{2+}]$(mg/L)
5.0	140	7.0	1.4
5.5	45	7.5	0.45
6.0	14	8.0	0.14
6.5	4.5	—	—

由上述计算可知，pH 愈高，二价铁的溶解度愈小。当 pH＞8.0 时，一般地下水中二价铁的浓度已不足为害，所以含铁地下水的 pH＞8.0 的是极为罕见的，pH＞7.5 的也少见。当 pH＞7.0 时，一般地下水的含铁量都不高，大都低于 5mg/L。只有当 pH＜7.0 时，才比较多地遇到含铁量较高的地下水，我国的含铁地下水的 pH＜6.0 的是罕见的，根据上述计算，当 pH≥6 时，二价铁在水中的溶解度最高可达数十毫克/升。

根据我国数十例含铁地下水水质整理出来的铁的浓度以及 pH 的分布情况列于表 2-5。

我国部分地下水的含铁量以及 pH 的分布情况 表 2-5

水的 pH / Fe(mg/L)	＜6.0	6.0～6.5	6.5～7.0	7.0～7.5	＞7.5
＜5	2	6	6	11	2
5～10	—	7	5	1	—
10～20	—	4	8	—	—
＞20	—	1	4	—	—

注：表中数字为不同含铁量地下水在不同 pH 情况下出现的处数。

在实际中，有时能观察到地下水中铁含量的过饱和现象，即水中实际的含铁量大于上述理论计算的二价铁的溶解度。这可能是由于含铁地下水的水质正处于不稳定的变化阶段，从而使水中铁的沉淀过程没有达到平衡状态，以致水中的铁出现过饱和现象。例如，两种不同水质的水相混合，便能使水中的铁过饱和。

【例题 2-3】 地下水Ⅰ、地下水Ⅱ的水质和两种水以等比例相混合的水质，如表 2-6 所示。试问混合水中的铁是否过饱和？

两种地下水混合前和混合后的水质 表 2-6

水的种类	Fe^{2+}（mg/L）	pH	HCO_3^-（mg/L）	CO_2（mg/L）	水温（℃）
地下水Ⅰ	15	6.57	33	15	25
地下水Ⅱ	0	7.37	215	15	25
混合水	7.5	7.14	124	15	25

【解】 根据混合水的水质，可以用式（2-45）计算出二价铁在水中的平衡浓度应为 3.4mg/L，但混合水的含铁量却为 7.5mg/L，属过饱和。

在实际中，有时不同深度含水层的水质是不同的。而管井则常从不同深度的含水层中同时取水，所以汲取上来的水事实上是各含水层的混合水。这时若发现混合水中的铁含量过饱和，并不能说明各含水层的水中铁含量也是过饱和的。此外，在进行地下水的水质分析时，还有可能出现由于测得不准，而误认为水中铁含量过饱和。例如，对地下水的 pH 有时就不易测准。当地下水从高压地层中汲取上来时，伴随着压力的急剧降低，水中的二氧化碳会部分地逸出散失，水的 pH 便会相应升高。采取地下水的水样时，如不能马上进行分析测定（如送至化验室），则测出的 pH 可能和真实值不相同。所以，对于地下水中铁含量的过饱和现象，需要仔细地分析研究后才能确定。

水中的二价铁离子还能与重碳酸根离子生成分子状态的重碳酸亚铁，分子状态的重碳酸亚铁也能离解为二价铁离子和重碳酸根离子：

$$Fe(HCO_3)_2 \longrightarrow Fe^{2+} + 2HCO_3^- \qquad (2\text{-}45)$$

$$\frac{[Fe^{2+}][HCO_3^-]^2}{[Fe(HCO_3)_2]} = K_{Fe(HCO_3)_2} \qquad (2\text{-}46)$$

式中 $K_{Fe(HCO_3)_2}$——离解平衡常数，$K_{Fe(HCO_3)_2} = 3.16 \times 10^{-5}$（10℃）。所以水中同时存在着分子态的 $Fe(HCO_3)_2$ 和离子态的 Fe^{2+}。重碳酸亚铁的离解度为：

$$\varphi = \frac{[Fe^{2+}]}{[Fe(HCO_3)_2] + [Fe^{2+}]} \qquad (2\text{-}47)$$

将式（2-45）和式（2-25）代入，并考虑其他离子的影响，整理后得：

$$\varphi = \frac{K_{Fe(HCO_3)_2}}{K_{Fe(HCO_3)_2} + K_1^2 [CO_2]^2 \cdot 10^{2pH - \sqrt{\mu}}} \qquad (2\text{-}48)$$

由式（2-48）可见，重碳酸亚铁在水中的离解度主要与水的 pH 以及二氧化碳浓度有关，图 2-5 为水温为 10℃，水中离子强度 $\mu = 0.0045$ 时的情况。

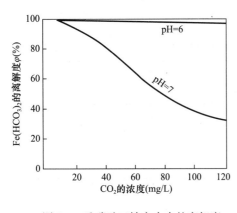

图 2-5 重碳酸亚铁在水中的离解度

2.1.6 三价铁在水中的溶解度

水中的三价铁离子能和水中的氢氧根离子化合成溶解度极小的氢氧化铁。氢氧化铁分级离解，能生成各种中间产物，其反应式和平衡常数如表 2-7 所示。

氢氧化铁的离解反应式及其平衡常数　表 2-7

反应式	平衡常数 K，25℃
$Fe(OH)_3(固) \Longrightarrow Fe^{3+} + 3OH^-$	6.6×10^{-38}
$Fe(OH)_3(固) \Longrightarrow FeOH^{2+} + 2OH^-$	2.57×10^{-23}
$Fe(OH)_3(固) \Longrightarrow Fe(OH)^{2+} + OH^-$	5.13×10^{-17}
$Fe(OH)_3(固) + OH^- \Longrightarrow Fe(OH)_4^-$	大约 10^{-5}

表中所列各反应式亦可绘于 $\lg(Fe^{3+}) - pH$ 坐标图中，得到氢氧化铁 $[Fe(OH)_3]$ 的固相边界线，它能表示出在不同 pH 水中三价铁的溶解度，如图 2-6 所示。

由图 2-6 可见，当水的 pH＝4.0 时，水中三价铁的溶解度约为 0.05mg/L。当 pH＞4.0 时，水中三价铁的浓度将更小，所以对于 pH 为 5～8 的天然含铁水，可以认为实际上不含有溶解性的三价铁。

当水中有溶解氧存在时，水中的二价铁易于氧化为三价铁：

$$4Fe^{2+} + O_2 + 2H_2O \Longrightarrow 4Fe^{3+} + 4OH^- \tag{2-49}$$

氧化生成的三价铁，因在水中的溶解度极小，故以氢氧化铁形式由水中沉淀析出。所以天然含铁水中应该不含有溶解氧，这是水中二价铁能稳定存在的必要条件。

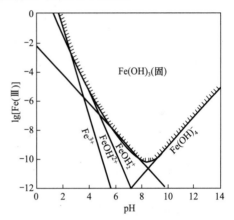

图 2-6　三价铁在水中的溶解度

2.1.7　地下水中铁的氧化还原平衡

水中的二价铁和三价铁之间的氧化还原反应，都有着相应的氧化还原电位。例如，Fe^{2+} 和 Fe^{3+} 的氧化还原反应为：

$$Fe^{3+} + e \Longrightarrow Fe^{2+} \tag{2-50}$$

式中 e 为电子，其氧化还原电位可以下式表示：

$$E_h = E_o + 2 \times 10^{-4} T \lg \frac{[Fe^{3+}]}{[Fe^{2+}]} \tag{2-51}$$

式中　E_h——Fe^{2+}/Fe^{3+} 的氧化还原电位 (V)；

E_o——Fe^{2+}/Fe^{3+} 的标准氧化还原电位，即当 $[Fe^{2+}]=[Fe^{3+}]$ 时的氧化还原电位 (V)；

T——绝对温度 (K)。

水中的二价铁和三价铁还有以下的氧化还原反应：

$$Fe(OH)^{2+} + H^+ + e \Longrightarrow Fe^{2+} + H_2O \tag{2-52}$$

$$Fe(OH)_3(固) + 3H^+ + e \Longrightarrow Fe^{2+} + 3H_2O \tag{2-53}$$

$$Fe(OH)_3(固) + CO_3^{2-} + 3H^+ + e \Longrightarrow FeCO_3(固) + 3H_2O \tag{2-54}$$

$$Fe(OH)_3(固) + H^+ + e \Longrightarrow Fe(OH)_2(固) + H_2O \tag{2-55}$$

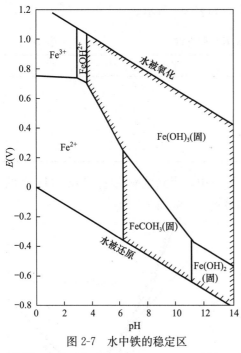

图 2-7 水中铁的稳定区

p[碱]$=2.0$；p[Fe]$=4.4$；$\mu=0.0143$；水温$=13℃$

上述二价铁和三价铁的各种氧化还原反应平衡，均综合绘于稳定区图中（图 2-7）。稳定区图以氧化还原电位 E_h 为纵轴、以 pH 为横轴绘出，图中的任一线上，两种离子的浓度（更准确一些应为活度）之比都为 1；阴影面积的边界线表示固态形式和离子形式之间的平衡。此图是在一定的水质条件下绘出的，即与一定的水温、水的含盐量、水的碱度、水的含铁量等相对应。图中 p[碱] 为碱度的负对数，p[Fe^{2+}] 为含铁量的负对数，碱度和含铁量皆以 g-eq/L 计。

稳定区图建立了铁质各种形态及其溶解度与氧化还原电位 E_h、pH、水的碱度等参数之间的关系，它能给出氢离子浓度和氧化还原电位的变化如何改变各种状态下的各种铁质的平衡，并指出在任何确定状态下哪种铁的化合物占优势。例如，含铁地下水在地层中常处于还原状态，其氧化还原电位较低；当地下水被抽至地面与空气接触，由于氧气溶于水中，使电位升高至 $0.35\sim0.50$V，在 pH$=6\sim8$ 范围内，水中稳定的铁质形态常为氢氧化铁，这时水中二价铁将氧化生成氢氧化铁，即由不稳定状态向稳定状态转化。

稳定区图在很广的范围内综合了水中铁的化学性质的概况，它对了解和研究水中铁的性质显然十分有用。

2.1.8 含铁地下水的水质及其变化

含铁地下水中的含铁量，不但在不同地区有差别，而且即使在同一地区也可能有相当的不同。例如，齐齐哈尔市的浅层地下水的含铁量高达 $15\sim30$mg/L，但深层地下水的含铁量却只有 $2\sim4$mg/L。又如佳木斯市的地下水都取自同一含水层，但不同取水地点的含铁量却有很大差异，有的高达 $20\sim25$mg/L，有的则只有 $2\sim6$mg/L，且自东向西有逐渐增高的趋势。表 2-8 为武汉地区地下水含铁量的分布情况。地下水的含铁量在深度上和在平面上分布的不均匀性，反映了地下水中铁生成过程的复杂性，也反映了某些局部条件对地下水中的铁生成影响很大。

武汉地区地下水含铁量的分布情况 表 2-8

含铁量（mg/L）	<5	5~10	10~20	>20	总计
出现处数	3	10	11	2	26
百分数	12%	38%	42%	8%	100%

地下水的含铁量一般是比较稳定的，甚至有的一年四季都稳定不变或多年基本稳定不变；但亦有随季节而变的或逐年增加的，特别是埋藏较浅的地下水，其变化情况一般是丰水期含铁量趋于减小，枯水期含铁量趋于增大。例如，黑龙江省铁力市的浅层地下水的含铁量

夏季为 6～8mg/L，冬季为 16～20mg/L。用作给水水源的含铁地下水经除铁处理后还要满足工业及民用用水的其他各项要求。而且，其分析化验资料应该能为除铁方法的选择提供参考。

表 2-9 为一些含铁地下水的水质资料。

部分地区含铁地下水的水质　　　　　　　　表 2-9

地名		Fe (mg/L)	Mn (mg/L)	pH	游离二氧化碳 (mg/L)	碱度 (mg/L)	硬度 (mmol/L)	SiO_2 (mg/L)	硫化物 (mg/L)	耗氧量 (mg/L)	水温 (℃)	溶解固体 (mg/L)
黑龙江	哈尔滨	1.6	1.3	7.0	85	7.1	3.6	24.0	—	2.5	9	578
	阿城	0.5	1.4	7.2	48	6.5	2.5	32.0	0.43	—		
	齐齐哈尔	1～7	0.1～1.0	6.6～6.9	40～60	3.4～3.8	0.9～1.2	20	0.1～0.5	0.5～1.8	7	150～500
	大庆	0.8	0.3	7.5	26	8.8	2.4	—		3.4	8	1033
	佳木斯	12.5	1.0	6.5	42	2.15	0.8	18	痕量	2.1	6	172
	铁力	9.0	0.8	6.2	60	6.7	—			5.3		
	德都	28.0	7.4	6.1	580	20.3	6.1	62.5		0.6		
	拉林	5	1.3	7.1	—	6.3	2.9	24		4.7		360
	牡丹江	23	1.5	6.8	—	2.8	2.1					
	虎林	4.7	0.64	6.5	50	3.2	1.3	34～44		5.2		213
吉林	长春	27	5.0	5.7	70	0.89	2.9	26		—		
	九台	14	9.3	6.5	79	8.5	3.8	33	1.7	1.7		
	吉林	12	4.0	7.0	46	6.4	2.2	36	—	6.5		
	海龙	7.0	11.0	6.9	42	3.2	1.16	18	2.5	4.4		
	营城	17	2.8	6.8	21	3.2	0.94	1.6	未检出	1.2		
	伊通	11.7	6.5	6.6	—	3.1	3.57	12				
辽宁	新民	5～9	1～1.5	6.6	96	10.9	4.2	16	2.0	1.9		
	辽中	7.0	0.2	6.5	75	4.1	1.60	—		1.9	13	305
	营口	—	5.6	6.7	68	8.8	8.4	20		0.6		
山东	济南	0.56	—	7.4	—	3.4	1.84	—		0.4	18	228
	淄川	0.91	—	7.3	—	4.2	3.6	—		1.2	16	438
河南	新乡	0.8	0.12	7.1	50	6.9	3.3	17.6		0.75	16.5	562
宁夏	银川	4.0	—	7.6	—	5.2	3.1	—		1.44		542
四川	成都	2	—	7.1	20	5.6	2.9	—		0.96		419
	丹棱	14.0	0.4	6.7	63	5.4	1.5	80	1.53			
	汉寿	8.4	1.2	6.0	18.3	1.95	0.7	—				
	万县	4.0	1.0	7.0	40	3.3	6.5	24	1.09			
湖北	沙市	15	0	7.0	24.1	5.0	3.7					566
	武汉	20	—	6.8	109	11.5	6.1	—			18.5	674
	岳阳	3.5	0.04	5.4	80	0.24	0.2	—		—	20	38
	沅江	10	—	6.9	25	1.93	1.1			0.91		211
	襄樊	2.0	2.4	7.0	52	105	—	8.0	未检出			
江西	上饶	3.0	0.36	6.5	40	1.6	—	24	未检出			
广西	南宁	15	1.4	6.45	53	2.0	0.8	28	0.68			
广东	湛江	2.7	0.7	6.85	33	2.2	0.3	38	0.17	1.01		
福建	漳州	10	1.5	6.5	42	1.7	0.3	33				

2.1.9 天然水中铁的形态

前已述及，天然地下水中铁的主要形态为二价铁离子（Fe^{2+}）。但是，在生产实际中，常用铁的假想化合物，例如重碳酸亚铁 [$Fe(HCO_3)_2$] 和硫酸亚铁（$FeSO_4$）等来表示水中铁的存在形态。根据现代的溶液理论，重碳酸亚铁、硫酸亚铁等在水中能离解成 Fe^{2+} 和 HCO_3^-、Fe^{2+} 和 SO_4^{2-}，因此我们称重碳酸亚铁、硫酸亚铁等为水中铁的假想化合物。下面介绍判别水中的铁是重碳酸亚铁还是硫酸亚铁的方法。

天然含铁水一般主要含有七种离子，即四种阳离子（Fe^{2+}、Ca^{2+}、Mg^{2+}、$Na^+ + K^+$，其中 Na^+ 和 K^+ 一般都合起来计算，故可当作一种离子看待）和三种阴离子（HCO_3^-、SO_4^{2-} 和 Cl^-），其他离子的含量一般都很小。如果水中各种离子的浓度都以 mg-eq/L（或毫克当量百分数）表示，那么水中阳离子的总毫克当量数应该和阴离子的总毫克当量数相等。将阳离子按 Fe^{2+}、Ca^{2+}、Mg^{2+}、$Na^+ + K^+$ 的顺序排列，以 mg-eq/L（或毫克当量百分数）为尺度作图；将阴离子按 HCO_3^-、SO_4^{2-}、Cl^- 的顺序排列，以 mg-eq/L（或毫克当量百分数）为尺度作图，将阳离子和阴离子的尺度图并列在一起，凡阳、阴离子重叠的部分，便是相应的假想化合物。

【例题 2-4】 含铁地下水中主要的阳、阴离子的浓度如下：Fe^{2+} 0.65mg-eq/L(18mg/L)，Ca^{2+} 2.00mg-eq/L，Mg^{2+} 0.25mg-eq/L，$Na^+ + K^+$ 0.9mg-eq/L；HCO_3^-（碱度）3.06mg-eq/L，SO_4^{2-} 0.4mg-eq/L，Cl^- 0.34mg-eq/L。试问水中有哪些假想化合物？

【解】 图 2-8 即为水中主要阳、阴离子的尺度。按图中阳、阴离子的重叠部分，可写出下列假想化合物的名称及含量：

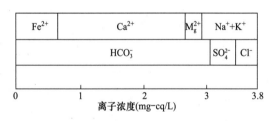

Fe^{2+}	Ca^{2+}	M_g^{2+}	$Na^+ + K^+$
	HCO_3^-		SO_4^{2-}	Cl^-

0 1 2 3 3.8
离子浓度(mg-eq/L)

图 2-8 水中主要阳、阴离子的尺度

$Fe(HCO_3)_2$	0.65mg-eq/L
$Ca(HCO_3)_2$	2.00mg-eq/L
$Mg(HCO_3)_2$	0.25mg-eq/L
$(Na+K)HCO_3$	0.16mg-eq/L
$(Na+K)_2SO_4$	0.40mg-eq/L
$(Na+K)Cl$	0.34mg-eq/L

由上可知，要判断二价铁的假想化合物形态，事实上只需将 [Fe^{2+}]mg-eq/L 与 [HCO_3^-]mg-eq/L 进行比较便可以了。

当 [Fe^{2+}]＜[HCO_3^-] 时，水中只有 $Fe(HCO_3)_2$，其浓度等于 [Fe^{2+}]。

当 [Fe^{2+}]＞[HCO_3^-] 时，水中除有 $Fe(HCO_3)_2$ 外，还有 $FeSO_4$。$Fe(HCO_3)_2$ 的浓度等于 [HCO_3^-]，$FeSO_4$ 的浓度等于 [Fe^{2+}]－[HCO_3^-]。

对于一般用作给水水源的含铁地下水（pH＝5～8），水中二价铁（Fe^{2+}）的浓度很少有高于 1mg-eq/L(28mg/L) 的，同时水中的碱度（HCO_3^-）又很少有低于 1mg-eq/L 的。所以天然含铁地下水通常只含有重碳酸亚铁，而既含有重碳酸亚铁同时又含有硫酸亚铁的情况是极罕见的。事实上，只有在 pH＜5.0 的酸性矿水中，才会含有相当数量的硫酸亚铁。

天然水中的有机物常能对二价铁的氧化起阻碍作用，特别是当有机物与铁结合成稳定的化合物时，常使二价铁的氧化异常困难。这种铁一般称为有机铁。迄今，对水中有机铁的研究尚十分有限，特别是还没有一种能判别水中是否存在有机铁的方法，这就给实际工作带来很大困难。水中可能存在有机铁的条件是：

1）水中含有大量有机物。天然水中的有机物一般可以耗氧量、水的色度以及蒸发残渣烧灼减重等指标来表示。但是，由于天然水中有机物的组成十分复杂，其含量与上述指标并不成比例关系，所以这些水质指标只能定性地（而不是定量地）表示水中有机物的含量。

2）水的色度很高。天然水中的有机物多具有色度，特别是若与铁结合成有机铁，常使水具有很高的色度。但是，地下水中有时也含有无色的有机物。

3）浅层地下水。

4）水中总含铁量与离子态铁的含量的差值很大。

但是，关于天然含铁水的水质分类，仍是个值得探讨的问题，迄今为止这方面的研究是不足的。一般，处理方法与水质有关，并且每一种处理方法又都有其难处理的水质，所以水质分类也与处理方法有关。例如：当 $[HCO_3^-] \geqslant [Fe^{2+}]$ 时，水中只有 $Fe(HCO_3)_2$ 存在，这对氧化法除铁而言，假想与 Fe^{2+} 化合的 $[HCO_3^-]$ 恰能中和 Fe^{2+} 氧化水解产生的酸，所以采用"重碳酸亚铁型水"说法的意义只是为了说在 Fe^{2+} 氧化水解时水中存在能与之起中和作用的碱 $[HCO_3^-]$。同样，当 $[HCO_3^-] < [Fe^{2+}]$ 时，水中除含有 $Fe(HCO_3)_2$ 外，还含有 $FeSO_4$，这对氧化法除铁而言，假想与 SO_4^{2-} 化合的 Fe^{2+} 氧化水解时所产生的酸无法被中和，这会使水的 pH 在除铁过程中大大降低，导致除铁效果恶化，所以采用"硫酸亚铁型水"说法的意义只是为了说在 Fe^{2+} 氧化水解时水中不存在能与之起中和作用的碱。这种水质分类方法显然对氧化法除铁是有意义的，但对非氧化法除铁便没有意义。如对离子交换法、亚铁沉淀法、稳定处理法等已无意义。所以，将铁质区分为重碳酸亚铁和硫酸亚铁，只是在氧化法除铁这个范畴内的水质分类方法，而对"天然水除铁"这个总概念而言，这种分类方法不具有普遍意义。

笔者认为，从"天然水除铁"这个总概念范畴出发，应将重碳酸亚铁和硫酸亚铁统称为"离子态亚铁"（Fe^{2+}），作为地下水中铁的基本形态之一。因为"离子态亚铁"不仅如实地反映出水中 Fe^{2+} 的存在情况，并且一切可用于去除 Fe^{2+} 的除铁方法，在原理上也都是从 Fe^{2+} 出发的。例如，氧化法使 Fe^{2+} 氧化为 Fe^{3+}，离子交换法以树脂中的 Na^+ 或 H^+ 代换水中的 Fe^{2+}，亚铁沉淀法使 Fe^{2+} 生成 $Fe(OH)_2$ 或 $FeCO_3$ 由水中沉淀析出，稳定处理法使 Fe^{2+} 与磷酸盐生成稳定的络离子，等等。当然，非离子态的有机铁，也应作为基本形态。所以，一般地说，地下水中的铁有离子态亚铁、有机铁等几种。

关于铁的假想化合物形态，虽是一种传统习惯说法，但不是铁的理想表示方法，并且还易于使人概念不清。例如，对氧化法除铁而言，硫酸亚铁这种假想化合物形态，只是说水中碱度不足，只要向水中投加碱剂，即可正常进行处理，但一提"硫酸亚铁"形态，反而使人不知应该如何处理为好；若作为一种特殊水质称其为"碱度不足的含铁水"，似较"含硫酸亚铁的水"更为确切明了。同样，重碳酸亚铁本来就是分布最广的含铁地下水质，似乎没有必要再提出"重碳酸亚铁"以示与"离子态亚铁"相区别。可见，目前关于铁的假想化合物形态的分类方法，是不够完善的。

2.2　天然水中锰的化学性质

1774 年瑞典化学家加恩（J. G. Gahn）用软锰矿与木炭和油的混合物一起加热，首次游离得到锰（Manganese）。锰在地壳层的丰度是 0.1%，占第十二位，在过渡元素中排第三位，仅次于铁和钛。锰广泛分布在自然界中，存在于 300 多种不同的矿物中，具有商业重要性的大约 12 种。最具有商业价值的是软锰矿 MnO_2、黑锰矿 Mn_3O_4、菱锰矿 $MnCO_3$。近年来发现在巨大面积的海洋中存在有约 10^{12} t 以上的锰结核（是含有 Cu、Co、Ni 等多种重要金属氧化物的多金属结核状资源，其主要成分是锰，含锰 25% 左右，是陆地锰矿含量的 2 倍）。锰结核是因为矿石风化，以其氧化物胶体颗粒被冲入海底聚集压缩而形成的。

2.2.1 天然水中锰的来源

天然水中的锰，通常是由于岩石和矿物中锰的氧化物、硫化物、碳酸盐、硅酸盐等溶解于水所致。例如，含二价锰的菱锰矿（$MnCO_3$）溶于含碳酸的水中：

$$MnCO_3 + CO_2 + H_2O \Longrightarrow Mn(HCO_3)_2 \tag{2-56}$$

高价锰的氧化物，如水锰矿（$MnOOH$）、软锰矿（MnO_2）、黑锰矿（Mn_3O_4）等，在缺氧的还原环境中，能被还原（还原剂为硫化氢等）为二价锰而溶于含碳酸的水中。如在湖泊和水库的底层会出现厌氧环境。此外，在富含有机物（如腐质酸等）的水中，还可能存在有机锰。

水中的锰可以有从正二价到正七价的各种价态，但除了正二价和正四价锰以外，其他价态的锰在中性的天然水中一般不稳定，所以实际上可以认为它们不存在。在正二价与正四价中，正四价锰在天然水中溶解度甚低，不足为害。所以在天然水中溶解状态的锰主要是二价锰。

2.2.2 水中锰的溶解性

控制二价锰浓度的溶解度反应为：

$$Mn(OH)_2（固）\Longrightarrow Mn^{2+} + 2OH^- \qquad pK = 12.96(25℃) \tag{2-57}$$

$$MnCO_3（固）\Longrightarrow Mn^{2+} + CO_3^{2-} \qquad pK = 10.41(25℃) \tag{2-58}$$

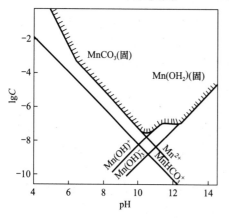

图 2-9 水中二价锰的溶解度

由计算可知，当水的 pH>11.5 时，二价锰的溶解度由 $Mn(OH)_2$ 控制；当 pH<11.5 时，溶解度由 $MnCO_3$ 控制。天然含锰水的 pH 都介于 5~8 之间，所以水中二价锰的溶解度由 $MnCO_3$ 控制。图 2-9 为水中二价锰的溶解度图。

水中二价锰离子可与重碳酸根离子络合：

$$Mn^{2+} + HCO_3^- \Longrightarrow MnHCO_3^+ \qquad pK = -1.95(25℃) \tag{2-59}$$

由于络合反应的平衡常数较大，所以 $MnHCO_3^+$ 应是二价锰经常存在的形态之一。水中二价锰可写为：

$$[Mn(Ⅱ)] = [Mn^{2+}] + [MnHCO_3^+] \tag{2-60}$$

天然水中溶解态 Mn(Ⅱ) 的含量一般比 Fe(Ⅱ) 低得多。在地下水中，Mn(Ⅱ) 常不超过 1.5mg/L。在地表水中，Mn(Ⅱ) 的含量常不超过 0.5mg/L。

图 2-10 为 Mn-CO₂-H₂O 体系的稳定区图，它是依据水的碳酸平衡、锰的水解络合平衡、溶解沉淀平衡和氧化还原平衡关系建立的，它综合反映了水中锰的存在形态和转化趋势。由图可见，锰的氧化还原电位比氧低，所以水中不含溶解氧，是二价锰在地下水中稳定存在的条件。

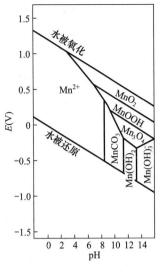

图 2-10　Mn-CO₂-H₂O 的稳定区

2.2.3　锰的元素电势图和氧化态-吉布斯自由能图

锰的价电子层结构为 $3d^5 4s^2$，7 个价电子都可以参加成键，所以锰是第一过渡系元素中氧化态范围最宽的元素，可呈现出从＋Ⅶ到＋Ⅱ的氧化态，在特殊化合物中还会出现 0、－Ⅰ 至 －Ⅲ 的氧化态。常见氧化态是＋Ⅶ、＋Ⅵ、＋Ⅳ、＋Ⅲ、＋Ⅱ，比较重要的是＋Ⅱ、＋Ⅳ、＋Ⅶ，锰元素电势图如图 2-11 所示

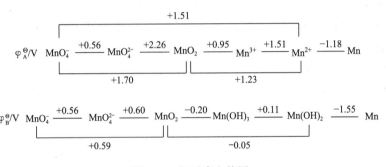

图 2-11　锰元素电势图

若用各种"半反应"的吉布斯自由能变化对氧化态作图，就能很清楚地表明，同一元素不同氧化态之间的氧化还原性质，这种图就称为氧化态-吉布斯自由能图。锰的氧化态-吉布斯自由能图是以锰的各种氧化态为横坐标，以锰的各种氧化态生成自由能为纵坐标作出的（图 2-12）。

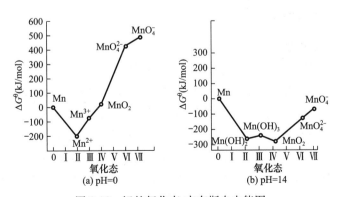

图 2-12　锰的氧化态-吉布斯自由能图

应用氧化态-吉布斯自由能图可以判断锰元素不同氧化态在水溶液中的相对稳定性。由图可知，在 pH＝0 的曲线上，Mn^{2+} 处于最低点，它的半反应的 ΔG 为最大负值，表示

29

它在酸性溶液中是最稳定的氧化态物种；而在 pH＝14 的曲线上，MnO_2 处于最低点，所以在碱性溶液中 MnO_2 是锰的最稳定态。而图中其他各种氧化态都具有从所在介质中向最低氧化态变化的趋势。

应用氧化态—吉布斯自由能图还可以预测发生歧化反应的可能性。从图中可以看出，如果某氧化态位于它相邻两氧化态连线的上方，则该氧化态物种不稳定，能发生歧化反应；相反，如果某氧化态位于它相邻两氧化态连线的下方，则该氧化态物种比较稳定。例如，在酸性溶液中，Mn^{3+} 位于 Mn^{2+} 和 MnO_2 连线的上方，MnO_4^{2-} 位于 MnO_2 和 MnO_4^- 连线的上方，所以 MnO_4^- 和 Mn^{3+} 不稳定，易发生歧化反应：

$$MnO_4^{2-} + \frac{4}{3}H^+ \rightleftharpoons \frac{2}{3}MnO_4^- + \frac{1}{3}MnO_2 + \frac{2}{3}H_2O \tag{2-61}$$

$$2Mn^{3+} + 2H_2O \rightleftharpoons Mn^{2+} + MnO_2 + 4H^+ \tag{2-62}$$

同理，在碱性溶液中，$Mn(OH)_3$ 位于 $Mn(OH)_2$ 和 MnO_2 连线的上方，可发生歧化反应生成 $Mn(OH)_2$ 和 MnO_2；而 MnO_4^{2-} 与 MnO_2 和 MnO_4^- 的连线几乎是一条直线，这意味着 MnO_4^{2-} 歧化的倾向比在酸性溶液中小，说明在碱性溶液中，锰的＋Ⅶ、＋Ⅵ 和 ＋Ⅳ 三种氧化态能以相当的浓度共存。

当由图 2-10 确定某氧化态发生歧化反应时，还可以根据平衡常数的计算来判断歧化反应在常温下进行的程度。例如，将 Mn^{3+} 的歧化反应组成原电池，则原电池的正极由 Mn^{3+}/Mn^{2+} 电对组成，负极由 MnO_2/Mn^{3+} 电对组成，则原电池的标准电动势 $E^\ominus$ 为：

$$E^\ominus = \varphi^\ominus(Mn^{3+}/Mn^{2+}) - \varphi^\ominus(MnO_2/Mn^{3+})$$
$$= (+1.51V) - (+0.95V) = +0.56V$$

因为

$$\lg K = \frac{nE^\ominus}{0.0591} = \frac{1 \times 0.56}{0.0591} = 9.5$$

所以

$$K = 10^{9.5} = 3.2 \times 10^9$$

可见，平衡常数 K 较大，说明 Mn^{3+} 在酸性溶液中歧化成 Mn^{2+} 和 MnO_2 的程度很大。

2.2.4 锰的重要化合物

1. 锰（Ⅱ）的化合物

锰（Ⅱ）的化合物主要是氧化物 MnO、硫化物 MnS、卤化物及各种含氧酸盐。前面已经介绍，Mn（Ⅱ）的化合物很稳定，而且酸性介质的稳定性大于碱性介质。所以，锰的高氧化态化合物在适当的还原剂作用下都能制得低氧化态锰（Ⅱ）的化合物。例如，用 H_2 还原任何锰的氧化物，可生成绿色 MnO，绿色 MnS 也是锰的硫化物中最稳定的，它与 MnO 相同，具有 NaCl 型结构，并且是很强的反铁磁性物质。人们对 MnO 的兴趣主要是它的反铁磁性，因为当温度降到 118K 以下时，相邻 Mn 原子上的电子自旋互相配对，使磁矩急剧下降。

Mn^{2+} 在酸性介质比较稳定，要在高酸度的热溶液中用强氧化剂，例如过硫酸铵 $[\phi^\ominus(S_2O_8^{2-}/SO_4^{2-})=2.01V]$ 或 PbO_2 等才能将 Mn^{2+} 氧化为 MnO_4^-：

$$2Mn^{2+} + 5S_2O_8^{2-} + 8H_2O \xrightarrow{\Delta} 16H^+ + 10SO_4^{2-} + 2MnO_4^- \tag{2-63}$$

$$2Mn^{2+} + 5PbO_2 + 4H^+ \Longrightarrow 2MnO_4^- + 5Pb^{2+} + 2H_2O \tag{2-64}$$

利用生成的 MnO_4^- 离子的紫色，可以定性检验出 Mn^{2+} 离子。试验时应注意，Mn^{2+} 浓度和用量不宜太大，因为尚未反应的 Mn^{2+} 和反应已生成的 MnO_4^- 要发生反应，生成棕色的 MnO_2 沉淀：

$$2MnO_4^- + 3Mn^{2+} + 2H_2O \Longrightarrow 5MnO_2 + 4H^+ \tag{2-65}$$

在碱性介质中，Mn^{2+} 易被氧化。例如，向锰（Ⅱ）盐溶液中加入强碱，可得到近白色 $Mn(OH)_2$ 沉淀，但它会立即被空气中的氧氧化成棕色的 $MnO(OH)_2$：

$$MnSO_4 + 2NaOH \Longrightarrow Mn(OH)_2\downarrow + Na_2SO_4 \tag{2-66}$$

$$2Mn(OH)_2 + O_2 \Longrightarrow 2MnO(OH)_2 \tag{2-67}$$

上述试验现象可从下列的电极电势得到解释：

$$MnO_2 + 2H_2O + 2e^- \Longrightarrow Mn(OH)_2 + 2OH^-;\varphi_B^\ominus = -0.05V \tag{2-68}$$

$$O_2 + 2H_2O + 4e^- \Longrightarrow 4OH^-;\varphi_B^\ominus = 0.401V \tag{2-69}$$

多数锰（Ⅱ）盐都易溶于水，例如卤化锰、硝酸锰、硫酸锰等强酸盐，但碳酸盐、磷酸盐、硫化锰等是不溶性的盐。在水溶液中，Mn^{2+} 常以淡红色的 $[Mn(H_2O)_6]^{2-}$ 水合离子存在。从溶液中结晶出的锰（Ⅱ）盐是带结晶水的粉红色晶体。例如 $MnCl_2 \cdot 4H_2O$、$Mn(NO_3)_2 \cdot 6H_2O$ 和 $Mn(ClO_4)_2 \cdot 6H_2O$ 等。

用浓 H_2SO_4 与 MnO_2 反应制得水合硫酸锰 $MnSO_4 \cdot xH_2O(x=1,4,5,7)$：

$$2MnO_2 + 2H_2SO_4 \Longrightarrow 2MnSO_4 + 2H_2O + O_2\uparrow \tag{2-70}$$

室温下，淡粉红色的 $MnSO_4 \cdot 5H_2O$ 是较稳定的，加热脱水为白色的无水硫酸锰，在红热时也不分解，所以硫酸锰是最稳定的锰（Ⅱ）盐。

Mn^{2+} 为 d^5 构型，它的大多数配合物如 $[Mn(H_2O)_6]^{2+}$ 是高自旋八面体构型。在八面体场中，5 个 d 电子的排布式是 $t_{2g}^3 e_g^2$，电子要从能量较低的 t_{2g} 能级跃迁到能量较高的 e_g 能级时，其自旋方向要发生改变，这种跃迁是自旋禁阻的，发生这种跃迁的概率很小，即是说对光的吸收很弱，因此，Mn（Ⅱ）高自旋八面体型配合物的颜色很淡，大多数为很淡的粉红色，Mn^{2+} 在很稀的溶液中几乎是无色。

Mn（Ⅱ）也有四面体型配合物，在四面体场中，由于晶体场分裂能较八面体场低，电子跃迁比较容易，所以高自旋四面体型配合物颜色较深，为黄绿色。

2. 锰（Ⅳ）的化合物

锰（Ⅳ）的化合物中最重要的、用途很广泛的 MnO_2。在常温下，MnO_2 是一种黑色粉末状物质，不溶于水。在空气中加热至 800K 以上放出氧气。

从锰的元素电势图可以看出，在 MnO_2 中，锰处于中间价态，它既能被还原为 +Ⅱ氧化态，也可以被氧化为 +Ⅵ氧化态。在酸性介质中它是一种较强的氧化剂，在碱性介质中它是一种还原剂。例如，MnO_2 与浓 HCl 反应可制得氯气：

$$MnO_2 + 4HCl \Longrightarrow MnCl_2 + Cl_2\uparrow + 2H_2O \tag{2-71}$$

在 383K，MnO_2 与浓 H_2SO_4 反应生成硫酸锰（Ⅲ），并放出氧气：

$$4MnO_2 + 6H_2SO_4(浓) \Longrightarrow 2Mn_2(SO_4)_3 + 6H_2O + O_2\uparrow \tag{2-72}$$

MnO_2 和 KOH 的混合物于空气中，或者与 $KClO_3$、KNO_3 等氧化剂一起加热熔融，可以得到绿色的 K_2MnO_4：

$$2MnO_2 + 4KOH + O_2 == 2K_2MnO_4 + 2H_2O \qquad (2\text{-}73)$$

$$3MnO_2 + 6KOH + KClO_3 == 3K_2MnO_4 + KCl + 3H_2O \qquad (2\text{-}74)$$

MnO_2 是非常重要的工业原料。除了应用于炼钢工业外，最重要的应用是制造干电池。另一个主要应用是制砖工业，因为 MnO_2 能显示出红、棕、灰等一系列的颜色。在玻璃制造中，它作为脱色剂能除去（硫化物和亚铁盐的）杂色。在电子工业中，它作为软磁铁氧体的成分应用于电视机生产中，在每台电视机中大约有 $0.3\sim1kg$ 的软磁铁氧体用在扫描变压器和偏转线圈上。由苯胺制备氢醌时，采用 MnO_2 作氧化剂，氢醌是摄影的显影剂，是染料和油漆生产的重要成分。MnO_2 还是一种催化剂，加快 $KClO_3$ 和 H_2O_2 的分解速度，同时又是一种催干剂，加速干性油漆在空气中的氧化速度，起到快干的作用。

3. 锰（Ⅵ）和锰（Ⅶ）化合物

锰（Ⅵ）的化合物中，比较稳定的是锰酸盐，如 Na_2MnO_4 和 K_2MnO_4。它们只有在强碱性条件下（$pH>14.4$）才能稳定存在，在酸性或近中性的条件下，MnO_4^{2-} 易发生歧化反应：

$$3MnO_4^{2-} + 4H^+ \rightleftharpoons 2MnO_4^- + MnO_2 + 2H_2O \qquad (2\text{-}75)$$

$$3MnO_4^{2-} + 2H_2O \rightleftharpoons 2MnO_4^- + MnO_2 + 4OH^- \qquad (2\text{-}76)$$

上述试验现象可从平衡移动的原理以及氧化态-吉布斯自由能图得到解释。而且可以定量计算出 MnO_4^{2-} 发生歧化反应的平衡常数（$K=3.16\times10^{57}$）。可见 K 值很大，说明 MnO_4^{2-} 的歧化反应进行得很完全。只要在 MnO_4^{2-} 溶液中加入很弱的酸（如醋酸），甚至通 CO_2 也会促使歧化反应的进行：

$$3K_2MnO_4 + 2CO_2 == 2KMnO_4 + MnO_2 + 2K_2CO_3 \qquad (2\text{-}77)$$

工业生产 $KMnO_4$ 就是采用这种方法。但此法产率最高只有 66.7%，因为有 $1/3$ 的锰（Ⅵ）被还原成 MnO_2。用电解法，以约 $80g/L$ 的 K_2MnO_4 为电解液，镍板为阳极，铁板为阴极，电极反应和电池反应如下：

阳极： $\qquad 2MnO_4^{2-} - 2e^- == 2MnO_4^- \qquad (2\text{-}78)$

阴极： $\qquad H_2O + 2e^- == H_2\uparrow + 2OH^- \qquad (2\text{-}79)$

总的电解反应： $2K_2MnO_4 + 2H_2O == 2KMnO_4 + 2KOH + H_2\uparrow \qquad (2\text{-}80)$

电解法制得的 $KMnO_4$ 纯度高、产率高，而且副产物 KOH 可用于软锰矿的焙烧。还可用氯气、次氯酸盐等为氧化剂，将 K_2MnO_4 全部氧化为 $KMnO_4$：

$$2K_2MnO_4 + Cl_2 == 2KMnO_4 + 2KCl \qquad (2\text{-}81)$$

$KMnO_4$ 是深紫色的晶体，其水溶液呈紫红色。由于 MnO_4^- 的结构与 VO_4^{3-} 和 CrO_4^{2-} 等离子一样，呈四面体构型，均是 Mn—O 之间的荷移跃迁造成的，而且，Mn—O 之间的极化作用比 Cr—O 更强，电子跃迁更容易发生，所以 $KMnO_4$ 显紫色。

$KMnO_4$ 是一种比较稳定的化合物，但是当 $KMnO_4$ 受热，或者其溶液放置过久，会缓慢分解：

$$10KMnO_4 == 3K_2MnO_4 + 7MnO_2 + 6O_2\uparrow + 2K_2O \qquad (2\text{-}82)$$

$$4MnO_4^- + 4H^+ == 4MnO_2\downarrow + 3O_2\uparrow + 2H_2O \qquad (2\text{-}83)$$

在中性或微碱性溶液中，$KMnO_4$ 分解成 MnO_4^{2-} 和 O_2：

$$4MnO_4^- + 4OH^- == 4MnO_4^{2-} + O_2\uparrow + 2H_2O \qquad (2\text{-}84)$$

日光对 $KMnO_4$ 的分解有催化作用，因此，$KMnO_4$ 溶液必须保存在棕色瓶中：

$$4KMnO_4 + 2H_2O \longrightarrow 4MnO_2 \downarrow + 4KOH + 3O_2 \uparrow \tag{2-85}$$

该反应生成的 MnO_2 本身就是一个催化剂，加速 $KMnO_4$ 的分解，所以一旦 $KMnO_4$ 开始分解，就会加速分解的进行，这称作“自动催化”。

$KMnO_4$ 是锰元素的最高氧化态化合物之一，所以它的特征性质是强氧化性，其氧化能力与还原产物随溶液的酸度有所不同。例如，$KMnO_4$ 与 Na_2SO_3 在酸性、中性和碱性介质中的还原产物分别为 Mn^{2+}、MnO_2 和 MnO_4^{2-}：

$$2MnO_4^- + 5SO_3^{2-} + 6H^+ \longrightarrow 2Mn^{2+} + 5SO_4^{2-} + 3H_2O \tag{2-86}$$

$$2MnO_4^- + 3SO_3^{2-} + H_2O \longrightarrow 2MnO_2 \downarrow + 3SO_4^{2-} + 2OH^- \tag{2-87}$$

$$2MnO_4^- + SO_3^{2-} + 2OH^- \longrightarrow 2MnO_4^{2-} + SO_4^{2-} + H_2O \tag{2-88}$$

$KMnO_4$ 在酸性介质中的强氧化性广泛应用于分析化学中。例如，它可以氧化 Fe^{2+}、Ti^{3+}、VO^{2+} 以及 H_2O_2、草酸盐、甲酸盐和亚硝酸盐等。

$$5Fe^{2+} + MnO_4^- + 8H^+ \longrightarrow Mn^{2+} + 5Fe^{3+} + 4H_2O \tag{2-89}$$

$$5H_2O_2 + 2MnO_4^- + 6H^+ \longrightarrow 2Mn^{2+} + 5O_2 + 8H_2O \tag{2-90}$$

$$5C_2O_4^{2-} + 2MnO_4^- + 16H^+ \longrightarrow 2Mn^{2+} + 10CO_2 + 8H_2O \tag{2-91}$$

在定量测定上述各物质含量时必须注意保持溶液有足够的酸度，否则，随反应的不断进行，溶液的酸度不断降低将会生成 MnO_2 而影响测定的准确度。粉末状的 $KMnO_4$ 与 90％H_2SO_4 反应，生成一种爆炸性的绿色油状物 Mn_2O_7。它在 273K 以下稳定，静置时缓慢地失去氧而生成 MnO_2，受热爆炸分解成 MnO_2、O_2 和 O_3，并以爆炸方式使大多数有机物发生燃烧。Mn_2O_7 在四氯化碳中很稳定、安全，将它溶于冷水就生成高锰酸 $HMnO_4$。

高锰酸钾是强氧化剂，除用作分析化学试剂外，还用作织物和油脂的漂白剂；医药上的灰锰氧（$KMnO_4$）用作杀菌剂；稀溶液（0.1％）用于浸洗水果、餐具的消毒剂；用于调节空气装置中的防臭剂；在化工生产中用于生产苯甲酸、维生素 C、糖精和烟酸等。

以上着重讨论了锰（Ⅱ）、锰（Ⅳ）、锰（Ⅵ）、锰（Ⅶ）不同氧化态的化合物。图 2-13 归纳出锰的各种氧化态的氧化物及其水合氧化物的酸碱性和氧化还原性。

← 碱性增强

氧化物	MnO	Mn_2O_3	MnO_2	MnO_3	Mn_2O_7
水合氧化物	$Mn(OH)_2$	$Mn(OH)_3$	$Mn(OH)_4$	H_2MnO_4	$HMnO_4$
酸碱性	碱性	弱碱性	两性	酸性	强酸性

酸性增强 →

氧化性增强 →

图 2-13　锰的各种氧化态的酸碱性和氧化还原性

锰的各种氧化态之间的相互转化如图 2-14 所示。

2.2.5　水中锰的氧化

前已述及，铁和锰常在地下水中共存，这是由于铁和锰的性质十分相近的缘故。锰和铁的原子序数分别为 25 和 26，原子量分别为 54.94 和 55.85，外层电子构型分别为 $3d^5 4s^2$

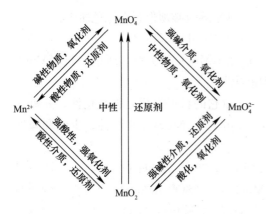

图 2-14 锰的各种氧化态之间的相互转化

和 $3d^6 4s^2$，二价离子半径分别为 0.8Å 和 0.75Å，所以，锰与铁的许多性质相近。铁的氧化还原电位比锰低，故易于为水中溶解氧所氧化。水中溶解氧与铁或锰的氧化还原电位差随 pH 的升高而增大，所以提高水的 pH，有利于铁或锰的氧化。

含锰地下水曝气后，水中的二价锰能被溶解氧化为高价锰（主要为 MnO_2）：

$$Mn(II) + O_2 \Longrightarrow MnO_2(固) \quad (2\text{-}92)$$

由于反应生成物 MnO_2 对反应有催化作用，故该反应为自催化反应，其动力学模式为：

$$-\frac{d[Mn(II)]}{dt} = K_0[Mn(II)] + K[Mn(II)] \quad (2\text{-}93)$$

式中　K_0——均相氧化速度常数；

　　　K——接触氧化速度常数。

图 2-15 为水中二价锰的氧化速率曲线，由图可见，当 pH>9.0 时，氧化速率才明显加快。一般，当 pH>7.0 时，地下水中二价铁的氧化速率已较快。所以，在相同的 pH 条件下，二价锰的氧化要比二价铁慢得多。

MnO_2 沉淀物的等电点 $pH_z = 2.8 \pm 0.3$。当水的 pH 高于等电点时（pH>pH_z），氧化物表面发生酸性离解，而致表面电荷为负。对含锰地下水，一般水的 pH=5~8，即高于 MnO_2 的等电点，所以 MnO_2 表面带负电荷。

氧化物表面带负电荷时，能对水中阳离子进行离子交换吸附，所以 MnO_2 能吸附水中的二价锰离子：

$$-\overset{|}{\underset{|}{Mn}}-O^- + Mn^{2+} = -\overset{|}{\underset{|}{Mn}}-OMn^+ \quad (2\text{-}94)$$

试验表明，MnO_2 对二价锰离子的吸附是一种离子交换吸附，吸附速度很快，且符合郎格缪尔（Langmuir）吸附等温式。MnO_2 对二价铁离子也有强烈的吸附作用，对阳离子的离子交换吸附顺序为：

$$Fe^{2+} > Mn^{2+} \geqslant Ca^{2+} 、 Mg^{2+} > K^+ 、 Na^+$$

二氧化锰对二价锰离子的吸附容量，随 pH 的升高而增大，如图 2-16 所示。由图可见，当 pH>7 时，吸附容量增大十分迅速。

高价锰氢氧化物另一个重要的表面胶体化学性质，是对二价锰离子的氧化反应具有催化作用。试验表明，地下水曝气后二价锰的氧化速度因 MnO_2 的存在而加快；二价锰开始氧化缓慢，而一旦 MnO_2 沉淀物形成，氧化就大大加快。

MnO_2 沉淀物的催化过程，首先是吸附水中的二价锰离子。

$$Mn^{2+} + MnO_2 \cdot xH_2O =$$
$$MnO_2 \cdot MnO \cdot (x-1)H_2O + 2H^+ \quad (2\text{-}95)$$

被吸附的二价锰在 MnO_2 沉淀物表面被溶解氧氧化：

$$MnO_2 \cdot MnO \cdot (x-1)H_2O + \frac{1}{2}O_2 + H_2O = 2MnO_2 \cdot xH_2O \qquad (2-96)$$

由于 MnO_2 沉淀物的表面催化作用，使二价锰的氧化速度较无催化剂时的自然氧化显著加快。由于反应生成物是催化剂，所以二价锰的氧化是自催化反应过程。

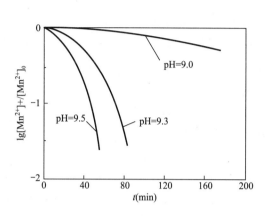

图 2-15　水中二价锰的氧化过程曲线

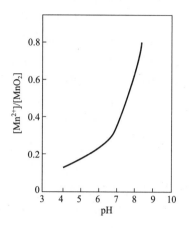

图 2-16　MnO_2 对 Mn^{2+} 的吸附容量与 pH 的关系

2.3　天然水环境中有机物和藻类对铁和锰迁移转化的影响

天然水环境特别是地表水中，除了含有无机物外，还含有各种有机物以及藻类等水生物，水中的铁和锰与它们相互作用，对水中铁和锰的存在形态有相当大影响。而铁和锰在水中的存在形态，对水中铁和锰的去除有很大影响。这一现象在地表水除铁除锰过程中表现尤为明显。

2.3.1　水环境中氧化还原强度对铁、锰存在形态的影响

需要指出的是，在地表水中、沉积物中及其土壤系统中，$p\varepsilon$ 和 pH 是非常重要的参数，而且是互相耦合互相关联的。$p\varepsilon$ 值的增加伴随着 pH 的减小。土壤中存在有机物和非均相的氧化还原反应对，包括固相的 $Mn(III, IV)$ 氧化物、$Fe(II, III)$ 氧化物，以及 FeS 和 FeS_2 等。这些物质的存在对于地表水中、沉积物中、土壤系统中 $p\varepsilon$ 和 pH 的缓冲非常重要。

图 2-17 展示的是土壤、沉积物、地表水和地下水中具有代表性的氧化还原强度的重要范围。其中，Range 1 是含氧水。Range 2 代表的是地下水和土壤中溶解氧的消耗（主要是有机物的降解消耗），但是 SO_4^{2-} 并没有减少。在溶解性的 $Fe(II)$ 和 $Mn(II)$ 均存在的范围时，由于固态的 $Fe(III)$ 和 $Mn(III, IV)$ 的氧化物存在，$Fe(II)$ 和 $Mn(II)$ 是氧化还原缓冲剂。$p\varepsilon$ 的 Range 3 代表 $SO_4^{2-}/$ HS^-、SO_4^{2-}/FeS、SO_4^{2-}/FeS_2 的氧化还原平衡。

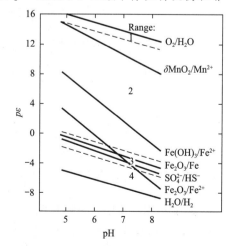

图 2-17　水和土壤中代表性的氧化还原强度

Range 4 代表厌氧沉积物和污泥中的情况。在土壤的有机物（Range 2）代表水库中的结合态的 H^+ 和 e^-。当有机物矿化后，碱度和［NO_3^-］、［SO_4^{2-}］增加，而 Fe(Ⅱ) 和 Mn(Ⅱ) 会稳定化。磷，早期是结合在 Fe(Ⅲ) 的水合氧化物上，但随着 Fe(Ⅲ) 固体的部分还原会逐步溶解。在较低 $p\varepsilon$ 的情况下（Range 3），Fe(Ⅱ) 和 Mn(Ⅱ) 的浓度逐渐增加。而 SO_4^{2-} 的减少是由于 FeS 和 MnS 的沉淀和形成黄铁矿引起的。

此外，在湖水或海水的深层含水层，或者在沉积物和水的界面，或者在沉积物内部区域，存在好氧或厌氧边界层。在好氧—厌氧（oxic-anoxic）的边界条件下，铁盐形态快速发生转化。图 2-18 展示的是水层中氧化还原过程的转化。重要过程总结如下：

（1）基本的还原剂是沉积在水层深处的生物质降解的产物。

（2）电子迁移变得非常灵活，主要由于发酵过程引起，发生在氧化还原电位在 0.22～ —0.22V 的范围内，分子包含反应性官能团羟基和羧基的形成。

（3）氧化还原过程与深度有关，固态 Fe(Ⅲ) 和溶解性 Fe(Ⅱ) 的峰值浓度逐渐变化着，Fe(Ⅲ) 的浓度峰值覆盖了 Fe(Ⅱ) 的浓度峰值。

（4）Fe(Ⅱ) 会与羧基和羟基发生络合，主要发生在沉淀的水合 Fe(Ⅲ) 向上扩散时，且由于催化机理与羟基和羧基等发生反应，导致水合氧化铁的快速溶解。按顺序发生的过程有：Fe(Ⅱ) 的扩散迁移，氧化形成不溶解的 Fe(OH)₃ 之后沉淀，再形成溶解的 Fe(Ⅱ)，但这些过程发生在一段很窄的氧化还原带。

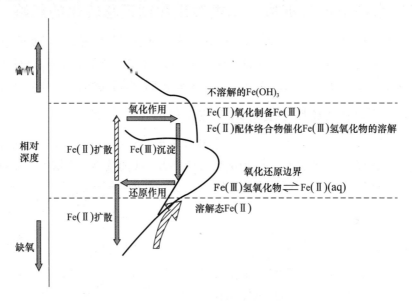

图 2-18　Fe(Ⅱ，Ⅲ) 在水层或沉积层好氧-厌氧边界层的转化过程

2.3.2　铁、锰存在形态对水环境中微量元素的影响

在天然水环境中，生物有机颗粒（藻类、生物碎屑）和无机颗粒（例如锰和氧化铁）（表 2-10）都有助于活性元素的结合、同化和转运。藻类的光合产物及其沉积是主要过程，特别是在富营养化湖泊中。在沉积物-水界面附近，可能出现缺氧条件，较低浓度的铁和锰氧化物发生还原和溶解。如前所述，微量元素以不同的方式受到这些过程的影响。

沉淀颗粒在湖泊微量元素调节中的作用　　　　　　　　表 2-10

沉淀颗粒的成分	特性
Fe(Ⅲ) 氢氧化物 引入湖中并在湖中形成	对重金属、磷酸盐、硅酸盐、砷和硒的氧阴离子具有很强的亲和力（表面络合物形成）；Fe(Ⅲ) 氧化物，即使比例很小，也能显著去除微量元素。在湖泊的含氧—缺氧边界处，Fe(Ⅲ) 氧化物可能代表大部分沉降颗粒。铁通过还原溶解和氧化沉淀的内部循环与金属离子循环耦合
Mn(Ⅲ，Ⅳ) 氧化物 主要形成于湖中	对重金属的亲和力高，比表面积大。氧化还原循环 $[MnO_x(s) \rightleftharpoons Mn^{2+}(aq)]$ 通常对调节湖泊和沉积物下部的微量元素浓度和转化很重要

具体来说，Mn(Ⅲ，Ⅳ) 氧化物/Mn^{2+} 的氧化还原反应的转换引起电子在合适的氧化还原强度下快速循环。不同形态的 Mn 和 Fe 在氧化还原化学特性方面是相近的：

（1）相对于 Fe(Ⅲ)/Fe(Ⅱ) 的转换，Mn(Ⅲ，Ⅳ) 减少还原成溶解性的 Mn(Ⅱ) 的过程是在高氧化还原电势下发生的。

（2）Mn(Ⅱ) 向 Mn(Ⅲ，Ⅳ) 氧化物的氧化转换过程，虽然经过表面作用或微生物作用的催化，但是通常比 Fe(Ⅱ) 的氧化作用缓慢。

在不同氧化还原条件下，这些元素的氧化还原反应循环对微量元素在氧化物表面吸附作用和吸附通量的影响非常显著。水合氧化锰 Mn(Ⅲ，Ⅳ) 是氧化微量元素的重要介质。例如，O_2 氧化 Cr(Ⅲ)、As(Ⅲ) 和 Se(Ⅳ) 非常缓慢，但这些元素会快速吸附到 Mn(Ⅲ，Ⅳ) 氧化物的表面，并被其氧化。

基于以上原理，西格（Sigg）和施图姆（Stumm）绘制出了湖泊中铁和锰的迁移转化及其对微量元素作用的示意图。如图 2-19 所示。溶解的铁和锰在一定条件下氧化成颗粒态的沉淀物，而沉淀物质是生物物质的重要组成部分，微量元素与沉积物中的沉淀物质一起被去除。

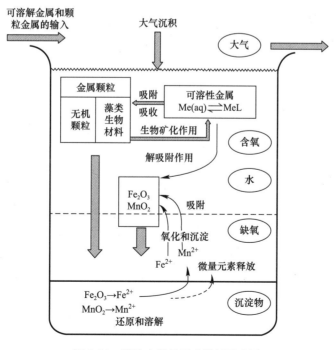

图 2-19　湖泊中微量元素循环示意图

本章参考文献

[1] 李圭白，刘超. 地下水除铁除锰 [M]. 第 2 版. 北京：中国建筑工业出版社，1989.

[2] 天津大学无机化学教研室等. 无机化学：下册 [M]. 第 4 版. 北京：高等教育出版社，2010.

[3] MARSIDI N，HASAN H A，ABDULLAH S R S. A review of biological aerated filters for iron and manganese ions removal in water treatment [J]. Journal of Water Process Engineering，2018，23 (1-12).

[4] STUMM W，MORGAN J J. Aquatic chemistry：chemical equilibria and rates in natural waters [M] 3rd Edition. New York：John Wiley & Sons, Inc.，1996.

[5] TEKERLEKOPOULOU A G，PAVLOU S，VAYENAS D V. Removal of ammonium，iron and manganese from potable water in biofiltration units：A review [J]. Journal of Chemical Technology and Biotechnology，2013，88 (5)：751～773.

第 3 章
自然氧化法除铁

如前所述，自然氧化法除铁，就是使水曝气，让空气中的氧溶于水，用溶解氧将水中二价铁氧化为三价铁，由于三价铁在水中的溶解度极小，便以氢氧化物形式由水中析出，再用沉淀和过滤的方法将氢氧化铁由水中去除，从而达到除铁的目的。在自然氧化法中，二价铁的氧化和三价铁氢氧化物的凝聚，是除铁过程的两个最重要的步骤，这两个步骤进行得快慢和完善程度对除铁效果有极大影响。

3.1 水中二价铁的自然氧化反应速度及其影响因素

含铁地下水在地层中经长期过滤，一般水质清澈而透明，几乎不含悬浮物。当被抽升至地面后，空气中的氧便迅速溶解于水中，逐渐将水中的二价铁氧化为三价铁。生成的三价铁经水解以氢氧化铁沉淀由水中析出。由于水的表面直接与大气接触，表面水中溶解氧的浓度最大，二价铁的氧化也比较快，这样有时能在水面上生成一层氢氧化铁薄膜。这层薄膜在光线照射下，因产生光的干涉现象而呈现五光十色，好像在水面上漂了一层油膜一样。在水层内部，水亦因有氢氧化铁沉淀析出而发浑，最后可看到在容器底部有棕黄色的氢氧化铁沉积物出现。

水中溶解氧对二价铁的氧化反应一般认为是：

$$4Fe^{2+} + O_2 + 2H_2O \Longrightarrow 4Fe^{3+} + 4OH^- \tag{3-1}$$

但也有人认为这个氧化反应的具体过程如下：

$$Fe^{2+} + O_2 + H^+ \Longrightarrow Fe^{3+} + HO_2 \tag{3-2}$$

$$Fe^{2+} + HO_2 + H^+ \Longrightarrow Fe^{3+} + H_2O_2 \tag{3-3}$$

$$Fe^{2+} + H_2O_2 \Longrightarrow Fe^{3+} + OH + OH^- \tag{3-4}$$

$$Fe^{2+} + OH + H^+ \Longrightarrow Fe^{3+} + H_2O \tag{3-5}$$

其中第一个反应速度最慢，故对整个反应速度起控制作用。

许多人研究了水中二价铁的氧化反应速度。多数人认为，二价铁的氧化反应速度与水中二价铁浓度的一次方成正比，即为一级反应关系，这与式（3-2）的反应过程是相符的，可列式如下：

$$-\frac{d[Fe^{2+}]}{dt} = k[Fe^{2+}] \tag{3-6}$$

式中　$[Fe^{2+}]$——水中二价铁的浓度（mol/L）；

　　　　t——时间（min）；

　　　　k——反应速度常数。

式中，左端 $[Fe^{2+}]$ 对 t 的导数便是水中二价铁的氧化反应速度；导数前取负号，是由于二价铁离子浓度 $[Fe^{2+}]$ 随氧化反应时间不断减小的缘故。

对上式进行积分

$$-\int_{[Fe^{2+}]_0}^{[Fe^{2+}]}\frac{d[Fe^{2+}]}{[Fe^{2+}]}=\int_0^t k\,dt \tag{3-7}$$

可得

$$\lg\frac{[Fe^{2+}]_0}{[Fe^{2+}]}=0.4343kt$$

或　　　　　$$\lg[Fe^{2+}]_0-\lg[Fe^{2+}]=0.4343kt \tag{3-8}$$

式中　$[Fe^{2+}]_0$——水中二价铁的初始浓度（mol/L）；

　　　　$[Fe^{2+}]$——t 时刻水中二价铁的浓度（mol/L）。

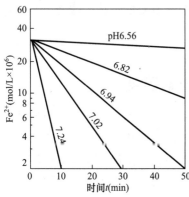

图 3-1　水中二价铁离子浓度
$[Fe^{2+}]$ 与时间 t 的关系

水温 20.5℃；水中的溶解氧浓度保持恒定

由此式可见，$[Fe^{2+}]$ 与 t 在单对数坐标系上是直线关系。图 3-1 为一组试验结果。直线的斜率便为反应速度常数。按照式（3-1），每 1mol 氧可氧化 4mol Fe^{2+}。由 $\frac{4\times55.85}{2\times16}\approx7$（式中 16 为氧的原子量，55.85 为铁的原子量）可知 1mg 的溶解氧可氧化约 7mg 的二价铁（Fe^{2+}），或每氧化 1mg 二价铁约需 0.14mg 的溶解氧。因此，为氧化水中全部的二价铁所必需的溶解氧浓度的理论数值为 0.14$[Fe^{2+}]_0$。根据质量作用定律，增大水中溶解氧的浓度能加快二价铁的氧化反应速度。二价铁氧化反应速度与水中的溶解氧浓度的一次方成正比。所以，在实际生产中一般都使水中溶解氧的浓度较理论数值高些。如以 α 表示水中溶解氧的实际浓度与理论值的比值：

$$\alpha=\frac{[O_2]}{0.14[Fe^{2+}]_0}$$

则有

$$[O_2]=0.14\alpha[Fe^{2+}]_0 \tag{3-9}$$

式中　$[O_2]$——除铁实际所需的溶解氧浓度（mg/L）；

　　　　$[Fe^{2+}]_0$——地下水中的含铁量（mg/L）；

　　　　α——过剩溶氧系数，$\alpha>1$。

由于氧在水中的溶解度有限，所以 α 值也受到限制。当氧在水中的浓度达饱和时，对应的 α 值即为在该条件下所能达到的最大值。表 3-1 为在正常大气压下过剩溶氧系数所能达到的最大值（α_{max}）。由表可见，当水中含铁量低时，要得到大的过剩溶氧系数并不困难，但当水中含铁量高时，过剩溶氧系数便不可能很大。有的试验表明，水温 18℃时，以水中溶解氧自然氧化除铁的极限浓度为 $[Fe^{2+}]_0=30mg/L$，相应的 $\alpha=2.2$。在生产和设计中，一般可取 $\alpha=2\sim5$。

最大过剩溶氧系数 α_{max}

表 3-1

Fe²⁺ (mg/L)	水温（℃）			
	5	10	20	30
2	45	40	33	28
5	18	16	13	11
10	9.0	8.0	6.6	5.6
20	4.5	4.0	3.3	2.8
30	3.0	2.7	2.2	1.9

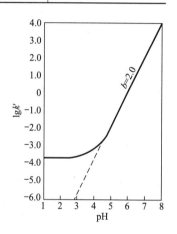

图 3-2　$\lg k$ 与 pH 关系

$$k'=0.4343k;\quad P_{O_2}=0.20atm;$$

水温 25℃，1atm＝0.1MPa

水的 pH 对二价铁的氧化反应速度有极大的影响，如图 3-2 所示。二价铁的氧化反应速度与水中的氢氧根浓度 $[OH^-]$ 的 b 次方有正比例关系：

$$k\propto[OH^-]^b\propto10^{b\mathrm{pH}}$$

此函数关系在 $\lg k$-pH 坐标系上为一直线，直线的斜率便是 b。图 3-2 为试验曲线。由图可见，当 pH＜4 时，$b\approx0$，即在酸性水中，二价铁的氧化反应速度一般与 pH 无关；当 pH＞5.5 时，$b=2.0$，即在弱酸性、中性和弱碱性水中，二价铁的氧化反应速度与 $[OH^-]$ 的 2 次方成正比；当 $4<\mathrm{pH}<5.5$ 时，b 由 0 变至 2.0。对于一般含铁地下水（pH＝6.0～7.5），$b=2.0$，即 pH 每升高 1，二价铁的氧化反应速度将增大 100 倍，可见影响之大。

水的温度对二价铁的氧化反应速度也有相当的影响。试验表明，水温每升高 15℃，二价铁的氧化反应速度约增大 10 倍。

综上所述，二价铁氧化反应速度的关系式为：

$$-\frac{d[Fe^{2+}]}{dt}=k_1[Fe^{2+}]\cdot[O_2]\cdot[OH^-]^2 \tag{3-10}$$

式中，k_1 为反应速度常数，其值与温度有关。

水中二价铁被氧化成三价铁以后，三价铁水解时能产生出氢离子：

$$Fe^{3+}+3H_2O=Fe(OH)_3+3H^+ \tag{3-11}$$

将此式与式（3-1）合并，得：

$$4Fe^{2+}+O_2+10H_2O=4Fe(OH)_3+8H^+ \tag{3-12}$$

即 1molFe²⁺ 经氧化、水解后能产生出 2mol 的 H^+，或每产生 1mol 的 H^+ 需要有 0.5mol 的 Fe²⁺ 氧化及水解。所以水中二价铁氧化、水解所产生出来的 H^+ 浓度可按下式求出：

$$[H^+]_s=\frac{[Fe^{2+}]_0}{28} \tag{3-13}$$

式中　$[H^+]_s$——水中二价铁氧化、水解产生的 H^+ 浓度（mg-eq/L）；

$[Fe^{2+}]_0$——水中二价铁的初始浓度（mg/L）；

28——0.5mol Fe^{2+} 的克数，$\frac{55.85}{2} \approx 28$。

二价铁氧化水解产生的酸将使水的 pH 降低。当地下水的含铁量较小时，或地下水的碱度和二氧化碳含量足够大时，pH 降低将是一个较小的值，也就是说二价铁氧化水解前后 pH 的变化不大，所以一般不会对水中二价铁的氧化反应有显著影响。当地下水的含铁量高时，特别是水中碱度和二氧化碳含量较小时，pH 降低量可能是一个较大的值，即水的 pH 在除铁过程中可能有大幅度的下降，结果会使二价铁的氧化反应速度迅速减慢，从而得不到满意的除铁效果。在这种情况下，就需要用曝气的方法或向水中投加碱剂的方法来提高水的 pH。所以，水的碱度对除铁过程是有影响的。

此外，二价铁的氧化反应速度还与水的缓冲强度有关。水的缓冲强度就是为使水的 pH 变化 1 个单位所需改变的碱度的数量，可用下式表示：

$$Y = \frac{d[\text{碱}]}{d\text{pH}} \tag{3-14}$$

式中　Y——水的缓冲强度，以 g-eq/(L·pH) 计，或 mg-eq/(L·pH) 计。

在含铁地下水的 pH 为 6.0～7.5 范围内，式（3-14）可简写为下式：

$$Y = \frac{2.3[\text{碱}]}{1 + \dfrac{K_1}{[H^+]}} \tag{3-15}$$

式中　K_1——碳酸一级离解常数。

由此式可见，水的缓冲强度与水的碱度成正比，随 pH 的升高而减小，并与水的温度和含盐量有关。

试验表明，二价铁的氧化反应速度与水的缓冲强度有指数函数的关系，可写为：

$$k \infty Y^n \tag{3-16}$$

所以 k 与 Y 在双对数坐标系中应有直线关系。图 3-3 为一组试验结果，由图可见，当 $Y < 4$ mg-eq/(L·pH) 时，$n=0$；当 $Y > 4$ mg-eq/(L·pH) 时，$n=0.5$。即当缓冲强度小时，二价铁的氧化反应速度与缓冲强度无关。这可能是由于当水的缓冲强度很低时，水中的碱不能足够迅速地与二价铁氧化水解生成的氢离子相中和，从而在水中产生局部酸化现象所致。当水的缓冲强度大时，二价铁的氧化反应速度将随缓冲强度的增大而增高。由于水的缓冲强度与水的碱度成正比，所以能观察到在碱度大的水中二价铁的氧化反应速度较快的现象。

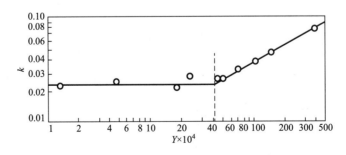

图 3-3　二价铁的氧化反应速度与水的缓冲强度的关系

天然含铁地下水中常含有各种有机物。天然水中有机物的含量，一般以高锰酸钾耗氧量来表示。但含铁地下水的耗氧量，其中还包含水中二价铁所消耗的药剂量，其值为 $0.14[Fe^{2+}]_0$，所以含铁地下水中有机物的耗氧量，应等于水的耗氧量与二价铁的耗氧量之差：

$$[有机物的耗氧量] = [水的总耗氧量] - [二价铁的耗氧量] \tag{3-17}$$

试验表明，当水中有机物的含量高时，能使二价铁的氧化反应速度显著减小。图 3-4 为在含胡敏酸的水中，经 60min 反应后，水中二价铁被氧化的百分率与胡敏酸浓度的关系。丹宁酸对水中二价铁的氧化反应的阻碍作用比胡敏酸还要大。

水中有机物对二价铁的络合作用，能阻碍二价铁的氧化过程。例如，胡敏酸分子带有的羧基基团（R—COOH）在天然含铁地下水的 pH 条件下能离解，并与水中的二价铁生成络合物：

$$2(R—COOH) + 2OH^- \longrightarrow 2(R—COO^-) + 2H_2O \tag{3-18}$$

$$2(R—COO^-) + Fe^{2+} \longrightarrow R—\overset{\|}{\underset{O}{C}}—O—Fe—O—\overset{\|}{\underset{O}{C}}—R \tag{3-19}$$

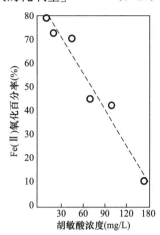

图 3-4 含胡敏酸的水中，
二价铁的氧化速度

试验条件：碱度 2.4mg-eq/L；
pH=6.8；水温 25℃；
氧气分压 $P_{O_2}=0.202atm$

这种有机络合物中的二价铁不易为水中的溶解氧氧化，从而阻碍了二价铁的氧化。

水中的各种有机物质，特别是带有羟基（—OH），或羧基（—COOH），或两者都有的有机物，能将三价铁还原为二价铁。

有人观察到下列现象：

$$Fe(II) + \frac{1}{4}O_2 + 有机物 = Fe(III) - 有机络合物 \tag{3-20}$$

$$Fe(III) - 有机络合物 = Fe(II) + 被氧化的有机物 \tag{3-21}$$

这种 Fe(II)-Fe(III) 体系在有机物的氧化过程中，好像起着电子载体的作用。当 Fe(II) 的氧化速度比较 Fe(III) 的还原速度小时，Fe(II) 在水中能保持比较高的浓度，直至全部有机物被氧化完毕。所以 Fe(II) 的氧化速度会显著降低。

但是，试验表明，有的有机物对水中二价铁的氧化也有促进作用。这可能是由于有机物能强烈地络合氧化反应生成的三价铁，使水中三价铁离子的浓度减低，从而使二价铁的氧化反应速度加快。

水中的硫化物亦能阻碍二价铁的氧化反应。因为硫化物是比较强的还原剂，能将三价铁还原为二价铁。并且，当水中有硫化物存在时，水中的溶解氧将首先氧化硫化物，然后才氧化二价铁。

此外，水中的铵盐、亚硝酸盐，以及其他还原性物质，也都能使二价铁的氧化速度减慢。相反，水中有些物质如氯化物、硫酸盐、磷酸盐、硅酸盐等，能与三价铁生成络合物，降低了水中三价铁的浓度，从而能使氧化反应速度增大，但这种催化作用一般并不强烈。

许多人的试验都发现，当地下水中二价铁的初始浓度较高时，在自然氧化反应的后期，水中剩余二价铁浓度与时间的关系在单对数坐标图上将由直线转变为下弯的曲线，如

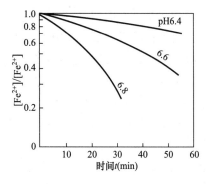

图 3-5 水中二价铁的非均相氧化

图 3-5 所示，它表明反应生成的三价铁氢氧化物有催化作用，能加速二价铁的氧化反应。反应初期，生成的三价铁氢氧化物不多，催化作用尚不明显；反应后期，随着生成的三价铁氢氧化物的增多，反应速度愈来愈快。由于反应生成物对反应过程有催化作用，所以二价铁的氧化是一个自动催化反应过程。这种二价铁的非均相氧化动力学模式为：

$$-\frac{d[Fe^{2+}]}{dt} = \{k + k_*([Fe^{2+}]_0 - [Fe^{2+}])\}[Fe^{2+}]$$

(3-22)

式中 k_*——二价铁的非均相氧化速度常数；

其他符号意义同前。

当水中二价铁浓度很低时，三价铁的催化作用可忽略不计，反应速度模式即转化为均相氧化时的情况，如式（3-6）。当地下水含铁量大于 5mg/L 时，一般应视为非均相氧化。

3.2 三价铁氢氧化物胶体的凝聚

水中金属氢氧化物最重要的表面物理化学特性是表面带有电荷，这是水分子与氢氧化物表面相互作用的结果。金属氢氧化物一般具有羟基表面，这是暴露于晶格表面的金属离子与水中 OH^- 络合，或晶格表面 O^{2-} 与 H^+ 络合的结果。羟基表面 Fe-OH 上的 H^+ 比水分子中的 H^+ 更活泼更易离解。随 pH 不同，可发生表面的两性离解，即酸性和碱性离解：

$$Fe-OH（固）= Fe-O^-（表面）+ H^+$$

(3-23)

$$Fe-OH（固）= Fe^+（表面）+ OH^-$$

(3-24)

可见水中 H^+ 和 OH^- 是金属氢氧化物表面的电位决定离子，其表面电荷的正负和大小，取决于氢氧化物表面对 H^+ 和 OH^- 的吸附平衡。改变水中 H^+ 和 OH^- 的浓度，就能改变表面电荷的状况。所以，水的 pH 对金属氢氧化物表面情况有重大影响。调节水的 pH，恰使氢氧化物表面的正负电荷相等，表面电位为零，这时的 pH 叫作等电点，以符号 pH_z 表示。

三价铁氢氧化物由于条件不同可形成不同结构的固相。结构不同的固相，其等电点也不相同。结晶良好的固相 $\alpha-Fe_2O_3$ 的等电点为 $pH_z=8.5$。结晶形态愈差的固相，其等电点值愈向酸性方向移动。地下水除铁过程形成的三价铁氢氧化物固相，主要是不定形 $Fe(OH)_3$ 和结晶差的 $\alpha-FeOOH$ 和 $\gamma-FeOOH$，因此其等电点一般都低于 8.5。

三价铁在水中另一个重要的物理化学性质，是具有与水中各种离子络合的能力。这种络合能力表现为氢氧化物表面对阴、阳离子的专属吸附。对于阳离子，首先是吸附 Fe^{2+}、Mn^{2+} 等化学性质相近的离子，吸附顺序为：

$$Fe^{2+} > Mn^{2+} > Ca^{2+}、Mg^{2+} > Na^+、K$$

对于阴离子，吸附顺序为：

$$PO_4^{3-} > SiO(OH)_3^- > Cl^- > SO_4^{2-} > CO_3^{2-} > HCO_3^- > NO_3^-$$

氢氧化物吸附阳离子，增加了表面正电荷的数量，为达等电点，需要提高水中 OH^- 离子的浓度，导致等电点向碱性方向移动。同理，氢氧化物吸附阴离子，增加了表面负电荷的数量，为达等电点，需要提高水中 H^+ 离子的浓度，导致等电点向酸性方向移动。当溶液的 pH 高于等电点时（pH＞pH_z），氢氧化物表面发生酸性离解，导致表面电荷为负；当溶液的 pH 低于等电点时（pH＜pH_z），氢氧化物表面发生碱性离解，从而表面电荷为正。

三价铁氢氧化物胶体颗粒，不断受到水分子热运动的撞击，从而在水中作无规则的高速运动，称为"布朗运动"。布朗运动能使胶粒相互碰撞，但由于胶粒带有同性电荷而相互排斥，所以胶粒在碰撞过程中并不发生聚结，因而可以保持稳定的分散状态。

胶核表面因吸附离子而带有电荷，这层被吸附的离子称为电位离子层。电位离子层通过静电作用又可把水中电荷符号相反的离子吸引到其周围来。被吸引的离子称为反离子，它们的电荷总量应与电位离子层的电荷相等而符号相反。这样，在胶核外面，内层是电位离子层，外层是反离子层，形成所谓双电层。由于热运动，反离子会由胶粒表面向水中扩散，形成疏松分布的反离子层。胶粒在水中不停地运动，反离子只有一部分能随胶粒一起运动。这部分反离子是比较靠近电位离子层、吸引较牢的部分，称为反离子吸附层。另一部分距电位离子层较远，不随着一起运动，称为反离子扩散层。

胶核表面的电位离子层在溶液中形成电场，胶核表面上的电位称为热力电位 ψ。由于水中反离子的中和屏蔽作用，以胶核向外，电位逐渐下降，到反离子电荷总量与电位离子相等处，电位值降低为零。电位变化曲线如图 3-6 所示。当胶粒运动时，随胶粒一起运动的是吸附层，不随胶粒运动的是扩散层，它们之间的表面叫滑动表面。滑动表面处的电位称为电动电位或 ζ 电位。当水的含盐量较高时，反离子浓度也较大，因而其电荷中和作用也较强，使得反离子扩散层变薄，这时电动电位也相应降低。这种现象就是电解质对扩散层的压缩作用。

水中两胶粒相距较远时，胶粒周围的扩散层互不接触，相互也没有静电斥力作用。当两胶粒相互靠近碰撞时，扩散层开始发生重叠交联，两胶粒之间便产生静电排斥力。胶粒沿力的方向移动，可得排斥势能。取横轴为两胶粒间的距离，纵轴为势能，可绘出排斥势能曲线，如图 3-7 所示。两胶粒之间除了静电斥力外，还存在分子引力——范德华引力。为叙述方便，在图 3-7 中也绘出吸引势能曲线。在图中取排斥势能为正值，吸引势能为负值。当两胶粒靠近时，任一距离处同时存在排斥和吸引两种作用力，所以把排斥势能和吸引势能叠加，可得综合势能曲线。由综合势能曲线可见，在 a 处有一极大值，称为排斥势能峰。胶粒间距在 a 点以外斥力占优势，在 a 点以内引力占优势。两胶粒要碰撞聚合，必须越过排斥能峰，把间距缩小到 a 点以内的引力区。但是，对于稳定的溶胶，胶粒布朗运动的平均动能远小于排斥能峰，所以无法聚合。当水的 pH 恰等于等电点时，胶粒表面的电位为零，胶粒之间不存在斥力，排斥能峰消失，胶粒的每次碰撞都将促成聚集，水中微粒相互聚结尺寸愈变愈大，最终形成松散粗大的絮凝体而沉淀下来，这种现象称为胶体的凝聚。但实际上，胶体不一定达到等电状态才发生凝聚。当水的 pH 与等电点足够接近时，可使胶粒表面的电位足够小，从而使排斥能峰小于布朗运动动能，这时通过布朗运动就能使两胶体颗粒间的距离越过排斥能峰进入引力区，进而凝聚。这种存在于等电点附近的能使胶体发生凝聚的 pH 范围，称为胶体的最佳凝聚 pH 范围。

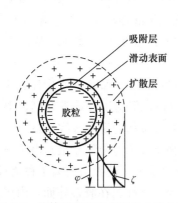

图 3-6　胶体周围的双电层及电动电位

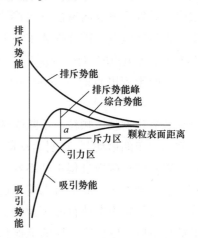

图 3-7　胶粒相互作用时的势能曲线

当水的 pH 处于三价铁氢氧化物胶体的最佳凝聚范围以外时，胶体处于稳定状态，不论是沉淀或是过滤，都不能将之有效地去除。对于含盐量很低的水，最佳凝聚范围较窄，水的 pH 不一定都能处于最佳凝聚范围，所以有时除铁效果不佳，这可能是含盐量低的含铁地下水难处理的原因之一。对于含盐量较高的水，由于反离子浓度较大，能压缩扩散层，降低 ζ 电位，减小排斥能峰，从而使胶体更易于凝聚，所以胶体的最佳凝聚范围较宽，含铁地下水的 pH 一般都能处于最佳凝聚范围内，所以常能获得良好的除铁效果。

3.3　溶解性硅酸对除铁过程的影响

天然水中普遍含有少量的溶解性硅酸，浓度一般为十几到数十毫克/升（以 SiO_2 计），主要是正硅酸 H_4SiO_4，或写为 $Si(OH)_4$。对应的氧化物为 SiO_2。

天然水中溶解性硅酸是一种很弱的酸，其离解过程如下：

$$Si(OH)_4 \Longleftrightarrow SiO(OH)_3^- + H^+$$
$$pK_1 = 9.46(25℃) \tag{3-25}$$
$$SiO(OH)_3^- \Longleftrightarrow SiO_2(OH)_2^{2-} + H^+$$
$$pK_2 = 12.56(25℃) \tag{3-26}$$

式中，K_1 和 K_2 是硅酸的第一级和第二级离解常数。按第一级离解平衡计算硅酸的离解度（暂不计及水中其他离子的影响）：

$$\frac{[H^+][SiO(OH)_3^-]}{[Si(OH)_4]} = K_1 \tag{3-27}$$

$$\alpha = \frac{[SiO(OH)_3^-]}{[Si(OH)_4]} = \frac{K_1}{[H^+]} \tag{3-28}$$

式中 α 为硅酸的离解度。按式（3-28）计算，pH＝7.5，$\alpha \approx 1\%$，pH＝6.5，$\alpha \approx 0.1\%$；

pH$=5.5$，$\alpha\approx0.01\%$。可见当 pH<7.5，水中 SiO(OH)$_3^-$ 的浓度不足硅酸的 1%，自然 SiO$_2$(OH)$_2^{2-}$ 的浓度就更小了。所以，在天然条件下（pH$=6.0\sim7.5$），地下水中的溶解性硅酸基本上是以分子状态存在的。

图 3-8 为 SiO$_2$（无定形）在水中的溶解度。当 pH<8 时，水中只存在溶解性的单分子硅酸，其溶解度约为 $1\times10^{-2.7}$ mol/L（25℃），相当于含 SiO$_2$120mg/L，天然水中的 SiO$_2$ 浓度一般不高于此值。

前已述及，水中的溶解性硅酸能强烈地吸附于三价铁氢氧化物表面，形成硅铁络合物：

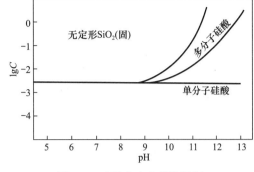

图 3-8 硅酸在水中的溶解度

$$Fe^{3+} + SiO(OH)_3^- = FeOSi(OH)_3^{2+} \tag{3-29}$$

上式只是可能的一种反应方式，实际上反应要复杂得多，生成物也更复杂，可用分子式 Fe$_n$O$_n$Si$_n$(OH)$_{n+2m}$ 代表，其中 $n=(1\sim3)m$，$m=1\sim3$，与水中硅酸以及铁的浓度、水的 pH、水的温度等因素有关。

溶解性硅酸吸附于三价铁氢氧化物表面，形成硅铁络合物，能使水中三价铁的浓度减小，从而对二价铁均相氧化反应有加速作用，但是，它大大降低了三价铁氢氧化物对反应的接触催化作用，所以总的效应一般是降低了二价铁的氧化反应速度。

在实际中最常遇到的情况是溶解性硅酸导致三价铁穿透滤层而使除铁效果恶化。这是由于水中 SiO(OH)$_3^-$ 离子吸附于胶体表面，使等电点向酸性方向移动，并使最佳凝聚范围变窄的结果。图 3-9 为试验结果。当水中溶解性硅酸浓度为零时，三价铁氢氧化物胶体的最佳凝聚范围为 pH$=6.6\sim7.8$（以滤后水中含铁 0.2mg/L 为准）；当溶解性硅酸浓度为 24.5mg/L 时，最佳凝聚范围移至 pH$=5.6\sim6.5$；当浓度为 49mg/L 时，最佳凝聚范围移至 pH$=5.5\sim6.1$。自然氧化法除铁首先要求水中二价铁能迅速彻底氧化，为此一般需将曝气后水的 pH 提高至 $6.8\sim7.0$ 以上。对于含有溶解性硅酸的地下水，这时虽然二价铁的氧化速度快了，但水的 pH 却大大偏离最佳凝聚范围而使三价铁氢氧化物胶体凝聚困难，导致三价铁胶体穿透滤层而不能得到好的除铁效果。

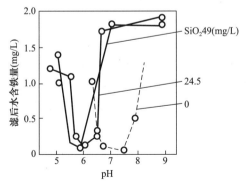

图 3-9 水中溶解性硅酸对三价铁氢氧化物胶体的等电点和最佳凝聚范围的影响

有人认为能导致除铁效果恶化的溶解性硅酸界限浓度是 50mg/L。但实际上，有的溶解性硅酸浓度只有二十几甚至十几毫克/升，却已出现除铁效果恶化的现象。例如漳州、湛江、南宁等地的含铁地下水，溶解性硅酸浓度为 30mg/L 左右（见表 2-9），原水经充分曝气，pH 升至 7.0 以上时，便有大量三价铁穿透滤层的现象发生。更典型的是沈阳石佛寺水源某井水的溶解性硅酸含量仅 15mg/L，当曝气后水的 pH 升至 $7.1\sim7.4$ 时，三价铁便大量穿透滤层，除铁效率降低了 50% 左右。这是因为这些地下水的含盐量较低，三价铁胶体的最佳凝聚 pH 范围狭窄，虽然水中硅酸浓度不高，但已使最佳凝聚范围移至 pH7.0 以下，从而使除铁效果恶化。此外，水中的碱度过低（以上几例水的碱度都不大于 1.6mg-eq/L）也可能是除铁效果不佳的因素之一。相反，有的含铁地下水中硅酸浓度很高，例如德都、丹棱、南京等地硅酸浓度达 45～80mg/L（见表 2-9），却并不发生三价铁穿透滤层的现象。这是因为这些地下水的含盐量和碱度都很高，三价铁胶体的最佳凝聚 pH 范围很宽，虽然在硅酸影响下向酸性方向移动，但并未移至 7.0 以下，因此也没有使除铁效果恶化。含溶解性硅酸的地下水，只在一定条件下才导致除铁效果不佳，所以，存在一个使除铁效果恶化的硅酸界限浓度值的说法值得怀疑。

当发现自然氧化法除铁效果受到水中溶解性硅酸干扰时，可采用以下措施：

（1）控制水的曝气程度，不使曝气后水的 pH 升得过高，使之既能满足对二价铁氧化速度的要求，又不超出最佳凝聚范围。上述沈阳石佛寺水源某井水，控制曝气后水的 pH＝6.5～6.7，便能获得良好除铁效果。

（2）等水中二价铁完全氧化后，向水中投加混凝剂（硫酸铝等）有时可获良好效果。

当以上措施无明显效果或不经济、不适用时，推荐采用接触氧化法除铁工艺。接触氧化法除铁时，水中二价铁离子首先被接触催化剂——铁质活性滤膜离子交换吸附，然后再被溶解氧氧化。由于溶解性硅酸对离子交换吸附过程无干扰作用，所以即使有溶解性硅酸存在也能有效地除铁。此外，有时采用氯氧化法除铁也能获得好的效果。

【实例 3-1】 呼伦贝尔大兴安岭西麓，地下水含铁量为 7.8mg/L，水中溶解性硅酸含量为 35mg/L。原水处理工艺将水充分曝气，水的 pH 为 7.8，大量三价铁生成硅铁络合物穿透滤层，滤后水含铁量为 7.0mg/L。处理工艺改进后，采用压缩空气曝气，管道混合，并将水在滤前的停留时间缩短至 10min，滤前水的 pH 为 6.9。改革工艺后，出水含铁量降至 0.26mg/L，达到水质标准要求。

【实例 3-2】 湛江市自来水公司是最早报道发现其含铁地下水处理受到水中溶解性硅酸影响的地方。湛江市含铁地下水的水质见表 2-9。原工艺采用自然氧化除铁法，含铁水经过曝气塔曝气后，水的 pH 升至 7.0 以上，发生三价铁穿透滤层致出水含铁量达 0.4～0.5mg/L，即不达标。向水中加入 1～2mg/L 硫酸铝，对水中生成的硅铁络合物进行混凝，混凝后的水再经滤池过滤，便能获得含铁量为 0.05～0.08mg/L 的水。

【实例 3-3】 尼泊尔首都加德满都市的地下水，含总铁 1.5～3.5mg/L，二价铁 0～0.15mg/L。地下水中 SiO_2 为 40～50mg/L，碱度 HCO_3^- 为 1.0～1.2mgN/L，pH 为 6.6～6.8，电阻率为 8000～12000Ω·cm。含铁水中二价铁被水中溶解氧和消毒剂氧化为三价铁并由水中析出，与水中硅酸反应生成乳白色的硅酸络合物，长期静止不会沉淀，能穿透滤层致出水超标。向水中投加 2mg/L（以 Al^{3+} 计）的硫酸铝进行混凝，以 4m/h 滤速过滤，过滤周期 20h，反冲洗强度 18L/(s·m²)，反冲洗时间 10min，滤后水中总铁降至痕量，处理效果良好。

3.4 自然氧化除铁试验

3.4.1 地下水中二价铁的氧化反应时间

在地下水的自然氧化除铁工艺中，使水中二价铁能在过滤以前氧化完毕，是除铁过程能够顺利进行的必要条件。但氧化反应所需时间，受多种因素影响，特别是各地水质不同，影响因素复杂，难以预测，所以只有通过试验才能获得比较可靠的数据用于设计和生产。

前面已经对水中二价铁的氧化反应速度问题进行了讨论，并提出氧化反应速度与主要的影响因素之间的关系，见式（3-10）：

$$-\frac{d[Fe^{2+}]}{dt} = k[Fe^{2+}][O_2][OH^-]^b$$

对上式积分得：

$$-\int_{[Fe^{2+}]_0}^{[Fe^{2+}]} \frac{d[Fe^{2+}]}{[Fe^{2+}]} = \int_0^t k[O_2][OH^-]^b dt$$

式中右端积分号内的溶解氧浓度 $[O_2]$ 在反应过程中，因参与氧化而不断减小，所以应是时间 t 的函数。但是为简化计算，当水含铁浓度不太高而溶解氧含量又很大时，$[O_2]$ 在氧化反应过程的变化相对不大，所以可以近似地当作常数看待。式中氢氧根离子浓度 $[OH^-]$（即 pH），因二价铁在氧化反应过程中生成三价铁并水解而产生出氢离子 H^+，水的 pH 将不断降低，所以也是时间 t 的函数。但是，在二价铁浓度不高情况下，pH 降低得不大，为简化计算，亦可近似地将 pH 看作常数。最后，假定 k 与时间无关，则上式积分后得：

$$\lg \frac{[Fe^{2+}]_0}{[Fe^{2+}]} = k'[O_2] \cdot 10^{bpH} \cdot t \tag{3-30}$$

式中，k' 为反应速度常数，$k' = 0.4343k$ 且 $[OH]^b = 10^{bpH}$。这个关系式反映出了二价铁氧化反应过程中各主要参数之间的函数关系，所以可称为二价铁氧化反应过程的基本方程式。

由此式可知，水中二价铁的剩余浓度 $[Fe^{2+}]$ 将随氧化反应时间 t 的增长而不断减小。工业用水和生活饮用水对除铁水的含铁浓度都有相应的要求，为达到这一除铁要求，应使 $[Fe^{2+}]$ 降至要求浓度以下，其所需氧化反应时间，按式（3-30）为：

$$t = \frac{\lg \dfrac{[Fe^{2+}]_0}{[Fe^{2+}]}}{k'[O_2] \cdot 10^{bpH}} (min) \tag{3-31}$$

在曝气法除铁的生产实际中，氧化反应时间一般不大于 1～2h。氧化反应时间选取得过长，会增大设备的建筑费用，是不经济的。但是，实际表明在许多情况下，水中二价铁的氧化反应速度都过于缓慢，使所需氧化反应时间远远超出 1～2h 的限制，这就要求采取加速氧化反应、缩短反应时间的措施。按式（3-31），可以有两个途径做到这一点：

（1）增加水中溶解氧的浓度 $[O_2]$。但是，由于氧在水中的溶解度有限，所以增大溶解氧浓度 $[O_2]$ 的效果也不可能十分显著，因此不是一个十分有效的措施。

（2）提高水的 pH，加速二价铁的氧化反应速度。实际经验表明，当把含铁地下水的 pH 提高到 7.0 以上，一般就能将除铁水的含铁浓度降至 0.3mg/L 以下。但是，有些含铁地下水则要求更高的 pH 才能获得良好的除铁效果，所以对于每一含铁地下水都需进行除铁试验，以得到满意的除铁效果所必需的 pH。下面介绍一种试验方法。

水中二价铁的剩余浓度降至初始浓度的一半所需氧化反应的时间，称为半衰期。

$$t_{\frac{1}{2}} = \frac{\lg \dfrac{[Fe^{2+}]_0}{[Fe^{2+}]}}{k'[O_2] \cdot 10^{bpH}} = \frac{\lg 2}{k'[O_2] \cdot 10^{bpH}} (min) \tag{3-32}$$

式中，$t_{\frac{1}{2}}$ 为半衰期；$[Fe^{2+}] = \frac{1}{2}[Fe^{2+}]_0$。对上式取对数，整理后得

$$\lg t_{\frac{1}{2}} = A - b\text{pH} \qquad (3\text{-}33)$$

式中

$$A = \lg\left\{\frac{\lg 2}{k'[O_2]}\right\} \qquad (3\text{-}34)$$

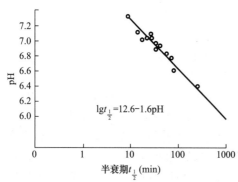

图 3-10　氧化反应时间（半衰期）
$t_{\frac{1}{2}}$ 与 pH 的关系

式（3-33）在 $\lg t$-pH 坐标系上为一直线，直线的斜率为 b 值。图 3-10 为一实测结果。

由图可见，只要由试验得出两个 pH 时的半衰期 $t_{\frac{1}{2}}$，在图上绘出两个点，连接两点便可得到上述直线。以式（3-31）与式（3-32）相比，得

$$t_{\frac{1}{2}} = \frac{\lg 2}{\lg \dfrac{[Fe^{2+}]_0}{[Fe^{2+}]}} \cdot t \qquad (3\text{-}35)$$

若给定一个 t 值（例如 1h），按此式便可求出相应的 $t_{\frac{1}{2}}$，再由图 3-10 的试验直线上找出必需的 pH。

【例题 3-1】　地下水的含铁浓度为 2mg/L，pH 为 6.4，其氧化反应时间（半衰期）$t_{\frac{1}{2}}$ 与 pH 的关系如图 3-10 所示。若要求除铁水的含铁浓度为 0.1mg/L，二价铁的氧化反应时间不超过 1h，求水的 pH 应该提高到多少？

【解】　取 $t = 60$min，并有 $[Fe^{2+}]_0 = 2$mg/L，$[Fe^{2+}] = 0.1$mg/L，按式（3-35）可得半衰期为：

$$t_{\frac{1}{2}} = \frac{\lg 2}{\lg \dfrac{[Fe^{2+}]_0}{[Fe^{2+}]}} \cdot t = \frac{\lg 2}{\lg \dfrac{2}{0.1}} \times 60 = 13.8\text{min}$$

由图 3-10 的试验直线上可找出相应的 pH≈7.1，即将水的 pH 提高至 7.1 以上，经过 1h 的氧化反应，水中二价铁的剩余浓度便能降至 0.1mg/L。

表 3-2 中列出了按上述方法计算，在不同的反应时间条件下，为使水中二价铁的残余浓度降至指定数值，水的 pH 应该达到的数值。

按水中二价铁残余浓度要求应有的 pH　　　　　表 3-2

水中二价铁的残余浓度 (mg/L)	氧化反应时间 (min)			
	5	15	60	180
0.3	7.7	7.4	7.0	6.7
0.1	7.8	7.5	7.1	6.9

此例说明，氧化反应时间愈短，所要求水的 pH 愈高。并且此例还说明，当对除铁水的水质要求高时（即要求的除铁水的含铁浓度 $[Fe^{2+}]$ 很低），比值 $\dfrac{[Fe^{2+}]_0}{[Fe^{2+}]}$ 便较大，因此除铁也比较困难，除铁过程必须在较高的 pH 条件下才能完成。

当地下水的含铁浓度高时，比值 $\dfrac{[Fe^{2+}]_0}{[Fe^{2+}]}$ 也较大，并且为氧化二价铁所需要的溶解氧也较多，因此除铁将更困难，除铁过程要求的 pH 也较高。

为了提高水的 pH，首先应采取曝气的方法。在大型曝气装置中，不仅能使空气中的氧溶解于水，并且还能大量去除地下水中的二氧化碳，从而使水的 pH 相应地提高。

但是，用曝气的方法提高水的 pH 是有一定限度的。一般常用的大型曝气装置，如板条式曝气塔、接触式曝气塔、表面叶轮曝气池等，通常只能将水的 pH 升高 0.4～0.6。所以，当用曝气的方法不能将水的 pH 提高至要求数值时，需采用较长的氧化反应时间，来保证获得满意的除铁效果。如果所需的氧化反应时间过长，超出了合理的范围（例如 2～3h），这说明仅用曝气方法不能达到除铁要求。在这种情况下，就有必要向水中投加碱剂（一般为石灰）来提高水的 pH（图 3-11）。

一般市售石灰的有效氧化钙的含量差别很大，但大多为 50% 左右，所以实际石灰投加量（按商品质量计算）应由试验来确定。

作为初步估算，也可按下式计算石灰用量：

$$[CaO] = 0.64[CO_2] + [Fe^{2+}]_0 \tag{3-36}$$

式中　　$[CaO]$——有效氧化钙投加量（mg/L）；

　　　　$[CO_2]$——水中二氧化碳含量（mg/L），每中和 1 当量二氧化碳（当量为 44）需 1 当量氧化钙（当量为 28），故 1mg 二氧化碳需氧化钙 $28/44 = 0.64$mg；

　　　　$[Fe^{2+}]_0$——地下水的含铁浓度（mg/L），1mol 二价铁氧化水解能产生 2mol 的氢离子（酸），故二价铁的当量为 $56/2 = 28$，氧化钙的当量也是 28，所以 1mg 二价铁氧化水解产生的酸，需要 1mg 的氧化钙来中和。

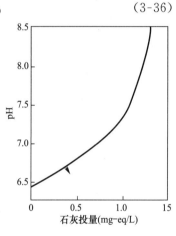

图 3-11　石灰投加量与水的 pH 关系曲线

3.4.2　小型静水除铁试验

自然氧化除铁效果，常受水中各种因素的影响，所以其设计方案的可靠性，应该通过除铁试验进行检验。

自然氧化除铁试验，还能帮助正确地选择除铁方法、除铁系统、工艺参数，并探讨改进除铁效果的措施。

为了初步了解自然氧化除铁工艺用于特定含铁地下水的效果，可先进行小型除铁试验。

将含铁地下水倾入盆中，进行跌水曝气，曝气效果因跌水高度不同而异。当跌水高度为 1m 左右时，曝气水中溶解氧浓度可达 6～8mg/L，水的 pH 能提高 0.1 左右。如果要使水的 pH 提高得更多，可反复进行多次跌水曝气。曝气后，取样测定水中二价铁和总铁的浓度、水的 pH 以及水的温度等。

含铁地下水经过曝气后，置于容积约为 15L 的容器中进行氧化反应，反应时间可取

5min、15min、45min、120min 四种。每达到一个反应时间，由容器中取水样 3L，测定水中二价铁和总铁的浓度、水的 pH 及水温，并将水样立即装入石英砂滤管中过滤。经过 4 次取样后，容器中尚余 2～3L 水，需要时可继续进行试验，以测出二价铁浓度降至初始值的一半所需的反应时间（即半衰期）。

石英砂滤管为内径 30mm 左右的玻璃管，高为 1m，底部装 2～4mm、4～8mm 的卵石承托层各 5cm，其上装 0.5～1.0mm 石英砂滤层，厚 0.7m。试验前将滤层反冲洗干净，并让滤层经常浸没于水中不使曝气。试验时，将氧化反应完毕的水样缓缓倒入滤管，以 5m/h 的滤速过滤，最初 30min 滤后水质不佳，可弃去不用，30min 后采取水样，测定滤后水含铁浓度。滤后水样可多采几次，直至全部水样过滤完毕，以便相互比较核对。

试验时要特别注意控制水温不使升高，必要时可将进行氧化反应的容器放在水浴中，以保持水温稳定。

当上述试验除铁效果不能满足要求时，可加强曝气，进一步提高水的 pH，再继续进行试验。在不同的 pH 条件下，测定出水中二价铁氧化反应的半衰期，按照上一段中所述的分析方法，可以更好地选择除铁方法和除铁系统。

3.4.3 动水除铁试验

上述的小型静水除铁试验，与生产实际的条件是有相当差异的，例如水温、反应时间、絮凝扰动条件等都会有所不同，所以根据小型静水除铁试验的结果，还应进行动水除铁试验，进一步检验除铁方法的可靠性，并取得必要的设计工艺参数。

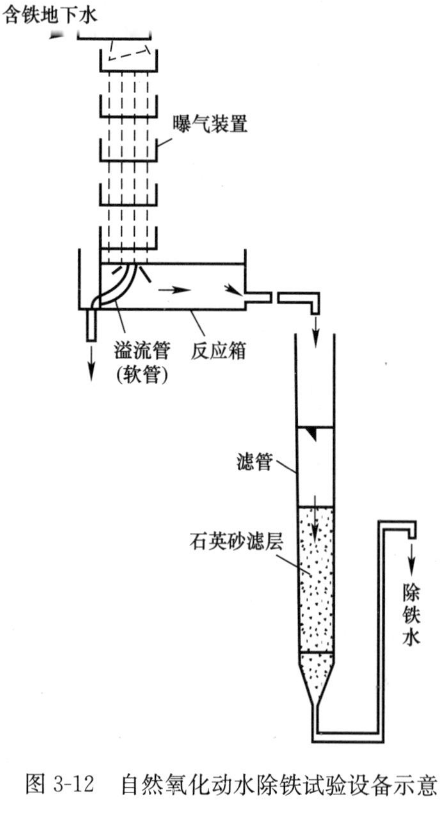

试验用的曝气装置，可按需要提高的 pH 的数值来选择。一般，跌水曝气能使水的 pH 提高 0.1 左右，莲蓬头曝气能使水的 pH 提高 0.2～0.4，板条式曝气塔和接触式曝气塔能提高 0.4～0.6。试验用的曝气装置的设置高度应能进行调节，以便调整曝气效果。

氧化反应试验装置，应能调整反应时间。为此，可采用如图 3-12 所示的反应箱，箱中装有溢流管。溢流管口标高可上下移动，以调整箱中水位，从而调整氧化反应时间。反应箱容积应能使试验水流在其中停留的时间不小于 2h。

试验用的石英砂滤管管径不宜过小。由于滤料与管壁之间的孔隙较大，水流易于通过，所以沿管壁出流的水的除铁效果较差。为了减小壁管影响，滤管管径一般不宜小于 40mm。滤管长度一般为 1.5～3.0m。滤管内装 0.5～1.0mm 石英砂滤料厚为 0.7m，滤速采用 5～10m/h。一般采用如

图 3-12 自然氧化动水除铁试验设备示意

含铁地下水

曝气装置

溢流管
(软管)

反应箱

滤管

石英砂滤层

除铁水

图 3-12 所示的重力式处理流程。

试验时应使曝气水流量较试验流量略大，使反应箱中的水经常处于溢流状态，以保持箱中水位恒定。

试验滤管采用定量进水和变水头的工作方式，这样可使反应水流量与过滤水流量相等，当过滤水量测出后，反应水流量也就可以知道，从而便于计算反应时间。

试验时，应定期对含铁地下水、曝气以后的水、反应以后的水以及过滤以后的水取样测定总含铁浓度、二价铁浓度、pH、水温、溶解氧浓度、二氧化碳浓度等水质指标。

当发现试验的除铁效果不能满足要求时，针对影响除铁效果的因素，可适当地提高 pH、延长反应时间、降低滤速或加厚滤层，以改善除铁效果，并探求合理的设计工艺参数。

3.4.4　石灰碱化除铁试验

当仅用曝气的方法提高水的 pH 不能获得满意的除铁效果时，可进一步进行石灰碱化除铁试验。

试验使用石灰饱和溶液，向水中投加比较方便。石灰饱和溶液的制备方法如下：取 50g 优质的市售生石灰（CaO），预先熟化并调成糊状，装入 1000mL 容量瓶中，然后向瓶中加入煮沸过的蒸馏水至刻度，定期摇动容量瓶，使石灰与水充分混合溶解，溶解持续 6h，然后静置沉淀 8~10h，取上层清液，即为石灰饱和溶液。

氧化钙在水中的溶解度，随温度升高而略有降低，在室温条件下，平均取 0.12%，即每毫升石灰饱和溶液中含氧化钙 1.2mg。

石灰碱化除铁，可先进行小型静水反应试验。在小型试验基础上，再进行动水除铁试验。试验方法与上述自然氧化除铁试验基本相同，但石灰应投于曝气之后，投药后应立即进行充分的混合。

投药混合后，测定水中总含铁浓度、二价铁浓度及 pH，并使水在容器中静置反应，反应时间可取 15min、45min、120min 三种。其他操作与前述的方法相同。

当除铁效果不佳时，可增大石灰投加量，进一步提高水的 pH，继续进行试验。水的 pH 最高应不超过 9.5。

自然氧化除铁试验方法有多种。上述方法仅是其中一种，可供读者参考。

3.5　自然氧化除铁工艺系统

含铁地下水一般不含溶解氧。为使空气中的氧能溶于水中，并去除水中的二氧化碳，以提高水的 pH，需设专门的曝气装置，使水能与空气充分接触。

为了能有效地除铁，还需要使水中二价铁与溶解氧有充分的反应时间，以使二价铁能尽量全部被氧化为三价铁。为此，需设置使水有足够停留时间的氧化反应池。

氧化生成的三价铁水解后，首先生成氢氧化铁胶体，然后逐渐絮凝成絮状沉淀物。一般，三价铁的水解过程比较迅速，而絮凝过程则比较缓慢，所以三价铁的絮凝过程，也应考虑在反应池中完成。此外，絮凝形成的氢氧化铁悬浮物，也能部分地沉淀于反应池中，所以反应池也兼起沉淀池的作用。三价铁经水解、絮凝后形成的悬浮物，可用普通滤池过滤除去。

所以，自然氧化除铁工艺系统，一般都由曝气装置、反应沉淀池和滤池处理构筑物组成，如图 3-13 所示，主要用于水中二价铁的氧化反应时间较长（大于 20～30min），或水的含铁浓度较高（大于 10mg/L）的场合。

图 3-13 自然氧化除铁工艺系统

当水中二价铁的氧化反应时间不大于 20～30min，可将曝气装置和反应池组成一体，例如将喷淋式曝气装置下面的集水池适当加大，用作二价铁的氧化反应池，是一种常见的处理系统。

也可利用表面叶轮曝气池兼作反应池，与滤池进行组合。

当不需要去除水中的二氧化碳以提高水的 pH 时，还可以采用压力式的处理系统。

当水中二价铁的氧化反应迅速时（氧化反应时间不大于 5～10min），可采用以单级滤池为主体的自然氧化除铁系统。例如当需要去除水中二氧化碳以提高水的 pH 时，可采用在滤池上设莲蓬头或穿孔管曝气装置的处理系统。

当不需要去除水中二氧化碳时，可采用跌水曝气、射流泵加气、压缩空气曝气等与滤池组成的重力式和压力式处理系统。

当需要投加石灰来提高水的 pH 时，应在投加石灰后设混合装置；由于石灰中含有大量不溶性悬浮杂质，所以系统中应设反应沉淀构筑物；此外，还需设置石灰乳制备和投加装置。

在小型设备中，当以石灰饱和溶液的方式向水中投加石灰时，上述系统中可不设置沉淀构筑物。

选择较低的曝气水的 pH，可减小水的曝气程度，从而可选择较简单的曝气装置，降低曝气费用，但是却要求较长的氧化反应时间，增加了反应沉淀构筑物的建造费用。相反，选择较高的 pH，虽然增大了曝气费用，但能缩短氧化反应时间，从而减小了反应沉淀构筑物的建造费用，甚至简化了处理系统。

水的 pH 对氢氧化铁胶体的絮凝过程有很大影响。一般当水的 pH 为 6.5～7.5 时，氢氧化铁胶体能很好地进行絮凝，易于被沉淀和过滤除去。当水中氢氧化铁胶体的絮凝不良时，能使滤后水中铁质浓度升高，出水水质恶化。

当向水中投加石灰来提高 pH 时，选择低的 pH 能减小石灰投加量，但需要较长的氧化反应时间；相反，选择高的 pH，能缩短氧化反应时间，但要增大石灰投加量。

当地下水的含铁浓度较高时，缩短沉淀时间或不设沉淀池，能减小设备的建造费用，但因过滤水的含铁浓度较高，会使滤池的过滤工作周期缩短，反冲洗次数增多，从而增加了运行费用；相反，设置沉淀池或增长沉淀时间，虽然设备建设费用增大，但滤池的工作周期增长，反冲洗用水量减小，从而减小了运行费用。

在实际生产中，氢氧化铁在反应沉淀池中的沉淀效率常常不高，表 3-3 为几则实例。

氢氧化铁在反应沉淀池中的沉淀效率 表 3-3

设备所在地点		地下水含铁浓度(mg/L)	沉淀水的pH	水温(℃)	反应时间(min)	沉淀时间(min)	沉淀水含铁浓度(mg/L)	沉淀效率(%)
湖北	沅江	10	9.0~9.2	~20	30	77	5.4	46
黑龙江	佳木斯	5.8	7.0	7	15	120	4.0	31
	哈尔滨	1.4	7.5	9	—	180	1.1	21

反应池中应设导流墙，以免产生短流，影响反应效果。沉淀构筑物多为平流式沉淀池，其构造与一般平流式沉淀池相同。

含铁地下水因水质不同，其自然氧化生成的氢氧化铁悬浮物的性质，也可能有很大不同。有的氢氧化铁悬浮物的过滤性能良好，易于过滤除去，即使采用较高的滤速，亦可获得良好的滤后除铁水；但有的氢氧化铁悬浮物的过滤性能不佳，易于穿透滤层而使滤后水含铁浓度增高。所以，除铁滤池的滤料粒径、滤层厚度以及滤速，应该通过试验仔细选择。表 3-4 为我国部分自然氧化除铁设备实例可供设计参考。其中铁力木材干馏厂的除铁设备，当压力式石英砂滤池的滤速小于 5m/h 时，滤后水含铁浓度小于 0.3mg/L；当滤速大于 5m/h 时，滤后水含铁浓度大于 0.3mg/L，即已不符合用水要求。又如，表 3-4 所列佳木斯造纸厂的除铁设备，滤速为 6~7m/h 时，滤后水含铁浓度为 0.1~0.2mg/L；当滤速增大至 8~9m/h 时，滤后水含铁浓度为 0.25~0.4mg/L，即有时不符合用水要求。

由表 3-4 可见，设计石英砂滤池，一般可采用滤料粒径为 0.5~1.0mm，滤层厚度 0.6~1.2m，滤速为 5~10m/h，但还应通过除铁试验来确定。

我国部分自然氧化除铁设备系统组成及工艺参数 表 3-4

设备所在地点		地下水含铁浓度(mg/L)	地下水的pH	地下水温度(℃)	曝气方式	石灰投加量(mg/L)	反应时间(min)	沉淀时间(min)	滤池形式	石英砂滤料粒径(mm)	滤层厚度(mm)	滤速(m/h)	滤后水含铁浓度(mg/L)
四川	峨眉	0.5	7.3	~20	喷淋曝气	—	—	—	重力式	0.5~1.0	1.0	5	<0.02
	西昌	1.4~4.8	—	—	三级跌水曝气	—	5	—	无阀式	0.5~2.0	1.1	10	0.1
黑龙江	哈尔滨	1.8	7.0	9	接触式曝气塔	—	—	180	压力式	0.5~1.0	0.8	8.1	<0.05
	齐齐哈尔	1~4	6.8	6~10	莲蓬头曝气	—	—	—	重力式	d_{10}=0.4~0.5 K=1.6	0.7	5	0.07
		2~4	6.9	7~8	莲蓬头曝气	—	—	—	重力式	0.6~1.5	0.9	7	0.1
		2~4	6.9	7~8	空气压缩机或射流泵	—	6	—	压力式	0.6~1.5	0.6	7	0.1
	佳木斯市*	5~8.5	6.5~6.7	7	接触式曝气塔	—	15	120	重力式	d_{10}=0.45	0.75	6	<0.3
		6~8	6.5	7	接触式曝气塔	20~30	15	120	重力式	d_{10}=0.45	0.7	5.75	<0.3
	铁力	6~20	6.2	3.5~4	接触式曝气塔	30	45	—	压力式	0.5~2.0	0.8	5	<0.3

续表

设备所在地点		地下水含铁浓度(mg/L)	地下水的pH	地下水温度(℃)	曝气方式	石灰投加量(mg/L)	反应时间(min)	沉淀时间(min)	滤池形式	石英砂滤料粒径(mm)	滤层厚度(mm)	滤速(m/h)	滤后水含铁浓度(mg/L)
湖北	随县	2.2	6.4	19	表面叶轮曝气	—	13	—	无阀式	0.5~1.0	0.7	6.5~15	0.1
	沔江	10	6.8	~20	接触式曝气塔	250	30	77	压力式	0.5~2.0	1.5	14~18	<0.3
河南	新乡市*	1~2.8	7.1	16.5	跌水曝气	—	—	—	虹吸式	$d_{10}=0.6$ $K=1.43$	0.8	7.5	0.02~0.06
广东	湛江	4~8	6.0~6.5	26~30	曝气塔跌水	15~20	15~20	240	重力式	0.5~1.0	0.7	8~12 / 11	<0.3 / 0.1~0.2
广西	南宁	20~24	—	25	曝气塔	—	—	130	重力式	—	0.3~0.65	7.6	<0.3

* 含铁地下水曝气后，向水中投加石灰，然后反应和沉淀。

本章参考文献

[1] 白振光. 矿井水除铁除锰的工程应用 [J]. 工业水处理, 2014, 34 (10): 76~77.

[2] 曹小丹. 一种国内少见的以高硅铁复合物形态存在的含铁水处理方法介绍——我国援尼泊尔国际会议中心工程给水除铁处理试验与调试技术总结 [C] //全国建筑给水排水青年学术论文选, 1996.

[3] 陈浩, 张凯. 肥城大封电厂矿井水除铁工艺选择研究 [J]. 洁净煤技术, 2010, 16 (1): 120~123, 54.

[4] 陈兆伟, 张毅明, 吴冰. 溶解性硅酸盐含量高的地下水除铁方法 [J]. 黑龙江环境通报, 2006 (3): 55~56, 58.

[5] 范懋功. 关于曝气-石英砂过滤法除铁问题 [J]. 建筑技术通讯（给水排水）, 1981 (3): 48.

[6] 顾鼎言, 徐廷章. 曝气-石英砂过滤法除铁的调研和试验 [J]. 建筑技术通讯（给水排水）, 1980 (2): 10~14.

[7] 顾鼎言. 表面曝气河砂过滤除铁 [J]. 建筑技术通讯（给水排水）, 1978 (1): 7~8.

[8] 黄宇萍, 蔡同辛. 第二类型含铁地下水除铁研究 [J]. 中国给水排水, 1993 (2): 4~7, 2.

[9] 李圭白. 对"曝气-石英砂过滤法除铁的调研和试验"一文的几点看法 [J]. 建筑技术通讯（给水排水）, 1981 (3).

[10] 刘建勇, 仇昌伟. 亚微观传质在地下水除铁工艺中的应用研究 [J]. 华南建设学院西院学报, 1998 (1): 3~5.

[11] 刘建勇. 对自然氧化法除铁工艺的强化 [J]. 净水技术, 1999 (4): 3~5.

[12] 刘宁. 油田酸性废水氧化除铁技术试验研究 [J]. 油气田环境保护, 2018, 28 (1): 28~31, 61.

[13] 马满英, 刘有势, 施周, 等. 天然有机物的分子质量对地下水除铁的影响 [J]. 中国给水排水, 2006 (13): 59~62, 66.

[14] 马满英, 施周, 余健, 等. 自然有机物对地下水混凝除铁的影响试验研究 [J]. 工业水处理, 2006 (12): 34~37.

[15] 马满英, 余健. 有机物对地下水除铁影响的研究与展望 [J]. 工业水处理, 2004 (11): 1~4.

[16] 荣伟, 巩峰, 刘钇池, 等. 滤后采出水除铁技术研究 [J]. 油气田地面工程, 2018, 37 (1): 18~22.

［17］　滕继奎. 吉林省含铁地下水的分布与处理措施［J］. 吉林地质，1992（4）：73～77.

［18］　王海男，刘汉湖，孙远佶，等. 高铁矿井水回用处理工艺研究［J］. 供水技术，2012，6（1）：28～31.

［19］　王志石. 关于地下水自然氧化法除铁若干问题的试验研究［D］. 哈尔滨：哈尔滨建筑工程学院，1980.

［20］　大藏武. 工業用水の化学と処理［N］，日刊工業新聞社，1956.

［21］　高井雄. 除铁処理における空気酸化と塩素酸化［J］. 水道協會雜誌，1964，356.

［22］　後藤克巳はか. 空気酸化法によ゙鉄の除去に及ほすクィ酸の妨害作用にフぃて［J］. 水処理技術，1980，21（2）：117.

［23］　林猛雄. 除铁処理における泥炭地下水の処理，水道協會雜誌，1965，364.

［24］　农上定瞭，松崎浩司，吉野隆. 天然水に含れゐ鉄（Ⅱ）イオソ自然酸化と炭酸水素イオソとの關およひてれちのイオソの水质调查における問題点［J］. 水処理技術，1980，21（2）.

［25］　GHOSH M M，O'CONNOR J T，ENGELBRECHT R S. Precipitation of iron in aerated ground waters［J］. Proc. ASCE，1966，92（SAl）.

［26］　JOBIN R，GHOSH M M. Effect of buffer intensity and organic matter on the oxygenation of ferrous iron［J］. Journal AWWA，1972，64（9）.

［27］　ROBINSON L R. The effect of organic materials on iron removal in ground water［J］. Water and Sewege Works，1967（10）.

［28］　STUMM W，LEE G F. Oxygenation of ferrous iron［J］. Industrial & Engineering Chemistry，1961，53（2）.

［29］　КЛЯЧКО В А. О выбор Метода обезкелездвания боды［M］. цсследования ио Водопоготовке，1956.

［30］　МАМОНТОВ К А. Обежелзиание Воды в Напорпш Установках［M］. М. Стройиздат，1964.

第 4 章
接触氧化法除铁

4.1　铁质活性滤膜接触催化作用的发现

锰矿砂用作地下水接触氧化除铁工艺的滤料，始于 20 世纪 30 年代。20 世纪 60 年代，我们用我国出产的天然锰矿砂做试验，发现确实具有良好的接触催化作用。例如，佳木斯的含铁地下水经跌水曝气后，水中二价铁要经过 100 多小时才能全部氧化为三价铁，但经过天然锰砂滤层过滤时，只需几分钟时间就能使二价铁全部氧化为三价铁，并被截留于滤层中。所以，天然锰砂滤层的接触催化作用是十分明显的。过去，人们一直认为在除铁过程中起接触催化作用的是滤料中含的 MnO_2，这被称为经典理论。

但是，大量的试验和研究发现，有许多现象是经典理论无法说明的。例如，天然锰砂表面在除铁过程中逐渐沉积一层铁质化合物，颜色由黑变黄，按照经典理论，锰砂表面被铁质覆盖接触催化作用应该减弱，但事实上恰恰相反，锰砂的接触催化作用不仅没有降低，反而有相当大的提高。特别是，在地下水含铁量较高的水厂，锰砂表面沉积的铁质能变得很厚而成为接近球形的锈球，有的锈球甚至完全没有锰砂核心，但仍具有良好接触催化作用。20 世纪 70 年代，国外也发现包有铁质沉积物的石英砂滤料具有接触催化作用。这些事实表明，对二价铁氧化起接触催化作用的不是锰质化合物，而是铁质化合物。

1960 年，在进行天然锰砂除铁试验过程中，发现锰砂的催化除铁能力会由于对锰砂滤层进行过度的反冲洗而大大降低。以 $30L/(s \cdot m^2)$ 的反冲洗强度对天然锰砂滤层进行反冲洗时，因冲洗时间过长而使出水水质恶化的现象，如图 4-1 所示由图可见，反冲洗时间为 5~8min 时（正常反冲洗情况），滤池初滤水仅需 10~15min。出水含铁量便降至 0.3mg/L 以下，反冲洗时间为 20min 时滤池出水情况便大为恶化，出水含铁量要经过近 8h 才降至 0.3mg/L 以下，当反冲洗时间增至 40min 时，滤池出水情况更加恶化，即使历经 7h 出水含铁量仍高于 1.3mg/L。这一现象在许多模型滤池的反复试验中都出现过，说明这一现象并非偶然现象。而后这一现象又在各地生产性滤池中陆续被发现。图 4-2 为黑龙江省佳木斯市一个天然锰砂除铁生产性滤池的反冲洗对滤池出水的影响。用 $21.8L/(s \cdot m^2)$ 的反冲洗强度对滤层冲洗 8min，反冲洗后滤池出水含铁量仅 20min 便降至 0.3mg/L 以下。但在下一周期以 $23L/(s \cdot m^2)$ 的反冲洗强度对滤层冲洗 10min，反冲洗后滤池出水情况便突然大大恶化，经 7h 出水含铁量才降至 0.3mg/L 以下。上述反冲洗试验表明，在滤层中起接触催化作用的主要是滤料表面的一层比较薄的铁膜，称为铁质活性滤膜，滤层的良好除铁能力有赖于这层滤膜的存在,当活性滤膜在过度的反冲洗过程中被冲洗掉时,滤层的除铁能力便大大降低。铁质活性滤膜的发现,对接触氧化除铁工艺的理论研究和生产实践,都有重要的意义。

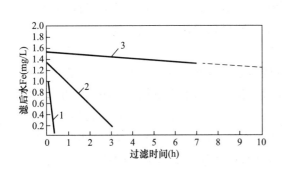

图 4-1　反冲洗时间过长

对锰砂除铁能力的影响

滤料粒径 0.6～2.0mm,滤层厚度 0.8m,

地下水含铁量 3.4mg/L,滤速 30m/h

1—反冲洗时间 5～8min;2—反冲洗时间 20min;

3—反冲洗时间 40min

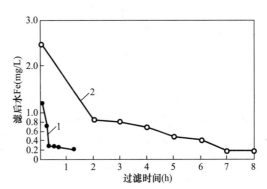

图 4-2　对生产性滤池进行过渡

反冲洗对出水水质的影响

滤料粒径 0.6～2.0mm,滤层厚度 0.95m,

地下水含铁量 12mg/L,滤速 10～11m/h

1—反冲洗强度 21.8L/(s·m²);反冲洗时间 8min;

2—反冲洗强度 23L/(s·m²);反冲洗时间 10min

4.2　接触滤料的成熟过程

　　用未经曝气的无氧含铁地下水经新滤料层过滤,发现滤层最初都有一定的去除二价铁离子的能力。图 4-3 为新的河砂和天然锰砂在无氧条件下去除水中二价铁离子的情况。新滤料能在无氧条件下除铁,表明新滤料对水中二价铁离子具有吸附作用。试验还表明,不同滤料其吸附容量也不同(单位体积滤料的吸附量为该滤料的吸附容量),表 4-1 是测定滤料吸附容量的结果。由表可见,马山锰砂的吸附容量最大,石英矿砂的最小。

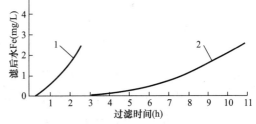

图 4-3　新滤料对水中二价铁离子的吸附作用

地下水含铁量 19.2mg/L;滤速 12m/h

1—河砂;2—马山锰砂

新滤料对水中二价铁离子的吸附容量　　　　　　　　表 4-1

滤料品种	滤料粒径（mm）	水的含铁浓度（mg/L）	水的 pH	水温（℃）	吸附容量（mg/L）	滤料成熟期（d）
石英矿砂	1.0～1.25	14～18	6.1	6	24	7.5
河砂	1.0～1.25	14～18	6.1	6	250	7.2
阳泉无烟煤	1.0～1.25	14～18	6.1	6	250	7.4
锦西锰砂	1.0～1.25	14～18	6.1	6	1000	7.3
马山锰砂	1.0～1.25	14～18	6.1	6	5000	7.5

含铁地下水曝气后，经新滤料层过滤，水中二价铁因被滤料吸附而降低，但当吸附能力耗尽后含铁量便不断升高。随着过滤过程的进行，在滤料颗粒表面开始生成具有接触催化活性的铁质滤膜。由于活性滤膜物质的作用，滤层出水含铁量又重新降低。上述两方面因素共同作用从而使出水含铁量具有峰状的特征。当出水含铁量降至 0.3mg/L 以下，便认为滤料表面的铁质活性滤膜已经形成，这时的滤料称为成熟的滤料。铁质活性滤膜在新滤料表面形成的过程，称为滤料的成熟过程。由新滤料到滤料完全成熟的时间，称为滤料的成熟期。

在滤料成熟过程中的出水水质，因新滤料吸附容量不同而异。吸附容量小的新滤料，吸附阶段很短，所以出水含铁量变化曲线的峰值也较大，出水水质较差；吸附容量大的新滤料，吸附阶段较长，出水峰值浓度较小，出水水质较好（图 4-4）。当新滤料的吸附容量较大，而地下水的含铁浓度又较小时，出水峰值浓度有可能降至要求的界限值以下，这时滤池一投产便能供应合格的除铁水。天然锰砂滤料的吸附容量较大，在除铁初期出水水质较好，这在实用上是有意义的。石英砂、无烟煤等滤料的吸附容量较小，在除铁初期出水水质较差，需采取改善水质或加速滤料成熟的措施，是其缺点。

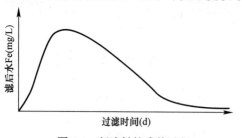

图 4-4　新滤料的成熟过程

设新滤料的吸附容量为 W_{Fe}，滤层厚度为 L，水中二价铁浓度为 $[Fe^{2+}]$。滤料吸附饱和周期为 T，滤池的滤速为 v，则对 $1m^2$ 滤池面积在吸附周期内滤料吸附的总二价铁量应等于滤层的吸附总容量：

$$[Fe^{2+}] \cdot v \cdot T = W_{Fe}L$$

从而可得

$$[Fe^{2+}]_0 = \frac{W_{Fe}L}{vT} \tag{4-1}$$

式中　　$[Fe^{2+}]_0$——原水二价铁浓度（mg/L 或 g/m^3）；

　　　　W_{Fe}——新滤料对二价铁的饱和吸附容量（mg/L 或 g/m^3）；

　　　　L——滤料厚度（m）；

　　　　v——滤速（m/h）；

　　　　T——滤料的吸附饱和周期（h）。

设 $W_{Fe}=5000g/m^3$，$L=1.0m$，$v=8m/h$，取吸附饱和周期恰等于滤料的成熟期，在此取 $T=10d=240h$，按式（4-1）可得

$$[Fe^{2+}]_0 = \frac{5000 \times 1}{8 \times 240} = 2.6mg/L$$

如取 $T=5d=120h$，则 $[Fe^{2+}]_0=5.2mg/L$，所以利用优质天然锰砂吸附除铁使在滤料成熟前出水达标，只对低含量浓度有实用价值。

滤料的成熟期，与地下水的水质、滤料的粒径、滤层的厚度、滤速等因素有关。表 4-2 为滤料成熟期的几则实例。

滤料的成熟期　　　　　　　　　　　　　　　表 4-2

地点			滤料品种	滤料粒径 （mm）	含铁浓度 （mg/L）	水的 pH	滤料成熟期 （d）
中国	黑龙江	佳木斯	石英砂、无烟煤、天然锰砂	0.5～1.2 0.6～2.0	12～14 5～7	6.5 6.5	5～7 5～7
		铁力	天然锰砂	0.6～2.0	8～20	6.3	10
	吉林	前郭旗	天然锰砂	0.6～2.0	12～15	6.9	5
		吉林	天然锰砂	0.6～2.0	9～11	6.7	15～20
	广东	湛江	石英砂	0.5～1.2	3.8	6.0～6.5	7
日本	新潟		石英砂	0.55～0.9	10～11	—	4

由表 4-2 可见，不同种类的滤料，其对水中二价铁的吸附容量有很大差别，但其成熟期却相差不大，这表明新滤料吸附的二价铁即使氧化为三价铁，也并不能生成具有催化活性滤膜物质，亦即具有催化活性的铁质活性滤膜并非二价铁氧化生成的普通三价铁化合物，而是有特殊构造的三价铁化合物，它只在接触氧化除铁过程中生成和积累，与新滤料本体以及新滤料吸附的二价铁及随后氧化生成普通三价铁化合物无关。

由表 4-2 还可看到，原水二价铁浓度有相当大的差别，但成熟期相差不大，表明不论原水二价铁浓度高低，特殊构造的铁质活性滤膜物质的生成和积集受其影响不大。

使用不均匀级配的滤料除铁时，由于滤层在反冲洗时有水力分级作用，会形成上细下粗的结构，这时含铁水过滤时先经过上部滤层，使上部滤料很快成熟，而下部滤料会较长时间保持原色，即没有铁质活性滤膜生成的迹象。如采用均匀级配滤料，滤层反冲洗时没有水力分级作用，会使上部和下部滤料充分混杂，全部滤料同步成熟，滤层的除铁能力可以更快地提高。

上述所谓成熟的滤料和滤料的成熟期，只是一种习惯的术语，并不具有严格的定义。高井雄提出覆盖指数的概念，试图定量地研究滤料的成熟过程。滤料的覆盖指数，是在一定粒径（20～30 目）、一定重量（100mg）的滤料表面上附着的铁质重量（以 mg Fe 计）。当滤料的覆盖指数达到 1.0 时，便认为滤料已成熟。滤料的覆盖指数随过滤时间的变化，可用下列经验公式计算：

$$覆盖指数 = 0.35T^{0.463} \tag{4-2}$$

式中　T——过滤时间（d）。

此式是用石英砂作滤料，在水中含铁量为 9～11mg/L 条件下得出的。按此式计算，为使滤料成熟（覆盖指数 = 1.0），滤料的成熟期为 9.6d。

覆盖指数对吸附容量大的新滤料并不适用，因为被新滤料吸附于表面的二价铁氧化生成的三价铁氢氧化物不具有接触催化活性（见表 4-1）。以不同品种的新滤料在完全相同的条件下进行除铁试验。试验发现各滤料的吸附容量虽有很大差别，但它们的成熟期却大体相同，即过滤持续到 4～5d 时，出水含铁量都能降至 0.3mg/L 以下，但出水水质尚不够稳定，到第 T 天以后皆能稳定地除铁。如果被新滤料吸附的二价铁氧化生成的三价铁氢氧化物具有接触催化活性，那么吸附容量大的新滤料截留的铁质较多（覆盖指数也较高），应能较快地成熟，即具有较短的成熟期，但实际情况并非如此。所以，仅以覆盖于滤料表面铁质数量的多少来判断滤料的成熟程度，对吸附容量不同的滤料是不能普遍适用的。

用单位滤料表面接触氧化除铁速度常数或滤层的接触催化活性系数的大小来判断滤料

的成熟程度，也许是更完善的方法，这将在后面阐述。

滤层成熟以后，滤料主要起铁质活性滤膜载体的作用。所以，不同品种滤料的除铁作用，只在滤层成熟以前有差别，待滤层成熟以后，就不再有大的差别了。

4.3 铁质活性滤膜的化学组成及其接触氧化除铁过程

在去除二价铁离子的过程中，滤料表面上逐渐形成了铁质活性滤膜。在一个过滤周期里，如果滤膜在滤料表面上的附着量大于反冲洗中的剥落量，滤料表面上的铁质便增多，滤料颗粒就会逐渐变大。对含铁量较高的地下水除铁水厂，能观察到明显的滤层增厚和造粒现象。有的水厂，滤料使用一年，部分滤料的粒径可由 0.6～2.0mm 增大到数毫米，体积增加几倍乃至十几倍，成为锈球。

这种锈球湿时为棕黄色，表面上附着一层疏松的铁质氢氧化物（滤膜）。洗去滤膜，锈球表面光滑且有一定强度。剖开锈球，内部棕黑相间，年轮状，比较密实。锈球内多有一个由细滤料构成的小的核心，但也有没有核心全由铁质组成的。

为了了解滤膜与锈球内部物质催化活性的差别，进行了下面的对比试验。一支滤管装入附有新鲜滤膜的锈球作滤料，另一支滤管装入洗去滤膜的锈球作滤料，使它们在相同的条件下进行除铁试验。图 4-5 为试验结果，由图可见，有新鲜滤膜的锈球，除铁效果良好，而洗去滤膜的锈球则除铁效果很差。这一试验表明只有锈球表面疏松的滤膜物质才具有强烈催化活性，锈球内部的密实物质催化活性很弱。

试验表明，新鲜的铁质活性滤膜的催化活性很强，但是如果滤膜得不到更新，随着时间的延长，铁质滤膜逐渐老化，其催化活性也逐渐减退。试验是用成熟滤料进行的，试验结果如图 4-6 所示，由图可见，停止运行几天以后，成熟滤料的除铁效能已大大降低，这表明铁质滤膜会随时间逐渐老化而丧失其催化活性。锈球内部的密实物质，正是由老化的铁质滤膜长期积累而成。所以，滤料表面铁质活性滤膜的催化作用只有在连续的除铁过程

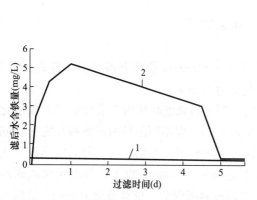

图 4-5　有新鲜滤膜的锈球与锈球内部物质除铁效果对比
地下水含铁量 14mg/L；溶解氧浓度 7～8mg/L；滤速 10m/h
1—有新鲜滤膜的锈球的除铁曲线；
2—锈球内部物质的除铁曲线

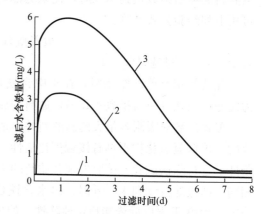

图 4-6　铁质活性滤膜老化试验曲线
地下水含铁量 16～18mg/L；溶解氧浓度 7～8mg/L；
pH=6.0；水温 6℃；滤速 10m/h
1—连续运行的锈砂；2—停运 4d 的锈砂；
3—停运 12d 的锈砂

中才能很好地实现。滤料表面的铁质活性滤膜在过滤除铁过程中得到新的补充,从而在原来的滤膜上不断覆盖上新的滤膜,这使滤膜始终保持新鲜而具有很高的催化活性。旧的滤膜则逐渐老化丧失催化活性,久之便成为滤料上密实的附着物。滤料表面的铁质活性滤膜的不断更新,是接触氧化除铁过程正常进行的必要条件。

关于铁质活性滤膜的化学组成,刘灿生的研究成果,测出新鲜滤膜中三价铁占 70%～90%,二价铁占 2%～30%。用热差和热天平分析,得出滤膜的化学组成为 $[mFe(OH)_3 + (1-m)Fe(OH_2)] \cdot 2H_2O$,式中 m 为滤膜中三价铁所占比例。

取滤池反冲洗水中的沉淀铁泥进行测定,测出铁泥中全部皆为三价铁,其化学组成为 $Fe(OH)_3 \cdot 2H_2O$。

刘灿生用 X 光衍射、电子衍射和红外吸收光谱分析,得知新鲜滤膜为无定形结构。用电子显微镜研究,滤膜和铁泥皆由相互联结的球状三价铁氢氧化物分子构成,而自然氧化生成的三价铁氢氧化物则为絮状构造。

将滤膜在空气中风干,其化学组成也是 FeOOH。将锈球内部密实的物质取出测定,发现其化学组成也是 FeOOH。所以可以认为,活性滤膜的老化,就是由新鲜滤膜 $Fe(OH)_3 \cdot 2H_2O$(或写为 $Fe_2O_3 \cdot 6H_2O$)逐渐脱水,最后生成锈球内部密实物质 FeOOH(或写为 $Fe_2O_3 \cdot H_2O$)的过程。滤膜脱水老化后,便丧失接触催化活性。

在国外,高井雄的理论是有代表性的,他将活性滤膜在 60℃下干燥,测出干燥滤膜具有结晶质的 α-FeOOH 和 γ-FeOOH,并认为这就是催化物质。将活性滤膜干燥,已不能反映活性滤膜刚生成时具有的很强催化活性的状态,所以高井雄的理论是不完善的。

铁细菌是自然界中广泛存在的一种微生物,它的生物酶对水中溶解氧氧化二价铁有催化作用,所以应是铁质活性滤膜接触氧化除铁中催化作用的组成部分。高井雄在试验室中用纯化学试剂人工合成出具有与自然形成的铁质活性滤膜一样功能的铁质活性滤膜;我国已经试验成功用化学药剂生成铁质活性滤膜并用于生产,即后面介绍的“人造锈砂”技术,表明在自然界还存在一种有别于生物催化氧化现象的化学催化氧化过程,如前所述,这种化学催化氧化过程具有很高的接触氧化除铁效率。在实际工程中,这种化学机理已得到成功应用。生物除铁虽然有一定的作用,但不是主要的。

关于化学除铁机理,铁质活性滤膜接触氧化除铁的过程,目前已经基本明了。铁质活性滤膜首先以离子交换方式吸附水中的二价铁离子:

$$Fe(OH)_3 \cdot 2H_2O + Fe^{2+} = Fe(OH)_2(OFe) \cdot 2H_2O^+ + H^+ \tag{4-3}$$

当水中有溶解氧时,被吸附的二价铁离子在活性滤膜的催化下迅速地氧化并水解,从而使催化剂得到再生:

$$Fe(OH)_2(OFe) \cdot 2H_2O^+ + \frac{1}{4}O_2 + \frac{5}{2}H_2O = 2Fe(OH)_3 \cdot 2H_2O + H^+ \tag{4-4}$$

反应生成物又作为催化剂参与反应,因此,铁质活性滤膜接触氧化除铁是一个自催化过程。

二价铁被吸附、水解和氧化过程中要产生酸,并与水中的碱度作用生成二氧化碳,所以由式(4-3)和式(4-4)又可综合写出全反应式:

$$Fe(OH)_3 \cdot 2H_2O + Fe^{2+} + \frac{1}{4}O_2 + 2HCO_3^- + \frac{5}{2}H_2O = 2Fe(OH)_3 \cdot 2H_2O + 2CO_2$$

$$\tag{4-5}$$

按此式计算,氧化 1mg 二价铁,需溶解氧 0.14mg,这与自然氧化法是完全相同的。

水解氧化过程中产生酸的数量，也与自然氧化法相同。

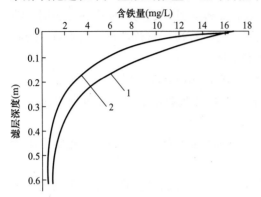

图 4-7　水中含铁量沿滤层深度方向的变化

滤料粒径 1.0～1.25mm；地下水含铁浓度 16～18mg/L；

溶解氧浓度 7～8mg/L；滤速 10m/h

1—过滤工作 2h；2—过滤工作 36h

按照铁质活性滤膜接触氧化除铁是一个自催化过程的概念，在过滤除铁过程中被截留于滤层中的铁质由于具有催化作用，应能使滤层的接触氧化除铁能力得到提高。情况确实如此。图 4-7 为除铁过程中，水的含铁量沿滤层深度方向的变化情况，其中曲线 1 为滤层反冲洗后 2h 的浓度变化情况，曲线 2 为反冲洗后 36h 的情况。由图可见，在同一滤层深度处，曲线 2 的二价铁浓度比曲线 1 要低，表明随着铁质在滤层中的积累，滤层的接触氧化除铁能力有明显提高。这就证实了铁质活性滤膜接触氧化除铁确实是一个自催化过程。

催化剂 Fe(OH)$_3$·2H$_2$O 只在一定的条件下形成。新滤料表面开始没有催化剂，被新滤料吸附的那部分二价铁氧化生成的三价铁氢氧化物，并不具有催化剂的形态，所以也没有强烈的接触催化作用。只有当新滤料表面开始生成最初的催化剂以后，催化剂便以自催化反应的方式不断积累，使滤料逐渐成熟。

4.4　滤层的接触氧化除铁速率

水中的二价铁离子在成熟滤层中被去除，经历以下步骤：

（1）二价铁离子由水中向滤料表面扩散。

（2）二价铁离子被滤料表面的活性滤膜吸附。

（3）被吸附的二价铁离子水解并被氧化，生成三价铁氢氧化物——铁质活性滤膜。

上述诸步骤中，反应速度最慢者将成为除铁速率的控制步骤。试验表明，二价铁离子向滤料表面扩散可能是除铁速率的控制因素。试验还表明，滤料上活性滤膜只以外表面吸附水中二价铁离子。

根据菲克定律，二价铁离子向滤膜表面扩散时，扩散速率跟水中的与滤膜表面的二价铁离子浓度差（[Fe^{2+}] － [Fe^{2+}]'）成正比，与滤膜表面的边界层厚度 σ 成反比。如果将扩散速率作为除铁速率，则：

$$-\frac{d[Fe^{2+}]}{dt} = \frac{DS}{\sigma}([Fe^{2+}] - [Fe^{2+}]') \approx \frac{DS}{\sigma}[Fe^{2+}] \tag{4-6}$$

式中　　[Fe^{2+}]——水中二价铁离子浓度；

[Fe^{2+}]'——滤膜表面上的二价铁离子浓度；

t——时间；

D——扩散系数；

S——单位体积滤层中滤膜的外表面积；

σ——边界层厚度。

由于在滤膜表面吸附和氧化反应都进行得很快，所以滤膜表面二价铁离子浓度很低，如将它忽略不计，则上式可得到简化。

若覆盖着滤膜的滤料粒径为 d，形状系数为 α，滤层孔隙度为 m_0，滤层厚度为 x，水经滤层过滤时的滤速为 υ，则：

$$t = \frac{m_0 x}{\upsilon} \tag{4-7}$$

$$S = \frac{6\alpha(1-m_0)}{d} \tag{4-8}$$

将式（4-7）和式（4-8）代入式（4-6），得：

$$-\frac{d[Fe^{2+}]}{dx} = \frac{6Dam_0(1-m_0)}{\sigma d\upsilon}[Fe^{2+}] = \beta[Fe^{2+}] \tag{4-9}$$

$$\beta = \frac{6Dam_0(1-m_0)}{\sigma d\upsilon} \tag{4-10}$$

式中　β——滤层的接触催化活性系数。

式左侧的负号，表示水中二价铁浓度随过滤深度的增大而减小。对上式进行积分：

$$\int_{[Fe^{2+}]_0}^{[Fe^{2+}]} \frac{d[Fe^{2+}]}{[Fe^{2+}]} = -\beta\int_0^L dx \tag{4-11}$$

式中　$[Fe^{2+}]_0$——过滤以前水中的二价铁浓度；

L——对应于 $[Fe^{2+}]$ 的滤床深度。积分得：

$$[Fe^{2+}] = [Fe^{2+}]_0 \cdot e^{-\beta L} \tag{4-12}$$

式（4-12）表明，滤过水中二价铁的浓度与滤层的深度呈负指数函数关系。

为了便于用试验检验上述规律，式（4-12）可改写成下列形式：

$$\lg \frac{[Fe^{2+}]_0}{[Fe^{2+}]} = 0.4343\beta L$$

若以 $\lg \dfrac{[Fe^{2+}]_0}{[Fe^{2+}]}$ 为横坐标，以 x 为纵坐标，上式在图中即为一通过原点的直线，直线的斜率为 $\dfrac{1}{0.4343\beta}$。

试验是在模型滤管中进行的。试验用的天然锰砂滤料的粒径为 0.6～0.75mm、1.0～1.2mm、1.5～2.0mm、2.0～2.5mm 四种；试验用地下水的二价铁浓度为 3.4mg/L 和 10～13.5mg/L 两种；滤速采用 10～15m/h。图 4-8 为部分试验结果。图中各组试验条件如表 4-3 所示。由图可见，在各种组合情况下，试验点都满意地落在理论直线周围，只是最后一个试验点总是偏离直线而落在直线的右方。这是因为这个试验点不是从滤层中取样，而是在滤管下部出口处取样得到的。因此，这个试验点是由下述三方面除铁因素造成的：滤层、滤层和承托层

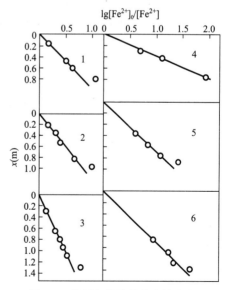

图 4-8　接触氧化滤层中含铁浓度分布规律的试验验证

交界处的混杂层以及承托层。这三方面因素共同作用的结果，使其实际结果较理论计算为优，而偏于直线的右方。由图 4-8 中直线的斜率，可以计算出滤层接触催化活性系数（β）的数值。

试验条件一览　　　　　　　　　　　　　表 4-3

图中试验编号	滤料粒径（mm）	地下水含铁浓度（mg/L）	滤速（m/h）
1	0.6～0.75	13.5	10
2	1.0～1.2	13.5	15
3	1.5～2.0	13.5	15
4	0.6～0.75	3.4	15
5	1.5～2.0	3.4	40
6	2.0～2.5	3.4	15

图 4-9 为试验所得的接触催化活性系数（β）与滤料当量粒径（d）的关系。当量粒径见表 4-4。

滤料的当置粒径　　　　　　　　　　　　表 4-4

试验滤料粒径组成（mm）	当量粒径 d(mm)
0.6～0.75	0.67
1.0～1.2	1.10
1.5～2.0	1.75
2.0～2.5	2.24

图中各组试验条件见表 4-5。

试验条件　　　　　　　　　　　　　　表 4-5

试验组次编号	地下水含铁量（mg/L）	滤速（m/h）
1	3.4	15
2	13.5	10

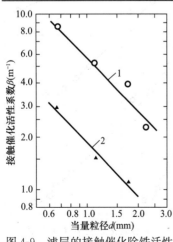

图 4-9　滤层的接触催化除铁活性
系数 β 与滤料当量粒径 d 的关系

由图 4-9 可见，试验点在双对数坐标图上都落在 45°倾角的直线周围，表明催化活性系数（β）与当量粒径（d）有简单的反比例关系，证实了式（4-10）的结论。

当水在滤层中呈层流状态流动时，可以认为边界层厚度为一定值（σ＝常数）。由式（4-10）可知，这时的滤层催化活性系数与滤速的一次方成反比例关系。

当水在滤层中呈紊流状态流动时，可近似地认为边界层厚度与滤速成反比例关系：

$$\sigma = \frac{A}{\upsilon} \qquad (4-13)$$

式中　A——比例系数。

将式（4-13）代入式（4-10），得：

$$\beta = \frac{6D\alpha m_0(1-m_0)}{Ad} \tag{4-14}$$

即紊流时，催化活性系数与滤速无关，也可以看作与滤速的零次方成反比。

当水在滤层中处于层流和紊流之间的过渡区时，可以认为滤层的催化活性系数与滤速的 p 次方成反比：

$$\beta = \frac{6D\alpha m_0(1-m_0)}{Bd\upsilon^p} \tag{4-15}$$

式中　β——比例系数；

p——滤速指数，$0<p<1$。

由雷诺数可判别水在滤层中的流态。雷诺数按下式计算：

$$Re = \frac{d\upsilon}{6\gamma\alpha(1-m_0)} \tag{4-16}$$

式中　γ——水的运动黏度。$Re<1$ 时为层流。

图 4-10 为接触催化除铁活性系数 β 与滤速 υ 的关系。图中各组试验的条件见表 4-6，由图 4-10 可见，当滤层中水流的雷诺数 $Re<1$ 时，一般 β 与 υ 有简单的反比例关系，这与式（4-10）的结论是一致的。

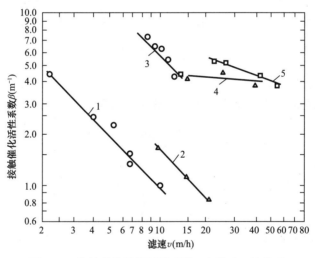

图 4-10　接触催化除铁活性系数 β 与滤速 υ 的关系

试验条件　　　　　　　　　　　　　　　　　　　　　　　　　　　表 4-6

试验组次序号	地下水含铁浓度（mg/L）	滤料粒径（mm）	最大滤速（m/h）	Re
1	12.6	0.3~1.2	10	0.40
2	13.5	1.75	20	2.16
3	4.0	1.21	15	1.12
4	3.4	1.75	40	4.32
5	21.5	0.5~2.0	55	3.67

图 4-11 为接触催化活性系数 β 与水中溶解氧浓度的关系。图中的溶解氧浓度以过剩溶解氧系数 α 表示，按式（3-9）进行计算。此试验所用滤料粒径为 0.6~1.5mm，滤层厚度

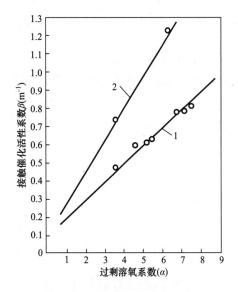

图 4-11　接触催化活性系数 β 与
过剩溶氧系数 α 的关系

1—滤速 15m/h；2—滤速 121m/h

为 0.9m，地下水含铁量为 $10.5 \sim 13.5$mg/L，试验滤速取 15m/h 和 12m/h 两种。由图可见，接触催化除铁活性系数 β 和过剩溶氧系数 α 有直线关系，但不通过原点。所以可近似地认为，接触催化活性系数 β 与过剩溶氧系数 α 有正比例关系。生产实践表明，为使接触氧化除铁过程能顺利进行，过剩溶解氧系数 α 不宜低于 2（$\alpha \geqslant 2$）。

综上所述，接触氧化滤层中二价铁浓度的变化为：

$$-\frac{d[Fe^{2+}]}{dx} = \frac{\beta'[Fe^{2+}][O_2]}{dv^p} \tag{4-17}$$

式中　β'——系数。

前已述及，新滤料的成熟程度，可以用单位面积滤膜表面的接触氧化除铁速度常数或滤层的接触催化活性系数的大小来判断。设二价铁离子在滤料滤膜表面上的反应速度（吸附、水解、氧化）与表面上的二价铁离子浓度成正比，所以滤膜表面上的除铁速率为：

$$-\frac{d[Fe^{2+}]}{dt} = ks[Fe^{2+}]' \tag{4-18}$$

式中　k——反应速度常数。

当除铁过程稳定时，表面反应速率与扩散速率相等，即：

$$ks[Fe^{2+}]' = \frac{DS}{\sigma}([Fe^{2+}] - [Fe^{2+}]')$$

整理后得：

$$[Fe^{2+}]' = \frac{1}{1 + \frac{k\sigma}{D}} \cdot [Fe^{2+}] \tag{4-19}$$

将式（4-19）代入式（4-18），得：

$$-\frac{d[Fe^{2+}]}{dx} = \frac{k}{1 + \frac{k\sigma}{D}} \cdot \frac{6\alpha m_0(1 - m_0)}{dv} \cdot [Fe^{2+}] = \beta[Fe^{2+}] \tag{4-20}$$

$$\beta = \frac{k}{1 + \frac{k\sigma}{D}} \cdot \frac{6\alpha m_0(1 - m_0)}{dv} \tag{4-21}$$

由式（4-21）可知，因为新滤料上完全没有铁质活性滤膜，故 $k=0$，因而也有 $\beta=0$；当滤料逐渐成熟时，k 逐渐增大，则 β 也随之增大；当滤料完全成熟时，k 增至最大值，则 β 也增至最大值。所以，β 虽然与 k 不是直线关系，但可以反映出滤料的成熟程度。由于 β 与滤料种类、滤料粒径、过滤速度、水在滤层中的流态以及水质等因素都有关，所以只能以其相对值来表示，即以未成熟滤料的 β 值与相同条件下 β 的最大值比较来判断滤料的成熟程度。采用 β 值的优点是它易于测定。不论是在模型滤管中还是在生产滤池中，只要测出滤前水中和滤层 L 深度处二价铁的浓度，就可按式（4-22）计算出 β 值：

$$\beta = \frac{\lg \dfrac{\left[Fe^{2+}\right]_0}{\left[Fe^{2+}\right]}}{0.4343L} \tag{4-22}$$

图 4-12 为新滤料成熟过程中 β' 值的变化情况。比较式（4-17）和式（4-9）可知：

$$\beta' = \beta \frac{dv^p}{\left[O_2\right]}$$

即 β' 与 β 有正比例关系，所以 β' 也能反映滤层接触催化活性的大小。

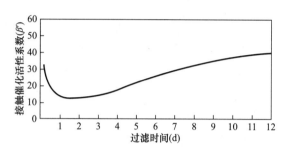

图 4-12　新滤料成熟过程中 β 值的变化

滤料品种为天然锰砂；滤料粒径为 0.5～1.3mm；滤层厚度 0.8m；

地下水含铁量 12～13mg/L；滤速 6～10m/h；水温 7℃

4.5　接触氧化滤层的过滤除铁基本方程式

前面已经讨论了水的含铁浓度在滤层中的变化规律及对除铁效能的影响因素，这样就能够建立起过滤除铁的各参数之间的函数关系。对式（4-17）积分，得所需滤层厚度 L 的计算式为：

$$L = \frac{2.3dv^p}{\beta' \cdot \left[O_2\right]} \cdot \lg \frac{\left[Fe^{2+}\right]_0}{\left[Fe^{2+}\right]} \tag{4-23}$$

式中　L——滤层的厚度（m）；

　　　d——滤料的当量直径（mm）；

　　　v——滤速（m/h）；

　　　p——指数，当处于层流区时 $p=1$，当处于过渡区时 $p=0\sim1$，其值由试验确定；

$\left[O_2\right]$——水中溶解氧浓度（mg/L）；

$\left[Fe^{2+}\right]_0$——过滤前水中的含铁浓度（mg/L）；

$\left[Fe^{2+}\right]$——过滤后水中的含铁浓度（mg/L）；

　　　β'——催化除铁活性系数，其值由试验确定。

式（4-23）包含了过滤除铁的各主要参数，是接触氧化过滤除铁的基本方程式。

按照式（4-23），当滤料的品种、滤料的粒径、滤速、溶解氧浓度，以及催化除铁活性系数已定，便可按照指定的除铁效果（除铁水的含铁浓度）计算出所需要的滤层厚度。滤层的厚度与滤料的粒径成正比例，即当滤料粒径增大时，为获得相同的除铁效果，必须相应地按比例增大滤层的厚度。当水处于层流区时（$p=1$），滤层的厚度与滤速亦有正比例关系，即当滤速增大时，为获得相同的除铁效果，必须相应地按比例增大滤层厚度；当处于过渡区时，滤层厚度与滤速已不再是简单的正比例关系，而是有指数函数的关系。滤层的厚度与溶解氧浓度有简单的反比例关系，即增大溶解氧浓度可相应减小滤层厚度。

4.6　接触氧化除铁滤层的出水水质

由式（4-23）可知，滤层的厚度与滤后水中的含铁浓度有对数函数的关系，即滤层厚度增大一倍，能使滤后水的含铁浓度减小至1/10。所以增厚滤层常是提高除铁效果的重要措施之一。由式（4-23）可知，滤料粒径、滤速和溶解氧浓度都与滤后水的含铁浓度有对数函数的关系，它们的变化都能显著地影响滤后水的含铁浓度，所以，减小滤料粒径，降低滤速，提高溶解氧浓度，都可以作为提高除铁效果的重要措施。

接触氧化除铁过程是一个自催化过程，在过滤除铁过程中被截留于滤层中的铁质由于具有催化作用，所以滤层的接触氧化能力会不断得到提高，使水的含铁量沿过滤方向（深度方向）变化曲线不断上移，如图4-7所示。相应地，滤层出水的含铁量也会不断降低，这与一般水厂用于除浊的滤池很不相同。一般水厂的滤池出水浓度会随过滤时间的增长而不断增大，当出水浓度增大超过限值时便需停止过滤并对滤层进行反冲洗。由滤池开始过滤到出水浊度增大到超过限值的时间称为滤池的水质周期。接触氧化滤层出水含铁量随过滤过程不断降低，不会出现出水超过限值的现象，在滤池进行过滤时只需要按滤层水头损失超限时（即压力周期）进行反冲洗，使滤池的运行大为简化。这是接触氧化除铁滤池的特点。

4.7　接触氧化除铁滤层的过滤水头损失

当含铁地下水通过滤层过滤时，因水中铁质不断被截留于滤层中，而使滤层中的水头损失不断增大。在一般澄清滤池中，由于滤层对水中的絮凝悬浮物的机械截留作用，水在滤层中的水头损失随时间常呈直线关系变化。但是在接触氧化滤池中，由于滤层的接触催化除铁作用，水在滤层中的水头损失随时间常呈曲线关系变化。图4-13为含铁浓度12mg/L的地下水，经粒径为1.0～1.2mm的滤层过滤时，水在滤层中的水头损失变化情况。由图可见，当滤速为10m/h时，水在滤层中的水头损失增长缓慢，但增长速度却随时间而增大，水头损失随时间呈曲线关系变化。当滤速为15m/h时，水在滤层中的水头损失的增长加快，滤层水头损失随时间仍呈曲线关系变化。当滤速为20m/h时，滤层的水头损失随时间急剧增长。滤层水头损失的这种变化特征，在一切生产滤池中都能观察到。

对于非均匀粒径的滤料层，滤层中水头损失的增长情况与均匀粒径的滤料层的情况相同。图4-14为低含铁地下水通过不均匀粒径的滤层过滤除铁时，滤层中水头损失增长情况。由于滤层反冲洗时的水力分级作用，滤层中细粒径的滤料大都集中于滤层的上部，粗粒径的滤料大都集中于滤层的下部，而被滤层截留下来的铁泥则主要集中于滤层的上部。所以，在不均匀粒径的滤料层中，对滤层水头损失起主要作用的应该是细粒径的滤料。

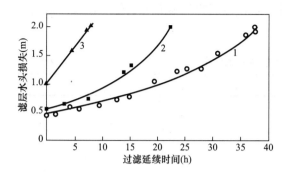

图 4-13 天然锰砂滤层水头损失与过滤时间的关系

1—滤速 10m/h；2—滤速 15m/h；3—滤速 20m/h

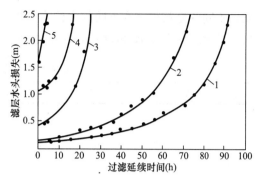

图 4-14 不均匀粒径的滤层中的
水头损失的增长情况

滤料粒径 0.6~1.5mm，地下水含铁浓度 3.4mg/L

1—滤速 10m/h；2—滤速 12m/h；3—滤速 20m/h；

4—滤速 40m/h；5—滤速 60m/h

4.8 接触氧化滤池的工作周期

滤池的工作周期与许多因素有关，其中主要有过滤水的含铁浓度、滤料的除铁性能、滤料粒径、滤层厚度、滤层的孔隙度、滤速、滤池的过滤水头等。但是，即使在各主要因素都确定的情况下，滤池的各个工作周期也不完全相同。例如，一个半生产性试验滤池的滤料粒径为 0.6~2.0mm，滤层厚度为 0.7m，地下水含铁浓度为 3.4mg/L，滤池的过滤水头为 2.7m，过滤速度为 20m/h，滤层初期水头损失为 0.43m，在一个工作周期中滤后水的平均含铁浓度为 0~0.02mg/L。这个滤池的 8 个过滤工作周期的延续时间如表 4-7 所示。这可能是由于各个工作周期对滤层的反冲洗情况、反冲洗结束时滤层滤料的水力分级情况不完全相同，以及其他未预见的偶然因素的影响所致。如果能增多试验次数，然后求多次试验的平均值，那么就能相应地降低偶然因素的影响，以提高试验结果的规律性。因此对滤池工作周期的研究应采用多次试验的平均值。

平均工作周期　　　　　　　　　　　　　　　　　　　表 4-7

工作周期编号	1	2	3	4	5	6	7	8	平均
工作周期（h）	30	35	29	22	35	30	30	30	30.1

滤池的过滤工作周期与滤速的关系，对生产实际有重要意义。根据试验资料，得到滤池的工作周期与滤速有负指数函数的关系：

$$T = K\upsilon^{-b} \qquad (4-24)$$

式中　T——滤池的工作周期（h）；

　　　υ——滤池的滤速（m/h）；

　　　K——系数；

　　　b——指数。

图 4-15 为在对数坐标系上绘出的除铁滤池试验结果，由图可见，在不同的地下水水

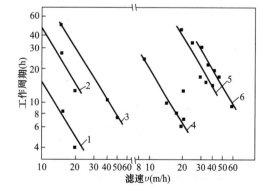

图 4-15 滤池工作周期与滤速的关系

质、不同的滤料粒径和不同的含铁浓度的条件下，各组试验基本上都获得了比较一致的结果。试验所得系数 K 和指数 b 的数值，列于表 4-8 中。

图 4-8 中各组试验的条件及结果　　　　　　　　　　　表 4-8

试验编号	滤料粒径（mm）	滤层厚度（m）	地下水含铁浓度（mg/L）	滤池作用水头（m）	b	K
1	0.6～0.75	1.0	12.0～13.5	1.95	1.6	605
2	1.5～2.0	1.45	12.0～13.5	1.95	1.6	1860
3	1.0～1.2	0.57	3.4	2.20	1.6	3360
4	0.6～1.5	1.0～1.2	12.0～13.5	2.30	1.6	790
5	0.6～2.0	0.8	3.4	2.30	1.6	4900
6	0.6～1.5	0.8	3.4	2.30	1.6	6700
7*	0.5～1.5	0.7	0.8～1.0	13.00	1.6	5950

* 为大庆生产压力滤池多池平均值。

根据上述试验结果，对于接触氧化除铁滤池，实际上可以采用下式进行计算：

$$T = Kv^{-1.6} \tag{4-25}$$

式中 K 由除铁试验确定。

由表 4-8 可见，K 值显然与地下水的含铁浓度有关。图 4-16 为在重力式滤池中两者关系的一些试验数据，表明 K 与 $[Fe^{2+}]_0$ 有负指数函数的关系：

$$K = 4.2 \times 10^4 \cdot [Fe^{2+}]_0^{-1.6} \tag{4-26}$$

式中 $[Fe^{2+}]_0$ 为地下水的含铁浓度，以 mg/L 计。以此式代入式（4-19），得

$$T = 4.2 \times 10^4 \cdot \{v[Fe^{2+}]_0\}^{-1.6} \tag{4-27}$$

式中 $v[Fe^{2+}]_0$ 即为单位面积的滤层在单位时间内截留下来的铁质数量，可以称为铁质负荷：

$$q_{Fe} = v[Fe^{2+}]_0 \tag{4-28}$$

所以，滤池的过滤周期与铁质负荷的关系可写为：

$$T = K_{Fe} q_{Fe}^{-b} \tag{4-29}$$

式中　T——滤池过滤周期（h）；

q_{Fe}——滤池的铁质负荷 $[g/(h \cdot m^2)]$；

b——指数，可取 $b=1.6$；

K_{Fe}——系数，对滤料粒径为 $0.6～2.0$（及 $0.6～1.5$）mm 的重力式滤池（过滤水头为 $2～3m$），可取 $K_{Fe}=4.2 \times 10^4$。

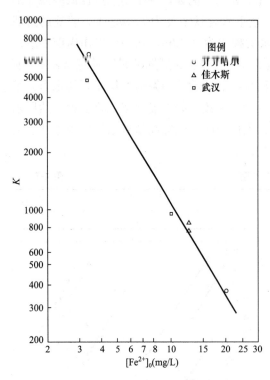

图 4-16　K 与 $[Fe^{2+}]_0$ 的关系

锰砂滤料粒径 0.6～2.0（及 0.6～1.5）mm

4.9　影响接触氧化除铁效果的因素

4.9.1　水的 pH 和碱度

水的 pH 对二价铁的自然氧化反应速度有极大的影响。为使水中二价铁的氧化反应有足够的速度，一般要求水的 pH 不低于 7.0。但是对接触氧化法除铁，由于成熟滤料具有强烈的接触催化作用，所以能在 pH 远较 7.0 为低的水中顺利地完成除铁过程。迄今投产的接触氧化除铁设备，大部分都是在水的 pH＜7.0 的条件下运行的，而所遇到的含铁地下水的最低 pH 为 6.0。试验表明，当地下水的 pH＞6.0 时，一般对接触氧化除铁过程无影响。对 pH＜6.0 时天然锰砂的除铁情况，曾向水中投酸以比较 pH 降低前后滤层的除铁效果。试验结果如表 4-9 所示。试验水的含铁量为 12～13mg/L，滤速约为 5m/h。试验表明水的 pH 降至 5.5 时，虽然活性滤膜的催化活性有所减低，但仍具有相当的除铁能力。

水的 pH 对接触氧化除铁效果的影响　　　　　　　　　　　　　　表 4-9

试验编号	使用 8d 的新天然锰砂		形成的锈砂	
	水的 pH	接触催化活性系数 β	水的 pH	接触催化活性系数 β
1	6.5	1.8	6.5	3.1
	5.8	1.35	5.8	2.3
2	6.4	2.1	6.4	4.0
	5.5	1.1	5.5	3.2

含铁地下水的碱度，主要是重碳酸根离子（HCO_3^-），它对铁质活性滤膜吸附水中的二价铁离子没有阻碍作用，所以对接触氧化除铁效果也没有影响。表 4-10 为不同碱度条件下接触氧化除铁效果的试验结果，由表中数据可知，试验原水的碱度在 0.25～8.0mg-eg/L 的很大范围内变化，都获得了基本相同的除铁效果，证实了水的碱度对接触氧化除铁效果基本上没有影响的结论。只有当水的碱度过低不足以中和二价铁氧化水解产生的酸时，才可能对除铁效果有影响。

水的碱度对接触氧化除铁效果的影响　　　　　　　　　　表 4-10

水的碱度（mg-eq/L）	Fe（mg/L）		附注
	原水	滤后水	
8.0	4.0	0.01	原水的 pH
5.0	2.5	0.01	＝6.5～7.6
3.2	2.0	0.01～0.05	［CO_2］＝30～40mg/L
1.35	2.4	0.06	水温 10℃
0.25	1.45	0.01	—

4.9.2　水中二氧化碳浓度

前已述及，接触氧化除铁过程，首先是活性滤膜对水中二价铁离子进行离子交换吸附，所以二价铁以离子状态存在是进行接触氧化除铁的前提。但由前述重碳酸亚铁的离解度可知，当二氧化碳浓度很高时，重碳酸亚铁不能充分离解，结果水中部分二价铁以分子状态的重碳酸亚铁形式存在。重碳酸亚铁分子不能被活性滤膜很好地吸附，且氧化缓慢，从而使除铁效果恶化。

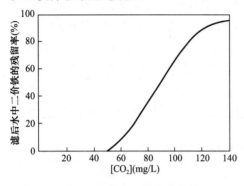

图 4-17　水中二氧化碳含量
对接触氧化除铁效果的影响

下面是一组试验的结果。井水中二价铁浓度为 3.1～3.4mg/L，pH 为 6.6～7.0，水温为 10℃，含盐量为 200mg/L。试验滤管内径为 200mm，滤料粒径为 1.0～1.5mm，滤层厚度为 1300mm，滤速为 25m/h。试验时控制井水的曝气程度，以二氧化碳含量不同的水经滤层过滤，测定滤后水中二价铁的浓度。试验结果如图 4-17 所示，图中纵坐标为滤后水中二价铁残余浓度与初浓度之比（％），横坐标为水中二氧化碳含量。试验表明，对于该井水水质，当水中二氧化碳含量超过 50mg/L 时，就出现滤后水中二价铁浓度增高的现象，说明上述理论分析与试验基本上是一致的。

4.9.3　水中的溶解性硅酸

水中的溶解性硅酸一般并不影响铁质活性滤膜对二价铁离子的离子交换吸附过程，所以接触氧化法在含有溶解性硅酸的水中仍能获得良好除铁效果。但是，铁质活性滤膜对溶解性硅酸也是一种良好的吸附剂，被吸附的硅酸在滤膜表面能生成硅铁络合物。在有溶解性硅酸的水中生成的铁质活性滤膜，都含有高达 10％的 SiO_2 就是证明。因为吸附了硅酸的那部分铁质活性滤膜表面会丧失其对铁（Ⅱ）的接触催化活性，所以当水中含有溶解性硅酸时，滤层的接触催化活性便会有所降低。

图 4-18 为由一组试验得到的结果，图中纵坐标为水中含有溶解性硅酸时滤层的接触催化活性系数 β_{Si} 与不含硅酸时的接触催化活性系数 β 之比 β_{Si}/β，横坐标为水中溶解性硅酸的含量。由图可见，在该试验水质条件下，当水中溶解性硅酸含量较少时（SiO_2 浓度小于 20mg/L），滤层的接触催化活性系数 β 只降低不到 10％；在一般含量情况下（SiO_2 浓度小于 35mg/L），β值降低不到 20％，对除铁效果的影响是不大的；

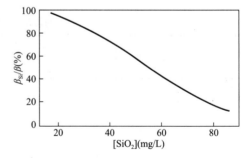

图 4-18　水中溶解性硅酸
对接触氧化除铁效果的影响

当含量较高时（SiO_2 浓度 50～60mg/L），β 值降低可达 50％，对除铁效果就会有一定影响了，需采取增厚滤层，或减小滤速等措施，以提高除铁效果。水中溶解性硅酸对接触氧化除铁效果的影响程度，与水质有关，需由试验来确定。一般，水中含铁量较高时，活性滤膜更新得较快，溶解性硅酸的影响程度要小些；水中含铁量较低时，活性滤膜更新得较慢，溶解性硅酸的影响程度要大些。

4.9.4　水中的硫化氢

硫化氢是一种弱酸，在水中能微弱地离解：

$$H_2S \Longrightarrow H^+ + HS^- \qquad K = 1 \times 10^{-7}(20℃) \tag{4-30}$$

$$HS^- \Longrightarrow H^+ + S^{2-} \qquad K = 1 \times 10^{-13}(20℃) \tag{4-31}$$

在天然水的 pH 条件下，硫化氢主要只进行第一级离解，而第二级离解极其微弱，所以天然水中硫化氢的存在形式主要是分子态的 H_2S 和离子态的 HS^-。

硫化氢的标准氧化还原电位约为 $-0.36V$，是一种比较强的还原剂，所以它对二价铁的氧化是有阻碍作用的。

铁质活性滤膜能吸附水中的硫化氢并将它氧化，生成胶体硫以及硫化亚铁：

$$2H_2S + 2Fe(OH)_3 \cdot 2H_2O \Longrightarrow 2FeS + S + 10H_2O \tag{4-32}$$

硫化亚铁能被水中溶解氧进一步氧化，生成胶体硫：

$$4FeS + 3O_2 + 6H_2O \Longrightarrow 4Fe(HO)_3 + 4S \tag{4-33}$$

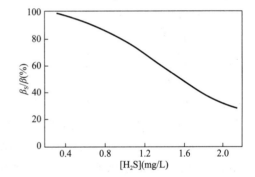

图 4-19　水中 H_2S 对接触氧化
除铁效果的影响

但是氧化硫化亚铁的速度比较缓慢。附着于铁质活性滤膜上的胶体硫和硫化亚铁，使其催化活性降低，从而导致除铁效果恶化。

图 4-19 为一组试验结果，图中纵坐标为水中含有硫化氢时滤层的接触催化活性系统 β_s 与不含硫化氢时的接触催化活性系数 β 之比值 β_s/β，横坐标为水中硫化氢的含量。水中硫化氢对接触氧化除铁效果的影响程度，与水质有关。一般水中含铁量较高时，活性滤膜更新得较快，硫化氢影响要小些，相反，水中含铁量较低时，影响要大些。

有人用二价铁浓度为 3mg/L 左右的井水进行试验，发现 H_2S 含量为 0.4mg/L（10 次测定平均值）时接触氧化除铁效果就明显恶化，所以，当水中 H_2S 含量较高时，宜加强曝气散除 H_2S，以避免其影响。

4.9.5　其他影响因素

水温对接触氧化除铁效果有一定影响。这可能是由于扩散是接触氧化除铁的控制步骤，水温低时，二价铁离子在水中的扩散系数减小，导致除铁速率降低。但是，在我国东北地区，有的接触氧化除铁设备在水温低至 8℃ 条件下仍然效果良好，表明水温的影响是有限的。

水中有机物含量多时，一般对自然氧化除铁效果可能会有不利的影响。但是，对于接触氧化除铁尚未观察到有不利影响（试验原水中有机物含量高至 9mg/L），这可能是由于水中的有机物并不妨碍二价铁离子在铁质活性滤膜表面的吸附、水解和氧化过程的进行。

水中的其他无机离子，凡不被铁质活性滤膜吸附者，将不参与二价铁离子的接触氧化反应，因而一般对接触氧化除铁效果也不会产生很大的影响。有人在高浓度条件下（Na^+浓度高至 3600mg/L，Ca^{2+}浓度高至 560mg/L，Mg^{2+}浓度高至 527mg/L，Cl^-浓度高至 4000mg/L，SO_4^{2-}浓度高至 10000mg/L，NH_4^+浓度高至 9mg/L）进行接触氧化除铁试验，皆获良好除铁效果，也证实了上述看法。

4.10　接触氧化除铁试验

进行除铁试验，应具备下列试验条件：

1. 含铁地下水

试验所用含铁水，应该是作为设计水源的含铁地下水。若地下水源建成而未投产，则需在开泵抽水 3~5h 以后，才宜进行取样供除铁试验使用。如果在设计的地下水源确实没有条件进行除铁试验时，可以考虑在附近的地下水源进行试验，但试验水源应与设计的地下水源具有同一含水层，两者的水质（特别是含铁浓度、pH、碱度、二氧化碳浓度、耗氧量、水温等主要指标）应相近。

若试验水源与设计水源为同一含水层，水质相近，但只是含铁浓度偏低甚多而不符试验要求时，可在曝气以前向水中定量投加二价铁 Fe^{2+} 溶液，以提高试验水的含铁浓度。大庆油田设计研究院提出的配制高浓度重碳酸亚铁溶液的方法（图 4-20）可供参考。以部分试验原水进行密闭循环，向水中加入二氧化碳，然后使水与铁屑接触，铁便逐渐溶于水中生成重碳酸亚铁。加入水中的二氧化碳，可用盐酸与石灰石作用获得。部分试验原水在密闭系统中循环数十小时，可使水中 Fe^{2+} 的含量达到 30~50mg/L，以此配制的高浓度含铁水与低浓度的试验含铁地下水按一定比例混合，便可获得所需要的试验水。由于高浓度含铁水是用部分试验原水配制的，所以混合后的试验水的水质不会有很大的差别。如没有配制重碳酸亚铁溶液的条件时，也可向水中投加硫酸亚铁溶液，以提高试验原水的含铁浓度。

如果试验水源的水质与设计水源的差别很大，或在试验室里用人工配制含铁水进行除铁试验，所得试验结果与实际可能会有很大出入时，只能供参考。

2. 滤料

试验所用滤料的品种和粒径，应尽量与生产时使用的相同。试验的滤层厚度，可视含铁浓度的高低，选用经验数值。由于承托层亦具有一定的除铁能力，所以试验所用的 1~2mm、2~4mm 和 4~8mm 的承托层的厚度，应与生产滤池相同。

3. 除铁试验设备

图 4-21 为常用的两种除铁模型试验设备。其中图 4-21（a）是按恒水头减滤速方式运行的试验设备，滤速由出水管上的阀门来控制。在试验时，由于作用水头恒定不变，所以随着滤层逐渐被铁泥堵塞，滤速将不断下降，为使滤速不要变化过大，则需定期开启出水管阀门以调整滤速。图 4-21（b）是按恒滤速变水头方式运行的试验设备，只要控制进水

流量不变，滤管滤速便能保持恒定，但随着滤层逐渐为铁泥堵塞，滤层上的水头将不断增大。相较前者后者不必经常调节滤速，操作简单，但在达到相同的滤层水头损失的条件下，需要较大的滤管高度。

　　试验滤管的管径不宜过小。由于滤料与管壁之间的孔隙度较大，水流易于通过，所以沿管壁出流的水除铁效果较差。滤管愈细，沿管壁出流的水所占比例便愈大。为了减小管壁的影响，滤管管径一般不宜小于 40mm。滤管的长度一般为 1.5～3.0m。滤管最好使用透明材料（例如玻璃或有机玻璃）。

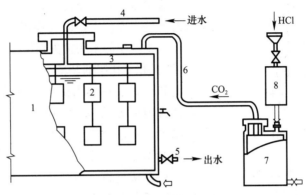

图 4-20　配制重碳酸亚铁溶液的装置

1—高含铁水罐；2—铁屑；3—喷水孔管；4—来水管；5—出水管；
6—二氧化碳管；7—二氧化碳发生罐；8—盐酸罐

　　曝气装置可用莲蓬头或跌水曝气。莲蓬头上的孔眼直径可用 1～2mm，孔眼流速可按 2m/s 左右计算，莲蓬头的安设高度应能上下变动，以调整水的曝气程度。曝气后水中的溶解氧浓度，应为除铁所需理论值的 2 倍以上。跌水曝气装置简单，跌水高度为 1m 时，曝气后水中溶解氧浓度可达 7～8mg/L。测压管的管径不宜过细，以免毛细管现象的影响过大。当管径为 5～10mm 时，管中水面上升的高度为 0.6～0.3cm，这对试验是允许的。所以，测压管的管径 5～10mm。测压管中常存有气泡，影响测量的准确性，所以测压管应便于放空，以便排除气泡的影响。

　　此外，还应具备必要的计量和分析化验设备。

　　除铁试验开始前，尚需进行以下的准备工作：

　　1）滤管的安装

　　滤管应严格要求垂直。在安装滤管时，可先初步使滤管固定，然后同时在两个方向上找正，最后使滤管固定，并在以后的试验中不得移动。

　　2）滤管断面积的标定

　　为了准确地计算试验滤速，要准确地标定试验滤管的断面积，方法如下：

　　将滤管的出水管关闭。向空滤管内注水，使水面升至承托层表面附近，准确画出水面的位置，然后用量筒向滤管注水，使水面升至滤层表面附近，再准确地画出水面位置，测量两个水面的距离（精确到毫米），并从量筒读出加入滤管的水的体积（精确到毫升），以前值除后值，便得到位于滤层区段上滤管的平均断面积。上述测定宜重复 3 次，然后取其平均值。

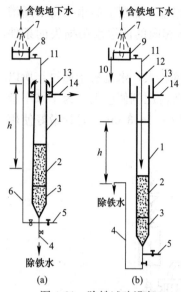

图 4-21 除铁试验设备

1—试验滤管；2—滤层；3—承托层；
4—滤过水出水管；5—反冲洗水管；
6—测压管；7—曝气莲蓬头；
8—集水箱；9—恒水位水箱；
10—溢流水排水管；11—进水管；
12—集水漏斗；13—集水槽；
14—溢流水或反冲洗废水排水管

3）标定测压管的零点

为了准确地测量滤层的初期水头损失和终期水头损失，需要准确地标定测压管的零点。对恒水头运行的试验设备（图 4-21a），可关闭出水管，使水于滤管顶部溢流管溢流，然后在测压管上测出水位，即为零点；由零点向下画标尺，便可直接读出滤层的水头损失数值。对恒滤速运行的试验设备（图 4-21b），可先向滤管注水，待出水管流出水后，停止注水；再待出水管不再流水时，测出滤管中的水面位置，即为零点；由零点向上画标尺，便可直接读出滤层的水头损失数值。

4）滤料和承托层的装填

滤料和承托层在装入试验滤管前，应清洗干净。装料时，滤管内应充满水。承托层要逐层装填，并经常观察装填高度，勿使过厚。当滤管不透明时，需用测杆不断测试填装高度。在装填滤料时，滤料要先用水润湿。滤层厚度只要接近设计数值便可，因为装填的滤料在反冲洗后厚度还会有变动。

4. 试验设备的调整

试验设备安装完毕以后，需对设备各部分进行调整，使其工作能符合试验要求。

调整曝气莲蓬头的流量和安装高度，曝气流量应满足试验需要并有富余，以使滤管或水箱经常保持溢流状态。莲蓬头的安装高度，应使曝气后水中的溶解氧浓度不低于除铁所需理论值的 2 倍。

调试出水管（或进水管）上的阀门（或夹具），看对滤速的调节是否灵敏。滤管的滤速一般用容量法测定：用量筒接取过滤水，并用秒表计时间，以时间和滤管断面积的乘积除过滤水的体积，便得滤速。

进行滤层的反冲洗，看反冲洗水流量是否足以将滤层冲起；调试反冲洗水管上的阀门（或夹具），看对反冲洗流量的调节是否灵敏；观察反冲洗废水的排除是否通畅。

将测压玻璃管下端的橡皮管接头拨开，将测压管放空，并任其放流片刻，以便将可能积存的气泡全部排除，再将橡皮管与测压玻璃管接上，使测压管水位恢复正常。

此外，还应检查滤管及管道接头处是否有渗水、漏水情况，以便及时处理。

如因故需要暂停除铁试验设备的工作时，应注意不使滤管放空，以免空气进入滤层。

除铁试验包括除铁试验和滤层反冲洗试验两个部分。

试验开始以前，需先对滤层进行反冲洗，冲洗强度以能使滤层全部悬浮为度，不宜过大；冲洗时间约 5~7min，不宜过长。冲洗完后，从水箱引曝气水进入滤管过滤，调整滤速至试验值。然后，排除测压管中的空气泡，从测压管读出滤层初期水头损失，并开始计算过滤时间。对恒水头运行方式，需 1~2h 测定滤速一次，如发现滤速变化过大，必须及时调至试验滤速（或略高于试验滤速），但在取样测定以前半小时，最好不调整滤速，以免影响出水水质使试验结果不准。

除铁试验必须在滤料成熟以后进行，才能获得可靠的数据。所以，在正式试验以前，要进行数日的预备性试验，以观察滤层的成熟情况和出水含铁浓度的变化。

除铁试验能对设计选择的除铁方法、除铁系统以及除铁工艺参数作出评价。

为了选择滤层的厚度，其试验步骤如下：

使滤管在试验滤速 v' 下工作，从初滤水排完后 2h 开始取样测定滤后水的含铁浓度，以后每隔 2～4h 取样测定一次，取样总次数不少于 3 次，然后求得多次测定的滤后水含铁浓度的平均值 $[Fe^{2+}]'$。在开始试验、试验中期和试验结束时，各取滤前水样 2 个，分别测定水中的含铁浓度和溶解氧浓度，取其平均值得 $[Fe^{2+}]_0'$ 和 $[O_2]'$。

当处于层流区时，可按式（4-34）由试验数据求出滤层的接触催化活性系数：

$$\beta' = \frac{2.3 d' v'}{L' \cdot [O_2]'} \cdot \lg \frac{[Fe^{2+}]_0'}{[Fe^{2+}]'} \tag{4-34}$$

式中符号右上角带"′"者皆为试验参数。式中滤速 v 的指数 $p = 1.0$。然后再按设计选定的参数计算设计滤层的厚度：

$$L = \frac{2.3 d v}{\beta' \cdot [O_2]} \cdot \lg \frac{[Fe^{2+}]_0}{[Fe^{2+}]} \tag{4-35}$$

当处于过渡区时，滤速 v 的指数 p 不能确定，无法计算滤层的接触催化活性系数。这时，可用试验方法求出接触催化活性系数 β 和滤速 v 的关系。先选定一个试验滤速 v，测定出滤前水的含铁浓度 $[Fe^{2+}]_0'$ 和滤后水的含铁浓度 $[Fe^{2+}]'$，按式（4-36）可求出一个接触催化活性系数值

$$\beta = \frac{2.3}{L'} \cdot \lg \frac{[Fe^{2+}]_0'}{[Fe^{2+}]'} \tag{4-36}$$

再选另一个试验滤速，又可以得到一个相应的接触催化活性系数。如此进行下去，就能获得一条接触催化活性系数 β 和滤速 v 的试验曲线，如图 4-22 所示。在选择试验滤速的范围时，应将设计滤速包括在内。然后再按设计选定的滤速 v 由图中试验曲线找出接触催化活性系数 β。若设计选定的滤料粒径 d 和溶解氧浓度 $[O_2]$ 与试验值 d' 和 $[O_2]'$ 不同，则尚需对接触催化活性系数进行修正，修正计算如下：

$$\beta = \frac{d'}{d} \cdot \frac{[O_2]}{[O_2]'} \cdot \beta'' \tag{4-37}$$

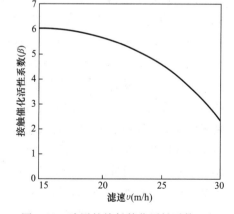

图 4-22　滤层的接触催化活性系数 β 和滤速 v 的试验曲线

式中　β''——修正前的接触催化活性系数；

β——修正后的接触催化活性系数。

最后，按照设计对滤后水中含铁浓度的要求，计算设计所需滤层厚度：

$$L = \frac{2.3}{\beta} \cdot \lg \frac{[Fe^{2+}]_0}{[Fe^{2+}]} \tag{4-38}$$

为了选择滤池的滤速和工作周期，需在试验滤速条件下，测出试验滤管的工作周期。

由于滤池的工作周期可能受偶然因素的影响，要获得比较准确的工作周期的数值，要尽可能地多做几次试验，然后计算多次试验的工作周期的平均值。但是，一般一个工作周期常达十余小时（有时甚至数十小时），所以要做多次试验需要很长的时间和大量的人力，比较困难，有时可能是不允许的，这就要求能对一次、两次或三次试验的结果作出可靠性估计。根据试验资料，当滤速一定时，滤池的各个工作周期对于其真值的均方差 σ 值，一般不大于工作周期平均值的 15%～20%。这样，按照误差理论，一次试验所得的工作周期值，其误差不大于 15%～20% 的概率应该不小于 68.3%，而两次和三次试验所得的工作周期的平均值，其误差不大于 15%～20% 的概率，应该不小于 84.3% 和 91.7%；由此可见，两次或三次试验的工作周期的平均值，在实用上可认为基本可靠。

滤池的过滤作用水头，对滤池工作周期的具体影响一般不易估计。为使试验结果更接近实际情况，应使试验滤管的过滤作用水头尽量与设计滤池的过滤作用水头相接近。

通过试验测出的试验滤速 v'，滤管的过滤工作周期 T'，按式（4-39）可求得系数

$$K = T' \cdot v'^{1.6} \tag{4-39}$$

然后再按设计要求的滤池过滤工作周期，推算设计滤速

$$v = \left(\frac{K}{T}\right)^{0.625} \tag{4-40}$$

4.11　反冲洗试验

反冲洗试验的目的，在于求得滤层膨胀率与反冲洗强度的关系。

反冲洗试验需在透明的滤管中进行。反冲洗试验最好在现场用含铁地下水进行，亦可在室内用自来水进行。为测量滤层的厚度，可以垫层表面为零点，向上画以毫米为单位的标尺。反冲洗流量可在废水排水管出口处用容量法测定。

滤层静止砂面的标高，可在反冲洗后测得。由于每次反冲洗后静止砂面的标高都不完全一致，所以要取多次测量的平均值，以求出滤层膨胀前的厚度。

在反冲洗试验时，一般都使反冲洗强度由低而高地增大。每调整一次反冲洗强度，都可测得一个膨胀滤层的砂面标高，从而可求出一个滤层的膨胀率，膨胀滤层砂面标高的读数应精确到毫米。反冲洗流量的测量应重复进行 3 次，然后取平均值，计算应精确到毫升/秒。每次改变反冲洗强度，应使滤层膨胀率的变化不超过 5%。试验时要特别注意测出使滤层开始全部悬浮时的反冲洗强度和膨胀率，为此需要反复进行试验。反冲洗试验可一直进行到以不破坏承托层构造为限。反冲洗试验至少要进行 2 次。试验时要定期测量试验用水的水温。

试验结果应有完整的记录，并绘出滤层膨胀率与反冲洗强度的关系曲线，即 eq 曲线。

4.12　接触氧化除铁工艺系统

按照水中二价铁在接触氧化滤层中的除铁原理，含铁地下水进入接触氧化除铁滤池以前，只要求对水进行曝气充氧，而不要求对水中二价铁进行氧化、水解、絮凝等反应，也不要求采取任何提高水的 pH 的措施，所以除铁只需曝气和接触氧化过滤两个过程，如图

4-23 所示。

图 4-23　接触氧化除铁工艺系统示意

　　此系统与自然氧化除铁工艺相比,没有庞大的反应沉淀构筑物,从而简化了系统、减小了设备容积。

　　接触氧化除铁工艺只利用空气中的氧作为氧化剂,无须再投加任何药剂,不仅运行管理简便,也是比较经济的除铁方法。

　　由于地下水的曝气溶氧过程进行得比较迅速,所以曝气装置的构造和容积都可以简化和缩小。因而接触氧化除铁工艺系统实际上已简化为以滤池为主体构筑物的处理系统。

　　接触氧化除铁工艺的特点和优点如图 4-24 所示。

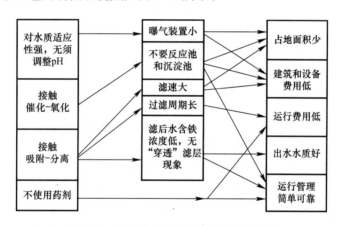

图 4-24　接触氧化除铁工艺的特点和优点

　　目前,在生产中最常使用的是以滤池为主体的接触氧化除铁工艺系统。

　　接触氧化除铁系统可以是压力式的,也可以是重力式的。压力式系统与重力式系统相比,优点是不需要进行第二次抽升,所以系统大为简化。但压力滤池的池体,必须用钢板焊成,所以容量不可能太大,主要用于中、小型设备。而重力式系统则主要用于大、中型设备。

　　在压力式除铁系统中,将压缩空气加入每个压力式滤池前,加气后设气水混合器以加速曝气溶氧过程。压缩空气一般由专设的空气压缩机供给。在工厂有压缩空气管道时,可直接利用。这种分散加注空气系统的主要问题是加气不均匀。因为各个压力滤池前的压力是不完全相同的,而输送至每个滤池前的压缩空气的压力也不相同。由于这种压力分布的不平衡,便造成了空气流量在各滤池之间分配不匀。靠空气压缩机近的滤池进气量较大,远的进气量较小。如某除铁水厂有 4 个并联工作的压力滤池,用空气压缩机供应压缩空气,其压缩空气流量分配情况(以总流量的百分数计)见表 4-11。可见空气量的分配是非常不均匀的。此外,每个压力滤池的进水流量,在每个工作周期里也有很大变化,使实际气水比差别很大,甚至影响除铁效果。

压缩空气流量分配情况（以总流量的百分数计）　　　　　　　表 4-11

压力滤池编号	压缩空气进气流量（%）
1	26
2	35
3	39
4	0

若能在总进水管上集中加气，便能避免上述气量分配不匀的缺点。

在集中加气的系统中，气水混合器应设备用部件，以便检修。

用空气压缩机供应压缩空气，工作不够可靠，为了能交替工作，空气压缩机应不少于2台。但实践证明，即使这样有时也不能完全保证不中断供气。当由厂区的压缩空气管道供气时，可靠性要比空气压缩机供气好得多。

用射流泵向深井泵吸水管上加气的压力式除铁系统，若有几口深井时，则需要在每一口深井上都设置射流泵。当水源井距压力滤池较远而无法利用除铁压力水时，射流泵可用泵后的含铁压力水来工作，但这时工作压力水管、射流泵以及气水混合液管都有堵塞的可能，所以射流泵加气系统应有备用部件，以便清理和检修。为不使检修次数过多，这种系统只宜用于含铁浓度较低的情况。由射流泵、深井泵和压力滤池三者组合的压力除铁系统，不使用空气压缩机等机械设备，特别适于中、小水厂使用。

用射流泵能将空气加于压力式滤池前。将气加进进水管道以后，可利用管道进行气水混合，亦可用气水混合器进行混合。这个系统适用于具备高压水源或专设高压泵供应高压水条件的地方。在上述压力式系统中整个系统都处于封闭状态，故没有散除水中二氧化碳等气体的功能，所以用于只要求向水中溶氧，不要求散除水中二氧化碳等气体的情况。

跌水曝气是另一种简易曝气装置，比较适宜用于重力式系统。特别是若能将跌水曝气与流量分配装置结合起来（如配水井），或与滤池进水结合起来（如 V 型滤池进水、无阀滤池进水等）组成一体化构筑物，则可使系统进一步得到简化。跌水曝气能使水中溶氧浓度达到 $3\sim5mg/L$，能满足一般含铁量（小于 $10\sim15mg/L$）的氧化要求，但跌水曝气散除水中二氧化碳等气体的作用不大，宜用于只要求溶氧不要求散除水中二氧化碳等气体的情况。

穿孔管或莲蓬头曝气也是一种简易曝气装置，它既能向水中溶氧，也有散除部分水中二氧化碳等气体的功能，故可用于对两者皆有要求的场合。穿孔管或莲蓬头曝气装置适宜与重力式滤池组合成重力式系统。特别是将穿孔管或莲蓬头设于重力式滤池池面以上组成一体构筑物，可使系统得到进一步简化。

当要求向水中大量溶氧或要求大量散除水中二氧化碳等气体，上述简易曝气装置已不能满足要求时，需采用接触式曝气塔、板条式曝气塔、机械通风曝气塔、叶轮表面曝气装置等大型曝气装置。这种大型曝气装置既可与重力式滤池组成重力式系统，也可与压力滤池组成除铁系统，不过后者需设置提升泵由曝气装置下的集水池抽水，经压力滤池过滤除铁，再送往用户使用。

影响接触氧化除铁系统的选择因素，不仅在工艺方面，在运行管理方面也应考虑。例如，当受地形或地下水位影响而使重力式系统在竖向布置上有困难时，可采用压力式系统。又如，在东北和华北寒冷地区，因除铁设备大都设于室内，若采用曝气效果较好的喷淋式曝气装置，会造成室内环境恶劣，故多采用气泡式曝气装置。

设计对除铁水的水质要求常常是多方面的。

对除铁水中含铁浓度的要求，随用水对象不同而异。当要求除铁水中的含铁浓度不大于 $0.2\sim0.3mg/L$ 时，这属一般性要求，接触氧化除铁设备一般都易达到。要求除铁水中的含铁浓度不大于 $0.05\sim0.1mg/L$ 时，这属高一级的要求，特别是当地下水的含铁浓度较高时，必须另做试验进行研究，应慎重设计。

当除铁水作为生活饮用水时，宜加氯消毒。但滤前加氯，因氧化水中的二价铁会使投氯量增大，导致费用增加，还会降低滤后水的水质，使水中的含铁浓度增高。表 4-12 为滤前投氯与滤前不投氯两种工作方式的接触氧化过滤除铁水质的对比资料。这是由于水中二价铁被氯氧化后生成三价铁的氢氧化物胶体，在没有进行充分絮凝以前便通过滤层过滤，结果部分三价铁胶体难以被滤层所截留，使出水含铁浓度升高。

滤前投氯对接触氧化除铁水质的影响　　　　　　　　　　　　　　　　表 4-12

试验地点	地下水含铁浓度（mg/L）	滤后水含铁浓度（mg/L）		附注
		滤前不投氯	滤前投氯	
黑龙江省大庆市萨尔图区	0.8~1.0	痕量	0.1~0.5	因投氯量变化而致出水水质经常波动
黑龙江省哈尔滨市平房区	1.2	痕量~0.05	0.05~0.7	

若含铁地下水具有腐蚀性，需进行稳定性处理时，应首先考虑采用加强曝气去除水中二氧化碳，以提高水的 pH 的方法。因为，加强曝气的方法不仅提高了水的 pH，还提高了水中的溶解氧浓度，这些都有利于除铁过程的进行。但是，加强曝气的方法对水的 pH 的提高是有一定限度的，当用曝气的方法不能达到稳定性处理时，还可采用向水中投加碱剂的方法（碱化法）。

碱化法（多用石灰）可以把水的 pH 提高到所需要的任何数值，是一种有效措施。可是碱化法不一定有利于除铁过程的进行，因为向水中投加碱剂后，水中各部分 pH 的提高是不均衡的。早期与碱剂混合的水将具有过高的 pH，而后期参与混合的水的 pH 才是逐步地升高至所要求的数值。在这约数十秒的混合时间内，具有过高 pH 的水中，二价铁已能部分地或大部分地被氧化为三价铁，进而水解生成三价铁的氢氧化物胶体，这些三价铁胶体如果没有充分絮凝，或因水中存在某些物质而絮凝困难，将会穿透滤层使滤后水的含铁浓度增高。黑龙江省在铁力木材干馏厂的除铁设备中曾做过试验，向滤前水中投加碱剂（石灰水），压力天然锰砂滤池的出水含铁浓度显著增高，水质恶化；不投碱剂，滤池出水含铁浓度减小，水质好转。所以，在滤前向水中投加碱剂，对除铁不一定是有利的，只有通过试验才能确定其效果。

地下水的水温较低，常被用作工业设备的冷却水水源，因此有对水温的要求。接触氧化除铁系统简单，设备容积小效率高，水在除铁系统中的总停留时间一般只有 $10\sim30min$，所以除铁过程不会使水温有大的升高，比较适宜用于冷却水的除铁处理。如在武汉地区曾对压力式天然锰砂滤池进行过水温变化的实际测定：加入压缩空气进行曝气，水在除铁设备中的总停留时间约为 9min，空气温度为 25.4～34.0℃，水温为 19.1～20.0℃，水在除铁前后的温度升高值为 0～0.5℃（按 44 次测定结果统计）。可见数值是很小的。

接触氧化除铁设备工艺参数，应根据除铁试验资料，以及技术经济比较进行选择。当因条件限制无法进行除铁试验，或暂时来不及进行除铁试验时，可参照经验数据选择工艺参数。滤池的滤速及滤层厚度的选择，一般与地下水的含铁浓度有关。表 4-13 为归纳出来的设计数据。近年来，用户对水质的要求不断提高，所以设计选用的滤速常较表 4-13 的数据为低，并有进一步降低的趋势。

接触氧化滤池设计数据 表 4-13

地下水含铁浓度 (mg/L)	滤料粒径 (mm)	滤层厚度 (m)	滤速 (m/h)	滤后水含铁浓度 (mg/L)
<5	0.6～2.0	0.6～1.0	10～15	<0.3
	0.6～1.5			
	0.6～1.2	0.6～0.8	10～15	
	0.5～1.0	0.6～0.7	10～12	
5～10	0.6～2.0	0.7～1.2	8～12	<0.3
	0.6～1.5			
	0.6～1.2	0.7～1.0	8～12	
	0.5～1.0	0.7～0.8	8～12	
10～20	0.6～2.0	0.8～1.5	6～10	<0.3
	0.6～1.5			
	0.6～1.2	0.8～1.2	6～10	

4.13 接触氧化除铁装置的运行管理

滤池刚投产时，由于滤料尚未成熟，所以滤池出水含铁浓度可能偏高，这时宜减小滤速，以保证出水质量。所以，在滤池投产初期，滤池的出水流量可能达不到设计数值，但随着滤层的逐步成熟，滤速便可相应地提高。此外，在滤层充分成熟以前，有的除铁水厂曾发现滤池工作不稳定，滤池出水忽好忽坏，各滤池出水水质也很不一致，有时甚至有较大差别。这可能是滤料上的活性滤膜在形成初期易被破坏，故受滤池工作情况（特别是反冲洗情况）的影响很大；也可能是由于各滤池工作情况的某些差别，或其他一些偶然因素的影响，结果使各滤池滤层的成熟程度（或活性滤膜的形成情况）不同，致使滤池工作呈现出不稳定的状态。但随着滤层充分成熟以后，这种不稳定状态会逐渐消失。

一般，设计要求的曝气效果并不一定与除铁设备的最优工作条件相适应。例如，大庆有一除铁水厂（地下水含铁浓度为 0.8mg/L 左右）原设计用空气压缩机加气曝气，在投产后第 1 天至第 5 天，滤后水含铁浓度为 0.1mg/L 左右，滤池工作周期为 40h 左右；从第 6 天起因故停止加气，除铁仅依靠深井泵吸入的少量空气，开始效果仍良好，工作周期延长至 50～60h，但数日后除铁效果有些恶化；从第 16 天又恢复了空气压缩机加气曝气，除铁效果逐渐好转，但滤池工作周期却缩短至十几小时；从第 28 天起又停止加气以后，除铁效果一直良好，特别在滤料充分成熟以后，滤池出水含铁浓度逐渐降至痕量（<0.01mg/L），过滤工作周期逐渐延长至 80～90h。这一实例说明，增大气水比强化曝气过程，对接触氧化除铁并非总是有利的；相反，减小了气水比，不仅大大简化了运行管理工作（不用空压机），并且还延长了滤池的工作周期，获得了明显的经济效果。这种减少气水比而获得更好效果的例子还有一些，特别是对含铁浓度较低的地下水的除铁处理常有这种情况。所以，在除铁设备投产以后，应进行曝气效果的调节，通过试验寻求除铁设备的最优工作状态。

在一些除铁水厂观察到，滤池中的滤料有逐渐生成锈砂的现象。所谓锈砂，其形状接近球形，大部分由铁泥（铁的氧化物和氢氧化物）组成，其中心有一个很小的砂粒，锈砂开始就是围绕这个砂粒生长起来的。锈砂的相对密度较滤料小，在反冲洗水力分级作用下总是位于滤层的上部，形成明显分层现象。锈砂的生成比较迅速，致使滤层的体积不断膨胀，滤层的表面不断上升，结果锈砂在滤池反冲洗时不断被带出池外，沉积于冲洗废水回收池中。根据佳木斯第四水源的情况，含铁浓度为 12～13mg/L 的地下水，每年在回收池中沉积的锈砂数量可达数十吨。滤池中的锈砂层逐年向下扩展，最终能使大部分滤层变成锈砂层。锈砂具有良好的催化除铁能力，催化除铁能力甚至优于天然锰砂。

锈砂产生的原因，是由于铁质活性滤膜在滤料颗粒表面逐渐沉积所致。在滤池的工作周期里，附着于滤料表面的活性滤膜物质的数量大于反冲洗时脱落的数量，活性滤膜物质便会在滤料表面进行积累，使附着的铁质不断增厚，于是滤料颗粒便被铁质层层包裹，久之便逐渐形成了黄色的锈砂。当地下水的含铁浓度高时，附着于滤料表面的铁质的数量也较多，易于形成锈砂，所以锈砂多在地下水含铁浓度较高的除铁滤池中出现。当滤料的粒径较粗时，由于反冲洗时砂粒相互碰撞和摩擦的力量比较大，能使活性滤膜物质自砂面很快脱落，所以一般不易生成锈砂。但当滤料的粒径较细时，由于反冲洗时砂粒相互碰撞和摩擦的力量比较小，活性滤膜物质自砂面脱落较慢，所以易于形成锈砂。

在滤池中出现锈砂是生产中常见的现象，一般不会影响滤池的除铁效果，所以不必急于更换滤料。只有当锈砂粒径变得过粗而使滤层滤料的总表面积显著减小后，才会发生除铁效果下降的现象，这时就有必要更换滤料了。佳木斯自来水公司更换滤料时，只将滤层上部的锈砂清除，换以新砂，滤层下部的旧砂仍然继续保留使用，这样不仅减少了滤料的损耗，还能在更换滤料以后立即获得良好的除铁水质。

当发现除铁设备的除铁效果变坏，或呈现出不稳定现象时，可能有以下主要原因：

（1）曝气装置的配气管道或部件被堵，或空气流量分配不均使水中溶解氧浓度过低，严重影响除铁过程的进行。

（2）滤池配水系统或承托层遭到破坏而造成大量漏砂。

（3）反冲洗强度过大，大量滤料被冲走使滤层过薄。

（4）因操作不当而使滤层曝气，结果大量空气积聚于滤层中。

（5）滤池长期反冲洗不良而造成滤料大量胶结成团。

（6）滤料使用年限过长。据调查，对高含铁地下水，滤料约使用 3～5 年左右，对低含铁地下水，滤料的使用年限要长一些，有的已使用近十年，效果仍然良好。

（7）各滤池流量分配不均，造成有的滤池滤速过大，影响出水水质。

（8）自动排气阀失灵，或未及时排气，而使压力滤池内空气积存过多，进水形成自由跌落，冲刷滤层，造成滤后水质严重恶化。

（9）因水质发生变化，或反冲洗过度，使滤料的活性滤膜受到严重破坏。

对少数含铁地下水，发现滤层的催化除铁能力呈现出不稳定的状态。例如，佳木斯的含铁地下水在每年春季的某个时期便是如此。图 4-25 为在这个时期天然锰砂滤池出水含铁浓度的变化情况。滤池以 $20L/(s \cdot m^2)$ 左右的反冲洗强度对滤层冲洗 5min（这是佳木斯除铁水厂天然锰砂滤池的正常反冲洗情况），然后以 $10～11.5m/h$ 的滤速进行过滤。可见在春季即使在正常反冲洗条件下滤池的除铁能力也遭到严重破坏，出水水质恶化，经 16h 以后，出水含铁浓度才降至 0.3mg/L 以下。在这个时期里，还观察到滤速的突然增大使天然锰砂的除铁效果大大降低的现象。这些都表明，这时天然锰砂的催化除铁能力是不稳定的，在外界因素的影响下（反冲洗过度、滤速突然增大等）是易于发生变动的。

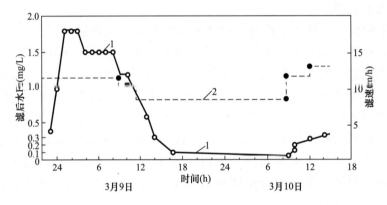

图 4-25　佳木斯春季锰砂滤池出水水质变化情况

1—滤池出水含铁浓度变化曲线；2—滤池滤速变化曲线

为了改善滤池出水水质，可以采取保护滤膜和培养滤膜的措施。所谓保护滤膜，就是适当减小滤层的反冲洗强度和反冲洗时间，使活性滤膜免遭严重破坏而保持相当的除铁能力。图 4-26 为一次试验结果。这个试验是在图 4-25 所示滤池工作周期结束后进行的，试验以正常反冲洗强度 [约 $20L/(s \cdot m^2)$] 冲洗，但将反冲洗时间由 5min 缩短至 3min。由图可见，由于活性滤膜得到了保护，所以虽然反冲洗后即以 10m/h 的滤速进行过滤，滤池出水含铁浓度仍能降至 0.5mg/L 以下，这比图 4-25 的情况已有显著改善。滤池在经过 18h 工作以后，出水含铁浓度便降至 0.05mg/L 以下，这表明滤料表面的活性滤膜已充分得到恢复，这时再进一步将滤速提高到 13.7m/h，滤池出水水质仍然保持良好。这一试验表明，采取保护滤膜的措施是有效的。

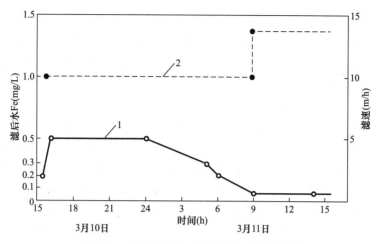

图 4-26　缩短反冲洗时间以保护滤膜的效果

1—滤池出水含铁浓度变化曲线；2—滤速变化曲线

所谓培养滤膜，就是在滤池反冲洗后，滤料表面的活性滤膜遭到严重破坏的情况下，使滤池以较低的滤速工作，以利活性滤膜的恢复，待活性滤膜恢复以后，再以正常滤速进行工作。培养滤膜时的滤速宜小不宜大，一般不宜超过 5～6m/h。培养滤膜的时间一般不少于 10～15h。试验表明，培养滤膜的措施能大大改善滤池出水水质。

试验表明，在上述水质情况下，采用较细的滤料，实行恒速过滤，能使砂表面的活性滤膜不易受到破坏，所以能改善滤池出水水质。

4.14　人造锈砂接触氧化法除铁

4.14.1　人造锈砂接触氧化除铁试验

人造锈砂的试验设备，为内径 510mm 的钢制滤罐，滤罐高为 2.7m；滤罐下部设穿孔板小阻力配水系统，孔板上小孔直径为 12mm，小孔总面积为滤罐面积的 5%，穿孔板上设卵石承托层，其组成自下向上依次为：粒径 16～32mm，层厚 0.15m；粒径 8～16mm，层厚 0.1m；粒径 4～8mm，层厚 0.1m；粒径 2～4mm，层厚 0.05m。承托层上设 0.6～1.2mm 粒径的石英砂滤层，厚 0.8m。滤罐上下两端接进出水管，管端设整流板以均布进水。滤罐进出水管上各设两个闸门，以进行过滤和反冲洗操作。在滤罐外侧位于砂面以上位置处，设玻璃测压管，以便在制作锈砂时，观测滤料上水层厚度。试验滤罐构造如图 4-27 所示。

人造锈砂制作试验，采用重力直流式处理系统：用含溶解氧的高浓度含铁水，控制 pH 为 6～7，经过石英砂滤层过滤，在过滤过程中，二价铁在石英砂表面被溶解氧氧化，生成具有接触催化除铁作用的铁质催化物质附着于砂表面上，从而形成黄褐色的人造锈砂；过滤后的水排入污水管。

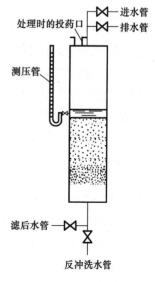

图 4-27　试验滤罐构造

试验采用本地地下水，但水中含铁量较少，且 pH 较高，碱度甚大，水质见表 4-14。为了使水含有溶解氧，先使水经过跌水曝气，跌水高度约 1m，曝气后水中溶解氧浓度为 7～8mg/L。为了加速锈砂的形成，水中应含有高浓度的二价铁，为此在水进入试验滤罐前，向水中滴加亚铁母液，使水的含铁浓度达 150mg/L。亚铁母液用硫酸亚铁配制，母液含铁浓度约为 50g/L，pH 调至 1.5～2.0，以防亚铁氧化。为了使水的 pH 降至 6～7，需向水中投加酸液，试验用 1:5 的盐酸溶液，与亚铁母液一齐滴加于水中。试验控制 pH 为 6.5 左右。控制水的 pH 十分重要，水的 pH 高于 7，水中二价铁的自然氧化速度很快，这会减小在石英砂表面氧化的铁质数量，对锈砂的制作不利；水的 pH 低于 6，水中二价铁的氧化速度过慢，也不利于锈砂的制作。曝气后的试验水与滴加的亚铁母液以及酸液，在进水跌落形成的扰动作用下充分混合，立即进入石英砂滤层过滤，滤速为 3～4m/h。滤后水排入污水管。高浓度含铁水经滤层过滤时，滤层会迅速被铁质堵塞，故必须每隔 2～4h 对滤层进行一次反冲洗，冲洗时间为 5min。处理时，要特别注意控制滤层上水层厚度不要过大，最多不超过 0.2～0.3m，以免含铁水进入滤层前进行自然氧化的时间过长，影响锈砂的制作。整个处理时间持续 48h，即得黄褐色的人造锈砂。

滤罐试验用水水质

表 4-14

项目	单位	数量	项目	单位	数量
Fe^{2+}	mg/L	1.640	总矿化度	mg/L	930.239
Ca^{2+}	mg/L	62.124	pH	—	7.3
Mg^{2+}	mg/L	30.400	碱度	mg-eq/L	9.000
$K^+ + Na^+$	mg/L	157.596	总硬度		15.680
Mn^+	mg/L	0.300	游离二氧化碳	mg/L	35.200
HCO_3^-	mg/L	549.180	耗氧量（$KMnO_4$）	mg/L	1.760
SO_4^{2-}	mg/L	14.409	水温	℃	8
Cl^-	mg/L	114.890	—		—

人造锈砂制作完毕后，将试验滤罐与含铁地下水的压力管道相接，使滤罐在压力作用下进行过滤除铁，以便与平行作业的压力式天然锰砂生产滤池的效果比较。试验滤罐的初滤速一般控制在 50～60m/h，过滤工作周期为 60～70h，周期结束时的滤速约为 20m/h，周期平均滤速约为 30m/h。试验期间，地下水含铁浓度为 1～3mg/L，滤后水含铁浓度从开始过滤数分钟便降至 0.3mg/L 以下，数小时后便能降至 0.01mg/L 以下，并一直保持到过滤工作周期结束，可见人造锈砂的接触氧化除铁效能已十分优良。图 4-28 为试验滤罐第二个过滤工作周期中滤速和滤后水含铁浓度的变化情况。图 4-29 为另一小型滤罐的人造锈砂的除铁效果。小型滤罐的人造锈砂的制作质量不如试验滤罐好，所以开始过滤除铁时，前几个过滤工作周期的初滤水延续时间比较长；但随着人造锈砂使用时间的增长，滤后水的水质一个周期比一个周期逐渐提高；工作至第六周期，滤后水含铁浓度不到 4min 便降至 0.3mg/L 以下，10min 降至 0.1mg/L，7h 降至 0.01mg/L，表明人造锈砂的接触氧化除铁效能此时已十分优良。

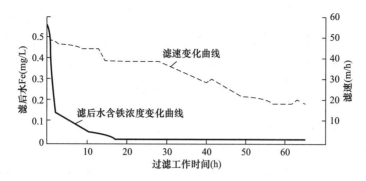

图 4-28　试验滤罐人造锈砂的接触氧化除铁效果（第二周期）

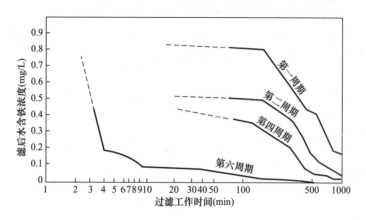

图 4-29　小型试验滤罐人造锈砂的接触氧化除铁效能

4.14.2　人造锈砂接触氧化除铁的生产试验

生产试验是在直径为 3m 的压力滤池中进行的。池中装有粒径为 0.5～2.0mm 的石英砂滤料，滤层厚度为 0.8m。

在制作人造锈砂的生产试验中，为了减少药剂的损耗，采用了循环处理系统，如图 4-30 所示。水经水泵抽升后，在池顶经管口喷出，跌入一水槽中曝气；水槽中的水再经堰顶溢流跌水入另一槽中进行第二次曝气，然后流入池中；在滤层上设布水格栅，以免下落水流冲刷滤层。在水流进滤池以前，不断向水中投加亚铁母液，并在曝气槽中与水充分混合。含高浓度二价铁的处理水经石英砂滤层过滤，再由循环水泵抽回池顶，进行曝气。

生产试验所用地下水的水质与模型试验相近，所以在处理初期，循环水的 pH 过高，需投加少量酸液（在此用硫酸）将水的 pH 调至 6～7。在循环处理过程中，由于水中二价铁不断氧化水解，不断消耗水的碱度，所以水的 pH 便逐渐降低。为了不使水的 pH

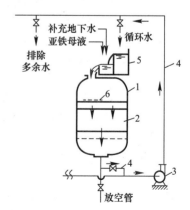

图 4-30　制作人造锈砂的循环处理系统
1—压力滤池 $D=3m$；2—石英砂滤层
$L=0.8m$；3—循环水泵 2Ba-6；
4—循环水管道 $D_g=50mm$；
5—曝气水槽；6—布水格栅

降至 6 以下，需向循环水中补充碱剂。由于该地地下水的碱度很高（约为 9～10mg-eq/L），因此采用了向循环系统中补给地下水以补充碱度的方法。为了保持滤层上的水层不要增厚，需要同时由循环系统中排出多余的含铁水。

在制作人造锈砂时，控制循环水中二价铁的浓度为 100mg/L 左右，pH 为 6～7，水中溶解氧浓度为 10mg/L 左右，滤速为 4～5m/h，滤层上水层厚度不超过 0.2～0.3m。滤层经循环过滤 10h 左右便被堵塞，需对滤层进行反冲洗。反冲洗前 1～2h 停止投药，使循环水中的二价铁大部氧化完毕，以免冲洗时流失造成浪费。冲洗后，再重新向水中投加亚铁母液，继续进行处理。人造锈砂的制作处理持续约 60～70h（包括反冲洗操作的时间在内）。处理一个滤池的滤料约耗费硫酸亚铁 300kg，浓硫酸 1L。1m³ 滤料约需硫酸亚铁 50～60kg。

人造锈砂制作完毕后，对滤层进行一次反冲洗，然后向池中引入含铁地下水进行过滤除铁。含铁地下水与射流泵加注的空气在管道中混合曝气，然后进入压力滤池经人造锈砂滤层过滤除铁，滤后除铁水流入清水池。

这次试验共对 6 个滤池进行了制作人造锈砂的处理。处理后滤池的除铁效果一般都随过滤时间增长而提高。该地地下水含铁浓度一般为 0.4～1.2mg/L，滤后水水质良好。将人造锈砂滤池与平行作业的天然锰砂滤池相比，其除铁效果基本相同。

本章参考文献

[1] 李圭白，虞维元. 天然锰砂除铁法试验研究 [J]. 哈尔滨建筑工程学院学报，1963（4）.
[2] 李圭白，虞维元. 用天然锰砂去除水中铁质的试验研究 [J]. 高等学校自然科学学报，1965，1（4）.
[3] 李圭白. 天然锰砂过滤除铁的基本规律 [J]. 施工技术，1973（3）.
[4] 李圭白. 天然锰砂除铁滤层的设计和计算 [J]. 建筑技术通讯，1973（6）：36～42.
[5] 李圭白. 天然锰砂除铁的机理 [J]. 哈尔滨建筑工程学院学报，1974（1）.
[6] 李圭白. 天然锰砂除铁设备的设计原则 [J]. 建筑技术通讯（给水排水），1975（1）：1～8.
[7] 李圭白. 接触催化除铁的人造"锈砂"滤料 [J]. 建筑技术通讯（给水排水），1976（2）：47.
[8] 李圭白. 人造锈砂除铁 [J]. 哈尔滨建筑工程学院学报，1978（1）.
[9] 刘灿生. 对地下水除铁的知识 [J]. 给水排水，1978（1）.
[10] 李圭白. 地下水除铁原理的现代观 [G] //哈尔滨建筑工程学院六十周年校庆论文选编（一）. 1980.
[11] 李圭白. 试论锈砂除铁和水质分类 [J]. 哈尔滨建筑工程学院学报，1981（4）.
[12] 刘灿生. 关于地下水接触氧化法除铁若干问题的试验研究 [D]. 哈尔滨：哈尔滨建筑工程学院，1981.
[13] 刘灿生，黄毅轩，单军尧，等. 接触氧化法除铁滤料成熟影响因素探求 [J]. 中国给水排水，1982（1）.
[14] 刘灿生，黄毅轩. 接触氧化法除铁滤料的选择 [J]. 建筑技术通讯（给水排水），1983（6）：19～22.
[15] 刘灿生，吴贵本. 煤砂双层滤料过滤除铁 [J]. 给水排水，1984（2）.
[16] 李圭白. 地下水除铁技术的若干新发展 [J]. 建筑技术通讯（给水排水），1983（3）：19～21.
[17] 刘灿生. 接触氧化法过滤除铁规律的数学模式的探求 [J]. 哈尔滨建筑工程学院学报，1983（3）：83～92.

[18]　刘灿生. 地下水中铁质的去除 [J]. 工业水处理, 1983 (3): 38~42.

[19]　刘灿生. 高滤速过滤除铁的试验研究 [J]. 水处理技术, 1985.

[20]　曹积宏, 赵东雷, 陆一梅. 关于地下水除铁除锰技术的设计 [J]. 低温建筑技术, 2004 (3): 58.

[21]　程宏. 粗滤料高滤速过滤技术在地下水除铁工程中的应用 [J]. 城镇供水, 2000 (2): 31.

[22]　高如龙, 肖建国, 郭建国. 蒸汽冷凝水的两种除铁工艺的比较 [J]. 工业水处理, 2002, 22 (8): 41~43.

[23]　胡成琳. 村镇地下水除铁设计 [J]. 小城镇建设, 1987 (1): 22~23.

[24]　黄荣. 深圳车公庙地下水除铁工艺的研究 [J]. 世界采矿快报, 1998 (7): 3~5.

[25]　黄宇萍. 接触氧化除铁滤池设计的若干问题 [J]. 中国给水排水, 2001, 17 (12): 41~43.

[26]　霍威. 硅碳素滤料在处理地下水中的应用研究 [J]. 节能, 2012, 31 (5): 32~34.

[27]　矫忠梅. 浅谈原水氨氮含量对地下水接触氧化法除铁效果的影响 [J]. 黑龙江科技信息, 2010 (8): 27, 22.

[28]　赖惠珍, 陆达仁. 温泉水除铁除锰影响机理的研究 [J]. 广东化工, 2013, 40 (8): 124~125, 123.

[29]　李继震. 接触氧化除铁规律的研究 [J]. 中国给水排水, 1994, 10 (3).

[30]　李平, 张洪儒, 李迎凯, 等. 接触氧化过滤除铁设施的研究 [J]. 解放军预防医学杂志, 1989, 7 (4).

[31]　刘灿生, 黄毅轩, 陈牧民. 关于地下水除铁、除锰机理的讨论 [J]. 给水排水, 1996, 22 (10): 17~20.

[32]　刘灿生, 黄毅轩. 曝气-接触氧化法除铁的运行 [J]. 工业水处理, 1985, 5 (3).

[33]　刘灿生. 过滤除铁中亚铁离子氧化自催化功能的研究 [J]. 水处理技术, 1984, 10 (5).

[34]　刘华平. 高效去除制丝用水中铁离子的工艺及应用 [J]. 丝绸, 2002 (4): 28~30, 35.

[35]　刘清海. 浩良河水泥厂高含铁地下水净化设计小结 [J]. 给水排水, 1996, 22 (7): 29~31.

[36]　刘晓阳, 周驰, 周利. 给水处理中软填料过滤除铁 [J]. 工业用水与废水, 2001, 32 (3): 11~12, 15.

[37]　戚影. 地下水除铁锰装置的工艺设计及其应用 [J]. 工程勘察, 1998 (6): 3~5.

[38]　邱晨, 常明. 钛基氧化钌电极在油田污水处理中的研究 [J]. 天津理工大学学报, 2010 (2): 36~39.

[39]　任文辉, 余健, 郭照光, 等. 低 pH 下饮用水生物除铁试验研究 [J]. 工业水处理, 2007 (1): 55~57, 86.

[40]　孙瑾, 胡志峰, 张建. 生物接触氧化反应器去除地下水中铁的研究 [J]. 山东理工大学学报: 自然科学版, 2005 (5).

[41]　夏怡, 寇君. pH 对地下水除铁效果的影响 [J]. 丹东纺专学报, 2004, 11 (2): 29~30.

[42]　徐静. 地下水除铁工艺在高速公路中的应用 [J]. 交通标准化, 2004 (8): 109~110.

[43]　余健, 曾光明, 谢更新, 等. 应用 ORP 预测和控制地下水除铁滤池出水含铁量 [J]. 中国环境科学, 2003, 23 (6).

[44]　余健, 付国楷, 郭照光, 等. 洞庭湖区高含铁地下水除铁试验研究 [J]. 给水排水, 2003, 29 (2).

[45]　禹丽娥. 地下水生物除铁效果及其动力学研究 [J]. 供水技术, 2009, 3 (3): 19~21.

[46]　张吉库, 刘明秀. 溶解氧和温度对地下水除铁、锰效果的影响 [J]. 安全与环境工程, 2006, 13 (1): 52~54.

[47]　张培良, 周洪海. 接触氧化法除铁的滤料选择 [J]. 黑龙江环境通报, 1998, 22 (2): 3~5.

[48]　郑洲新, 袁立华. 地下水除铁系统的运行管理 [J]. 黑龙江环境通报, 1998, 22 (2): 3~5.

[49]　郑尊宏, 成伟平, 刘晓军. 接触氧化法除铁及工艺改进效果 [J]. 中氮肥, 2004 (3).

［50］ 高井雄. 接触酸化による新しい除铁法（Ⅰ）、（Ⅱ），水道協會雜誌，1967，394，396.

［51］ 高井雄. 接触酸化除铁の机構に關すゐ研究（Ⅰ）、（Ⅱ）、（Ⅲ）［J］. 水道協會雜誌，1973，
465～467.

［52］ Николадзе Г И. Обезжелезив ание Приробныхн Оборотных Вод ［M］. М. Стройиздат，1978.

［53］ Станкявичго В И. Обезжелезивание Воды Фильтрованием ［M］. Издательство（Мокслас），1978.

第 5 章
地下水接触氧化法除锰

5.1 地下水自然氧化法除锰

水中锰的氧化过程参见本书 2.2.5 节，此处不再赘述。

曝气自然氧化法除锰，要求将水的 pH 提高到 9.5 以上，为此需对含锰地下水进行碱化，从而使处理后水的 pH 超过《生活饮用水卫生标准》GB 5749—2006（pH 不小于 6.5 且不大于 8.5），所以还要对水进行酸化后处理，结果使水的处理流程复杂，制水成本很高。因此，自然氧化法除锰很少单独使用，而是常与药剂软化一齐使用。

【实例 5-1】 同时去除水中超标铁、锰和溶解性固体。

大庆市大同地区地下水铁、锰、硬度、溶解性固体皆超标，水中铁 1.3mg/L，锰 0.38mg/L，pH＝7.3，臭和味 2 级，总硬度 535.4mg/L，溶解性固体 1364mg/L，碱度 738.2mg/L，游离二氧化碳 22.18mg/L，氟化物 1.0mg/L。水厂原采用射流曝气-天然锰砂过滤工艺，能除铁除锰，但不能降低水中的总硬度和溶解性固体含量。

水厂在小试和模型试验基础上，采用曝气-石灰碱化法处理工艺，于 1998 年建成生产能力为 1 万 m^3/d 的新水厂。新水厂的水处理工艺流程为：首先向地下水中投加石灰乳，再经混合、曝气、反应、斜管沉淀和过滤，在过滤前向水中投加硫酸，滤后向水中投氯，然后进入清水池。向水中投加石灰乳使水中的 pH 升高至 9.7。曝气采用跌水曝气，跌水高度为 1.0m。反应采用网络絮凝池，絮凝时间 20min。沉淀采用斜管沉淀池，水在斜管中的上升速度为 2mm/s。沉后水再经滤池过滤，滤速 7m/h，过滤前向水中投加硫酸，将水中的 pH 调整为 8.0，滤后水加氯后流入清水池。为了提高水的沉淀效果，于曝气后向水中投加 0.3～0.5mg/L 的絮凝剂-聚丙烯酰胺。水厂投产后，出水水质：铁 0.22mg/L，锰 0.05mg/L，总硬度 248mg/L（以 $CaCO_3$），溶解性固体 940mg/L，达到了国家生活饮用水卫生标准的要求。

5.2 锰质活性滤膜接触氧化除锰现象的发现

【实例 5-2】 1958 年，在哈尔滨市平房区按地下水自然氧化除铁除锰工艺建成一水厂。地下水水质见表 5-1。

原水水质分析表 　　　　表 5-1

项目	单位	数值
Ca^{2+}	mg/L	100.8
Mg^{2+}	mg/L	19.33
K^+	mg/L	1.0
Na^+	mg/L	39.4
NH_4^+	mg/L	痕迹
Mn^{2+}	mg/L	1.26
Fe^{2+}	mg/L	1.32
HCO_3^-	mg/L	458.12
Cl^-	mg/L	5.57
SO_4^{2-}	mg/L	10
CO_3^{2-}	mg/L	0
NO_3^-	mg/L	0.2
NO_2^-	mg/L	0.006
含盐量	mg/L	500～600
溶解氧	mg/L	1.6
耗氧量	mg/L	2.83
可溶性 SiO_2	mg/L	28
总碱度	mg/L（以 $CaCO_3$ 计）	397.3
暂时硬度	mmol/L	3.31
总硬度	mmol/L	3.31
水温	℃	8～10
pH	—	7.0～7.1

水厂的除铁除锰工艺流程：原水→接触曝气塔→氧化反应沉淀池→泵站→石英砂压力滤池→用户。

原水经接触曝气塔曝气后，水的 pH 由 7.0～7.1 提高到 7.5～7.6，经 2.8～3.1h 的氧化反应和沉淀后，再由水泵抽升经压力式石英砂滤池过滤。水厂投产后除铁效果良好，但除锰效果不佳。一年后再对水厂出水进行测定，发现水厂已具有优异的除锰能力。进一步考察发现这时滤池石英砂滤料表面生成了黑色的活性滤膜，对溶解氧氧化二价锰有接触催化作用，使二价锰能在天然水中性条件下被去除。这是一个重要发现。该水厂是我国最早的地下水除铁除锰水厂。

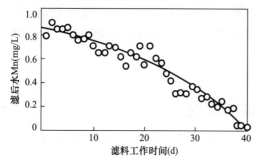

图 5-1　石英砂滤柱最后 40d 出水锰浓度

为了证实这一现象，在水厂进行模型试验，将石英砂装入一滤柱中，通入曝气水进行过滤，在试验过程中多次改变曝气方式和滤前水氧化反应时间。开始石英砂滤层基本没有除锰能力，试验一直进行到约 5 个半月，观察到石英砂滤层除锰能力开始有了提高，砂粒表面逐渐变黑，又经过了 40d，滤后水锰浓度终于降至 0.1mg/L 以下，滤料成熟。石英砂滤柱最后 40d 出水锰浓度变化如图 5-1

所示，表明石英砂表面对水中锰具有接触催化氧化作用的活性滤膜确实能够自然生成。

上述在石英砂表面自然生成的对水中溶解氧氧化二价锰有接触催化作用的活性滤膜，经分析主要含有锰的化合物，此外还含有铁、硅、钙、镁等化合物，所以可以称为锰质活性滤膜。这种除锰过程，可称为锰质活性滤膜接触氧化除锰。

锰质活性滤膜接触氧化除锰的过程，一般认为，首先是活性滤膜吸附水中的二价锰离子，被吸附的二价锰在活性滤膜的接触催化作用下被水中的溶解氧氧化为高价锰的化合物，并使催化剂得到再生，所以锰质活性滤膜接触氧化除锰是一个自动催化过程，并使除锰能持续不断地进行下去。

锰质活性滤膜主要由高价锰化合物构成，其在天然水条件下呈负电荷表面，能吸附水中的二价锰离子：

$$Mn^{2+} + (MnO_x \cdot yH_2O) \cdot 2H^+ \Longrightarrow (MnO_x \cdot yH_2O) \cdot Mn^{2+} + 2H^+ \tag{5-1}$$

式中，$(MnO_x \cdot yH_2O)$ 为锰质活性滤膜的表达式。

被吸附的二价锰离子在活性滤膜催化作用下被水中溶解氧氧化，使催化剂再生，并生成新的催化物质——锰质活性滤膜参与反应，所以其除锰过程是一个自动催化过程：

$$(MnO_x \cdot yH_2O) \cdot Mn^{2+} + \frac{x}{2}O_2 + yH_2O \Longrightarrow 2(MnO_x \cdot yH_2O) \tag{5-2}$$

用石英砂为滤料，投产初期石英砂表面没有活性滤膜物质，所以除锰能力很差。随着过滤的进行，在石英砂表面会逐渐生成少量锰质活性滤膜，但这个过程十分缓慢。当少量活性滤膜生成以后，在自催化作用下锰质活性滤膜的生成会加速进行，除锰效果迅速提高，出水锰浓度最终降至 0.1mg/L，表明滤料已经"成熟"。滤料从投产到"成熟"为滤料的成熟过程，滤料从投产到出水锰浓度降至 0.1mg/L 的时间称为滤料的成熟期。在本试验中，石英砂的成熟期约为 6 个月。图 5-1 中为石英砂最后 40d 的成熟过程，反映出锰质活性滤膜生成的自催化特性。

锰质活性滤膜的化学组成，早年的测试结果见表 5-2。

锰质活性滤膜的化学组成 表 5-2

水厂所在地区	Mn（%）	Fe$_2$O$_3$（%）	SiO$_2$（%）	CaO（%）	MgO（%）
吉林海龙	35.33	10.58	18.42	2.40	痕量
四川万县	22.39	26.99	9.14	4.40	0.72
湖北随县	18.7	18.7	21.9	Ca、Mg 总量＜9.3%	

2018 年对哈尔滨阿城水厂锰质活性滤膜的能谱分析，测得所含元素比例：锰为 46.45%～55.07%，铁为 10.74%～19.91%，氧为 13.48%～20.83%，其他含有碳、钙、镁、铝、硅等元素。

刘德明等测得的锰质活性滤膜化学组成其成分有 Mn、Fe、Ca、Si、P、S、Al、K、C、O、H，其中 Ca：Mn：Fe≈10：70：15（以原子计）。结构分析表明，锰质活性滤膜不是单一的锰的氧化物和铁的氧化物，并确定是一种特定的复合物。

曹昕、黄廷林等用电子能谱（EDS）对锰质活性滤膜进行分析，观察元素特征峰可知锰、铁为活性滤膜的主要构成元素，此外还有碳、钙、硅、硫等化合物，可表示为 MeO_x。用 X 衍射（XRD）对滤膜进行分析，可知滤膜物质 X 衍射谱线无明显特征峰，表明滤膜物质为非结晶态无机物结构。

Bruis 从荷兰、比利时、德国 100 多个水厂采集了锰质活性滤膜样品，发现水钠锰矿（Birnessite）这种无定型结构的锰氧化物，广泛存在于所用样品中。水钠锰矿对 Mn^{2+} 具有很强的离子吸附性能，也具有很强的自催化氧化性能，是催化剂。水钠锰矿的化学式为（Na^{2+}、Ca^{2+}、Mn^{2+}）$Mn_7O_{14} \cdot 2.8H_2O$，括号内为平衡离子。

综上所述，锰质活性滤膜是一种特殊的锰化合物，其化学结构有待进一步研究。

5.3 锰质活性滤膜的氧化生成机制

5.3.1 高价锰氧化物氧化二价锰生成锰质活性滤膜

1973 年，用哈尔滨平房水厂 1972 年更换滤料时由滤池内换出来的陈砂进行试验，陈砂堆于室外已有年余，滤料上仍包裹有风干的锰质滤膜。试验用水为水厂原水，水中锰浓度 1.1～1.4mg/L，铁浓度为 1.2mg/L，pH 为 7.0～7.1。

试验发现，陈砂除锰效果一开始很好，可将锰浓度降至 0.02mg/L 以下，但有时不能持久。图 5-2 为一则试验结果。由图可见，好的除锰效果只持续了 10d，之后出水锰浓度迅速增大。如将出水锰浓度超过 0.1mg/L 的时间叫作"锰穿透期"，则图 5-2 中陈砂的锰穿透期为 10d。

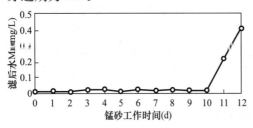

图 5-2　滤后水含锰浓度与锰砂工作时间对应图

试验发现，在本试验条件下影响锰穿透期的因素主要有水的 pH、溶氧浓度及曝气水进入滤池前的停留时间。当水的 pH 为 7.6～7.8，溶氧浓度为 10mg/L 左右，水进入滤池前的停留时间为 0.5～1.0h 时，锰穿透期可增长到 106d，即增大了 10 倍。

如果陈砂只有吸附作用，当水的 pH 由 7.0～7.1 增大到 7.6～7.8 时，陈砂表面的高价锰化合物对二价锰的吸附能力及相应的锰穿透期会有所增大（增大不到 1 倍），而远远达不到 10 倍。所以陈砂表面的高价锰化合物除了吸附作用外，应该还有催化氧化除锰作用。这是一个重要的新观点。这个观点可以进一步表述如下：

陈砂表面的高价锰氧化物对水中二价锰既有吸附作用，又有化学催化氧化作用。进入滤层的锰负荷 q_{Mn} 为进水锰浓度 C_{Mn} 与滤速 V 的乘积：

$$q_{Mn} = C_{Mn}V$$

滤层对锰的吸附速率 $[Mn]_{吸}$ 应与锰负荷相关：

$$[Mn]_{吸} = K_{吸} \cdot q_{Mn} = K_{吸} \cdot C_{Mn} \cdot V \qquad (5-3)$$

式中　$K_{吸}$——吸附速率系数。

滤层对锰的氧化速率 $[Mn]_{氧}$，应与单位滤层滤料表面锰质活性滤膜的量 G_{Mn}、滤料性能、工艺参数以及水质等有关：

$$[Mn]_{氧} = K_{氧} \cdot G_{Mn} \qquad (5-4)$$

式中 $K_氧$——氧化速率系数,与滤料性能、工艺参数、水质等有关。

当氧化速率小于吸附速率时,被吸附的二价锰不能被全部氧化,使催化剂不能全部得到再生,结果于吸附能力耗尽时,出水锰浓度就会迅速增大,所以锰穿透期是有限的。当氧化速率大于吸附速率时,被吸附的二价锰能全部被氧化,使催化剂全部得到再生,除锰就能长期持续进行下去,锰穿透期便为无限长。所以为了使水厂一投产时就能持续获得达标的除锰水,应使滤层的氧化速率不小于吸附速率:

$$[Mn]_氧 \geqslant [Mn]_吸 \tag{5-5}$$

在本试验中,当 pH=7.0~7.1 时,滤层的氧化速率小于吸附速率,所以锰穿透期只有 10d,当将 pH 提高至 7.6~7.8 时,氧化速率也随之提高,已接近吸附速率,故锰穿透期就增长到 106d。

5.3.2 天然锰砂氧化二价锰生成锰质活性滤膜

天然锰砂从 20 世纪 60 年代开始就成功地用于地下水除铁。

在地下水除锰中,也将天然锰砂用作滤料进行了试验。试验采用的天然锰砂有马山锰砂、乐平锰砂、锦西锰砂、宣武锰砂。试验也在哈尔滨平房水厂进行。原水曝气后进入装有天然锰砂的滤柱过滤,滤速 8m/h。试验表明,锦西锰砂和宣武锰砂的除锰能力很弱,其成熟期与石英砂相近,这是由于这两种天然锰砂不含高价锰化合物。马山锰砂和乐平锰砂含有高价锰化合物,故有良好的除锰能力,从过滤一开始就能将水中锰浓度降至 0.1mg/L 以下。这种优异的除锰效果一直持续到试验结束,共 270d。

根据以上模型试验效果,1978 年在哈尔滨市平房区建成一座地下水除铁除锰水厂,该水厂的特点是用优质乐平天然锰砂作为滤料,水厂从投产开始出水含锰量始终小于 0.1mg/L。这是我国第一座日处理能力万吨规模的以天然锰砂为滤料的除铁除锰水厂。

1982 年,沈志恒等人在水厂进行了天然锰砂除铁除锰模型试验,试验采用马山等多种天然锰砂为滤料。试验原水铁浓度为 1.2mg/L,锰浓度为 1.1~1.4mg/L,pH 为 7.0~7.1。试验发现,对于马山锰砂,当进水 pH 为 7.0~7.2 时,滤料的氧化速率低于吸附速率,锰穿透期只有 6~10d;当 pH 为 7.6 时,滤料的氧化速度提高,超过了吸附速率,结果锰穿透期大于 49d(试验只进行了 49d),表明马山锰砂除了具有吸附二价锰的能力外,还具有接触氧化除锰作用,即马山锰砂含有高价锰化合物,能氧化水中的二价锰,生成具有持续除锰能力的锰质活性滤膜。

刘超等在吉林九台进行了除铁除锰中试,试验原水铁浓度为 14mg/L,锰浓度为 9.3mg/L,pH 为 6.5,CO_2 浓度为 78.58mg/L,HCO_3^- 浓度为 424.04mg/L,SiO_2 浓度为 33.33mg/L,H_2S 浓度为 1.71mg/L,总硬度 3.76mmol/L,为高含铁含锰地下水。试验采用两级曝气、两级过滤工艺,先除铁后除锰。除锰滤料采用马山锰砂、乐平锰砂、湘潭锰砂、锦西锰砂、石英砂、无烟煤、石灰石等。水中的铁在第一级滤柱中被除去,故进入锰滤管的水中铁浓度为 0.3mg/L,pH 为 7.1~7.3,锰浓度基本未变与原水相同。滤柱中滤速 7.5m/h。图 5-3 为各种滤料过滤出水中锰浓度的变化情况。

石英砂、无烟煤不含高价锰化合物,所以投产初期对二价锰吸附和除锰能力很弱,锦西锰砂虽含有锰,但基本上不含高价锰化合物,所以对二价锰的吸附和除锰能力也很弱。由图可见,

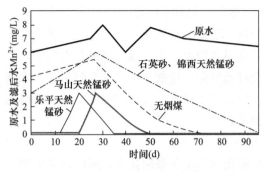

图 5-3　滤料成熟过程

这三种新滤料的成熟过程，主要依靠溶解氧在滤料表面对二价锰氧化生成锰质活性滤膜。开始时生成速度极慢，但随着滤膜逐渐积累在自催化反应中逐渐加快，当生成了足够数量的活性滤膜时，出水锰浓度小于 0.1mg/L，滤料终于成熟。由图可见，石英砂和锦西锰砂的成熟期为 90d，无烟煤为 70d。这三种新滤料虽然材质不同，但成熟期相近，表明成熟过程与滤料材质相关性不大。

对于马山锰砂和乐平锰砂则不同，由于其含有高价锰化合物，不仅对二价锰有较大吸附能力，并且高价锰氧化二价锰能生成锰质活性滤膜物质，使得这两种新滤料从一开始就具有生成活性滤膜的能力，在自催化作用下活性滤膜加速形成和积累，从而比石英砂等成熟期要短得多。

滤料对水中二价锰的吸附速率与水中二价锰的浓度以及滤速有关。在本试验条件下，进水高含锰及较高滤速使吸附速率大于氧化速率，所以即使对于优质天然锰砂，其锰穿透期也是有限的（乐平锰砂为 12d，马山锰砂为 18d），这时出水锰的浓度升高，但在出水锰浓度超标情况下，滤料表面的活性滤膜仍在不断生成和积累，直至其氧化速率超过吸附速率，出水锰浓度便开始下降，从而使其过程线出现一个峰值。峰值以后滤层便以接触氧化除锰为主。当出水锰浓度降至 0.1mg/L，便认为滤层已经成熟。由图 5-3 可见，乐平锰砂的成熟期为 35d，马山锰砂的成熟期为 47d，相对石英砂的成熟期几乎缩短了一倍。以上分析解释了困扰工程界多年为什么优质天然锰砂的成熟期比石英砂短的问题。

5.3.3　用臭氧氧化二价锰生成锰质活性滤膜

2011 年，钟爽等人用臭氧氧化水中的二价锰，可在河砂表面生成能持续进行除锰的锰质活性滤膜。试验是在一滤柱内进行的，滤柱内装填粒径为 2mm 的河砂，河砂层厚 400mm。试验原水锰浓度为 1.5mg/L，pH 为 6.5~6.8，溶解氧浓度 4.03~4.34mg/L，曝气后的含锰原水从上端流入，下端流出。臭氧发生器连接设于滤层底部的曝气头对滤料进行臭氧曝气。

采用间歇臭氧曝气方式，臭氧曝气量为 50mL/min，每日曝气 4 次，每次曝气 10min。随着臭氧曝气河砂变黑，出水锰浓度逐渐降低，运行至 5d，出水锰浓度降至 0.1mg/L，表明滤料已成熟。这时停止臭氧曝气，只用含锰原水过滤。

图 5-4 为不同 pH 条件下出水锰浓度的变化情况。

由图 5-4 可见，当水的 pH 为 6.5 时，锰穿透期只有 5d。当 pH 为 7.0~7.5 时，锰穿透期超过 27d（试验只进行了 27d），表明臭氧氧化二价锰生成的锰质滤膜确实

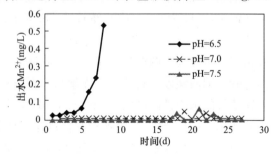

图 5-4　不同 pH 条件下对应出水锰浓度

具有持续的接触氧化除锰能力。该试验还表明，滤料的氧化速率与 pH 有关。在该试验中，当 pH 为 6.5 时氧化速率低于吸附速率，所以锰穿透期只有 5d，当 pH 为 7.0～7.5 时，氧化速率高于吸附速率，所以能持续除锰。

5.3.4　用高锰酸钾氧化二价锰生成锰质活性滤膜

郭英明、黄延林等人（2017）用西安市西北地下井水进行试验，原水水质见表 5-3。

原水水质　　　　　　　　　　　　　　　　　　　　表 5-3

参数	数值
pH	8.0±0.1
温度（℃）	17.5±4.5
溶解氧（mg/L）	1.45±0.56
浊度（NTU）	1.45±0.55
碱度（mg/L，CaCO₃）	250±5
钙（mg/L）	80±3
镁（mg/L）	50±4
氨氮（mg/L）	1.39±0.10
锰（mg/L）	0.99±0.12
总铁（mg/L）	1.06±0.20
硝酸盐（mg/L）	0.83±0.20

试验滤柱内装 1000mm 厚的石英砂滤料，滤料平均粒径为 1mm。原水进入滤柱前先经曝气，水中溶解氧增至 6.5～7.0mg/L，滤柱滤速为 7m/h。试验采取向原水中投加高锰酸钾，高锰酸钾投加量为 4mg/L。为了使高锰酸钾与水中铁、锰氧化反应充分，在进入滤柱前先通过一管道，水在管中的反应时间约为 6.8min。滤柱连续运行约 30d，成功地制备出涂有 MeO_x 的成熟滤料，之后停止投加高锰酸钾。滤柱继续通入曝气后原水进行过滤。滤柱中滤料成熟后连续运行了一年，出水锰浓度始终小于 0.1mg/L，生成的锰质活性滤膜对水中铁、锰的去除持续且高效，如图 5-5 所示。

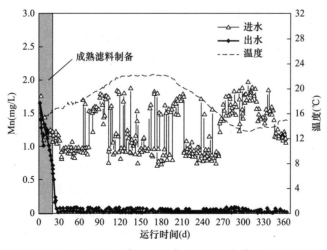

图 5-5　锰质活性滤膜对锰的去除效果

5.3.5 用铁、锰细菌催化氧化二价锰生成锰质活性滤膜

铁锰细菌是广泛存在于自然界的微生物。铁、锰细菌具有生物酶，能在天然水条件下对水中溶解氧氧化二价铁和二价锰起催化作用，所以它在各种溶解氧氧化二价铁和二价锰的水处理构筑物中都能观察到。水中溶解氧氧化二价锰，在石英砂滤料表面生成锰质活性滤膜过程中，必然有铁、锰细菌的贡献。但是铁、锰细菌的作用有多大，是有待探讨的。

李圭白团队杨海洋的生物接种试验如下：向直径 25mm 的试验滤柱中装入 1000mm 厚的石英砂滤料，石英砂滤料的粒径为 0.8～1.2mm。在滤柱中石英砂的体积约为 0.5L，实际空床体积约为 0.25L。接种的悬菌液的菌种，是取自成熟除锰滤池上层的滤料，每个试验组取砂样 1cm³，加入去离子水至 10mL，超声 5min，震荡 2min 使生物膜脱落。试验开展 10 个平行试验组，保证最后接种悬菌液体积达到 2L，同时对生物悬菌液中铁细菌含量进行平行考察。采用 Winogradsky 液体培养基对铁细菌进行 14d 的生物培养及测定。液体培养基组成如下：$MgSO_4 \cdot 7H_2O$(0.5g/L)、$(NH_4)_2SO_4$(0.5g/L)、Na_2HPO_4(0.5g/L)、KH_2PO_4(0.5g/L)、$CaCl_2$(0.2g/L)、柠檬酸铁铵（10g/L）。将上述药品溶于 1000mL 去离子水中，并用 5mg/L NaOH 调 pH 至 6.8～7.2。配制浓度为 0.85% 的 NaCl 溶液，取 45mL 溶液分装于锥形瓶中作为稀释溶液。将培养基和缓冲溶液共同置于高温灭菌箱内，于 121℃ 灭菌 20min。具体接种操作步骤如下：①取含有生物膜的悬浮原液（10^0）5mL 接种于缓冲溶液内，计取稀释梯度为 10^{-1}，并据此依次取稀释梯度分别为 10^{-2}～10^{-4} 的接种稀释液。②依次从 5 个浓度梯度中取出 1mL 水样接种于含有 5mL 液体培养基的试管中，放置于培养箱中 30℃ 培养 14d。其中每个梯度接种 5 根平行试管。③培养 14d 后，根据试管多管发酵情况，采用 MPN 方式对铁细菌数量进行计数。培养后发酵管中悬浮液作为接种石英砂滤柱的生物悬菌液。经生物培养后测定接种悬菌液中铁细菌的数量约为 10^4 个/cm³，接种悬菌液的体积为 2L。悬菌液采用浸泡方式接种，向滤柱内注入悬菌液使滤料完全浸没，并静置 24h，第二天将旧的悬菌液完全排空，注入新的悬菌液，同样静置 24h 次日排放，如此浸没式接种 7d，随后对滤料进行正常下向流过滤，考察接种对加速滤料养成的强化作用。试验原水为哈尔滨阿城水厂的地下水，水质如下：水中铁浓度为 5.16～6.53mg/L，锰浓度 1.23～1.88mg/L，总溶解性固体 640～760mg/L，pH7.52～7.83，水温 3.6～8.9℃。原水经曝气后，再经沉淀，然后流入试验滤柱过滤，滤柱进水铁浓度为 0.05～2.25mg/L，锰浓度为 1.15～1.61mg/L，pH7.42～7.81，溶解氧浓度为 5.35～7.75mg/L，水温为 11.1～14.7℃，滤柱滤速为 5m/h。

图 5-6 为滤柱出水锰浓度变化情况。由图可见，滤柱出水锰浓度开始缓慢降低，直到第 29 天才迅速下降，及至第 44 天出水浓度降至 0.1mg/L 以下，滤料成熟。

李金成等进行的生物接种试验。接种菌种取自含锰地下水井井壁。取泥 10mL、加 100mL NaCl（0.8%）溶液，磁力搅拌 10min，

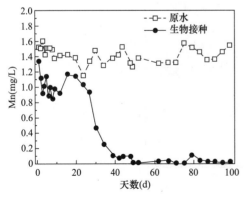

图 5-6 滤柱出水锰浓度变化情况

沉淀 5min，取上部悬浮液 10mL，离心分离，弃去上清液，用纯水冲洗 2 遍，再离心分离，加 0.8%NaCl 成悬浮液 20mL 备用。取悬浮菌液 10mL，放入含 100mL 培养基的瓶中，在 25℃和 150r/min 恒温摇瓶机上培养，一个周期为 72h，每一个周期内以 40000r/min 离心 10min，将浓缩液移至新培养基进行培养，共 5 个周期，最终得到的离心浓缩液用去离子水清洗 2 次，再用 0.8%NaCl 配成 100mL 悬菌液备用。将制成的悬菌液对石英砂滤料进行接种。原水 Mn 浓度 5.0mg/L，pH 为 7.2，使之在滤层中循环过滤，滤速 2m/h，直至出水除锰率达到 90%或去除率不再提高，认为完成一个循环周期，便重新开始下一周期。由试验结果可得，第一周期历时 60d，第二周期为 40d，第三周期为 20d，因此可认为石英砂滤料达到成熟，成熟期总计为 120d，这比没有接种的成熟期要短。

5.3.6　水中溶解氧在石英砂表面化学氧化二价锰生成锰质活性滤膜

水中溶解氧在石英砂表面氧化二价锰生成锰质活性滤膜的机制，有生物氧化和化学氧化两种。上述生物接种试验表明，铁、锰细菌的催化氧化是生成机制之一。那么溶解氧的化学氧化是否也是生成机制？对此李圭白团队杨海洋进行了如下试验。

试验铁、锰原水由哈尔滨自来水与 $MnCl_2$ 和 $FeSO_4$ 配制而成，其中自来水经过活性炭滤罐吸附去除水中残余氯。原水水质见表 5-4。

原水水质		表 5-4
参数	单位	数值
锰	mg/L	0.94 ± 0.23
铁	mg/L	0.32 ± 0.05
碱度（$CaCO_3$ 计）	mg/L	255 ± 15
硬度（$CaCO_3$ 计）	mg/L	74 ± 9
总溶解性固体	mg/L	450 ± 10
浊度	NTU	0.53 ± 0.11
溶解氧	mg/L	7.33 ± 0.84
pH	—	7.0 ± 0.2
温度	℃	22.4 ± 3.3

试验设置 4 个试验滤柱（编号 1 号、2 号、3 号、4 号），滤柱高 2000mm，直径 16mm。选用石英砂为滤料。滤层厚度为 1500mm，滤料粒径为 0.8～1.2mm。水经石英砂滤柱过滤，滤速 5m/h，检测出水锰浓度的变化，并定期同时检测滤料上铁细菌的数量和锰质活性滤膜的质量。

图 5-7 中 1 号滤柱运行 8d 取砂样测定，这时除锰率为 10%；2 号柱运行 20d 取样，除锰率 30%；3 号柱运行 44d 取样，除锰率 50%；4 号柱运行至 72d 除锰率已达 65%，但由于原水配水改变，致除锰率突降，除锰率约为 25%。4 号柱于第 76 天取样。

由图可见，在该试验中，在原水水质改变以前，除锰率随活性滤膜锰含量的增加而提高，在水质改变以后活性滤膜锰含量减少，除锰率也随之降低，两者有良好的线性相关关系。相反，运行到 20d 以前滤料上的铁细菌数量最多只有 115CFU/mL，但除锰率却能达到 30%，表明石英砂表面锰质活性滤膜的最初生成，生物氧化的作用很小，主要应是溶解氧单独化学氧化机制。水质改变后，铁细菌数由 6000CFU/mL（第 44 天）继续增加到 15000CFU/mL（第 77 天），而除锰率却下降到约 25％，表明除锰率与铁细菌数相关性不大。

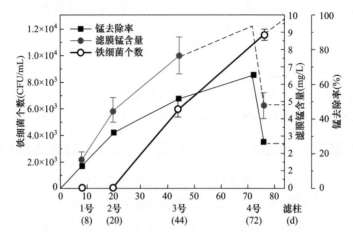

图 5-7　除锰率与滤料层上部（砂面以下 20mm）处活性滤膜
锰含量（以溶解的 Mn 浓度表示）以及铁细菌数量的关系

为了进一步证实溶解氧在石英砂表面能单独氧化二价锰生成锰质活性滤膜，杨海洋又用哈尔滨市阿城区的含铁含锰地下水进行试验。阿城水厂原水水质见表 5-5。

<table>
<tr><td colspan="3" align="center">地下水水质</td><td align="right">表 5-5</td></tr>
<tr><td>参数</td><td>单位</td><td colspan="2">原水数值</td></tr>
<tr><td>锰</td><td>mg/L</td><td colspan="2">1.425～1.989</td></tr>
<tr><td>铁</td><td>mg/L</td><td colspan="2">1.156～3.524</td></tr>
<tr><td>氨氮</td><td>mg/L</td><td colspan="2">0.378～1.666</td></tr>
<tr><td>硬度（以 CaCO₃ 计）</td><td>mg/L</td><td colspan="2">214～332</td></tr>
<tr><td>总溶解性固体</td><td>mg/L</td><td colspan="2">640～760</td></tr>
<tr><td>浊度</td><td>NTU</td><td colspan="2">0.69～13.47</td></tr>
<tr><td>溶解氧</td><td>mg/L</td><td colspan="2">—</td></tr>
<tr><td>pH</td><td>—</td><td colspan="2">7.22～7.45</td></tr>
<tr><td>温度</td><td>℃</td><td colspan="2">3.6～8.9</td></tr>
</table>

试验滤柱内径 25mm，高 2500mm，内装粒径为 0.8～1.2mm 新石英砂，滤层厚 1000mm。将曝气后原水送入滤柱过滤，滤速 5m/h。于滤柱具有一定除锰率时，同时测定砂层表面以下 100mm 处滤层中铁细菌数。当滤柱除锰率为 20％ 时，铁细菌数为 25CFU/mL；除锰率为 40％ 时，铁细菌数为 80CFU/mL，表明新石英砂滤层初期的除锰效果，主要应是锰质活性滤膜的化学催化氧化作用，而生物作用的贡献很小。

接着还进行了持续对滤层灭菌条件下锰质活性滤膜的生成试验。试验原水水质见表 5-5。试验滤柱同上，即内径 25mm，高 2500mm。内装新石英砂，粒径 0.8～1.2mm，滤层厚 1500mm。原水曝气后经滤柱过滤，滤速 5m/h。为控制滤层中的铁细菌生长，每 10d 用青霉素对滤柱进行一次灭菌处理。图 5-8 为滤柱的成熟过程，由图可见，在对滤柱持续进行灭菌条件下，锰质活性滤膜也能自然生成。在滤料的成熟过程中，测定滤层中的铁细菌数，于第 44 天（7 月 14 日），除锰率约为 50％时，对滤层表面以下 100mm 处取样测定滤层中的铁细菌数量为 25CFU/mL；于第 88 天（8 月 28 日）除锰率达 94.7％，出水锰浓度为 0.1mg/L，即滤层已经成熟，这时测出铁细菌数量为 800CFU/mL。由滤层表面以下 1300mm 处取样，铁细菌更少，于第 88 天也只有 25CFU/mL。试验表明在此锰质活性滤膜的生成及其接触氧化除锰的全过程中，生物作用都很小，主要是水中溶解氧氧化二价锰的化学作用机理。

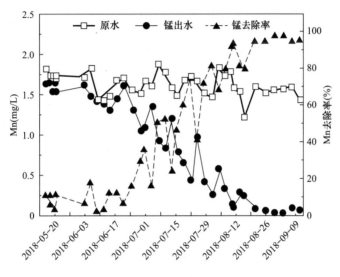

图 5-8　滤柱成熟过程

5.4　锰质活性滤膜接触氧化除锰机理

5.4.1　生物除锰机理的提出

生物除锰在国外早有报道，这是由于有的研究者在除铁除锰滤池中发现存在大量铁锰细菌，所以认为是生物除铁除锰。

1990 年，刘德明等在鞍山市对大赵台地下水进行除锰试验，试验滤柱中装石英砂滤料，试验滤速 8m/h。试验原水水质见表 5-6。

鞍山大赵台试验用原水　　　　　　　　　　　　　　　　表 5-6

检验项目	沉砂池混合水	检验项目	沉砂池混合水
水温（℃）	11	总碱度（mgN/L）	2.8
气味	无异味	HCO_3^-（mg/L）	176.93
浑浊度（度）	12	NH_4^+-N（mg/L）	0.124
色度（度）	15	NO_2^--N（mg/L）	0.00
总铁（mg/L）	1.5	NO_3^--N（mg/L）	0.117

检验项目	沉砂池混合水	检验项目	沉砂池混合水
锰（mg/L）	0.9	钙（mg/L）	49.70
pH	6.8	镁（mg/L）	10.21
总硬度（mmol/L）	3.76	总磷（mg/L）	0.24
耗氧量（mg/L）	0.42	总氮（mg/L）	0.912
二氧化碳（mg/L）	32.17	溶解氧（mg/L）	1.0~2.0

试验在石英砂或锰砂滤料尚处于成熟阶段，滤层中就生长着大量铁细菌，随着滤料的成熟，滤层反冲洗水中的铁细菌的数量不断增加，如图 5-9 所示，所以认为滤柱中滤料的除锰效果与滤层反冲洗水中的细菌数相关。水中的二价锰是吸附在铁细菌表面，并在生物酶的催化作用下被溶解氧氧化的。这种在铁细菌参与下生成的活性滤膜被称为"生化活性滤膜"，从而提出了生物除锰的机理。

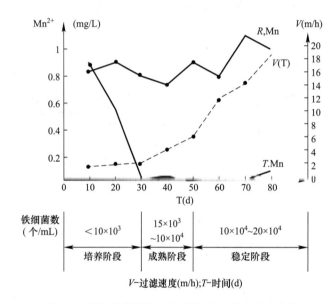

图 5-9　铁细菌数量与锰的去除量、滤速关系曲线

随后许多人都进行了生物除锰的试验和研究。下面为在抚顺开发区水厂进行的试验。水厂原水水质见表 5-7。

抚顺开发区水厂原水水质　　　　　　　　　　　　　　表 5-7

序号	检验项目	检验结果	序号	检验项目	检验结果
1	水温（℃）	9	11	NH_4^+-N（mg/L）	0.20
2	pH	6.9	12	NO_2^--N（mg/L）	未验出
3	色度（度）	10	13	NO_3^--N（mg/L）	未验出
4	浑浊度（度）	40	14	CO_2（mg/L）	28.336
5	钙（mg/L）	42.697	15	SiO_2（mg/L）	20.00
6	镁（mg/L）	7.819	16	耗氧量（mg/L）	0.560
7	铁（mg/L）	8.00	17	总硬度（mg/L）	77.7

序号	检验项目	检验结果	序号	检验项目	检验结果
8	锰（mg/L）	1.40	18	总碱度（mg-eq/L）	6.406
9	HCO_3^-（mg/L）	139.607	19	总酸度（mg-eq/L）	0.644
10	溶解氧（mg/L）	0.90	—	—	—

　　试验生产滤池内装马山锰砂，层厚 900mm。原水曝气后经滤层过滤，滤速 5m/h。测定滤层的除锰率及滤层中铁细菌数，并绘出除锰率与铁细菌数值的对数的关系曲线，如图 5-10 所示，认为滤池对锰的去除率与滤层中铁细菌的对数增长期相对应，除锰率与铁细菌的对数值有良好对应关系。

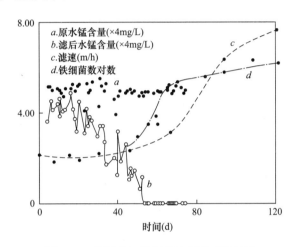

图 5-10　除锰率与铁细菌数值的对数关系

　　张杰等人（1996）和鲍志戎等人（1997）还进行了除锰滤层灭活试验。试验采用抚顺水厂滤柱内的成熟滤料，由滤层上部 300mm 以内取样测得铁细菌数为 $n \times 10^6$ 个/mL。试验采用了两种灭活方法，一种是对成熟滤砂进行高压锅灭菌，一种是对成熟滤砂以 $HgCl_2$ 液进行浸泡抑菌。试验发现，未经灭菌的成熟滤砂的除锰率为 85%，而经灭菌的滤砂的除锰率只有 10%～20%，所以认为大量具有锰氧化能力的细菌的存在对于滤料除锰活性表面是至关重要的，甚至后来有人还认为这些细菌是持续除锰能力的唯一提供者。

　　关于除锰机理的研究很重要。在国内提出生物除锰对业界的影响至今达 30 年，不少人按生物除锰的思路进行铁锰细菌的生态、高效菌种筛选、生物接种、铁锰细菌的固定化等研究，但是如果除锰机理不是或主要不是生物作用，而是化学作用，则除锰技术的研究和发展方向将完全不同。

5.4.2　对生物除锰机理的质疑

　　本书 5.3 节的试验表明，锰质活性滤膜在新石英砂表面开始生成，即滤料成熟的初始启动阶段，在没有铁细菌和铁细菌数量很少的情况下，石英砂能够不断成熟，除锰率能不断提高，证实铁细菌的存在或生物作用，不是新滤料表面锰质活性滤膜初始生成的必要条件。

在对石英砂滤料持续进行灭菌情况下，滤料也仍能最终成熟，表明在该试验条件下，石英砂滤料的整个成熟过程中，化学催化氧化作用是主要的，而铁细菌的数量很少，即生物作用很小。

为了进一步了解生物作用的贡献，杨海洋又进行了下列成熟滤料灭活试验。用作试验的滤料为已工作 3 个月的成熟锰砂，粒径 0.6～2.0mm，但滤料在滤柱中停止过滤除锰工作已有约半年。为了恢复该滤料的除锰活性，将滤料装入试验滤柱中，滤柱中滤料层厚 1500mm。以配制的含锰原水进行过滤，滤速 5m/h，原水水质见表 5-4。滤料在滤柱中连续过滤 60d，出水锰浓度小于 0.1mg/L，滤层反冲洗水中铁细菌数已达 12000～16000CFU/mL，表明滤料已恢复了除锰活性。

本试验采用的灭活剂，是考虑既能有效灭菌，对锰质活性滤膜的化学结构又影响最小。试验使用了两种灭活剂，一种是青霉素，另一种是饱和 NaCl 溶液。用 50mg/L 浓度青霉素溶液以 2m/h 滤速对滤柱中滤层进行循环过滤，灭菌时间为 24h。饱和 NaCl 溶液灭菌操作同上。灭菌完成后，用纯净水对滤层进行清洗和反冲洗，然后测定灭菌后的铁细菌数量。通入含锰原水进行正常过滤作业，定期测定出水中锰浓度以及反冲洗水中铁细菌浓度。由图 5-11 可见，灭菌后两滤柱反冲洗水中铁细菌数从灭菌前的 12000～16000CFU/mL 降至零，而滤柱出水锰浓度却仍小于 0.1mg/L。当试验持续 60d（第 120 天），反冲洗水中铁细菌数为几十 CFU/mL，滤层出水锰浓度一直低于 0.1mg/L；该试验后续一直进行到第 210 天，滤层出水锰浓度低于 0.1mg/L，表明灭菌后成熟滤料上的锰质活性滤膜主要依靠化学接触氧化作用（而非生物作用）具有持续的除锰能力。

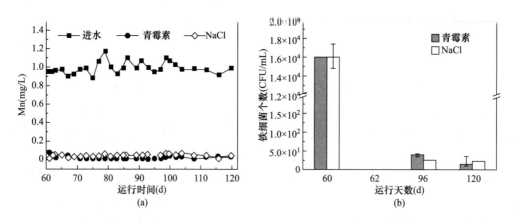

图 5-11　用青霉素灭菌以及饱和 NaCl 灭菌后两根滤柱出水锰浓度及反冲洗水中铁细菌数量的变化情况

在本书 5.3.4 小节中郭英明、黄廷林等的试验的另外一部分如下。试验原水见表 5-3。向原水中投加 KMnO₄ 4mg/L，经 30d 石英砂滤料成熟，停止投加 KMnO₄，继续通入含铁含锰原水过滤。

为了区分生物和化学催化氧化过程，用 O_3 和 H_2O_2 使试验滤柱滤料表面和原水中的细菌失活。具体操作为反冲洗结束后，将滤柱内水排空，将 H_2O_2 溶液倒入滤柱中，浸没滤料约 1m，然后将 O_3 持续通入滤柱 48h，O_3 浓度保持在 1.3～1.5mg/L。两个紫外线灯安装在管道入口处以灭活进水中的细菌。运行 10d 后，灭活滤柱中完全没有检测到细菌。

滤柱细菌灭活后，对锰的去除率始终高达 90％以上，与对照滤柱相同。灭活滤柱和对照滤柱连续运行了约一年（2013 年 3 月至 2014 年 3 月），灭活滤柱中的活性滤膜对锰的去除高效且稳定。

前述用臭氧和高锰酸钾氧化水中二价锰就能生成具有持续除锰能力的锰质活性滤膜，由于臭氧和高锰酸钾都是杀菌剂，这就完全排除了生物作用，无疑化学催化氧化作用是主要的。

2015 年，张吉库等对成熟锰砂进行高温灭菌，发现高温灭菌后的滤料除锰率基本保持不变，认为单纯将滤层的除锰能力视为以生物为主导是不够全面的。微生物在除锰过程中起到的是促进作用而非决定性作用。2015 年宫喜君将运行 5 个月的成熟改性河砂经高温灭菌后，装入内径 28mm 滤柱，滤层厚 650mm（陶粒层厚 50mm，成熟改性河砂厚 600mm）。试验原水含铁 6.0mg/L，含锰 0.60mg/L，pH 为 7.2。原水以 4m/h 滤速经滤层过滤，出水锰浓度小于 0.1mg/L，认为除锰过程中化学作用是主要的。

Bruins 在比利时赫罗本东克（Pidpa、Grobbendonk）的水厂进行中试试验，认为在过滤滤料成熟的初期阶段，具有自动催化氧化除锰作用的水钠锰矿石是通过生物作用来形成的，成熟过程完成并在过滤滤料表面形成负载物（锰质活性滤膜）时，水钠锰矿则主要通过化学作用生成。在经过约 500d 后，所有的水钠锰矿均由物理化学作用生成。Bruins 的研究结果和李圭白的基本一致，只是滤料成熟的初期阶段与李圭白不一致，应是化学作用和生物作用两者皆有贡献。

综上所述，臭氧、高锰酸钾、天然锰砂以及外面包裹高价锰化合物的石英砂，皆能对水中二价锰进行氧化，并生成具有持续接触氧化除锰能力的锰质活性滤膜。这个过程是化学催化作用，而非生物作用。

水中的溶解氧在生物作用很弱的条件下也能在石英砂表面化学氧化二价锰，并生成具有持续接触氧化除锰能力的锰质活性滤膜。

在石英砂表面自然生成锰质活性滤膜，既有溶解氧化学催化氧化的作用，也有生物催化氧化作用，两者皆有贡献，并且随着锰质滤膜的生成和积累，化学作用越来越强，而生物作用越来越弱，当滤料完全成熟之后，生物作用已退居次要，即锰质活性滤膜接触氧化除锰主要是化学催化氧化作用。

上述国内外的研究成果，基本上纠正了国内外长期习惯地认为除锰主要是铁锰细菌的生物催化氧化作用的观点。

5.5　水中二价铁对锰质活性滤膜接触氧化除锰的影响

5.5.1　水中二价铁对锰质活性滤膜的破坏作用

由化学热力学可知，水中铁的标准氧化还原电位为 0.2V，而锰为 0.6V，即二价铁对高价锰是还原剂。在水中高价锰能将二价铁氧化为三价铁，而锰则由高价态（三价或四价）被还原为低价锰（二价）溶出。为了验证该理论的正确性，进行了如下试验。

取 10g 湿成熟石英砂，置于 500mL 含不同 Fe^{2+} 浓度的水中，水的 pH 为 6.42，碱度

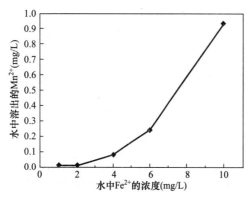

图 5-12 水中溶出 Mn^{2+} 浓度与 Fe^{2+} 浓度的关系

230mg/L，震荡 120min，测定水中 Mn^{2+} 浓度，作溶出 Mn^{2+} 与 Fe^{2+} 浓度关系曲线，如图 5-12 所示。

由图可见，即使水中 Fe^{2+} 低至 1～2mg/L，仍有稍许 Mn^{2+} 溶出；随着 Fe^{2+} 浓度增大，溶出 Mn^{2+} 浓度迅速增高；当 Fe^{2+} 为 3mg/L 时，Mn^{2+} 约为 0.05mg/L，当 Fe^{2+} 为 4mg/L 时，Mn^{2+} 约为 0.1mg/L。

还进行了另一种试验，即将 1g 湿成熟石英砂置于 Fe^{2+} 浓度为 1mg/L 的水样中，水样体积为 10mL、20mL、30mL、50mL、100mL、150mL 和 200mL，进行平行试验，作溶出 Mn^{2+} 浓度与水样体积关系曲线，如图 5-13 所示，发现即使 Fe^{2+} 浓度低至 1mg/L，当水样体积增大后，也会出现 Mn^{2+} 溶出的现象。将水样中 Fe^{2+} 浓度提高至 2mg/L、3mg/L 和 5mg/L，重复上述试验，得相应的 Mn^{2+} 浓度与水样体积的关系曲线，如图 5-13 所示。由图可见在不同 Fe^{2+} 浓度条件下，无例外地都出现了 Mn^{2+} 溶出的现象。

当水样 Fe^{2+} 浓度一定时，水样体积越大，水中 Fe^{2+} 也越多，被成熟石英砂吸附的 Fe^{2+} 也越多，相应地溶出 Mn^{2+} 浓度也越高。当成熟石英砂吸附量超过某值后，溶出 Mn^{2+} 浓度过高，显然会影响出水水质。若将图 5-13 的水样体积换算成吸附量，可得图 5-14。

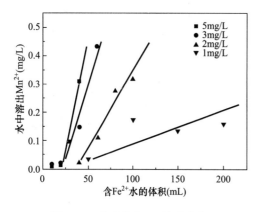

图 5-13 水中溶出 Mn^{2+} 浓度与水样体积的关系曲线

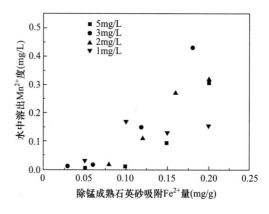

图 5-14 水中溶出 Mn^{2+} 浓度与成熟石英砂吸附 Fe^{2+} 量的关系

由图 5-14 可见，当 1g 湿成熟石英砂吸附 Fe^{2+} 的量超过 0.1mg 时，就会使溶出 Mn^{2+} 浓度超过 0.05mg/L；可以认为在本试验条件下，能使溶出 Mn^{2+} 浓度超过 0.05mg/L 的界限吸附量为 0.1mg。按曾辉平的资料计算，界限吸附量为 0.18mg/g。考虑到各组试验的湿成熟石英砂表面的锰质活性滤膜的差别，可以认为湿成熟石英砂对 Fe^{2+} 的界限吸附量为 0.1～0.2mg/g。以上试验表明，锰质活性滤膜锰溶出的控制因素不是水中 Fe^{2+} 的浓度，而是锰质滤膜对 Fe^{2+} 的单位吸附量。

5.5.2　进水 Fe^{2+} 对锰质活性滤膜成熟期的影响

在实际工程中常采用石英砂单级过滤除铁除锰工艺。由于铁的氧化还原电位低，二价铁易于被水中溶解氧氧化，所以首先在滤层上部被去除，锰的氧化电位高，二价锰不易被水中溶解氧氧化，所以在滤层下部被去除，形成上层为红褐色的除铁带，下层为黑褐色的除锰带的去除模式。上层除铁带在水厂投产后不久即可形成，而下层除锰带有赖于锰质活性滤膜的生成，需要很长的时间（达数月之久），在锰质活性滤膜生成以前，水厂出水锰浓度是不达标的。

例如，李继震在黑龙江省铁力市木材干馏厂进行的试验。试验原水为该厂的含铁含锰地下水，试验滤管中，滤料为石英砂，层厚 1.0m，试验滤速为 6m/h。5 个月后，滤层的上部除铁带厚 0.3m，下部除锰带厚 0.7m，出水含锰量 0.06mg/L。试验进一步将滤速提高到 12m/h 时，除铁带厚度由 0.3m 增加到 0.6m，下部除锰带厚度从 0.7m 被压缩到 0.4m，滤管出水含锰量由 0.06mg/L 升高到 0.2mg/L，即出水锰含量超标。当将滤速恢复到 6m/h 时，除铁带不久便恢复到原来的 0.3m，但除锰带厚度则仍为 0.4m 而没有立刻恢复，出水含锰量仍为 0.2mg/L。约一个月后除锰带才恢复到 0.7m，出水含锰量才降至 0.06mg/L。

上述试验表明，在除铁除锰滤管中，锰质活性滤膜一旦遭到二价铁污染，会丧失除锰能力，除锰能力并不能立即恢复，活性滤膜除锰能力的恢复，有待于锰质活性滤膜的重新生成，这需要较长时间，这期间出水含锰量会增大到 >0.1mg/L 以上而不达标。这一现象在另外的试验中也曾观察到。从工程角度，这是一个能引起除锰效果恶化的严重问题，需要特别关注。

在该厂曾建一除铁除锰装置，采用压力滤池除铁除锰，滤池中装有粒度均匀的石英砂，含铁含锰地下水曝气后经滤池过滤，装置投产三年来滤池只能除铁，不能除锰，将滤池石英砂取出，发现整个滤层石英砂滤料皆为棕黄色的除铁带，而无除锰带生成。这是由于粒度均匀的滤料在反冲洗时没有水力分级现象，结果导致滤层下部滤料在过滤时生成的初始锰质滤膜，在下次反冲洗时会升至滤层上部遭到二价铁的污染而丧失催化能力，这样在滤层下部没有滤料能够长期持续积累锰质活性滤膜物质，也就不会生成除锰带。此外，压力滤池一般为变速过滤作业方式，反冲洗后滤层清洁，阻力小，故滤速很高，常超过平均滤速 1.5 倍以上，这时二价铁可穿透除铁带而污染下部的除锰带，压缩除锰带，十分不利于除锰带的形成。在本例中，滤池既采用均匀滤料又是变速过滤，所以除锰带无法形成，使滤池完全没有除锰能力。

相反，在上述模型试验中，滤料采用的是粒度不均匀的石英砂滤料，且按恒速方式工作，滤层反冲洗时在水力分级作用下，细滤料处于滤层上部，粗滤料会处于滤层下部，这样在下部粗滤料上使锰质活性滤膜物质得到长期积累，从而最终生成除锰带。所以，在单级过滤除铁除锰滤池中采用粒度均匀的滤料以及变速过滤工作方式，不利于除锰带的生成。

在单级过滤除锰滤池中采用粒度不均匀的滤料，虽然在滤层下部生成除锰带，但滤层反冲洗时由于上下滤层相互会有一定程度的混杂，使下层锰质活性滤膜受到一定程度的污染，所以对下层除锰带的生成仍会有一定影响，使除锰带的成熟期增长。并且二价铁浓度越高，影响也越大。下面是一组试验。

试验原水为哈尔滨市江北某水厂的含铁含锰地下水，原水的 Fe^{2+} 为 $12.6\pm1.9mg/L$、总铁为 $15.0\pm1.0mg/L$、锰为 $1.38\pm0.52mg/L$、氨氮为 $1.8\pm0.2mg/L$，原水 pH 为 $6.7\sim7.0$，温度为 $7\sim9℃$，碱度 $187mg/L$，SO_4^{2-} 为 $9.97mg/L$，Cl^- 为 $15.23mg/L$，含盐量为 $239mg/L$。由于水厂有多口水井，各井铁、锰等含量有一定差别，在由不同水井向水厂供水时，进水水质会有一些变化。

试验用水从水厂地下水总管接入，使用莲蓬头曝气进入配水水箱再跌入低位水箱，由潜水泵抽水进行循环曝气。原水由水井送往水厂过程中有空气被吸入，部分 Fe^{2+} 已被氧化为 Fe^{3+}，为防止水中 Fe^{2+} 进一步氧化，向水中加酸，将水的 pH 调至 $6.70\sim6.87$。原水中氨氮含量较高，其氧化会耗用大量溶解氧，为避免溶氧过低影响除锰，故使水充分曝气使溶解氧尽量增大。当曝气水中溶氧浓度达到 $9mg/L$ 以上后，将曝气后的部分水送入高位水箱，高位水箱进水处连接莲蓬头，再次进行曝气。

部分进水进入除铁滤柱，滤柱装入粒度均匀的石英砂滤料，滤速 $7.5m/h$，除铁滤柱出水中 Fe^{2+} 浓度为 $0.06\pm0.03mg/L$，Mn^{2+} 浓度与进水基本相同，即除铁滤柱仅除铁不除锰。通过不同比例混合除铁滤柱出水与高位水箱水能够获得不同 Fe^{2+} 浓度的含铁锰地下水，以供后续滤柱进水使用。

试验滤柱为 5 根高 2m、内径 0.02m 的有机玻璃柱，编号 1~5 号，内装石英砂，粒径为 $0.5\sim1.8mm$，不均匀系数 K 值为 2.63，装砂高度 1.5m。通过不同比例混合除铁滤柱出水与高位水箱水配制滤柱进水，使 1~5 号滤柱的进水 Fe^{2+} 浓度分别为 $0.06\pm0.03mg/L$、$0.56\pm0.49mg/L$、$1.04\pm0.70mg/L$、$1.97\pm0.61mg/L$、$8.52\pm1.35mg/L$，滤速 5m/h。通过蠕动泵调节每根柱子的进水流量与滤速。每天测量滤柱出水中的 Fe^{2+}、总铁以及锰浓度，得到在不同进水 Fe^{2+} 浓度条件下对除锰滤柱成熟期的影响。

1~5 号滤柱出水中 Fe^{2+} 浓度皆小于 $0.1mg/L$，总铁浓度皆小于 $0.3mg/L$，即滤柱除铁效果良好，以后不再赘述。

1~5 号滤柱出水锰浓度的变化如图 5-15 所示。

试验的 1 号滤柱中，进水 Fe^{2+} 浓度为 $0.06\pm0.03mg/L$，Fe^{2+} 对锰质活性滤膜的污染很轻，由图 5-15（a）可知，系统运行 45d，滤柱出水锰浓度就可以达到 $0.1mg/L$ 以下（国家饮用水标准）即除锰滤层已经成熟，这时整个滤层基本都是由黑褐色的锰质活性滤膜覆盖，此后除锰效果一直很稳定。

当滤柱进水中 Fe^{2+} 的含量增加时，Fe^{2+} 对滤层除锰的影响开始增大。首先是在滤层上部开始形成除铁带，从而压缩下部的除锰带使之变薄。在本试验中，经过 90d 的运行，在 2 号滤柱中，进水 Fe^{2+} 为 $0.56\pm0.49mg/L$，Mn^{2+} 为 $0.74\pm0.12mg/L$，形成 0.5m 的除铁带，除锰带的厚度从 1.5m 被压缩到 1.0m，滤层 70d 成熟；在 3 号滤柱中，进水 Fe^{2+} 的浓度为 $1.04\pm0.70mg/L$，Mn^{2+} 为 $0.76\pm0.15mg/L$，形成了 0.6m 的除铁带，除锰带被压缩到 0.9m，滤层 80d 成熟；在 4 号滤柱中，进水 Fe^{2+} 为 $1.97\pm0.61mg/L$，Mn^{2+} 为 $0.78\pm0.13mg/L$，形成了 0.7m 的除铁带，除锰带被压缩到 0.8m，滤柱运行到 90d，滤层尚未完全成熟。在 5 号滤柱中，进水 Fe^{2+} 浓度为 $8.52\pm1.35mg/L$，Mn^{2+} 为

0.92 ± 0.10mg/L，形成了 1.25m 的除铁带，除锰带被压缩到 0.25m，运行 90d 滤层远未成熟。可见进水中 Fe^{2+} 对除锰滤层的影响是很大的。

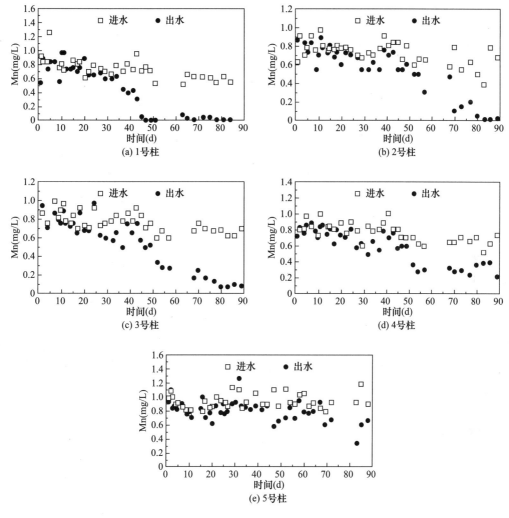

图 5-15　5 根滤柱锰含量变化

采用单级天然锰砂滤层除铁除锰，滤层开始尚未生成铁质活性滤膜，除铁能力尚不强，二价铁穿透滤层，所以滤后水中铁浓度较高，当铁质活性滤膜逐渐生成以后，滤后水中铁浓度逐渐降低直到水中铁浓度降低至 0.3mg/L 以下，便认为除铁滤层已经成熟，这时滤层上部会形成除铁带，但下部除锰带尚未形成。在上部除铁带形成过程中，下部新锰砂不可避免地受到二价铁的污染，为了解新锰砂受二价铁污染对除锰效果造成的影响，进行了以下试验。

试验是在内径为 90mm、高 3000mm 的滤柱内进行的。滤柱内填装粒径为 $0.6\sim$1.8mm 的新锰砂，滤料层厚 1500mm。试验原水也是哈尔滨市江北某水厂的进水，与前述相同。

将含铁含锰水引流入 1 号滤柱，水中高浓度 Fe^{2+} 会穿透锰砂滤层，出水铁浓度较高，随着过滤的进行，滤柱内除铁带逐渐形成，出水铁浓度减小，直至出水 Fe^{2+} 浓度降至 0.3mg/L 以下。这时，改用除铁含锰水（含铁含锰水经除铁滤柱过滤后，滤后水中的铁浓度降至 0.06 ± 0.03mg/L，锰浓度基本不变）过滤，水中 Mn^{2+} 被锰砂去除，滤柱出水 Mn^{2+} 浓度可降至 0.1mg/L 以下。图 5-16 为 1 号锰砂滤柱在受到原水中 Fe^{2+} 污染以后过滤出水 Mn^{2+} 浓度变化的情况。

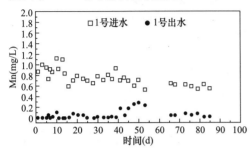

图 5-16　1 号滤柱进出水 Mn^{2+} 浓度变化

除锰过程线具有峰值的特点。

由图 5-17 可见，2 号滤柱的新锰砂没有受到 Fe^{2+} 污染，滤层出水 Mn^{2+} 浓度从投产开始到试验结束的 90d 里一直低于 0.1mg/L，即出水始终达标，这表明在本试验吸附速率（由进水锰浓度及滤速决定）条件下，未受污染的新锰砂滤层（2 号滤柱）的氧化速率比较高，超过了吸附速率，所以滤柱从一开始就能持续获得达标的除锰水（Mn 浓度小于 0.1mg/L）；相反，受到 Fe^{2+} 污染的新锰砂（1 号滤柱），其氧化速率降低到小于吸附速率，故锰穿透期只持续到第 40 天，之后出水锰浓度升高而不达标，直到锰质活性滤膜的生成和积累使氧化速率超过了吸附速率，出水才重新达标。所以新锰砂滤料投产初期受到水中 Fe^{2+} 污染，对滤层成熟及出水水质是有不利影响的。

为了进行平行对比，将除铁含锰水引至 2 号滤柱过滤，2 号滤柱装有与 1 号滤柱相同的新锰砂，只是未受到水中 Fe^{2+} 污染。图 5-17 为 2 号滤柱出水 Mn^{2+} 浓度变化的情况。对比图 5-16 和图 5-17 可见，1 号滤柱出水 Mn^{2+} 浓度在第 40 天出现升高和超标现象，在第 50 天 Mn^{2+} 浓度达峰值后开始下降，到第 65 天出水 Mn^{2+} 浓度又恢复到 0.1mg/L 以下，即

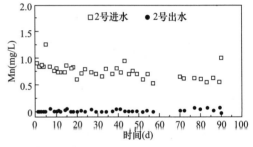

图 5-17　2 号滤柱进、出水锰浓度变化

水中的二价铁虽然在单级除铁除锰滤池中对滤层下部除锰带中的锰质活性滤膜有污染，但 Fe^{2+} 浓度不同污染也不同。从工程角度，水中 Fe^{2+} 浓度低至什么数值对除锰的污染小到可以基本不受影响，是值得探讨的。

李圭白等人和沈志恒等人在 20 世纪 70 年代的试验，曾得出当水中 Fe^{2+} 浓度低于 2mg/L 时，对单级滤层的除锰基本上没有影响。汪洋等人在西北部的除铁除锰试验中，用已运行了 5 个月的成熟石英砂滤料试验也得出相同的结论。孙成超用已稳定运行 1 个月以上的成熟石英砂滤层进行除锰试验，进水水质见表 5-4。滤柱内径 18mm，内装 1500mm 厚的成熟石英砂滤料，滤速 5m/h。进水 Fe^{2+} 浓度从 0.3mg/L 开始，每运行 5d 增加 0.3mg/L，滤柱出水 Mn^{2+} 浓度变化如图 5-18 所示。

由图 5-18 可见，当 Fe^{2+} 浓度升至 1.8mg/L 以前，滤柱出水 Mn^{2+} 浓度皆小于 0.1mg/L，即全部达标。但 Fe^{2+} 浓度升至 2.1mg/L 时，出水 Mn^{2+} 超标，然后将 Fe^{2+} 浓度降低至 2.0mg/L 后的 5d 中有 2d 超标。再将 Fe^{2+} 浓度降低至 1.9mg/L 左右时，出水 Mn^{2+} 浓度恢复达标。表明对

接触氧化产生影响的界限 Fe^{2+} 浓度为 1.9mg/L，这与前述其他人试验结果基本相同。

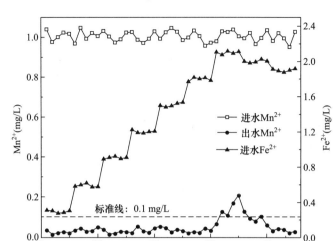

图 5-18　不同进水 Fe^{2+} 浓度下成熟石英砂的除锰效果

以上是水中二价铁对新除锰滤料成熟过程的影响。

李圭白团队仲琳做了水中二价铁对成熟滤料除锰效果影响的试验：在滤柱内装入成熟滤料，滤层厚度 1000mm，以水厂含铁含锰地下水经滤柱过滤。配制二价铁浓度为 5mg/L、10mg/L、20mg/L 的含铁水，调节水的 pH 小于 7.0，并向含铁水桶中通入氮气对水进行曝气，使含铁水成为无氧水。向滤柱内通入无氧含铁水，滤速 5m/h，使之在滤柱内循环 24h，然后停止过滤放空滤柱，通入水厂原水经滤柱过滤。共设置了 4 根滤柱，其中 3 根为试验滤柱，1 根为对照滤柱。水厂原水水质见表 5-5。在试验期间原水锰浓度为 1.15～1.612mg/L，平均为 1.431mg/L，pH 为 7.43～7.58。从通入原水开始滤柱运行 130d，期间每日测定滤柱出水锰浓度。4 根滤柱平行工作，其出水锰浓度变化情况如图 5-19 所示。

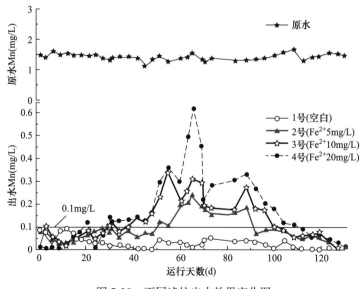

图 5-19　不同滤柱出水效果变化图

由图 5-19 可见，未受二价铁污染的对照滤柱（1 号），滤柱出水锰浓度始终小于 0.1mg/L。受二价铁 5mg/L 污染的滤柱（2 号），滤层氧化速率大大降低而小于吸附速率，故锰穿透期为 50d，这时锰穿透滤层，出水锰浓度开始大于 0.1mg/L，直到活性滤膜重新生成使氧化速率超过吸附速率，出水锰浓度开始降低，到第 90 天出水锰浓度重新低于 0.1mg/L，表明滤柱除锰能力得到恢复。滤柱的超标天数为 40d。滤柱出水锰浓度变化曲线由图可见出现一个峰值，峰值锰浓度为 0.24mg/L，这个特点与天然锰砂相似。受二价铁 10mg/L 污染的滤柱（3 号），滤膜受到更严重的污染，滤层氧化速率降低程度更大，锰穿透期为 38d，直到第 100 天出水锰浓度恢复到 0.1mg/L，滤柱超标天数为 62d，峰值锰浓度为 0.345mg/L。受二价铁 20mg/L 污染的滤柱（4 号），滤膜受污染程度更大，锰穿透期为 30d，直到第 110 天出水锰浓度才低于 0.1mg/L，超标天数为 80d，峰值锰浓度为 0.662mg/L。由此可知，受到二价铁污染的滤柱，在锰穿透期开始到出水锰浓度恢复到 0.1mg/L 的数十天内，滤柱出水锰浓度超过 0.1mg/L，即出水是不达标的。这对水厂而言，无疑是一个严重的生产问题。

试验还测定了滤层中铁细菌的数量。于受到 5mg/L 二价铁污染结束并通入原水过滤后第 2 天、第 50 天和第 100 天，测定滤层上部铁细菌的含量为 16500 个/cm³（第 2 天）、25000 个/cm³（第 50 天）和 110000 个/cm³（第 100 天）；受到 10mg/L 二价铁污染后滤层上部铁细菌数为 25000 个/cm³（第 2 天）、20000 个/cm³（第 50 天）和 140000 个/cm³（第 100 天）；受到 20mg/L 二价铁污染后滤层上部铁细菌数为 45000 个/cm³（第 2 天）、30000 个/cm³（第 50 天）和 450000 个/cm³（第 100 天）。比较二价铁浓度相差很大情况下，滤层中铁细菌数都在相同数量级范围，并随时间不断增多，即受到二价铁浓度的影响不大，但滤层除锰效果却变化很大，即受到二价铁污染的滤层除锰效果与铁细菌数的相关性不大，而主要取决于滤层锰质活性滤膜的化学催化氧化活性的变化。

5.5.3 水中三价铁对除锰的影响

含铁含锰地下水经曝气后，部分或大部分二价铁在滤前已氧化为三价铁，三价铁因溶解度极小，由水中析出沉淀，形成絮凝体，可被滤层过滤除去。三价铁对二价锰的氧化一般并无阻碍作用，但三价铁絮凝体沉积于滤料表面，对在滤料表面形成锰质滤膜可能不利。另外，三价铁的絮凝体易于堵塞滤层和穿透滤层，需对滤层频频进行反冲洗，结果使锰质滤膜易于脱落而不易形成。所以，用以去除三价铁的滤层，一般除锰效果较差。将含有大量三价铁和二价铁的水经滤层过滤时试验表明水的含锰量仅略有降低。当然，三价铁的影响要比二价铁小得多，所以当含锰量较低时，虽有三价铁的影响，有时也能获得满意的除锰效果。

三价铁氢氧化物的等电点约为 $pH_z=6.7$。水的 pH 高于等电点，三价铁氢氧化物表面便呈负电性，能吸附水中 Mn^{2+} 等正离子，且吸附容量随 pH 的升高而增大，所以三价铁也有一定除锰能力，并且除锰效果亦随 pH 的升高而提高。当然三价铁的除锰能力不是很强。

高井雄提出了一种利用三价铁除锰的方法。他用覆盖了不同质量的铁质活性滤膜的石英砂作滤料，覆盖指数以 CI 表示。所谓滤料的覆盖指数，是在一定粒径（20～30 目）、一定质量（100mg）的滤料表面上附着的铁质质量（以 mg Fe 计）。试验使用的三种滤料的 CI 值为 1.0、2.0 和 4.5。将含锰试验用水经滤层过滤。试验用水为深井水，水中二价铁浓度为 6.75mg/L，总铁为 6.90mg/L，锰为 1.69mg/L，pH 为 6.3，碱度 6.77mg/L（以 $CaCO_3$ 计），并含有微量硫化氢。滤后水中铁被完全去除，锰也得到一定去除，其去除量与滤料的 CI 值成正比，当铁质活性滤膜对锰的吸附能力饱和后，便丧失除锰能力。将深井水通入一个粒径均匀的滤料层中，上层滤料能将二价铁接触氧化除去，而下层滤料能将锰吸附去除。当除锰效果下降时，对滤层进行反冲洗，下层丧失除锰能力的滤料混入上层，在下一周期里覆盖上新的铁质滤膜而恢复除锰能力，上层覆盖了新鲜铁质滤膜的滤料混入下层，使下层滤料又有了除锰能力，从而能使除锰过程持续下去。但由于铁质滤膜吸附除锰能力有限，所以当水中二价铁浓度较高时，也只能去除 0.2～0.3mg/L 的锰。

又例如，用哈尔滨自来水进行试验，以配制的含锰水（含锰量 1.5mg/L）经成熟的马山锰砂滤层（滤料粒径 0.5～1.5mm，滤层厚 0.8m，滤速 5m/h）过滤，当水的 pH 为 8.0 时，滤后水含锰量为 0.18mg/L。在马山锰砂滤层上增设无烟煤和石英砂滤层（无烟煤粒径 0.75～2.0mm，厚 0.4m；石英砂粒径 0.5～1.0mm，厚 0.3m），含铁量为 15mg/L（滤前几乎全部已氧化为三价铁）、含锰量为 1.5mg/L 的水经滤层过滤，滤速 5m/h，结果滤后水含锰量降至 0.02mg/L，即除锰效果优于无铁时的情况。

又如国外某地区有数座水厂，地下水含铁量为 2～5mg/L，含锰量为 0.15～0.25mg/L，pH 为 7.0～7.3，碱度 4.5～5mg-eq/L，总硬度约 7mg-eq/L，总含盐量 500～600mg/L，曝气后经石英砂过滤，水中含铁量降至 0～0.2mg/L，含锰量降至 0～0.1mg/L。

5.6　含氨氮的含铁含锰地下水的处理

由于水环境污染，我国地下水中氨氮含量有不断增加的趋势。2006 年，氨氮作为生活饮用水水质指标被列入《生活饮用水卫生标准》GB 5749—2006，从而引起业界对氨氮的重视。但在此之前，人们对水中含有高浓度氨氮对地下水除锰的影响缺乏认识。当含铁含锰地下水含有氨氮时，不仅要考虑氨氮对除铁除锰的影响，还要考虑当氨氮含量超标时除氨氮的问题。

5.6.1　氨氮对除铁除锰的影响及氨氮的生物氧化机制

首先考察氨氮对除铁除锰所需溶解氧的影响。

氨氮对地下水除锰的影响虽有少量报道，但未引起业界关注。例如，哈尔滨市区 5 个地下水厂采用了曝气-过滤工艺除铁除锰，效果良好。后来发现出厂水锰浓度超标，检测地下水水质，发现是由于受到氨氮污染所致。3 个水厂的原水，铁浓度为 4.57～14.5mg/L，锰浓度为 0.60～1.53mg/L，氨氮浓度为 1.10～1.81mg/L。原水曝气后经锰砂过滤，滤后水铁浓度为 0.08～0.16mg/L，锰浓度为 0.17～0.40mg/L，氨氮浓度为 0.75～1.40mg/L，即出水锰和氨氮超标。超标的原因是受氨氮污染以后，氨氮氧化需大量的溶解氧，当水中溶解氧不足时，溶解氧便在滤层上部被耗尽，使滤层下部除锰带缺氧而使锰无法被氧化去除，致使出水锰超标。水厂采取了加强曝气增加水中溶解氧的措施，使水厂出水锰浓度达标。

含铁含锰地下水不含溶解氧，在接触氧化除锰过程中，是利用空气中的氧来氧化水中的二价锰，故需设置曝气装置以便使空气中的氧溶于水中。为了氧化去处二价锰，水中溶解氧的量，不仅要满足氧化锰的需要，还需满足水中二价铁、氨氮等耗氧物质的需氧量。铁的氧化还原电位比锰低，所以溶解氧首先消耗于氧化水中的二价铁，所需溶解氧量可按式（5-6）计算：

$$[O_2]_{Fe} = 0.143[Fe^{2+}] \qquad (5-6)$$

式中　　$[O_2]_{Fe}$——氧化水中二价铁所需溶解氧（mg/L）；

　　　　$[Fe^{2+}]$——水中二价铁的浓度（mg/L）。

水中溶解氧氧化二价锰生成 MnO_2 的反应式为：

$$2Mn^{2+} + O_2 + 2H_2O \xrightarrow{\quad\quad} 2MnO_2 + 4H^+$$

按此式计算，每氧化 1mg 二价锰需 0.291mg 的溶解氧。所需溶解氧量为：

$$[O_2]_{Mn} = 0.291[Mn^{2+}] \qquad (5-7)$$

式中　　$[O_2]_{Mn}$——氧化水中二价锰所需溶解氧（mg/L）；

　　　　$[Mn^{2+}]$——水中二价锰的浓度（mg/L）。

实际上，溶解氧氧化二价锰的生成物既有四价锰又有三价锰，生成物为三价锰所需溶解氧比生成物为四价锰要少，所以式（5-7）是按最大量进行计算的。

氨氮是水中重要的耗氧物质。在含氨氮的天然水中，普遍有硝化细菌存在，硝化细菌通过氧化水中氨氮获取能量，进行繁殖。硝化细菌是一类化能自养细菌，包括亚硝化细菌和硝化细菌两种菌群，亚硝化细菌首先将氨氮氧化为亚硝酸盐，硝化菌再将亚硝酸盐氧化为硝酸盐：

$$2NH_3 + 3O_2 \xrightarrow{\quad\quad} 2HNO_2 + 2H_2O \qquad (5-8)$$

$$2HNO_2 + O_2 \xrightarrow{\quad\quad} 2HNO_3 \qquad (5-9)$$

按上式计算，要将氨氮最后氧化为硝酸盐，1mg 氨氮（以 N 计）需要 4.568mg 的溶解氧，即

$$[O_2]_{NH_3} = 4.568[NH_4^+\text{-}N] \qquad (5-10)$$

式中　　$[O_2]_{NH_3}$——氧化水中氨氮所需溶解氧（mg/L）；

　　　　$[NH_4^+\text{-}N]$——水中氨氮的浓度（以 N 计）（mg/L）。

比较式（5-6）、式（5-7）和式（5-10）可知，氧化水中氨氮的需氧量比氧化二价铁和二价锰大得多。当水中氨氮含量比较高时，需要大量的溶解氧，若曝气装置选择不当，则会造成水中溶解氧不足。

为了进行接触氧化除锰，所需溶解氧应大于上述水中二价铁、二价锰、氨氮以及其他耗氧物质所需溶解氧之和：

$$[O_2] = 0.143[Fe^{2+}] + 0.291[Mn^{2+}] + 4.568[NH_4^+\text{-}N] + \Delta[O_2] \qquad (5-11)$$

式中　　$[O_2]$——除锰所需溶解氧浓度，mg/L；

　　　　$\Delta[O_2]$——水中其他耗氧物质所需溶解氧，mg/L；

　　　　其他符号意义同前。

在实际工程中曾观察到由于水中溶解氧不足而致除锰效果不佳。

曾辉平（2010）对水中因含高浓度氨氮对地下水除铁除锰的影响，进行了比较系统的研究。他的试验是在哈尔滨市江北某地下水除铁除锰水厂进行的。试验用水水质见表 5-8。试验用水中二价铁含量为 $10\sim17\mathrm{mg/L}$，二价锰 $1.0\sim1.7\mathrm{mg/L}$，氨氮 $1.0\sim1.2\mathrm{mg/L}$（以 N 计）。按表中水质数据，计算除锰所需溶解氧浓度：

$$[O_2] = 0.143[Fe^{2+}] + 0.291[Mn^{2+}] + 4.568[NH_4^+\text{-}N] + \Delta[O_2]$$
$$= 0.143 \times 15 + 0.291 \times 1.5 + 4.568 \times 1.0 + \Delta[O_2]$$
$$= 7.15\mathrm{mg/L} + \Delta[O_2]$$

水厂原处理工艺采用跌水曝气，曝气后水中溶解氧浓度为 $4.5\mathrm{mg/L}$，远小于除锰所需溶解氧浓度。检测水厂一生产滤池出水，水经滤池过滤后，水中铁能被有效去除，出水铁浓度小于 $0.3\mathrm{mg/L}$，低于国家水质标准限值；出水中氨氮浓度为 $0.8\mathrm{mg/L}$ 左右，只得到部分去除，出水氨氮浓度高于国家水质标准限值。出水中锰基本上未得到去除，出水浓度远超过国家水质标准限值。检测水中溶解氧浓度，发现出水中溶解氧浓度竟降至零。由于锰是在滤层下部被去除，在滤层下部溶解氧已被二价铁和氨氮消耗尽，这应是锰无法被去除的主要原因。

松北水厂地下水原水水质 表 5-8

项目	计量单位	国家标准	检验结果	项目	计量单位	国家标准	检验结果
色度	度	≤15	—	氯仿	$\mu\mathrm{g/L}$	≤60	<10
浑浊度	NTU	≤3	76.8	四氯化碳	$\mu\mathrm{g/L}$	≤3	<1
臭和味	—	无	0	亚硝酸盐	mg/L	—	0.002
肉眼可见物	—	无	无	氨氮	mg/L	—	1.2
pH	—	6.5～8.5	6.8	氰化物	mg/L	≤0.05	<0.0011
总硬度	mg/L	≤450	220	砷	mg/L	≤0.05	<0.002
氯化物	mg/L	≤250	45.43	铬	mg/L	≤0.01	<0.002
硫酸盐	mg/L	≤250	30.77	汞	mg/L	≤0.001	<0.0002
溶解性固体	mg/L	≤1000	420	铅	mg/L	≤0.01	<0.002
镁	mg/L	—	21.27	苯并（a）芘	$\mu\mathrm{g/L}$	≤0.01	<0.001
铁	mg/L	≤0.3	15.4	细菌总数	CFU/mL	≤100	13
锰	mg/L	≤0.1	1.710	总大肠菌群	CFU/100mL	0	0
铜	mg/L	≤1.0	<0.002	阴离子洗涤	mg/L	≤0.3	<0.0022
电导率	$\mu\mathrm{s/cm}$	—	502	硝酸盐	mg/L	≤20	0.04
耗氧量	mg/L		5.01	氟化物	mg/L	≤1.0	0.27
碱度	mg/L		232.0	银	mg/L	≤0.05	<0.002
锌	mg/L		0.004	铝	mg/L	—	0.165
挥发酚	mg/L	≤0.002	<0.0015	铬（六价）	mg/L	≤0.05	<0.004

表 5-9 为该滤池出水水质及溶解氧消耗情况。表中列出了二价铁、二价锰及氨氮的耗氧数量及以原水溶解氧浓度。由于出水溶解氧为零，所以两者差值正是水中其他耗氧物质 $\Delta[O_2]$ 消耗的溶解氧数量。在该原水水质条件下，4 个样品的平均值 $\Delta[O_2] = 1.345\mathrm{mg/L}$。

样品	项目	NH$_4^+$-N	Mn^{2+}	Fe^{2+}	DO	各种还原物质对 DO 的消耗		
						实测 DO 总耗量	NH$_4^+$-N、Mn^{2+}、Fe^{2+} 理论消耗量之和	其他还原物质耗量之和
1	进水	1.10	1.53	14	4.7	4.7	3.524	1.176
	出水	0.76	1.41	0.16	0	—	—	—
	去除量	0.34	0.12	13.84	—	—	—	—
	理论 DO 耗氧量	1.564	0.02	1.94	—	—	—	—
2	进水	1.15	1.41	10.7	4.5	4.5	2.992	1.508
	出水	0.83	1.36	0.14	0	—	—	—
	去除量	0.32	0.05	10.56	—	—	—	—
	理论 DO 耗氧量	1.472	0.01	1.51	—	—	—	—
3	进水	1.10	1.63	15.0	4.5	4.5	3.1	1.4
	出水	0.90	1.43	0.20	0	—	—	—
	去除量	0.20	0.20	14.80	—	—	—	—
	理论 DO 耗氧量	0.92	0.06	2.12	—	—	—	—
4	进水	1.12	1.52	13.23	4.57	4.57	3.234	1.336
	出水	0.83	1.40	0.17	0	—	—	—
	去除量	0.29	0.12	13.06	—	—	—	—
	理论 DO 耗氧量	1.334	0.03	1.87	—	—	—	—

2 号生产滤池进出水水质及溶解氧消耗　（单位：mg/L）　　表 5-9

由表 5-9 还可知，二价铁、氨氮和其他耗氧物质对溶解氧的竞争能力都强于二价锰，所以当水中溶解氧不足时溶解氧首先消耗于二价铁、氨氮和其他耗氧物质，这正是导致除锰效果不佳的原因。而二价铁对溶解氧的竞争能力最强，水中含有氨氮并不影响接触氧化除铁过程的进行。

将生产滤池中滤料取出，装于模型滤柱中，加强曝气，使进水中的溶解氧浓度达到 8～10mg/L，滤柱出水的锰浓度便可降至 0.05mg/L，这时沿滤层深度方向取样检测水中总铁、锰和氨氮浓度，如图 5-20 所示。

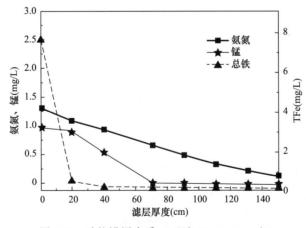

图 5-20　滤柱沿层水质（NH$_4^+$-N＝1.34mg/L）

由图 5-20 可见，在该试验条件下总铁在滤层 0～200mm 的滤层中被去除，锰在 200～700mm 滤层中被去除，而氨氮则在整个滤层中逐步被去除。所以，在水中溶解氧供给充足的条件下，除铁除锰滤池可以去除水中的氨氮。在滤层中检测到大量硝化细菌，在此氨氮的去除应为生物作用机理。

【**实例 5-3**】　对生产滤池前的曝气进行改造，将原铁水曝气改成穿孔管曝气，在滤池进水处再使水进行一次跌水曝气，结果水中溶解浓度升至约 10mg/L，满足对溶解氧浓度的要求，此外，还将滤池改造成无烟煤/锰砂双层滤料滤池。改造后水厂出水铁浓度为 0.2mg/L，锰浓度为 0.05mg/L，氨氮浓度为 0.2mg/L。

宫喜君（2015）对实际工程运行了 5 个月的成熟改性河砂滤料进行高温灭菌，灭菌后用含铁 6.0mg/L、含锰 0.6mg/L 和含氨氮 0.9mg/L 的水进行过滤，发现滤料完全丧失除氨氮能力，出水氨氮浓度由灭菌前小于 0.5mg/L 升至灭菌后的 0.9mg/L。表明在此除氨氮主要是生物作用机制。

曾辉平还进行了氨氮去除过程中生成的亚硝酸盐对除锰滤层成熟过程影响的试验。水中的氨氮被溶解氧氧化为硝酸盐，反应分两步进行：第一步在亚硝化菌催化作用下将氨氮氧化为亚硝酸盐，第二步在硝化菌催化作用下将亚硝酸盐氧化为硝酸盐。由于硝化菌以亚硝酸盐为底物，且繁殖增长速度比亚硝化菌慢，结果在滤层的成熟过程中会导致亚硝酸盐的积累，这对锰的氧化去除有抑制作用。当硝化菌繁殖起来使亚硝酸的积累消失后，除锰滤层才能快速成熟。所以，氨氮会使滤层的成熟期增长。图 5-21 为用成熟滤池反冲洗水对无烟煤/石英砂双层滤料滤层进行接种，在 2m/h 滤速下过滤原水，滤后水中锰浓度及亚硝酸盐浓度的变化情况。由图可见，在水中亚硝酸盐积累浓度升高阶段，滤层除锰效率得不到提高，只有当亚硝酸盐浓度降至接近零后，滤层才逐渐成熟。

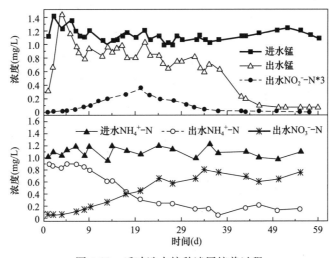

图 5-21　反冲洗水接种滤层培养过程

5.6.2　氨氮的锰质活性滤膜化学催化氧化去除机制

曹昕、黄廷林等人在西安市西北部以地下水为原水进行试验，原水水质见表 5-3。试验滤柱内径 300mm，高 3800mm，内装粒径为 1～2mm 石英砂滤料，滤层厚 1500mm。原水先经曝气后流入试验滤柱，水中溶解氧浓度为 7.8mg/L。滤柱滤速为 11m/h。滤柱连续运行 170d，滤层已充分成熟，出水铁浓度已由原水的 0.68mg/L 降至接近 0mg/L，去除率约 100%；锰浓度已由原水的 1.87mg/L 降至 0.01mg/L，去除率为 99.4%；氨氮浓度由原水的 2.06mg/L 降至 0.07mg/L，去除率为 99.6%。

为探究氨氮在锰质活性滤膜滤层中被去除的机理，对滤柱进行了灭菌试验。叠氮化钠是一种能对生物硝化作用抑制的化学药物。配制浓度为 1.8mg/L 氨氮的水作为成熟石英砂滤柱进水。利用加药泵向滤柱进水中投加叠氮化钠，叠氮化钠的浓度为 2.0mmol/L。氨氮进出水浓度及去除率变化如图 5-22 所示。

由图 5-22 可见，投加叠氮化钠后，滤柱出水氨氮的浓度显著上升至 1.2mg/L，但滤柱运行至 48h 后，出水氨氮浓度逐渐稳定在约 0.4mg/L。此时氨氮去除率约为 80%，表明石英砂表面的锰质活性滤膜对氨氮具有化学催化氧化的作用。

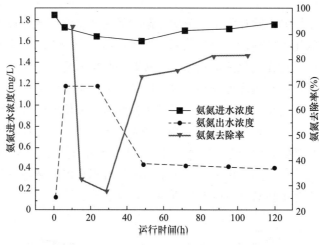

图 5-22　叠氧化钠中试投加试验

在郭英明（Gao et al.，2017）的臭氧灭菌试验中，还测定了出水中氨氮的去除情况。由图 5-23 可见，灭菌后 10d 在滤柱中完全没有检测到细菌的情况下，氨氮的去除率仍高达 90%，表明此时氨氮的去除完全排除了生物的催化氧化作用。

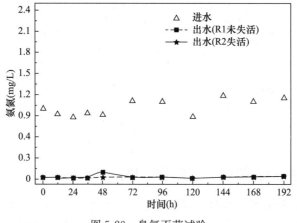

图 5-23　臭氧灭菌试验

该试验滤柱在灭菌条件下连续运行了一年（2013 年 3 月至 2014 年 3 月），图 5-24 为滤柱出水中氨氮浓度的变化情况。由图可见，滤柱中的锰质活性滤膜对氨氮的去除稳定且高效，对氨氮的去除率始终高达 90%。

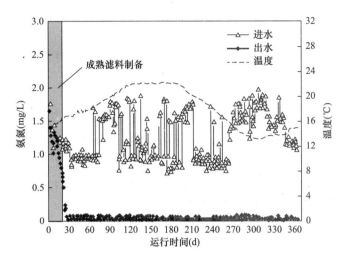

图 5-24　滤柱出水中氨氮浓度变化情况

化学催化氧化被认为是过滤中的连续接触氧化过程。MnO_x 作为氨氮的吸附剂和催化氧化剂连续涂覆在砂面上。通过催化氧化将氨氮氧化成硝酸盐，并生成氢离子。滤膜（MnO_x）的表面带负电，因此氨氮易吸附在表面上。氨氮的氧化过程可以描述为 5 个顺序步骤：①形成 NH_4^+ 吸附（吸附在表面）；②吸附 O_2，然后快速解吸形成活性中间体·O；③氧化的·O 与吸附的 NH_4^+ 反应生成 NH 和 H^+（表面氧化）；④NH 和·O（表面氧化）形成最终产物 NO_3^-；⑤NO_3^- 脱附溶解于水中。MnO_x 起到催化剂的作用，并且中间体·O 在 NH_4^+ 和 O_2 的单电子转移反应中充当氧化剂和还原剂。

$$NH_4^+ + [MnO_x] \longrightarrow [MnO_x] \cdot NH_4^+$$
$$O_2 + [MnO_x] \longrightarrow [MnO_x] \cdot O_2 \rightarrow [MnO_x] + 2 \cdot O$$
$$[MnO_x] \cdot NH_4^+ + \cdot O \longrightarrow [MnO_x] \cdot NH + H^+ + H_2O$$
$$[MnO_x] \cdot NH + 3 \cdot O \longrightarrow [MnO_x] \cdot NO_3^- + H^+$$
$$[MnO_x] \cdot NO_3^- \longrightarrow [MnO_x] + NO_3^-$$

综上所述，该试验表明锰质活性滤膜对氨氮确实存在化学催化氧化去除作用。锰质活性滤膜的化学催化氧化作用是一项重要发现，为水中氨氮的去除提出一条新途径。

5.7　除铁除锰工艺的选择

5.7.1　除铁除锰工艺流程

地下水除铁除锰工艺，典型的有一次曝气单级过滤工艺、一次曝气两级过滤工艺和两次曝气两级过滤工艺，可根据不同水质及不同技术经济条件进行选择。表 5-13 中列出的除铁除锰水厂中，采用一次曝气单级过滤工艺的约占 70%，这是由于一次曝气单级过滤工艺流程简单，工程造价较低，一般都优先采用。一次曝气单级过滤除铁除锰工艺流程如

图 5-25 所示。

图 5-25　一次曝气单级过滤除铁除锰工艺流程

含铁含锰地下水都不含溶解氧，为使空气中的氧溶于水中，需设曝气装置。曝气后含氧水流进滤池过滤，水中二价铁和二价锰分别在滤料的接触催化作用下，被水中溶解氧氧化成三价铁和高价锰而由水中析出，进而被滤层截留除去，从而达到除铁除锰的目的。

在单级滤层除铁除锰滤池中，由于二价铁易于被溶解氧氧化，所以首先在滤层上部形成除铁带，二价锰不易被氧化在滤层下部形成除锰带。

单级过滤除铁除锰滤池宜采用优质天然锰砂为滤料，由表 5-13 可见，工程上大多数水厂都采用天然锰砂为滤料。

单级过滤除铁除锰滤池最重要的问题，是二价铁对滤层下部除锰带中锰质活性滤膜的污染。采用不均匀系数大的非均匀级配滤料（例如，0.6～2.0mm 的锰砂），在滤层反冲洗的水力分级作用下，可减少下部除锰带的粗滤料混杂进入上层而受到二价铁的污染。在单级过滤滤池中，上下层滤料的部分混杂是不可避免的，并且滤料级配越均匀，混杂也越严重，所以不宜采用均匀级配的滤料。

水中二价铁的存在，是锰质活性滤膜受污染的根源，并且二价铁浓度越高，造成的污染也会越严重。所以，单级过滤除铁除锰滤池不宜在二价铁浓度过高的水中采用。工程界认为，当水中二价铁浓度达到 5～10mg/L 时，不宜采用单级过滤除铁除锰滤池。当水中二价铁浓度很低时（如不超过 1～2mg/L），其对锰质滤膜的污染比较轻，也可以采用均匀级配滤料的单级过滤滤池。

在单级除铁除锰滤池中使用双层滤料，上层轻质滤料（如无烟煤，密度 $1.5g/cm^3$）和下层重质滤料（如锰砂，密度 $3.4～3.6g/cm^3$），由于密度相差很大，所以反冲洗时两者基本上不相混杂，可大大减少由于混杂造成的二价铁对锰质滤膜的污染。双层滤料的工程应用过去虽有报道，但试验资料缺乏。曾辉平在哈尔滨江北某水厂采用了无烟煤/天然锰砂双层滤料滤层进行单级除铁除锰滤池的生产试验。水厂水质见表 5-8。生产滤池过滤面积 $19.8m^2$；滤池上部为无烟煤，粒径 3～5mm，厚 300mm，下部为天然锰砂，粒径 0.6～1.2mm，厚 900mm；滤速 4.2m/h。滤池一投产，就获得了持续达标的除铁除锰水。

一般滤池都是水由上向下经滤层过滤，滤层在反冲洗水力分级作用下形成上细下粗的滤层结构，在单级过滤除铁除锰滤池中，铁在滤层上部被去除，锰在滤层下部被去除，而水中的铁浓度常较锰高得多，致使上部细滤料层易被铁质堵塞，需进行比较频繁的反冲洗，这对下部锰质活性滤膜的生成和累积不利，会延长除锰带的成熟。

单级过滤除铁除锰滤池的滤速宜采用 5m/h 左右。锰砂滤层总厚度为 1.0～1.5m。当二价铁和二价锰浓度较低时（二价铁浓度不高于 5mg/L，二价锰浓度不高于 0.5mg/L），可采用较薄的滤层，当二价铁和二价锰浓度较高时，可采用较厚的滤层。

单级过滤除铁除锰滤池滤层厚度的选择，尚应考虑滤池滤速及水质变化的影响。有的除锰水厂采用变滤速过滤，当滤池刚反冲洗完，其滤层清洁，水力阻力小，故初滤速很高，常为平均滤速的 1.5 倍以上。滤速增大能使上层除铁带增大，使下层锰质活性滤膜受到污染，除锰效果下降。所以，当采用单级滤池除铁除锰时，不应选择变速过滤工作方式。一般水厂一个滤池检修，一个滤池反冲洗，其他滤池滤速将为原滤速的 $N/(N-2)$ 倍。对于滤池数少的水厂，滤速增大的影响会非常大。

有的地下水含铁量和含锰量一年不同季节变动很大，如上述黑龙江省铁力市，含铁量夏季为 6～8mg/L，冬季为 16～20mg/L。又如吉林海龙，夏季含铁量为 3.1mg/L，冬季为 9.8mg/L，相差数倍。当水中含铁量增大时，必然使滤层除铁带增厚，压缩和污染除锰带，致除锰效果下降，甚至出水锰含量超标。

考虑到滤池滤速及水质变化可能给除锰效果造成的不利影响，在设计单级过滤除铁除锰滤池时，宜采用较厚的滤层和较低的滤速。

采用单级滤池除铁除锰，还需考虑曝气装置选型问题。一般水厂和水源井分别由独立电源供电，水厂一旦断电，曝气设备（如空压机）随之停运，进水中的溶解氧会大大降低，甚至降至零，这时无氧水中二价铁会穿透整个除铁除锰滤层，而致锰质活性滤膜受到二价铁的全面污染，后果极为严重。当进水曝气恢复后，滤池除铁能力迅速得到恢复，而除锰能力则依赖于锰质活性滤膜的重新生成，即除锰能力需很长时间才能恢复。

从二价铁对锰质活性滤膜污染角度，可将用于除铁除锰的曝气装置分为两类：一类是依靠外部输入能量对水进行曝气（如压缩空气曝气、叶轮表面曝气、机械通风曝气塔等）。依靠外部输入能量进行曝气，一旦水厂断电，曝气设备停运，未曝气的无氧含铁水就会进入除铁除锰滤池，造成对活性滤膜的污染，这对除锰是存在风险的。另一类是依靠水自身能量进行曝气（如跌水曝气、穿孔管或莲蓬头曝气、曝气架曝气、射流曝气等），依靠自身能量进行曝气，一旦断电，进水停止，曝气也停止，不会发生未曝气水进入除锰滤池的现象，对除锰是比较安全的。对锰质活性滤膜除锰而言，应优先选用依靠自身能量进行曝气的装置。

当采用依靠外部输入能量的曝气装置时，为避免水厂断电造成的危害，应设置报警装置以及水厂断电时自动停止进水的自控系统。

当水中二价铁和二价锰浓度更高时，宜采用一次曝气两级过滤除铁除锰工艺。一次曝气两级过滤除铁除锰工艺如图 5-26 所示。

图 5-26　一次曝气两级过滤除铁除锰工艺

两级过滤除铁除锰与单级过滤原理上是相同的，只是把单级过滤上部滤层除铁带接触氧化除铁和下部滤层除锰带接触氧化除锰分置于两个滤池中，形成两级过滤工艺。两级过滤与单级过滤比较，最大的特点是基本消除了二价铁对锰质活性滤膜的污染的风险。两级滤池各自独立，皆可按各自最佳的方式运行，互不干扰，既可采用均匀级配滤料，也可采用非均匀级配滤料，既可采用等速过滤，也可采用变速过滤。第一级滤池滤速的变化以及水质特别是二价铁浓度的变化，都不会对第二级除锰滤池产生影响。由于第二级除锰滤池受到的污染和干扰最少，所以锰砂滤料的吸附及除锰能力更强，滤层成熟得也更快，是比较安全可靠的工艺。

由于水中二价铁和二价锰浓度较高，在滤料选择上，第一级除铁滤料既可采用天然锰砂，也可采用石英砂、无烟煤等更廉价的滤料。滤料的粒径及厚度，锰砂滤料宜为 0.6～2.0mm，或石英砂滤料为 0.5～1.2mm，滤层厚度宜为 0.8～1.0mm。第二级除锰滤池的滤料宜采用 0.6～2.0mm 天然锰砂，滤层厚度 1.0～1.2mm。两级滤池的滤速宜采用 5m/h。

除铁除锰工艺的选择与原水水质、用户对水质的要求，以及其他许多因素有关。在此仅就二价铁对锰质活性滤膜污染风险问题进行讨论。

单级过滤除铁除锰存在着二价铁对锰质活性滤膜污染的风险，并且进水二价铁含量越高风险也越大。

当进水二价铁含量高时，采用单级过滤，建设费用降低了，但风险增大了；相反，采用两级过滤，建设费用增高了，但风险降低了，所以设计中存在一个安全性与经济性平衡的问题。一般认为，对于水质要求严格的一、二线城市以及水质超标会造成重大损失的工业用水，应更重视工艺系统的安全性；对于中、小水厂以及对水质要求不严格的工业用水，可更多考虑工艺系统的经济性，这是在设计中需要评估的一个工程问题。

中华人民共和国成立初期，我国建设方针是多、快、好、省，把高负荷和经济性作为先进性评价标准。改革开放以后，水质问题逐渐被提到首位，生产优质水被作为水厂最重要的目标，采用降低滤速，设置在线检测和自动控制系统等现代技术以提高水质，为此相应地增大了建设投资和运行费用。随着人们对水质的要求越来越高，提高水质及工艺系统的安全性将会日益受到重视，这也将会是地下水除锰技术发展的方向。

对于地下水除铁除锰，所需溶解氧量并不大。一般水中二价铁不超过 15mg/L，二价锰不超过 1.5mg/L，相应的溶解氧需求仅为 2.58mg/L，采用简单的曝气装置，如跌水曝气、喷淋曝气、射流泵曝气等就能满足要求。水中含有氨氮时，氨氮需氧量较铁、锰高得多，当简单曝气装置不能满足要求时，就需要采用溶氧能力更强的曝气装置，如板条式曝气架、叶轮表面曝气装置等。

空气中的氧在水中的溶解度是有限度的。在正常大气压下，氧在水中溶解度见表 5-10。

空气中的氧在水中的饱和溶解度 表 5-10

水温（℃）	0	5	10	15	20	25	30
溶解度（mg/L）	14.6	12.8	11.3	10.2	9.17	8.38	7.83

经不同形式的曝气装置曝气后，水中溶解氧的饱和度各不相同，但工程上大型曝气装置的溶解氧饱和度最高约为 80%～90%，所以实际上水中溶解氧浓度是有限的。当水中耗氧物质（特别是氨氮）含量高时，一次曝气有时满足不了对氧的需求，这时就要采用两级曝气两级过滤工艺系统，如图 5-27 所示。

含铁含锰地下水 → 第一次曝气 → 除铁滤池 → 第二次曝气 → 除锰滤池 → 除铁除锰水

图 5-27 两级曝气两级过滤工艺系统

有的含铁含锰水中溶解性硅酸含量较高或碱度过低，当水的 pH＞7.0 时，会生成稳定的三价铁化合物胶体，难以被过滤除去，导致滤池出水三价铁浓度过高甚至超标，这时也可采用两次曝气两级过滤工艺，即第一次曝气为弱曝气，使曝气后水的 pH 小于 7.0，水中二价铁不会迅速自然氧化生成三价铁胶体，而是流入滤层被接触氧化去除，然后再进行第二次曝气以满足后续除锰除氨氮等对溶解氧的需求。

5.7.2 除锰滤料

生产中常用的除锰滤料，主要有天然锰砂和石英砂。

天然锰砂用作除锰滤料，可使水厂从一投产就能持续获得满足水质要求的除锰水。天然锰砂除锰已是一条完整的吸附/接触氧化除锰工艺，它为我国所独有，是具有我国特色的除锰工艺。多年来，该工艺已在业界被广泛采用。

采用优质天然锰砂为滤料，是构成吸附/接触氧化除锰工艺的条件。现今市场上各种产地的锰砂的除锰效果都不同，即使同一产地的锰砂，也因矿区和采集部位的不同有不少差异。表 5-11 为由国内市场收集数种天然锰砂样品进行试验的结果。

取锰砂样品 10g，置于 Mn^{2+} 浓度为 10mg/L 的 100mL 水中，震荡 120min，测定水中 Mn^{2+} 浓度，计算 Mn^{2+} 的去除率。同时取锰砂样品，测定样品中 MnO_2 含量。试验结果列于表 5-11 中。由表可见，不同天然锰砂除锰效果不同，并且不是含锰量越高除锰效果越好。例如，含锰量为 30％的 2 号样，除锰效果最好，而含锰量最高（65.7％）的 5 号样除锰效果最差。

天然锰砂吸附除锰性能   表 5-11

样品编号	样品粒径（mm）	厂家提供的含锰量（MnO_2，％）	试验测出的含锰量（MnO_2，％）	样品对水中的 Mn^{2+} 的去除率（％）
1	0.6～2	35	33.3	90
2	0.6～2	30	30.4	92
3	0.6～2	30	31.1	88
4	0.6～2	35	31.7	84
5	0.6～2	70	65.6	64
6	0.6～2	30	21.1	64
7	0.6～2	40	27.6	83
8	1～2	30	25.9	86

采用天然锰砂为滤料，为使新锰砂从一投产就能获得持续除锰效果，应使其吸附速率不大于氧化速率，为此有必要进行试验，以测定在该水质条件下宜采用的初滤速。试验可在一组滤柱中进行。将新滤料（设计已选定粒径）装入滤柱，当滤料粒径为 0.6～2.0mm 时，滤层厚度可取为 1.5m。在原水水质、锰砂品种、水处理工艺等已定条件下，新锰砂滤层的氧化速率也已确定，可选用不同的滤速进行试验。试验滤速可为 0.5m/h、1m/h、2m/h、3m/h、5m/h，每种滤速对应相应的吸附速率。测定各滤柱的出水锰浓度，并得出各滤速条件下滤柱的锰穿透期。锰穿透期会随滤速的降低而增长。与锰穿透期为无限长对应的滤速，即为新锰砂滤层对应的初始滤速，这时滤柱的吸附速率小于氧化速率。水厂从

一投产就能持续获得除锰水。当最小试验滤速（0.5m/h）仍不能使锰穿透期为无限长，则需调整工艺参数（如强化曝气以提高水的 pH）再重复试验。

石英砂价格比天然锰砂便宜，且易于购置，但石英砂成熟得特别慢，成熟期长达数十天甚至上百天，在石英砂滤料成熟之前，水厂出水锰浓度超过 0.1mg/L，即是超标的，在十分重视水质的今天，这是许多业主难以接受的。

为了使水厂一投产就能获得达标的除锰水，一个重要的研究方向，是以人造锰砂（改性滤料）替代天然锰砂。中华人民共和国成立初期，我国工业不发达，化学药剂昂贵，使天然锰砂比较人造锰砂具有优势。现在我国化学工业和材料工业发达，人造锰砂已有优势，所以已经到了以人造锰砂替代天然锰砂的时候。用多种化学药剂对滤料进行改性的研究已有许多，使用的滤料种类也很多，如石英砂、无烟煤、沸石、蛭石、火山岩、活性炭、硅氮素、凹凸棒石、蓝玛瑙、生物质等。人造锰砂可选用轻质高强稳定性好适于作滤料的各种材料为滤料，加工制作条件可控，能制作出比天然锰砂性能更好，质量更优更稳定，价格更便宜，能适用于各种水质的多种优质人造锰砂，为除锰工艺开辟出一片新天地。这也是除锰技术发展创新的一个新方向。

锰氧化物及铁氧化物是主要的 Mn^{2+} 的吸附剂及催化剂。常规状态下，锰氧化物及铁氧化物呈粉末状，有较大的比表面积及较好的催化氧化活性，但其材质松散、难以实现固液分离，因此不便直接应用于去除水中的锰。现阶段更多的研究及应用将锰氧化物及铁氧化物制备后负载于不同水处理填料上或直接在填料表面生成锰氧化物或铁氧化物，制备成改性填料应用于滤池中，以实现水中 Mn^{2+} 的去除。其中，石英砂、沸石及锰砂为使用较多的负载基质滤料，铁锰氧化物负载方法通常为铁或锰的溶液经氧化或还原并干燥后在填料表面形成稳定的氧化物。

下面是一则制作人造锰砂的实例。

贾晗等用碱预处理+浸渍灼烧法制备改性河砂。制备过程：以 9％的 NaOH 浸泡河砂 24h，固液比 1∶1，清水洗净烘干后，在 7％KMnO₄ 中浸泡 24h，固液比 1∶0.5，烘干后在马弗炉中250℃高温灼烧 4h，清水洗净烘干，即得改性河砂滤料。通过 SEM 和 EDS 测试分析，改性河砂表面负载的锰元素以 +3 价和 +4 价混合态的形式存在，但 +4 价为主要存在形态。

图 5-28 为改性河砂滤料的除锰试验。试验滤柱内径 25mm，内装改性河砂滤料，厚700mm。用新鲜地下水配制含锰原水，水中锰浓度 1.0～1.5mg/L，滤速 1m/h。由图 5-28可见，当水的 pH 为 6.0 时，滤柱的锰穿透期只有 10d；当 pH≥6.5 时，锰穿透期大于 26d（试验只进行了 26d）。在另外的试验中，该改性滤料在滤速 1～6m/h 条件下连续运行 45d，可见该改性滤料除了具有吸附二价锰能力外，还具有接触氧化除锰能力。

常用的基质滤料中，石英砂作为负载基质材料本身不能吸附或催化氧化 Mn^{2+} 去除；沸石能够通过离子交换机制去除 Mn^{2+}，此外沸石的离子交换能力能够很好地负载铁、锰离子，有助于进一步通过氧化形成均匀的铁锰氧

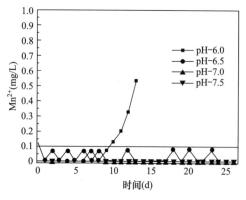

图 5-28　不同 pH 条件下改性
河砂滤料除锰能力

化物催化剂，另外沸石的密度较小，滤池反冲洗时较石英砂、锰砂更为方便、能耗更少；锰砂本身就有 Mn^{2+} 吸附去除能力，研究中通过改性能够进一步增强其除锰效能。

滤料改性方法多为通过还原态的铁锰（Fe^{2+}，Mn^{2+}）氧化附着，或高价态锰（$KMnO_4$）还原制得。低价态铁锰的氧化附着较为简单，有直接加热、加碱加热，或加碱及氧化剂加热等方法。高价态锰还原主要是利用高锰酸钾在高温下分解产生锰氧化物附着。

根据表中的研究结果，铁锰氧化物改性石英砂对 Mn^{2+} 的吸附量能达到 0.4mg/g，这与高品质锰砂的 Mn^{2+} 吸附量较为接近，证明通过改性石英砂能够获得较好的除锰效果。且中试试验证明，改性石英砂能够一直维持较好的除锰效果，因此在石英砂表面形成的催化氧化层能够吸附氧化 Mn^{2+} 形成新的锰氧化物，持续地促进自催化的形成。沸石由于本身即可通过离子交换除锰，表中沸石及改性沸石对 Mn^{2+} 的吸附量较大。但沸石的离子交换除锰能力是不可持续的，后续仍需要通过在填料表面产生锰氧化物以形成自催化层获得持续稳定的除锰效能，而通过铁锰氧化物附着改性能够很好地形成自催化循环。锰砂本身具有较好的除锰效果，但锰砂对 Mn^{2+} 的吸附量也是有限的，在自催化机制作用形成之前若 Mn^{2+} 吸附饱和，则可能出现漏锰情况。表中的研究结果表明，通过高锰酸钾改性的锰砂能够更好地吸附氧化 Mn^{2+}，从而获得稳定持久的除锰效果。

表 5-12 中列举了国内外部分文献报道的改性滤料（人造锰砂）的制作方法及除锰效果。

不同填料改性方法及 Mn^{2+} 处理效果　　　　表 5-12

基质填料	方法	具体步骤	改性效果	参考文献
石英砂/河砂	Mn^{2+} 氧化沉积	100g 石英砂（0.85～1.20mm）于 10% HNO_3 中酸洗 2h，水洗烘干；置于 90% 2mol/L NaOH 中 2h，过滤取砂；置于 150mL 0.5mol/L $MnCl_2$ 中，并将 300mL 0.5mol/L NaOH 逐滴加入混合液，之后加入 250mL 1.5mol/L H_2O_2 并以 30 转/min 搅拌 24h；之后，水洗至 90℃烘干	改性后 Mn^{2+} 吸附量 0.4mg/g	Kan et al.，2013；Even et al.，2009
		100g 河砂（0.8～1.2mm）加入 50mL 0.05～2.0mol/L Mn（NO_3）$_2$ 中，于 100℃蒸干；干燥后的样品用蒸馏水清洗后再次于 100℃蒸干	改性后 Mn^{2+} 吸附量约为 0.32mg/g，与成熟石英砂接近	Tiwar et al.，2007；Lee et al.，2009
	Fe^{3+} 沉积	100g 石英砂与 250mL 去离子水混合并加入 50g $FeCl_3$，于 90℃ 干燥 48h；之后加入 500mL 5mol/L NaOH 于 30r/min 搅拌 4h；之后于 90℃ 干燥 24h；然后水洗之后再于 90℃完全干燥	改性后 Mn^{2+} 吸附量 0.4mg/g	Ahammed et al.，2010
	铁锰盐加热沉积	将酸洗过的石英砂与铁盐、锰盐溶液混合均匀，用清水洗掉黏附不牢的部分，再次烘干。重复上述操作两次，以增加滤料表面附着的金属氧化物量，缓慢倒入碱溶液中再次混合均匀，将混合液烘干备用	改性后 Mn^{2+} 吸附量～0.44mg/g；在动态试验期间（150h），改性滤料对锰的去除率大于 90%，出水锰浓度小于 0.1mg/L	盛力 等，2007
	MnO_2 涂覆	公司采购现成产品 产品名：GreensandPlus 公司：Northern filter media，美国	中试：20% 的改性石英砂＋80% 石英砂；进水铁 15～18mg/L，锰 0.59～0.67mg/L，pH7.64～7.81；无须启动，出水锰小于 0.02mg/L，铁小于 0.01mg/L	Piispanen et al.，2010

基质填料	方法	具体步骤	改性效果	参考文献
沸石	KMnO₄ 还原	首先转化为 Na 型沸石：30g 沸石＋500mL 1mol/L NaCl 中搅拌 24h 后，过滤分离水洗，100℃干燥 24h；KMnO₄ 溶液加热至 90℃，加入干燥的 Na 型沸石搅拌，逐滴加入浓盐酸（37.5% w/w），搅拌 1h，过滤水洗，100℃干燥 1h，保存备用	改性前 Mn^{2+} 吸附量为 0.2mg/g，改性后 Mn^{2+} 吸附量为 1.0mg/g	Taffarel et al.，2010
	铁氧化物改性	10g 沸石加入 100mL 新配置的 1mol/L Fe（NO₃）₃ 中置于 2L 聚乙烯烧瓶中，并向其中快速加入 180mL 5mol/L 的 KOH 溶液并搅拌混匀，再用蒸馏水稀释至 2L，密封后置于 70℃ 60h，之后离心、水洗、干燥改性好的沸石	改性前 Mn^{2+} 吸附量 7.69mg/g，改性后 Mn^{2+} 吸附量 27.12mg/g	Doula，2006；Doula，2009；Dimirkou et al.，2008
	酸、碱、盐活化改性沸石	5g 沸石置于 1L 1mol/L 溶液中室温放置 24h，之后水洗 3 次，干燥备用	Mn^{2+} 吸附量 未活化：0.2mg/g NaOH 活化：0.7mg/g NH₄Cl 活化：0.6mg/g NaCO₃ 活化：0.5mg/g NaCl 活化：0.4mg/g	Taffarel et al.，2008
锰砂	高锰酸盐浸泡	采用石英砂、天然锰砂以及经 5% 高锰酸钾浸泡后的锰砂讲行试验。各种滤料粒径均为 0.8～1.0mm。配制的矿井水由高位水箱进入滤柱，在滤速为 7.00m/h，连续运行条件下，测定出水的有关水质指标	通过不同滤料处理高浊、高铁锰矿井水效果的对比试验，确定了经 5% 高锰酸钾浸泡后的锰砂为最佳滤料，出水的铁、锰和浊度达 0.02，0.01mg/L 和 0.13NTU	何绪文等，2009
		改性剂采用浓度为 1% 的 KMnO₄ 溶液，将清洗好的滤料在 KMnO₄ 溶液中浸泡 12h，用清水冲洗干净后风干备用	天然锰砂比石英砂的除锰效果要好，但运行初期的出水都不合格，而经 1% 的 KMnO₄ 溶液改性后，锰砂在初期就显示出了优良的除锰效果，出水锰达到痕量	李福勤等，2008
		滤料的制备方法：筛选粒径为 0.9～1.1mm 的锰砂滤料洗净并且烘干然后分别用 1%、3%、5% 的 KMnO₄ 溶液浸泡 12h 之后，取出并风干	通过不同滤料处理含有氨氮的高铁锰水的效果对比，证明经过 5%KMnO₄ 浸泡过的改性锰砂滤料为最佳滤料，连续运行 4h 的出水浓度分别为总铁 0.02mg/L，锰 0.12mg/L，浊度 0.1NTU 和氨氮 0.75mg/L，均符合生活饮用水的水质要求	叶梦星等，2018

另一个使水厂一投产就获得达标除锰水的方法，是用吸附剂除锰。表 5-12 中的改性滤料有两类，一类是使滤料表面覆盖一层高价锰化合物，这类滤料具有氧化水中二价锰生成锰质活性滤料的能力，可称为人造锰砂。另一类滤料表面没有高价锰化合物，但具有吸附二价锰的能力，可称为吸附剂。下面是李圭白团队赵煊琦的试验。

用纯水配制不同锰浓度的水 100mL，向水中投加粒径为 1.8～2.0mm 的沸石 0.3g，放入摇床，在 25℃下振荡 2h，测定水中剩余的锰浓度，计算沸石的吸附容量，绘制锰浓度与吸附容量的关系图，如图 5-29 所示。由图 5-29 可见沸石对水中二价锰有吸附去除作用，并且随水中锰浓度的升高，沸石吸附容量随之增大。

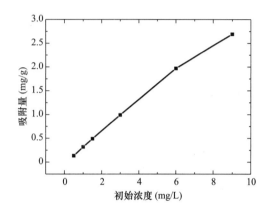

图 5-29　原水锰浓度对改性硅铝矿石吸附量的影响

将沸石装入滤柱内，沸石粒径为 0.8～1.5mm，滤层厚度为 1500mm。用自来水配制试验原水，向水中加入氯化亚铁和氯化亚锰，使水中锰浓度为 1mg/L 左右，二价铁浓度为 0.3mg/L 左右，原水以 5m/h 滤速经滤层过滤，测定滤柱出水中锰浓度。滤柱出水锰浓度的变化如图 5-30 所示。

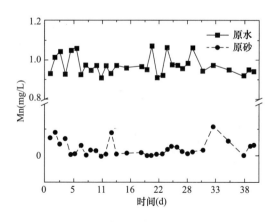

图 5-30　滤柱出水锰浓度的变化

由图 5-30 可见，滤柱在 40d 的试验期间，出水锰浓度始终小于 0.1mg/L。超过了吸附除锰的日数，表明沸石除了具有吸附能力外还具有接触氧化除锰能力。这还可通过下述情况证实。与沸石除锰试验同时进行的，还有用石英砂除锰的试验，试验条件完全相同。石英砂没有吸附除锰作用，所以石英砂滤柱开始出水锰浓度很高，但随着石英砂表面生成锰质活性滤膜，除锰能力逐渐提高，于第8天已有10％的除锰效率，第20天有30％除锰效率，第44天除锰效率达50％，如图5-30所示。在此石英砂除锰完全依赖生成的锰质活性滤膜接触氧化除锰。沸石的材料与石英砂相近，故在除锰过程中应有锰质活性滤膜生成，所以沸石除锰应是吸附和生成的锰质活性滤膜接触氧化两者共同作用的结果，从而使除锰周期超过吸附除锰的周期。

使用沸石等吸附剂除锰，如能采用较低的滤速，使滤层的吸附速率小于沸石的吸附接触氧化除锰速率，并于吸附能力耗尽以前滤层已经成熟，这样就能从一开始持续获得达标的除锰出水。

为了使石英砂能用于生产，许多人开展了加快石英砂滤层成熟的试验。

向新石英砂滤层中加入一些成熟滤料接种，可使滤层成熟过程显著加快，成熟期显著缩短，使水厂能更快地投入运行。杨海洋在哈尔滨市阿城区除铁除锰水厂进行试验，试验原水中锰浓度1.4～2.0mg/L，铁浓度1.2～3.5mg/L，pH为7.2～7.5。试验滤柱内径20mm，内装0.5～1.2mm新石英砂滤料，厚1500mm，其上加入20mm成熟滤料，以5m/h滤速过滤。滤柱运行至第18天，除锰率为50％，于滤层表面以下100mm处取样，测得铁细菌数为300CFU/mL；于滤层表面以下1200mm处取样铁细菌数为9CFU/mL。运行至第28天，除锰率达94.2％，出水锰浓度为0.093mg/L，表明滤层已经成熟，如图5-31所示，即石英砂滤层成熟期为28d，比较常规自然成熟要快得多。这时于表面以下100mm处取样测出铁细菌数为2500CFU/mL，于表面以下1200mm处取样，铁细菌数为95CFU/mL。由此可知，在用成熟除锰滤料接种过程中，铁细菌作用有限，主要是成熟滤料的化学催化氧化除锰的接种作用，即成熟滤料表面的催化物质——锰质活性滤膜被散布于滤层中，附着于新石英砂表面，成为新石英砂上最初的活性滤膜，在活性滤膜自催化氧化作用下，使石英砂初期形成锰质活性滤膜速度加快，成熟期缩短。这与成熟除铁滤料接种的作用类似。

在本例中，成熟滤料和石英砂的比例为1∶75。增大成熟滤料的占比，显然能使石英砂滤层更快成熟。杨海洋还进行了增大成熟滤料占比的试验。向厚度为800mm粒径为0.8～1.2mm的新石英砂滤层中，加入200mm的成熟滤料，也以5m/h滤速过滤。成熟滤料和新石英砂的比例为1∶4，石英砂于16d便成熟，滤柱出水锰浓度降至0.1mg/L以下。向新砂滤层中加入一定数量的成熟滤料，同时再减小滤速，使滤层的吸附速率小于氧化速率，就能从一投产就持续获得除锰水。随着滤层进一步成熟，再逐步提高滤速，这可称为培养滤膜。此外也可用成熟滤层的反冲洗水对新石英砂进行接种，但反冲洗水锰质活性滤膜数量较小，加快滤层作用有限。当然，用成熟滤料或反冲洗水接种，只有在水厂或附近有成熟除锰滤池的情况下才可能采用。

用化学方法加快新石英砂滤层成熟，是一种有可能用于生产的方法。

前已述及，郭英明、黄廷林等人（2017）用高锰酸钾氧化，已将石英砂成熟期缩短到28d。朱来顺、黄廷林等人（2017）进一步用高锰酸钾氧化将石英砂成熟期缩短到15d。试验是在西安市西北部利用地下水为原水进行的，试验滤柱内径280mm，高3800mm，内装 1100mm 厚的石英砂，粒径 $d_{80}=1.41mm$、$d_{10}=0.76mm$、$k_{80}=1.85$，滤速为 4m/h。用氯化铁和氯化锰配制试验原水，当原水锰浓度为 4mg/L，二价铁浓度为 1mg/L 时，向水中投加 $KMnO_4$，使水中剩余 Mn^{2+} 浓度为 2mg/L，经过 15d 的运行，出水锰浓度降至 0.1mg/L，表明石英砂滤料已经成熟。

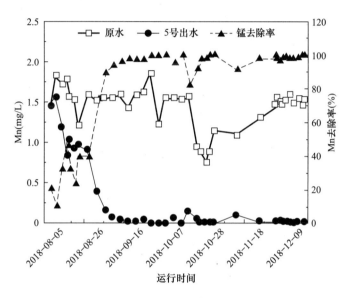

图 5-31　用成熟滤料接种石英砂滤层的运行情况

钟爽等人（2011）用臭氧氧化水中的二价锰，使石英砂滤层的成熟期缩短到 5d。

5.8　接触氧化除锰工艺对水质的适应性

表 5-13 为文献报道的部分我国地下水除铁除锰水厂的情况。

由表可见，接触氧化除锰工艺，在全国各地都有成功应用，说明其对全国各种地下水有广泛的适应性。

在铁、锰浓度方面，铁浓度有的高达 20mg/L 以上，锰浓度有的高达 7mg/L 以上。水中耗氧物质方面，氨氮有的高达 1.5mg/L 以上。

有的试验表明，接触氧化滤层的除锰滤速，与水中二价锰离子浓度有一级反应的关系：

$$-\frac{d[Mn^{2+}]}{dt} = K[Mn^{2+}]$$

对表中部分水厂原水和除铁除锰水的 pH 统计，原水 pH 多集中在 6.4～7.2 之间，除铁除锰水的 pH 多集中在 6.7～7.6 之间，少有低于 6.5 的。虽然有的模型试验在 pH 低于 6.5 的条件下也能除铁除锰，但在生产上出厂水 pH 低于 6.5 是不符合国标水质要求的（要求 pH 为 6.5～8.5），所以一般都用适当强化曝气的方法使水的 pH 有所提高，以符合国标水质要求。

我国部分地下水除铁除锰水厂

表 5-13

地点名称	原水				工艺流程	主要设备			出水		
	$[Fe^{2+}]$ (mg/L)	$[Mn^{2+}]$ (mg/L)	pH	T(℃)		曝气装置	滤池滤料	滤速 (m/h)	$[Fe^{2+}]$ (mg/L)	$[Mn^{2+}]$ (mg/L)	pH
哈尔滨(1)	1.6	1.3	7.1	—	一曝一滤	喷气塔+反应沉淀池	石英砂	10	0.03	0.03	7.6
哈尔滨(2)	1.2	1.2	7.1	—	一曝一滤	水泵吸气曝气	乐平锰砂	15	痕量	<0.1	7.1
哈尔滨(3)	1.2	1.4	7.1	—	一曝一滤	曝气塔曝气	石英砂	8	痕量	未检出	7.6
阿城	0.5	1.4	7.2	—	一曝一滤	曝气塔曝气	石英砂	7.2	0.02	0.04	7.5
盘石	1~6	1~2	7.2	—	一曝一滤	射流泵曝气	锦西锰砂	8.1	痕量	未检出	7.5
海龙	3.1	5.5	6.9	—	一曝二滤	曝气塔曝气	石英砂 乐平锰砂	6.5 7.5	0.22	未检出	7.6
新民	6	1.0	6.8	—	一曝二滤	叶轮表曝	马山锰砂 马山锰砂	9.2 9.2	0.06	未检出	7.4
万县	3.6	1.0	7.0	—	一曝一滤	曝气塔曝气	乐平锰砂	8	0.1	未检出	7.2
丹棱	9.2	0.4	6.7	—	一曝一滤	莲蓬头曝气	石英砂 天然锰砂	4.3	<0.3 <0.3	未检出 未检出	7.1 7.1
襄樊	3.0	0.28	7.0	24	一曝一滤	射流泵曝气	湘潭锰砂	31.6	0.08	未检出	7.7
南宁(1)	5.0	1.4	7.1	—	一曝一滤	穿孔管曝气	马山锰砂	5.5	0.02	未检出	7.4
上饶	3.0	0.36	6.5	—	一曝一滤	穿孔管曝气	乐平锰砂	3.5	0.02	未检出	6.9
渣津轧花厂水厂	17.2	4.0	6.6	—	一曝二滤	莲蓬头曝气	锰砂	—	<0.3	<0.1	—
小协水厂	很低	<3.0	~6.8	—	一曝一滤	跌水曝气	锰砂	—	很低	0.01	—
嫩江二炮农场	3.2	1.0	6.5	—	一曝一滤	跌水曝气	锰砂	—	<0.3	<0.1	6.7
阜新化工厂水厂	10	1.2	—	—	二曝二滤	跌水曝气	河砂	7	<0.3	<0.1	—
南宁(2)	15	0.7	6.6	24	一曝二滤	叶轮表曝	马山锰砂	5	0.1	<0.1	6.7
南宁(3)	3.0	0.2	6.6	25	一曝一滤	压缩空气曝气	马山锰砂	10	0.1	<0.1	6.7
南宁(4)	12.5	0.2	6.7	26	一曝一滤	莲蓬头曝气	马山锰砂	3	<0.2	<0.1	6.7
安徽(1)	1.1~1.5	0.4~0.45	—	—	一曝二滤	跌水曝气	锰砂	—	<0.05	0.05	—
汉寿	5.6	3.5	6.85	—	一曝一滤	—	锰砂	—	0.09	<0.05	—
安徽小岭(2)	4.8	0.7	—	—	一曝二滤	喷淋曝气	锰砂	18 18	<0.05	<0.1	—
辽河油田(1)	3.5	0.24	—	—	一曝一滤	跌水曝气	天然锰砂	—	0.12	0.04	—

续表

地点名称	原水				工艺流程	曝气装置	主要设备	滤速(m/h)	出水		
	$[Fe^{2+}]$(mg/L)	$[Mn^{2+}]$(mg/L)	pH	T(℃)			滤池滤料		$[Fe^{2+}]$(mg/L)	$[Mn^{2+}]$(mg/L)	pH
沈阳	0.4~0.9	0.7~0.9	—	—	一曝一滤	—	天然锰砂	—	痕量	痕量	—
辽河油田(2)	2.91	0.18	7.15	18	一曝一滤	叶轮表曝	锰砂	—	0.02	0.02	7.3
湖北随县	2.2	0.6	6.4	19	一曝一滤	射流曝气	石英砂	6.5~15	0.1~0.07	0.08~0.06	—
哈尔滨振华饮料厂	3.6	0.6	—	—	一曝一滤	机械通风曝气塔曝气	天然锰砂	—	0.1	未检出	—
哈尔滨度假村	1.5	1.0	7.1	—	一曝一滤	莲蓬通风曝气塔曝气	锰砂	—	<0.05	<0.05	—
哈尔滨制革厂	12	3.4	7.3	—	二曝二滤	机械通风曝气塔曝气	锰砂 锰砂	—	<0.3	<0.1	—
山东平原	0.42	1.0	6.8	—	一曝一滤	跌水曝气	锰砂	—	0.05	0.01	6.8
郑州	1.5	0.26	7.5	—	二曝二滤	跌水曝气	石英砂	11	<0.3	<0.1	—
富拉尔基	5	3	—	—	二曝二滤	简单机械曝气	石英砂	—	<0.3	<0.1	—
齐齐哈尔铁峰水厂	5.6	0.32	6.8	—	一曝一滤	跌水曝气	锰砂	—	<0.3	<0.1	—
徐州七里沟	0.6	0.4	—	—	一曝一滤	跌水曝气	锰砂	10	0.01	0.03	—
辽宁铁法(三台子)	9.0	1.5	—	—	二曝二滤	机械曝气塔曝气	天然锰砂 天然锰砂	10 10	0.15	0.07	—
某地粮库	0.8	1.07	—	—	一曝一滤	压缩空气曝气	石英砂	5~10	0.12	0.02	—
深圳	3.38	7.48	—	—	一曝二滤	跌水曝气	锰砂 锰砂	—	<0.05	<0.05	—
哈尔滨一水厂	2.2	0.4	7.1	—	一曝二滤	莲蓬头+跌水曝气	乐平锰砂 乐平锰砂	8 8	<0.3	<0.1	—
哈尔滨二水厂	4.2	0.8	7.1	—	一曝二滤	射流曝气塔曝气	乐平锰砂 乐平锰砂	8 8	<0.3	<0.1	—
某明胶厂	2.0	0.67	—	—	一曝一滤	射流曝气塔曝气	锰砂	16	痕量	0.05	—
绥滨县	12.7	0.91	6.3	—	一曝一滤	射流曝气	锰砂	8	0.24~0.27	0.03~0.09	6.9
常德	20.1	—	6.2	19.2	二曝二滤	射流+喷淋曝气 曝气塔曝气	石英砂 石英砂	10	0.13	0.01	7.1
湛江	4~6	0.1~0.2	6.9	—	一曝二滤	射流曝气	石英砂	8	<0.3	<0.1	—

pH 范围		6.1～6.3	6.4～6.6	6.7～6.9	7.0～7.2	7.3～7.6
水厂数（个）	原水（地下水）	3	8	10	10	2
	除铁锰水	0	1	12	7	10

水厂含铁含锰地下水及除铁除锰水的 pH　　　　表 5-14

由表 5-14 可知，锰质活性滤膜接触氧化除锰对原水的 pH 有广泛的适应性，但 pH 对接触氧化过程还是有影响的。在本书 5.3 节的几例试验中，都述及 pH 对滤层氧化速率的影响，所以 pH 应是影响除锰的一个重要因素。孙成超也对 pH 的影响进行了如下试验。试验在哈尔滨进行，所用原水用自来水配制，向水中加入氯化亚铁和氯化亚锰，使原水中的 Mn^{2+} 浓度为 $1.0\pm0.1mg/L$，Fe^{2+} 浓度为 $0.3\pm0.05mg/L$，原水的其他水质指标见表 5-4。用 HCl 调节原水的 pH，使原水的 pH 分别为 6.0、6.5、7.0、7.5。试验滤柱内径 18mm，内装稳定运行一个月以上的成熟石英砂滤料，滤层厚度 1500mm，滤速 5m/h。于反冲洗结束 12h 后，取

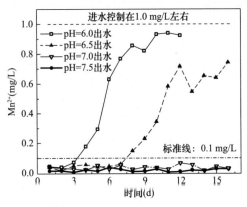

样测定各滤柱的出水 Mn^{2+} 浓度等指标。试验结果如图 5-32 所示。

由图可知，当 pH 为 6.0 时，锰穿透期只有 3d；pH 为 6.5 时，锰穿透期为 7d；当 pH 为 7.0 和 7.5 时滤柱具有稳定持续的除锰能力。可见水的 pH 是影响滤层氧化速率的主要因素之一。在原水水质及滤速已定条件下，进水的吸附速率也已确定。在本试验条件下，当 pH 为 6.0 和 6.5 时滤层氧化速率小于吸附速率，所以锰穿透期是有限的，只有 3d 和 7d。当 pH 升高到 7.0 和 7.5 时，滤层氧化率速随之提高，超过了吸附速率，所以滤层能持续地除锰。

图 5-32　不同 pH 条件下成熟
"锰质活性滤膜"的除锰效果

当水中溶解氧浓度 1～10mg/L 时，滤层的除锰滤速与溶解氧浓度有零级反应关系，这时氧占有表面为定值；溶解氧浓度小于 1mg/L 时氧占有的表面减少，K 值降低。

水的碱度和温度也与除锰滤速有关，锰质活性滤膜接触氧化除锰在低温（3～4℃）水质下也取得良好除锰效果（参见实例 5-23），当然一般碱度越大，水温越高，除锰速率越快。

水中硬度对锰质活性滤膜接触氧化除锰的影响鲜有报道。钙、镁离子是水中常量离子，是硬度的主要成分，共价数为 2，与二价锰价数相同，所以会与锰离子存在竞争吸附作用。我国各地区地下水中硬度各不相同，有的地区水的硬度高达上千毫克/升（以 $CaCO_3$ 计）。

孙成超（2019）在哈尔滨用自来水配水进行试验。加入 $MnCl_2$ 和 $FeSO_4$，使试验原水中锰浓度约为 1mg/L，二价铁浓度为 0.2mg/L，并向水中加入 $CaCl_2$ 和 $MgCl_2$ 以调节水中的硬度。原水水质见表 5-15。

试验水质　　　　表 5-15

指标	单位	数值
温度	℃	18～25
pH	—	6.85～7.15

指标	单位	数值
UV$_{254}$	—	0.040~0.055
溶解氧	mg/L	8.4~9.8
Mn^{2+}	mg/L	1.0±0.10
Fe^{2+}	mg/L	0.3±0.05
浊度	NTU	<0.5

　　试验是在滤柱内进行的，滤柱内装 1500mm 石英砂滤料，石英砂粒径 $d_{10}=0.76$mm，$d_{80}=1.4$mm，不均匀系数 $K_{80}=1.84$。试验原水由上向下经石英砂滤层过滤，滤速 5m/h，原水流入滤柱前，向水中投加 2.2mg/L 高锰酸钾，并经混合设备充分混合，混合时间 5~6min。

　　试验共设置 5 支滤柱，各滤柱进水硬度不同，1 号滤柱进水硬度为 40mg/L（以 CaCO$_3$ 计），2 号滤柱为 200mg/L，3 号滤柱为 400mg/L，4 号滤柱为 700mg/L，5 号滤柱为不加 KMnO$_4$ 的对照柱硬度为 40mg/L，与 1 号滤柱相同。1~4 号滤柱从开始试验起每 8~10d 停止投加高锰酸钾一次，以观察滤层的成熟程度，每次停药数日，停止投药期间测定滤柱出水锰浓度，如出水 Mn^{2+} 浓度高于 0.1mg/L，便恢复投加 KMnO$_4$，直到出水 Mn^{2+} 浓度低于 0.1mg/L，便认为滤层已经成熟，这时停止投药继续过滤原水，以观察其长期除锰效果。

　　图 5-33 为 4 个滤柱的出水锰浓度变化情况。

　　水中硬度为 40mg/L 时（图 5-33a），1 号滤柱在第 1 次~第 4 次投加 KMnO$_4$ 期间，滤柱出水锰浓度都低于 0.1mg/L，锰去除率达 90% 以上，当停止投加 KMnO$_4$ 后出水锰浓度逐渐升高，但是随着投药时间的增长，出水锰浓度逐次降低，表明滤层逐渐趋于成熟。滤柱在 5 次停止投药后，出水锰浓度降至 0.1mg/L 并持续稳定运行，表明滤层已经成熟。1 号滤柱从开始到成熟历时 61d，其间投加 KMnO$_4$ 的时间累计 48d。

　　2 号滤柱进水硬度为 200mg/L（图 5-33b），经历 6 次停药，历时 79d，其间投加 KMnO$_4$ 的时间累计 56d。

　　3 号滤柱进水硬度为 400mg/L（图 5-35c），经历 7 次投药，历时 92d，其间投加 KMnO$_4$ 的时间累计 64d。

　　4 号滤柱进水硬度为 700mg/L（图 5-33d），经历 8 次投药，历时 105d，其间投加 KMnO$_4$ 的时间累计 72d。但与 1~3 号柱不同的是，第 8 次停药后，开始出水锰浓度能降至 0.1mg/L 以下，之后迅速升高至 0.3mg/L 左右并保持稳定，这与 6、7 次停药后达到的锰浓度相近，即持续投加 KMnO$_4$ 未能提高滤柱的除锰能力，表明在该硬度条件下生成的锰质活性滤膜的除锰能力较低，无法将进水中的锰浓度降至 0.1mg/L 以下。

　　对照滤柱进水硬度为 40mg/L，在不投加 KMnO$_4$ 的条件下，滤柱成熟得很慢。

　　使 1~4 号滤柱稳定运行 1 个月后，每 3d 将进水锰浓度提高 0.1mg/L，各滤柱出水锰浓度变化如图 5-34 所示。

　　提高进水锰浓度，就是提高滤柱的吸附速率，当滤柱出水锰浓度超过 0.1mg/L，表明这时滤柱的吸附速率已超出氧化速率，故使滤柱被穿透。由图可见，1号柱进水硬度为40mg/L，进水锰浓度达到1.8mg/L时被穿透；2号柱进水硬度为200mg/L，进水锰浓度达到1.7mg/L时被穿透；3号柱进水硬度为400mg/L，进水锰浓度达到1.2mg/L时被穿透；4号柱进水硬度为700mg/L，进水锰浓度达到0.7mg/L时被穿透，即随进水硬度升高，滤层的氧化速率随之降低，表明硬度能降低滤层中锰质活性滤膜自催化氧化除锰能力。

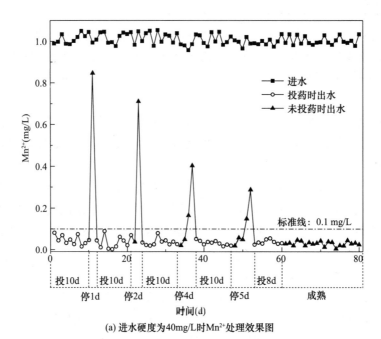

(a) 进水硬度为40mg/L时Mn²⁺处理效果图

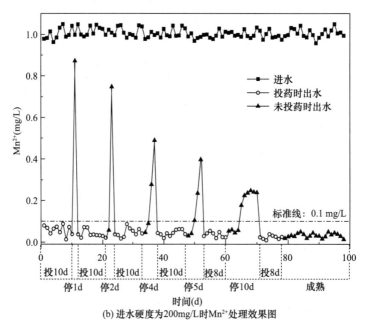

(b) 进水硬度为200mg/L时Mn²⁺处理效果图

图5-33　滤柱进水硬度不同时滤层的成熟过程（一）

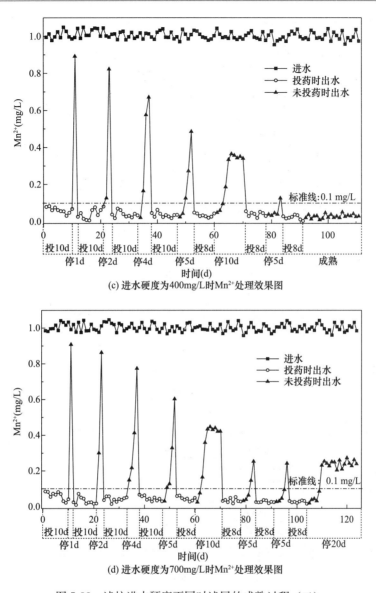

(c) 进水硬度为400mg/L时Mn²⁺处理效果图

(d) 进水硬度为700mg/L时Mn²⁺处理效果图

图 5-33　滤柱进水硬度不同时滤层的成熟过程（二）

　　滤速是滤池工作的基本工艺参数。要使除锰滤池持续获得达标除铁除锰出水，应使滤池的吸附速率不要超过滤层的氧化速率，为此应正确选择工作滤速。孙成超进行了滤速对滤池出水锰浓度的影响的试验。试验使用的是稳定运行一个月以上的成熟石英砂滤料，滤层厚度为 1500mm，装在 4 个试验滤柱中，4 个滤柱的滤速分别为 3m/h、5m/h、8m/h 和 10m/h。检测滤柱出水锰浓度的变化，如图 5-35 所示，滤速为 3m/h 滤柱的进水锰浓度从 1.0mg/L 开始每 4d 增加 0.3mg/L，滤柱出水锰浓度开始一直低于 0.1mg/L，直到进水浓度达到 3.7mg/L 时，出水锰浓度开始升高并超过国家标准的限值 0.1mg/L，然后将进水锰浓度降低，在锰浓度为 3.5mg/L 时，滤柱出水锰浓度恢复达标，即低于 0.1mg/L，表明这时滤柱的吸附速率刚好略小于氧化速率，其值为：进水锰浓度×滤速＝3.5mg/L× 3m/h＝10.5g/(h·m²)。

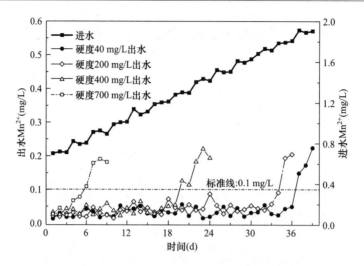

图 5-34　不同硬度条件下成熟滤柱的除锰界限浓度能力

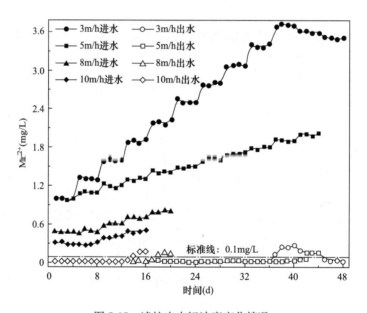

图 5-35　滤柱出水锰浓度变化情况

滤速为 5m/h 的滤柱，进水锰浓度从 1.0mg/L 开始每 4d 增加 0.1mg/L，滤柱出水锰浓度一直低于 0.1mg/L，直到进水锰浓度达 2.0mg/L 时，出水锰浓度开始升高超过标准限值（0.1mg/L），可知当进水锰浓度为 1.9mg/L 时滤柱的吸附速率刚好略小于氧化速率，其值为：进水锰浓度×滤速＝1.9mg/L×5m/h＝8.5g/(h·m²)。

根据试验，也可得到 8m/h 滤速滤柱对应的出水锰浓度低于 0.1mg/L 的进水锰浓度为 0.7mg/L，相应的氧化速率为 5.6g/(h·m²)；10m/h 滤速滤柱对应的出水锰浓度低于 0.1mg/L 的进水锰浓度为 0.4mg/L，相应的氧化速率为 4.0g/(h·m²)。

表 5-16 为该成熟石英砂滤料在滤层厚度为 1500mm 条件下，滤层氧化速率与滤速的关系。

滤层氧化速率与滤速的关系			表 5-16	
滤层滤速（m/h）	3	5	8	10
氧化滤率 [g/(h·m²)]	10.5	8.5	5.6	4

由表可见，随着滤层滤速的升高，滤层的氧化速率不断降低，这是由于滤速升高，水在滤层中的停留时间减少，这会影响滤层的氧化速率。此外，随着滤速增高，滤层的吸附速率相应增大，两者一升一降，会使吸附速率更快地超过氧化速率，更容易造成滤层不能持续除锰的后果。所以滤速对滤层除锰的影响是很大的。

钟爽也做了滤速对除锰效果影响的试验，该试验的锰质活性滤膜是由臭氧氧化水中二价锰生成的。在该试验中，当滤速较高使吸附速率超过氧化速率时，滤层的锰穿透期只有 2.5d，当滤速较低吸附速率低于氧化速率时，滤层的锰穿透期超过 23d（试验只进行了 23d），即能持续地除锰。

当新滤料投产时，新滤料上积累的锰质活性滤膜数量较少，氧化速率较低，故需降低滤速不使吸附速率超过新滤料的氧化速率，以便从投产开始就能持续获得优质除锰水。当新滤料上积累的活性滤膜愈来愈多，可相应地逐渐提高滤速。此过程也可称为培养滤膜。

5.9　接触氧化除锰试验及工艺系统选择实例

地下水除锰要比除铁困难，且工艺系统也复杂得多，影响除锰过程的因素也比较多。一般含锰地下水都含有铁质，除锰前必须先除铁。所以一个具体的除锰试验，不仅要研究除锰问题，并且还要研究除铁以及两者的配合问题。试验应能对设计选择的除铁除锰方法、工艺系统和工艺参数作出评价。

试验的准备，与接触氧化除铁试验类似。

试验用的含铁含锰地下水，应该是作为设计水源的地下水。如果在设计的地下水源没有条件进行试验时，可以在附近与设计水源具有同一含水层的水井上进行试验。如果试验地下水的含铁含锰量与设计水源相比偏低甚多，可用二氯化铁或二氯化锰配制溶液，定量地投加于试验水中，以提高水中的含铁或含锰浓度。

当设计水源尚未建成，附近又没有水质相近的水源可供试验，或者设计的工程在国外（援外工程）而试验又必须在国内进行时，只好另选择水质与设计水源水质相近的水源、水厂作为试验基地，但两者水质应尽量相近，特别是 Fe^{2+}、Mn^{2+}、pH、氨氮、碱度、硬度、溶解性硅酸、硫化物、耗氧量、含盐量、水温等主要水质指标应相近，必要时要增选 1～2 个试验地点，增加试验水质与设计水源水质不一致条件下试验结果的可靠性。

应制定 2 个以上的试验方案进行比较，据此进行试验模型设计。推荐的试验方案应该与推荐的设计方案相呼应，但应具有更大的灵活性，即按照推荐方案进行的试验既可以验证设计方案的可行性，也有可能否定或改变设计方案，从而依据试验结果建立新的设计方案。这就要求依据试验方案所做的模型设计，应考虑到不同工艺流程、不同的曝气方式、不同的滤料和不同的设计参数等的对比试验的可能，几种方式进行重新组合的可能。

单级过滤工艺系统应是优先考虑采用的方案，因为单级过滤工艺系统比较经济，但是不太可靠，只在含铁量较低时才适用。有时，当含铁量较高而含锰量又比较低时，也有成功的实例。所以，在每一具体水质条件下是否可以采用，应通过试验来确定。

在单级曝气的工艺系统中，如曝气后水的 pH 将提高到 7.0 以上，在这种条件下滤池的除铁效果是否良好，是否会出现因受溶解性硅酸影响而致三价铁穿透滤层的现象，有时也要通过试验才能确定。

接触氧化除锰试验，滤料的成熟期特别长，有时可达数月之久，所以试验周期很长，并且要求试验连续运行，这是其难点。为使试验能早出成果，应充分考虑各种可能的试验方案，尽可能多地设置试验设备进行平行试验，并尽量避免中途改变试验方案。

下面是几则试验实例。

【实例 5-4】 1977 年，哈尔滨市平房区地下水除锰试验及工艺系统选择

本试验是为新建地下水除铁除锰水厂提供依据。试验在相邻工厂的给水站进行。试验用水是这个给水站的含铁含锰地下水，它与设计水源为同一含水层，水质相近，主要水质指标见表 5-17。

水原水质分析表 表 5-17

序号	项目	单位	老水源	新水源
1	Ca^{2+}	mg/L	100.8	88.16
2	Mg^{2+}	mg/L	19.33	15.81
3	K^+	mg/L	1.0	0.1
4	Na^+	mg/L	39.4	26.3
5	NH_4^+	mg/L	痕迹	痕迹
6	Mn^{2+}	mg/L	1.26	1.14
7	Fe^{2+}	mg/L	1.32	1.89
8	HCO_3^-	mg/L	458.12	425.31
9	Cl^-	mg/L	5.57	5.06
10	SO_4^-	mg/L	10	4.0
11	CO_3^-	mg/L	0	0
12	NO_3^-	mg/L	0.2	0
13	NO_2^-	mg/L	0.006	0.15
14	OH^-	mg/L	0	0
15	溶解氧	mg/L	1.6	2.33
16	耗氧量	mg/L	2.83	6.32
17	可溶性 SiO_2	mg/L	28	24
18	总碱度	德国度	22.32	19.54
19	暂时硬度	德国度	3.31	2.80
20	总硬度	德国度	3.31	2.80
21	负硬度	德国度	0.67	0.63
22	水温	℃	8～10	8～10
23	pH	—	7.0～7.1	7.0～7.1

在平房区，有另外一个地下水除铁除锰水厂，水质与设计水厂相近，处理流程为原水经接触曝气塔曝气，使水的 pH 由原来 7.0～7.1 提高到 7.5～7.6，再经 2.8～3.1h 的氧

化反应和沉淀，然后由水泵抽送，经石英砂压力滤池过滤除铁除锰，即获优质除铁除锰水。该水厂的经验对选择除铁除锰工艺系统有重要参考意义。

但是，这个水厂的氧化反应沉淀池体积庞大，能否减少其容积，是值得探讨的问题。另外，采用比较经济简易的曝气方法，也是值得考察的。

除锰试验选择图 5-36 所示的工艺系统。

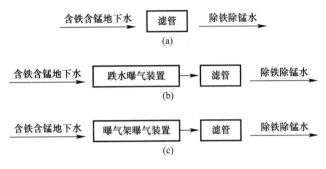

图 5-36　除锰试验工艺流程

系统（a）的进水因水泵抽空而略经曝气，滤前水中溶解氧浓度约为 2.5mg/L，pH 为 7.0～7.1。系统（b）的跌水曝气装置系使地下水由来水管直接向下面一集水箱跌落，跌水高为 70cm，跌水后水中溶解氧浓度为 4mg/L，pH 为 7.2。系统（c）的曝气装置，曝气架平面尺寸为 400mm×300mm，设 2 层焦炭层，上层厚 200mm，下层厚 350mm，两层焦炭间距 150mm，其下设集水箱，下层焦炭底部距集水箱水面高为 450mm，地下水经滤帽喷淋到上层焦炭上，曝气后水中溶解氧浓度为 8mg/L，pH 为 7.6。

在每一种试验系统中，试验滤柱都用锦西锰砂、武宣锰砂、马山锰砂、乐平锰砂以及石英砂等作滤料。滤料粒径 0.5～1.5mm，滤层厚度 800mm，滤管内径 30～66mm，滤速 8m/h。采用恒速过滤方式工作。

试验连续运行了 9 个多月，各滤管除铁效果皆良好，以后不再赘述。

试验表明，石英砂滤料开始几乎没有除锰能力，但在曝气后水的 pH 不低于 7.5、水的氧化反应时间不少于 0.5h 的条件下，经过约 150d 的时间，石英砂可以成熟，形成具有接触氧化除锰能力的熟砂。

锦西锰砂和武宣锰砂，由于含高价锰氧化物少，故开始除锰效果不佳，它们的成熟条件和成熟期与石英砂类似。

马山锰砂和乐平锰砂，在三种工艺系统中皆具有良好除锰能力，从过滤一开始就能将水中的锰完全除去，滤后水含锰浓度低于 0.1mg/L。这种优异的除锰效果，一直持续到试验结束，共 270d。这时应该认为滤料已经成熟，表明这两种天然锰砂作滤料，对平房区地下水而言，在曝气后水的 pH 为 7.0～7.1 的条件下，仍能顺利地进行接触氧化除锰。

1979 年根据试验结果，建成供水规模为 15000m³/d 的新水厂，采用的工艺流程如图 5-37 所示。

水在曝气塔中的淋水密度为 8.25m³/(h·m²)，在集水池中的停留时间为 0.5h。无阀滤池以石英砂为滤料，滤料粒径 0.5～1.0mm，滤层厚度 0.8m；水在滤池中的滤速为 8.0～8.3m/h。水厂建成投产后，石英砂的成熟期略超过 6 个月。滤料成熟后，水厂除铁除锰效果良好。表 5-18 为水厂处理的效果。

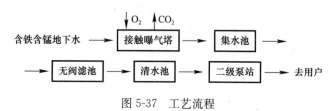

图 5-37　工艺流程

地下水除铁除锰水厂的处理效果　　　　　　　　　　表 5-18

序号	项目	Fe（mg/L）	Mn^{2+}（mg/L）	pH	溶解氧（mg/L）	水温（℃）
1	原水	1.0～1.32	1.0～1.26	7.0～7.1	1～2	7～8
2	曝气后集水池出水	1.0～0.7	1.0～1.11	7.4～7.6	10～11	8～9
3	滤池出水	痕迹	痕迹	—	—	9～10

根据上述成果，于 1978 年建成供水规模为 $10000m^3/d$ 的另一新水厂，采用的工艺流程如图 5-38 所示。

含铁含锰地下水 ⟶ 水泵吸水曝气 ⟶ 乐平锰砂滤池 ⟶ 清水池

图 5-38　新水厂工艺流程

乐平锰砂粒径 0.6～2.0mm，滤层厚 800mm，滤速 15m/h，水厂投产后，从一开始就持续获得达标的除铁除锰水，水中含铁量由原水 1.2mg/L 降至微量，含锰量由原水 1.2mg/L 降至小于 0.1mg/L，出水 pH 为 7.1。这是我国第一台日产万吨的天然锰砂除铁除锰水厂。

【实例 5-5】　吉林海龙高含铁含锰地下水除锰试验及工艺系统选择。

援助埃塞俄比亚的给水工程所在地翁多地区水源含锰很高，要求在国内进行除铁除锰试验。经调查研究，选择海龙某部队除铁除锰水厂为试验基地，其水质与翁多水质主要指标对照见表 5-19，由表可见，两者水质的主要指标是相近的，选择海龙某部队水源作为试验基地是合适的，从表中可知，翁多溶解性硅酸含量高达 80mg/L，海龙只有 20mg/L，而且溶解性硅酸含量对除铁除锰效果有相当的影响。为了考查硅酸对除铁除锰的影响，增选了溶解性硅酸含量达 63mg/L 的黑龙江德都地下水作为试验原水，进行补充试验，使试验结果具有更高的可靠性。德都地下水水质主要指标也列入表 5-19 中。

翁多、海龙、德都原水水质对照表　　　　　　　　　　表 5-19

项目地点	总 Fe(mg/L)	Mn^{2+}（mg/L）	HCO_3^-（mg/L）	pH	总硬度（mmol/L）	SiO_2(mg/L)	水温（℃）
翁多	1.8	7～8	141.0	7.0	1.0	80	20
海龙	2.0	5～10	135.2	7.0	0.8	20	17～20
德都	28.0	7.4	1016.0	6.1	6.15	63	11

试验用水为九台县植物油厂一口深井的水，其水质如下：

Mn^{2+} 浓度 9.3mg/L，$Fe_总$ 浓度 14mg/L，pH6.5，CO_2 浓度 78.58mg/L，HCO_3^- 浓度 424.04mg/L，SiO_2 浓度 33.33mg/L，H_2S 浓度 1.71mg/L，耗氧量 1.68mg/L，总硬度 21.08 德国度。

由于地下水铁和锰的含量都很高，所以试验采用两级过滤工艺系统，如图 5-39 所示。

曝气采用叶轮式表面曝气装置。曝气池容积为 0.25m³，处理水量 330L/h，水在池中停留时间为 45min，水的曝气效果见表 5-20。

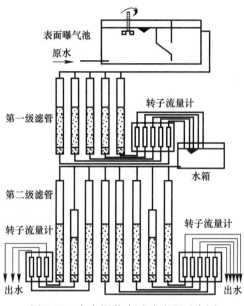

图 5-39　九台深井水试验流程示意图

曝气效果　　　　　　　　　　　　　　　　　　　　　　　表 5-20

类别	溶解氧 (mg/L)	pH	CO_2(mg/L)	HCO_3^- (mg/L)	H_2S(mg/L)	总硬度 (mmol/L)	水温 (℃)
原水	3.0～4.0	6.4～6.6	70～100	360～380	1.4～1.7	3.6	7～10
曝气后	7.0～8.0	7.4～7.6	17～22	345～350	0.3～0.4	3.4	7～10

一级过滤和二级过滤均采用有机玻璃滤柱，其主要数据见表 5-21。

深井泵将原水抽至水塔中，再经曝气（试验）设备，总含铁量约 7.0～10.0mg/L，其中三价铁占 90%以上。曝气后的水经一级过滤，滤后水含铁量一直在 0.1mg/L 以下，除铁效果良好，但除锰效果甚微，说明铁严重干扰除锰效果。所以试验的重点主要是除锰效果。下面对除铁将不再赘述。

除铁除锰试验滤管主要参数　　　　　　　　　　　　　　表 5-21

类别	滤管			滤料			滤速
	编号	高度（mm）	直径（mm）	品种	粒径（mm）	厚度（mm）	(m/h)
二级过滤	1	3000	70	马山锰砂	0.6～1.43	1550	7.5
	2	2000	70	石灰石矿	0.6～1.43	960	7.5
	3	3000	70	马山锰砂	0.6～1.43	1443	7.5
	3	3000	70	乐平锰砂	0.6～1.43	1565	7.5
	4	3000	70	石英砂	0.6～1.43	1535	7.5
	5	3000	55	锦西锰砂	0.6～1.43	1490	7.5
	6	3000	55	无烟煤	1.5～2.0	1444	7.5
	7	3000	55	马山锰砂	0.6～1.43	1445	7.5
	8	2000	55	湘潭锰砂	0.6～1.43	1200	7.5

类别	滤管			滤料			滤速
	编号	高度（mm）	直径（mm）	品种	粒径（mm）	厚度（mm）	(m/h)
一级过滤	9	2000	100	石英砂	0.6~1.43	1000	7.5
	10	2000	100	马山锰砂	0.6~1.43	1080	7.5
	11	2000	100	锦西锰砂	0.6~1.43	1000	7.5
	12	2000	90	锦西锰砂	0.6~1.43	1000	7.5
	12	2000	90	马山锰砂	0.6~1.43	1000	7.5
	13	2000	90	无烟煤	1.5~2.0	400	7.5
				石英砂	6.0~1.43	600	7.5

1~8号为二级过滤滤管。各种试验滤料的成熟过程曲线如图5-39所示。从图中可见，乐平天然锰砂成熟期最短，为36d；马山天然锰砂次之，为51d；无烟煤为71d；石英砂和锦西天然锰砂为96d。湘潭锰砂亦是比较好的除锰滤料，仅次于乐平锰砂和马山锰砂。

二级过滤的工作周期约为4~6d。反冲洗强度：天然锰砂为16~18L/(s·m²)，石英砂、无烟煤、石灰石为13~15L/(s·m²)。反冲洗历时约3~4min。一般反冲洗前水头损失为1800~2000mm，反冲洗后水头损失为200~500mm。

综上所述，用两级过滤工艺系统处理吉林省九台县植物油厂的高含铁含锰地下水，是可行的。当原水含铁量为7~10mg/L，含锰量为6~8mg/L，滤速采用5~7.5m/h时，经一级过滤可将含铁量降至0.3mg/L以下，再经二级过滤将含锰量降至0.1mg/L以下，处理效果良好且稳定。

以上试验成果除了作为埃塞俄比亚供水工程设计依据之外，还在该试验成果基础上建成了供水能力为700m³/d的海龙地下水除铁除锰水厂，采用工艺如图5-40所示。

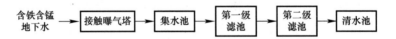

图5-40 海龙地下水除铁除锰水厂工艺流程

接触曝气塔的淋水密度为6.3m³/(h·m²)，曝气后水的pH由6.9提高至7.6。第一级滤池采用石英砂为滤料，粒径0.5~1.5mm，滤层厚0.7m，滤速6.5m/h。第二级滤池采用乐平锰砂为滤料，粒径0.5~1.5mm，滤层厚1.5mm，滤速7.5m/h。在原水含锰量为5.5mg/L条件下，水厂出水含锰量为未检出，效果良好。

水中铵盐、硫化物、有机物等还原性物质含量多时，能对二价锰的氧化起阻滞作用。例如，海龙高含锰地下水，夏季用曝气接触氧化法除锰效果良好，但冬季效果不佳。表5-22列出了冬季和夏季的水质对比情况，可见冬季水中铵盐、硫化物、有机物的含量较夏季都有明显增高，从而阻碍了接触氧化过程的进行。采用滤前投氯，投氯量3~5mg/L，保持滤后余氯0.7~1.0mg/L，能破坏还原物质的阻碍作用，使除锰效果恢复良好（表5-23）。上述还原性物质对接触氧化除锰过程的影响，在实际生产中并不多见。

海龙地下水水质   表 5-22

季节	Mn (mg/L)	Fe (mg/L)	pH	水温 (℃)	耗氧量 (mg/L)	烧灼减重 (mg/L)	腐殖酸 (mg/L)	硫化物 (mg/L)	NH_4^+ (mg/L)
夏季	5.5	3.1	6.9	17~20	1.3~1.5	27	0.3~0.5	0	0.64
冬季	6.7	9.8	7.1	4~6	3.3~7.6	63~221	1.5~1.6	1.5~2.3	1.7

海龙地下水除铁除锰水厂处理效果   表 5-23

季节	取样地点	Mn (mg/L)	Fe (mg/L)	pH	溶解氧 (mg/L)	耗氧量 (mg/L)	硫化物 (mg/L)	备注
夏季	滤前	5.5	3.1	7.6	8.2	1.3~1.5	0	—
	滤后	未检出	0.22	—	—	—	—	—
冬季	滤前	6.7	9.8	7.5	9.0	3.3~7.6	1.5~2.3	—
	滤后	6.7	1.6	—	—	—	—	—
冬季（滤前投氯）	滤前	7.5	8.0	7.5	8.0	6.8	1.9	投氯 3~5mg/L
	滤后	未检出	未检出	—	—	2.2	0	余氯 0.7~1mg/L

【实例 5-6】 沈阳地下水除铁除锰试验及工艺系统选择。

这个试验的目的是为新建地下水除铁除锰水厂的设计提供依据。

新建水厂 12 口水井的平均水质指标见表 5-24。试验由其中一口井取水，该井井水水质在试验期间的变化情况见表 5-24。

水质对照   表 5-24

项目类别		总 Fe (mg/L)	Fe^{2+} (mg/L)	Mn^{2+} (mg/L)	HCO_3^- (mg-eq/L)	pH	CO_2 (mg/L)	总硬度 (mmol/L)	SiO_2 (mg/L)	耗氧量 (mg/L)
12 口井平均值		8.41	7.59	0.43	2.64	6.67	44.29	1.20	20.0	1.90
试验井水	最大	12.95	1.13	1.3	1.60	6.7	33.26	0.58	16.0	1.76
	最小	6.0	0.04	0.4	1.40	6.0	31.05	0.56	15.0	1.10
	一般	3~10	0.1~0.3	0.5~0.8	1.4~1.47	6.2~6.4	32.0	0.57	15.0	1.50

根据地下水的水质情况，采用单级过滤和两级过滤同时平行试验的方式，工程流程如图 5-41 所示。

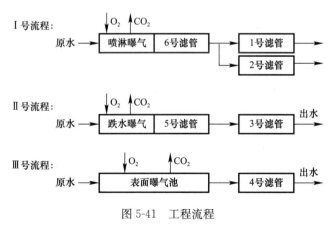

图 5-41 工程流程

各试验滤管的主要工艺参数见表 5-25。

各滤管滤料主要工艺参数一览表 表 5-25

编号	滤管		滤料			备注
	高度（mm）	直径（mm）	品种	粒径（mm）	厚度（mm）	
1	3000	90	熟马山锰砂	0.6~1.43	1000	—
2	3000	90	新石英砂	0.6~1.43	1000	—
3	3000	90	火山岩	1.0~2.0	700	—
新3	2000	90	火山岩	1.0~2.0	200	上层
			新马山锰砂	0.6~1.43	500	下层
4	2000	90	火山岩	1.0~2.0	500	上层
			熟石英砂	0.6~1.43	500	下层
5	3000	90	熟马山锰砂	0.6~1.43	1000	—
6	2350	297×187	火山岩	2.0~4.0	700	—
7	3000	90	熟乐平锰砂	0.6~1.43	1200	—

在Ⅲ号流程的试验中，水在表面曝气池中停留时间约为3h，曝气后水的pH可提高至7.1~7.4，原水中二价铁几乎全部氧化为三价铁。曝气后的水以5.0m/h的滤速经4号滤管过滤，滤后水中铁由原水的6.0~8.0mg/L降至3.0~5.0mg/L，去除率仅50%左右，除铁效果甚差，更无除锰能力。

上述试验表明，由于进行了充分曝气，使水的pH升到7.1~7.4，致使大量三价铁穿透滤层，可以判断是受水中溶解性硅酸的影响。

Ⅰ号流程采用喷淋曝气，曝气后水的pH升至6.5~6.7，经一级过滤后水中含铁浓度降至0.5~1.0mg/L，再经二级过滤后，含铁浓度降至痕量，除铁效果远好于Ⅲ号流程。

Ⅱ号流程采用跌水曝气，曝气后水的pH升至6.5~6.6，经一级过滤后水中含铁浓度便降至痕量，效果极佳。

Ⅰ号和Ⅱ号流程，由于水的pH过低，所以二级过滤皆无除锰效果。

根据上面的试验结果，又进行了两级曝气、两级过滤的试验。工艺流程如图5-42所示。

图 5-42 两级曝气两级过滤的工艺流程

上述系统中，第一级曝气和第一级过滤，与原来的Ⅰ号流程相同。第二级曝气，采用叶轮表面曝气，水在池中停留时间约为35min，曝气后水的pH提高至7.1~7.3，曝气水再经第二级过滤，获得良好除锰效果，见表5-26。

两级曝气两级过滤系统的处理效果 表 5-26

项目类别	总Fe（mg/L）	Fe^{2+}（mg/L）	Mn^{2+}（mg/L）	pH	溶解氧（mg/L）	水温（℃）
原水	8.0~10.0	0.1~0.2	0.5~0.8	6.2~6.4	1.5~2.0	10
喷淋曝气后	8.0~10.0	0.3~0.5	0.5~0.8	6.5~6.7	3.0~5.0	10
6号滤管滤后	0.5~1.0	0.2~0.4	0.5~0.8	6.4~6.6	3.0~5.0	11
表面曝气后	0.5~1.0	0.3~0.8	0.5~0.8	7.1~7.3	6.0~9.0	12
1号滤管滤后	<0.3	—	未检出	6.8~7.0	4.0~8.0	13
2号滤管滤后	<0.3	—	0.5~0.8	7.0~7.2	4.0~8.0	13
新3号滤管滤后	<0.3	—	未检出	7.0~7.1	4.0~8.0	13

按照试验结果建设的石佛寺水源一期工程——六水厂（日处理水量 20 万 m^3/d）的除铁除锰工艺如图 5-43 所示。

含铁含锰 → 跌水曝 → 除铁 → 提升 → 表面曝 → 除锰 → 清水池
地下水　　气池　　滤池　　泵站　　气池　　滤池

图 5-43 六水厂除铁除锰工艺

其中跌水曝气池跌水高度为 1.2mm。除铁滤池采用双阀滤池，单池有效过滤面积为 71m^2，共 16 座，滤料为锦西瓦房锰矿砂，粒径 0.6～2.0mm，层厚 900mm，滤速 8.16m/h。水在表面曝气池中停留时间为 30min。除锰滤池亦为 16 座 70.28m^2 的双阀滤池，滤料为江西乐平或马山锰砂，滤料粒径 0.6～2.0mm，滤层厚 900mm，滤速 8.16m/h。水厂投产后，出厂水铁浓度小于 0.3mg/L，锰浓度小于 0.05mg/L，氨氮（以 N 计）小于 0.02mg/L，pH 为 6.95～7.62，除铁除锰效果良好。在水厂运行中发现，当表面曝气池停运期间，出厂水仍然达标。

参照上述试验结果及六水厂建设和运行经验，又建设了七水厂（10 万 m^3/d）——黄家水源工程。七水厂原水取自辽河黄家地下水源，水源水质：铁 3～10mg/L，锰 2～4mg/L，氨氮 1～1.3mg/L，耗氧量 3mg/L（表 5-27）。

补充水源水质　　　　　　　　　　　　　　　　　　　　　表 5-27

指标名称	单位	监测点 1	监测点 2
色度	度	黄 45	10
浊度	NTU	5	10
臭味	臭级	4 级	3 级
可见物	—	漂浮物	微量
pH	—	7.0	7.0
氨氮（以 N 计）	mg/L	1.32	1.01
亚硝酸氮（以 N 计）	mg/L	未	未
硝酸盐（以 N 计）	mg/L	0.44	0.49
硫酸盐	mg/L	4.0	痕
卤化物	mg/L	10.0	14.5
耗氧量	mg/L	3.48	2.29
总硬度	德国度	0.73	0.171
总碱度	德国度	1.22	0.61
总铁	mg/L	3.59	3.26
锰	mg/L	4.28	1.61

水厂采用的除铁除锰工艺如图 5-44 所示。

原水 → 跌水曝 → 除铁快 → 跌水曝 → 除锰快 → 清水池
　　　气池　　滤池　　气池　　滤池

图 5-44 七水厂除铁除锰工艺

一级曝气跌水曝气池跌水高度 1.6m。除铁滤池滤料为石英砂，粒径 0.6～1.5mm，滤层厚 1000mm，滤速 8m/h。二级曝气为多级跌水曝气池，一级跌水为直接利用管道进行，跌水高度为 1m；二级和三级跌水高度分别为 1m 和 2m。除锰滤池滤料采用天然锰砂，粒径 0.6～2.0mm，滤层厚 1200mm，滤速 5.25m/h。水厂投产后，水厂出水铁浓度小于 0.2mg/L，锰浓度小于 0.05mg/L，氨氮（以 N 计）浓度小于 0.02mg/L，pH 为 6.97～7.88，除铁除锰除氨氮效果良好。

5.10 接触氧化除锰工程实例

【实例 5-7】 黑砂除铁除锰。

湖北省随县缲丝厂原以浅井水为水源，后因井水出水量减少，改用井水河水混合水。原水水质见表 5-28 和表 5-29。

该厂采用叶轮表面曝气-石英砂过滤水处理工艺。滤池中石英砂粒径为 0.5～1.0mm，滤层厚 500mm，滤速 6.5～15m/h。该水处理装置投产运行 3 个月后即发现有除锰能力，装置出水水质见表 5-28 和表 5-29，除铁除锰效果良好。运行一年后将滤砂取出，砂呈棕黑色，用稀盐酸浸泡，洗液中含铁 14mg，锰 20mg，SiO_2 23.4mg，钙、镁分别为 10mg。

原水为井水时处理前后的水质　　　　　　　　　　　表 5-28

测定日期	1971 年 10 月初		1972 年 8 月		1973 年 8 月		1973 年 12 月	
	原水	处理水	原水	处理水	原水	处理水	原水	处理水
水温（℃）	19	—	18	18.5	18.5	19～19.5	16.5	—
pH	6.4	6.9	6.8	7.4	6.8	7.1～7.2	6.4	6.9
铁（mg/L）	2.2	0.1～0.07	1.2	0.06	5	0.07	2	0.08
锰（mg/L）	0.6	0.08～0.06	—	—	—	—	0.38	0.08
碱度（mg-eq/L）	3.1	—	—	—	—	—	3	
硬度（mg-eq/L）	2.5	—	—	—	—	—	2.4	
溶解氧（mg/L）	1.9	—	—	—	—	—	3	
游离 CO_2（mg/L）	51	—	—	—	—	—	44	

原水为井水和河水的混合水时处理前后的水质　　　　　　　　表 5-29

测定日期	1972 年 6 月 5 日		1973 年 3 月 5 日		1973 年 10 月 27 日		1973 年 11 月 16 日		1974 年 1 月 8 日	
	原水	处理水	原水	处理水	原水	处理水	原水	处理水	原水	处理水
水温（℃）	—		—		16					
pH	6.8	7.0	6.8	7.1	6.5	6.9	6.5	6.9	6.8	6.8
碱度（mg-eq/L）	2.8	3.0	2.8	2.6	—	—	2.9	2.8	2.6	2.4
硬度（mg-eq/L）	—		—				2.1	2.1	—	
铁（mg/L）	1.15	<0.1	1.6	0.05	1.4	0.08	1.6	0.09	0.9	0.2
锰（mg/L）	0.4	0.05	0.65	0.06	0.4	0.06	0.45	0.06	0.35	0.3

注：1. 1974 年 1 月 8 日的测定，由于叶轮气眼被藻类堵塞，处理效果差，叶轮恢复充氧后，处理水含锰量下降到 0.1mg/L。

2. 1971 年 12 月 18 日曾测定原水含锰 0.7mg/L，处理水为 0.1mg/L。

【实例 5-8】 马山锰砂在除铁、除锰中的应用——南宁五实例。

广西综合设计院在 1978 年～1980 年期间，用马山锰砂对表 5-30 中所列各水处理装置进行改造。由于是利用现有处理构筑物改造，故设计存在着若干不完善之处，但即使这样，改造后的 5 个水处理装置中 4 个出水含铁量、含锰量达到了国家水质标准的要求，而广西 6718 工程因水中含铁量过高达 20mg/L，采用单级过滤除铁除锰，除铁效果良好，而除锰效果不佳，出水含锰量为 0.28mg/L，超过了水质标准（≤ 0.1mg/L）。表 5-30 为 5 个采用马山锰砂的水处理装置的水处理工艺、工艺参数及出水水质情况。表中所用马山锰砂经分析化验、含 MnO_2 53%、SiO_2 26.1%，密度为 3.64g/mL。

使用马山锰砂除铁除锰的生产实例　　　　　　　　　表 5-30

单位　项目	广西医学院		南岸砖瓦厂		沙井仓库		广西医学院附属医院		广西 6718 工程	
	原水	滤后水	原水	滤后水	原水	滤后水	原水	滤后水	原水	滤后水
pH	6.7	6.9	6.6	6.7	6.6	6.7	6.7	6.7	6.0	6.2
铁（mg/L）	6	0.1	15	<0.1	3.0	<0.1	12.5	<0.2	20	0.08
锰（mg/L）	1	<0.1	0.7	<0.1	0.2	<0.1	0.2	<0.1	1.0	0.28
水温（℃）	25		24		25		26		25	
处理工艺流程	淋水曝气＋锰砂快滤池		表面叶轮曝气＋大冲砂无阀滤池＋锰砂快滤池		加气阀曝气＋压力锰砂滤池		莲蓬头曝气＋锰砂快滤池		喷散曝气＋锰砂无阀滤池	
滤料品种	马山锰砂		广西五矿大冲砂、马山锰砂		马山锰砂		马山锰砂		马山锰砂	
滤料粒径（mm）	0.5～2.0		0.5～2.0；0.3～1.0		0.5～1.5		0.5～1.5		0.6～2.0	
滤料厚度（mm）	1000		700；1000		1200		1000		1000	
流量（m³/h）	110		30		10		80		20	
滤速（m³/h）	5.5		$v_1=7$；$v_2=5$		10		3		3	
投产时间	1978 年		1979 年		1978 年		1978 年		1980 年	
备注	近来测定滤后水锰量超过，查明原因是原水含锰量上升，冲洗强度不够，滤料层厚度不够，正在处理中		耳机过滤池锰砂粒径过小，影响滤速及周期		间歇式工作，流量滤速不稳定		因水井出水量减少，达不到设计流量		因含铁较高，采用一级过滤除铁除锰达不到要求	

注：以上各生产点均为利用现有处理构筑物改建，不完全符合设计要求。

【实例 5-9】　接触氧化法处理含高硅地下水中铁、锰的试验和实践

安徽省庐江县小岭硫铁矿以地下水为水源，地下水经测量水中含有铁 4.8mg/L，锰 0.7mg/L，溶解氧 0.57mg/L，为高含硅酸的地下水。该厂设置了临时的除铁除锰装置，采用了两级过滤工艺：喷淋水曝气——第一级天然锰砂滤池——第二级天然锰砂滤池——出水。淋水高度 400mm，滤池直径 600mm，高 3000m。内装 0.5～2.0mm 的天然锰砂，

层厚 1000mm。第一级滤池出水直接进入第二级滤池，滤速皆为 18m/h，装置通水两年多，出水水质良好。

【实例 5-10】 矿山含铁、锰、硫的地下水净化。

安徽省某矿山以地下水为水源，该地下水除含有铁和锰外，还含有硫，原水水质如表 5-31 所示，水站采用喷淋接触曝气-单级锰砂滤池过滤的一体化水处理流程。

水站开始采用锦西锰砂为滤池滤料，运行一个月除锰效果仍不好，但经长期运行滤料成熟后，也可获良好的除锰效果。用乐平锰砂为滤料时，水站一开始就始终具有良好的除锰能力，出水水质如表 5-31 所示。

安徽省某矿山地下水处理前后水质　　(mg/L)　　　　　　　　表 5-31

项目	原水	处理水	国家饮用水标准
铁	1.1～1.50	<0.05	<0.8
锰	0.40～0.45	<0.05	<1.0
硫	0.003～0.04	未检出	无异臭

【实例 5-11】 天然锰砂处理高含锰地下水。

湖南省汉寿县材料所以地下深井水为水源，水中含铁量为 3.6～7.2mg/L（平均5.6mg/L），含锰量为 3.3～3.8mg/L（平均 3.5mg/L），pH 为 6.8～6.9。水厂在曝气槽中对水进行射流循环曝气，曝气后水的 pH 升至 7.36～7.48，水中 CO_2 含量由 111mg/L减少到 17.6～22.0mg/L，水中溶解氧含量由 0.6mg/L 升至 8.45～9.30mg/L。曝气后的水流经旋流反应池、阻隔池和沉淀池，后流入无阀滤池过滤，滤池中滤料为天然锰砂。滤前水中含铁量降至 0.55mg/L，含锰量降全 2.1mg/L，经大然锰砂过滤后出水含铁量为0.09mg/L，含锰量小于 0.05mg/L，获得良好除铁除锰效果。

【实例 5-12】 除铁、除锰及软化设计简介。

武汉市琴断口武汉长江啤酒厂，以地下水为水源。其中，总铁浓度 5.7mg/L，二价铁浓度 4.3mg/L，锰浓度 0.6mg/L，pH 为 7.6，总硬度 175.7mg/L（CaO）。1988 年底建水处理车间，供水量 11000m³/d。厂方要求水厂出水铁浓度小于 0.1mg/L，锰浓度小于0.1mg/g，硬度 78.4mg/L（CaO）。水厂设机械通风曝气塔、普通快滤池及离子交换装置，去除水中铁、锰及硬度。普通快滤池的滤料为锰砂（粒径 0.6～1.2mm），滤速 4m/h。投产后，出水水质达到设计要求。

【实例 5-13】 天然饮料用水除铁除锰设备的研究。

哈尔滨振华饮料厂以地下水为水源，地下水中含铁 2.6mg/L，含锰 0.6mg/L。该厂采用 YCTM 设备处理地下水。该设备主要采用射流曝气器和天然锰砂活性滤膜催化氧化除铁除锰工艺。该设备运行一年多，经检测原水经处理后水厂出水中含铁量为 0.1mg/L，锰未验出。

【实例 5-14】 天然锰砂处理只含锰不含铁地下水。

山东省新汶矿务局于 1991 年 3 月建成地下水除锰水厂。地下水中只含锰不含铁。水厂原水来自两处地下水水源，经混合后水中含锰量不超过 3mg/L。水厂日处理量为15000t。水厂的处理工艺如图 5-45 所示。

图 5-45　新汶矿务局地下水除锰工艺

叶轮表面曝气池的容积近 $400m^3$，曝气时间 30min，曝气后水的 pH 升至 7.50 以上，溶解氧浓度升至 8.0mg/L。滤池采用马山锰砂为滤料，滤速 8m/h。为进行对比，在滤池另一格采用石英砂为滤料。

水厂投产后，采用对锰吸附容量大的马山锰砂为滤料的滤池，一开始就能将水中锰由 2.1mg/L 降至 0.13mg/L；25d 后出水达标，滤料成熟；70d 后停止曝气，滤池出水含锰量仍能低于 0.1mg/L，表明锰砂成熟后，能够在低溶解氧和低 pH 条件下将锰除去。

石英砂滤料吸附容量很低，故在投产初期对锰的去除率很低；44d 后滤料逐渐成熟，但成熟较慢。70d 后停止曝气，发现出水水质逐渐变坏，含锰量超过 0.1mg/L；100d 后除锰率只有 50%。

滤池投产初期，采用了低滤速运行方式，通过半年的试运行，锰砂活性滤膜已经形成，逐渐提高滤速到设计值。在曝气条件下，水厂出水水质达到国家标准要求。

【实例 5-15】　黑砂除锰实例两则。

在接触氧化除锰工艺中用石英砂作滤料，石英砂表面会形成黑色的具有催化作用的锰质活性滤膜，这种石英砂可称之为黑砂。当水中锰含量较高时，锰质滤膜变厚，滤料粒径增大。当滤料粒径过粗时，会影响出水水质，有时甚至 1～2 年就需要更换滤料一次。某黑砂样品，经检测黑砂的锰膜中主要含有锰，此外还含有少量铁、锌、铝等金属，其中，锰 2010mg/kg、铁 140mg/kg、锌 12.5mg/kg、铝 40mg/kg。黑砂对水中锰具有吸附及接触氧化去除能力，可被用于除锰设备中。

实例 1：福建省霞浦电影公司，其游泳池水源为地下水，自用水量为 $240m^3/d$。水中含锰量为 0.21mg/L。该公司滤池内径为 1.2m，滤池中装入黑砂厚 1m，以 9m/h 滤速过滤，出水含锰量低于 0.012mg/L。

实例 2：福建省闽侯县康力食品厂以地下水为水源，日产水 $200m^3$，原水含锰量为 0.5mg/L，黑砂滤池以 30m/h 滤速过滤，滤后水含锰量为 0.011mg/L。

【实例 5-16】　两级曝气两级过滤处理高含锰地下水。

黑龙江省齐齐哈尔市富拉尔基自来水公司第五水源，原水含铁 5mg/L，含锰 3mg/L，水厂处理能力 $15400m^3/d$，原工艺采用简单曝气一级过滤除铁除锰，除锰效果不佳，致使无阀滤池出水槽内以及给水管道中沉积大量黑色锰质沉淀物。水厂对处理工艺进行了改造，在原工艺后增加了表面曝气装置和普通快滤池，形成一级曝气——一级过滤——二级曝气——二级过滤工艺流程。该改造工程投产后，出水水质达到国家生活饮用水标准。

【实例 5-17】　用锰砂除地下深井水中铁、锰离子的工艺设计及运行控制。

实例 1：哈尔滨市郊某度假村地下水取自 60m 深井，pH 为 7.1，含铁量 1.5mg/L，含锰量 1.0mg/L，采用强制鼓风曝气塔＋锰砂压力滤池。系统投产后 10d 出水含铁量低于 0.3mg/L，含锰量为 0.5mg/L；投产 1 个月后出水含铁量降至 0.05mg/L，含锰量降至 0.05mg/L。

实例 2：哈尔滨市某制革厂用水以 50m 深井水为水源，水的 pH 为 7.3，含铁量 15mg/L，含锰量 3.4mg/L，采用两级曝气两级过滤工艺：井水——莲蓬头曝气装置（孔径 6mm，距水面 2.0m）——一级锰砂过滤——二级机械通风曝气——二级锰砂过滤——出水，设备投产后，系统出水含铁量小于等于 0.3mg/L，含锰量小于等于 0.1mg/L。

【实例 5-18】 辽宁阜新化工厂地下水净化设备设计及运行

原水取自 20 多米深的浅层地下水（阜新化工厂），水中含铁 10mg/L，含锰 1.2mg/L，氨氮 0.2mg/L。水厂处理能力为 80m³/h，采用原水——多级跌水曝气——锰砂单阀滤池——多级跌水曝气——锰砂单阀滤池，滤料为锦西锰砂，滤速 10m/h，反冲洗量 15L/(m²·s)，反冲洗 5min，其中水头损失 1.2m。投产后出水含铁小于 0.3mg/L，含锰小于 0.1mg/L，氨氮约为 0。

【实例 5-19】 郑州市石佛水厂除铁除锰滤池运行机理讨论。

郑州市石佛水厂 1998 年 5 月建成投产，设计规模 11 万 m³/d。水厂原水取自郑州市北郊黄河滩地的浅层地下水，其水质见表 5-32。

石佛水厂原水情况　　　　表 5-32

序号	检测项目	检测结果	序号	检测项目	检测结果
1	水温（℃）	16	11	氯化物（mg/L）	40
2	pH	7.5	12	硫酸盐（mg/L）	35
3	浊度（NTU）	0.5	13	硝酸盐（mg/L）	0.07
4	气味	铁腥或臭蛋味	14	亚硝酸盐（mg/L）	0.001
5	总硬度（mg/L）	290	15	氨氮（mg/L）	0.4
6	总碱度（mg/L）	300	16	溶解性总固体（mg/L）	470
7	可溶性 SiO_2（mg/L）	15	17	挥发酚（mg/L）	0.002
8	二价铁（mg/L）	1.5	18	二氧化碳（mg/L）	15
9	三价铁（mg/L）	0.1	19	溶解氧（mg/L）	1
10	锰（mg/L）	0.26	20	耗氧量（mg/L）	1

由表可见水中铁和锰含量超标，故水厂采用曝气-石英砂过滤工艺进行除铁除锰。曝气池采用二次跌水曝气，曝气高度分别为 0.9m 和 0.3m。除铁除锰滤池为普通快滤池，滤料为 0.6~1.0mm 石英砂，砂滤层厚 1.6m，设计滤速 11m/h。

水厂投入运行后，初期水厂供水量仅为 4 万 m³/d。原水经跌水曝气后，滤前水溶解氧浓度为 5.6mg/L。滤池滤速为 4~5m/h。滤池投产后，除铁效果良好，除锰经一个月的成熟过程，滤后水含锰量降至小于 0.1mg/L，并且运行稳定。

【实例 5-20】 反冲洗水含消毒剂对除锰的影响。

抚顺西部经济开发区于 1994 年建李石净水厂。该厂以地下水为水源，原水水质见表 5-33。

净水厂区域地下水水质　　　　表 5-33

检验项目	指标	国家标准
水温（℃）	9	—
pH	6.8~6.9	6.5~8.5
色度	10	<15

续表

检验项目	指标	国家标准
浊度	40	<3
Ca(mg/L)	42.697	—
Mg(mg/L)	7.819	—
Fe(mg/L)	7~10	<0.3
Fe^{2+}(mg/L)	6~7.5	—
Mn(mg/L)	1.1~1.3	<0.1
NH_4^+-N(mg/L)	0.4~0.7	<0.1（辽宁省标准）
NO_2^--N(mg/L)	0.002	<0.004（辽宁省标准）
HCO_3^-(mg/L)	139.607	—
CO_2(mg/L)	28.336	—
SiO_2(mg/L)	20	—
SO_4^{2-}(mg/L)	25	<250
DO(mg/L)	0.8~1.4	—
OC(mg/L)	0.56~0.72	<3.0
总硬度（mg/L)	77.7	—
总碱度（以 $CaCO_3$ 计，mg/L)	320.3	<450
总酸度（以 $CaCO_3$ 计，mg/L)	32.2	—

水厂设计规模为 $3000m^3/d$，采用水处理流程如图 5-46 所示。

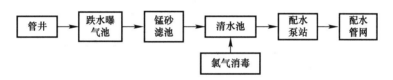

图 5-46　李石净水厂工艺流程

跌水曝气池跌水高度为 1.25m，单宽 $20m^3/(h\cdot m)$，水在池中总停留时间为 20min，曝气后水中溶解氧为 3~4mg/L，pH 为 7.0 左右。锰砂滤池采用马山锰砂，滤层厚度 1.0m，滤速 5m/h。水厂于 1994 年 11 月投入使用。

水厂投入使用后最初除铁除锰效果良好，但经过半年多的运行，出现除铁效果好而除锰效果不好的情况，除锰率仅有 10%，氨氮去除率为 50%。分析原因是使用清水池中含消毒剂的水进行砂滤池反冲洗。改用不含消毒剂的水对滤池反冲洗后，则出水含锰量不断降低，不久降至 0.1mg/L 以下。表 5-34 为出厂水的水质。可见，水厂对氨氮也有良好去除效果。

出水水质　　　　　　　　　　　　表 5-34

Fe			Mn			NH_4^+-N			pH		滤层细菌计数
原水(mg/L)	出厂水(mg/L)	去除率(%)	原水(mg/L)	出厂水(mg/L)	去除率(%)	原水(mg/L)	出厂水(mg/L)	去除率(%)	原水(mg/L)	出厂水(mg/L)	(个/cm^3 砂)
9.76	0.063	99.4	1.41	0.011	99.22	0.471	痕量	100	6.81	6.86	9×10^5

该水厂自 1995 年 12 月正常生产三年后，出厂水有时仍有超标现象。

153

关于滤料成熟期，在本水厂水质条件下，根据模型试验，在使用低于2m/h滤速时，石英砂滤料约需90d，煤砂双层滤料需60d，锰砂因对锰有吸附能力，故出水一直达标。当滤料成熟后，逐步上调滤速，相应的出水合格所需时间，石英砂约需100~120d，煤砂双层滤料约需60~90d，锰砂约需30~50d。

【实例5-21】 浅谈地下水铁、锰离子的去除。

铁道七里沟水厂设计规模为3000m³/d，以地下水为水源，原水含铁量0.6mg/L，锰含量0.4mg/L。水厂原有处理装置设备老化，出水水质不稳定。该水厂于1999年3月对设备进行大修，大修后的水处理流程为：原水——跌水曝气池——除铁除锰滤罐——清水池。原水在曝气池中跌水高度为1.5m。滤池采用锰砂为滤料，滤层厚度为950mm，设计滤速为10m/h。水厂大修投产后刚投入运行，出水铁、锰含量均达到国家饮用水水质标准，运行1个月后，出水含铁量仍合格，但含锰量升至0.3mg/L已不符合要求，后经1个月对此滤膜的培养和调试，滤料成熟，出水含铁量降至0.001mg/L，含锰量降至0.01mg/L以下，符合饮用水水质标准的要求。

【实例5-22】 低pH地下水除铁除锰两级过滤。

湖南省常德市西湖镇地处洞庭湖腹地，以地下水为原水，水厂规模为2000m³/d。原水水质见表5-35。

常德市西湖镇地下水水质　　　　　　　　　　　　表5-35

检测项目	水温(℃)	pH	DO (mg/L)	CO₂ (mg/L)	浊度 (NTU)	总铁 (mg/L)	亚铁 (mg/L)	锰 (mg/L)	SiO₂ (mg/L)	总磷 (mg/L)	氯化物 (mg/L)	总硬度 (mg/L)	总碱度 (mg/L)
原水	19.0	6.0	0.6	66	0.6	20.1	19.4	0.91	60	1.0	60.0	600	140

原水处理工艺为自然氧化法除铁除锰，水厂投产以来，出水含铁量基本能达到水质标准要求，但含锰量严重超标。

该水厂在改造、扩建工程中，采用一级曝气、二级过滤除铁除锰工艺，曝气装置为板条式曝气塔；第一级滤池为无阀滤池，滤料为石英砂，滤速10m/h；第二级滤池为普通滤池，滤料为石英砂；滤速为8m/h。

水厂投产后，出水中铁浓度在一天后即达标，出水中锰浓度随滤料逐渐成熟而降低，至投产半年后，出水水质（20d内5次检测平均值）见表5-36。

投产半年后出水水质　　　　　　　　　　　　表5-36

检测项目	原水	曝气塔出水	一级过滤水出水	二级过滤出水
温度(℃)	19.4	20.3	20.7	21.0
DO (mg/L)	0.4	7.5	7.2	6.7
pH	6.1	6.9	7.0	7.1
浊度(NTU)	0.5	22.9	4.7	0.8
总铁 (mg/L)	21.7	20.80	0.45	0.13
Fe²⁺(mg/L)	21.30	18.5	0.14	0.05
Mn²⁺(mg/L)	0.95	0.93	0.76	0.01

【实例5-23】 高含铁地下水两级曝气两级过滤除锰。

　　黑龙江浩良河化肥厂位于伊春市浩良河镇，该水厂以地下水为水源，水站处理能力为1000m³/d。水站原水水质见表 5-37。该水站原水处理的工艺为喷淋跌水曝气、石英砂无阀滤池过滤除铁除锰。该工艺能将原水铁浓度由 10～21mg/L 降至 0.1～0.3mg/L，但除锰效果极差，只能将锰浓度由 0.25～1.8mg/L 降至 0.25～0.8mg/L，达不到国家生活饮用水卫生标准的要求（≤0.1mg/L）。

黑龙江浩良河化肥厂水厂原水水质　　　　　表 5-37

项目	数据
水温（℃）	3～4
浊度（mg/L）	45
肉眼可见物	无
pH	6.55
总硬度（mg/L）（以 CaCO₃ 计）	65.6
钙（mg/L）（以 CaCO₃ 计）	13.97
镁（mg/L）	7.48
铁（mg/L）	12.06
锰（mg/L）	1.09
铜（mg/L）	<0.001
锌（mg/L）	<0.015
氯化物（mg/L）	9.75
色度（倍）	>60
味	无
氟化物（mg/L）	0.17
氨氮（mg/L）	0.65
亚硝酸氮（mg/L）	0.004
细菌总数（个/mL）	4

　　该水厂改建后的水处理工艺为：跌水曝气——石英砂过滤——表面曝气——锰砂过滤除铁除锰。水在表面曝气池中停留时间为 50min。第二级锰砂滤池为 2 台压力滤罐，滤罐直径为 3.0m，长 4.8m，过滤容积 7.1m²，单台处理能力为 50m³/h。滤罐内装锰砂滤料，粒径 0.6～2.0mm，滤层厚 1000mm，滤速 7m/h，水站改建投产后，开始出水铁、锰浓度皆达标，但运行 20d 后，出水铁、锰浓度开始增高，后经 3 个月的调试滤料成熟，出水铁浓度稳定在 0.1～0.2mg/L，锰浓度痕量（<0.1mg/L），运行一直比较平稳。投产一年期间出水中铁、锰浓度的变化情况见表 5-38。

出水中铁、锰浓度的变化情况　　　　　表 5-38

月份	Fe（mg/L）		Mn（mg/L）		NH₄⁺-N（mg/L）		滤层细菌数（个/mL）
	进水	出水	进水	出水	进水	出水	
1	9.38	0.28	0.96	0.87	1.46	0.025	—
2	9.63	0.22	0.98	0.92	1.48	0.031	—
3	10.02	0.18	1.16	0.78	1.56	0.028	—
4	11.03	0.23	1.05	0.58	0.98	0.026	2.8×10^3

月份	Fe（mg/L）		Mn（mg/L）		NH$_4^+$-N（mg/L）		滤层细菌数（个/mL）
	进水	出水	进水	出水	进水	出水	
5	10.69	0.17	0.99	0.029	0.99	0.025	8.1×10^4
6	11.86	0.16	0.98	0.019	1.06	0.032	5.6×10^5
7	10.12	0.13	0.86	0.050	0.99	0.051	4.6×10^5
8	9.46	0.12	0.96	0.018	01.16	0.026	6.8×10^5
9	8.68	0.09	1.02	0.022	0.98	0.026	6.6×10^6
10	10.06	0.11	1.00	0.027	0.86	0.025	7.6×10^6
11	9.19	0.12	1.05	0.021	0.89	0.025	8.6×10^6
12	10.01	0.09	1.15	0.020	0.364	0.015	8.8×10^6

【实例 5-24】 多层纤维除铁除锰生产性试验。

多层纤维除铁除锰塔是以多层纤维为滤料的地下水除铁除锰设备，塔的直径为 1m，高 3m，塔内分 4 层，每层用纤维充填。原水来自哈尔滨市供水七水厂厂区的地下水，因其位于松花江边，水质受江水水位影响，丰水期和平水期由江水补充地下水，枯水期由地下水补给江水。铁含量 2～4mg/L，最高 10mg/L，锰含量一般 0.3～0.4mg/L，最高 0.5mg/L。

多层纤维除铁除锰塔工作时，原水从塔顶喷淋而下，流经 4 层纤维过滤后，由下部流入净水池。用鼓风机将空气由底部鼓入，从上部排出。反冲洗水从下部进入，可逐层进行反冲洗。该塔过滤速度为 0.5～6.5m/h。

该塔投产后，经 30d 运行出水铁浓度降至 0.1mg/L，经 60d 运行锰浓度降至 0.1mg/L，表明滤料已经成熟。出水的其他指标见表 5-39。

多层纤维除铁除锰塔出水水质 表 5-39

项目	原水	滤后水	去除率（%）
高锰酸盐指数（mg/L）	4.8	1.9	60.4
溶解氧（mg/L）	0.85	5.1	—
浊度（NTU）	10.5	0.5	95.2
色度（倍）	24	6	75
氨氮（mg/L）	1.5	0.14	90.7
TOC（mg/L）	18	5	72.2
pH	7.1	7.5	—

【实例 5-25】 除铁除锰净化水处理设施的设计与施工。

国家一个粮食储备库以地下水为水源，地下水中铁的浓度为 0.81mg/L，锰浓度为 1.07mg/L。该库净水站处理水量为 20m³/h。

净水站采用曝气、单级过滤除铁除锰工艺。用空压机向原水管中注入空气，经管道混合器混合，注入过滤罐。罐中粒径为 0.5～0.6mm 的石英砂滤料，滤层厚 1000mm，滤速 5～10m³/h。净水站建成投产后，处理效果良好，出水铁浓度为 0.12mg/L，锰浓度为 0.02mg/L，满足国家对生活饮用水卫生的要求。

【实例 5-26】 浅谈嘎巴屯净水厂除铁除锰工艺设计。

辽宁铁法煤业集团公司三台子矿区，以地下水为水源，供水规模为 6400m³/d，原水中铁浓度为 0.9mg/L，锰浓度 1.5mg/L。该工程采用机械通风接触式曝气塔曝气、两级无阀滤池过滤除铁除锰工艺。机械通风接触曝气塔，填料采用活化无毒多面空心球，曝气后溶解氧饱和度可达 90%以上，二氧化碳散除率可达 80%～90%。原水曝气后重力进入一级除铁无阀滤池，滤池出水进入中间水池，经提升后流入第二级无阀滤池除锰。滤池滤料采用连云港天然锰砂，滤层厚度 900mm，滤速 10m/h。水厂于 2001 年 9 月建成投产，出水水质良好，出水铁浓度为 0.15mg/L，锰浓度 0.07mg/L，符合国家生活饮用水卫生标准要求。

【实例 5-27】 水的 pH、溶解氧及运行对除锰的影响。

试验在湖南省汉寿县一水厂进行，该水厂以地下水为水源。试验原水为该厂的地下水，水中铁浓度为 16～18mg/L，锰浓度为 0.45～0.68mg/L。试验装置采用曝气塔——第一级过滤除铁——中间加药——第二级过滤除锰的工艺流程。出水的水质见表 5-40。

第一级滤柱出水水质　　　　　　　　　　表 5-40

水质指标	原水	一级滤柱出水
Fe^{2+}（mg/L）	16～18	0～0.3
锰（mg/L）	0.45～0.68	0.42～0.70
pH	6.1～6.2	6.45～6.7
ORP（mV）	214～264	392～410
DO（mg/L）	0	3.5～4.3
水温（℃）	19.1～19.5	18～21.4

本试验将研究第二级滤柱的除锰效果影响因素，故第二级滤柱以第一级滤柱的出水为原水。由表 5-40 可见，水厂原水经第一级滤柱过滤后，出水中 Fe^{2+} 大部分被去除，锰离子浓度则基本没有变化，适宜作为第二级除锰滤柱的原水进行除锰研究。

第二级除锰滤柱高 2.5m，内径 188mm，内装粒径为 0.7～0.9mm 的石英砂，滤层厚度为 1100mm，滤速为 8m/h。试验开始，第二级滤柱连续运行近 3 个月，滤柱出水锰浓度降至痕量。

试验表明，水的 pH 对除锰效果有一定影响，不同 pH 时锰浓度沿滤层深度方向变化，随着 pH 的升高锰的浓度下降得越快，即滤层除锰效率随之提高。在 pH 6.5～8.5 范围内，滤层都有极好的除锰效果，但当 pH<5 时，滤柱出水锰浓度急剧上升，出现出水锰浓度比进水高几倍的情况。

试验表明，本试验的第二级滤柱进水中锰及少量二价铁氧化所需溶氧量为 0.3～0.4mg/L，当进水中溶解氧浓度为 0.9～5.7mg/L 时，未发现对除锰效果有明显影响。

试验还进行了滤柱关闭对除锰效果影响的试验。第二级除锰滤柱运行前，将柱内水排空。滤柱关闭 28d 后，只对滤柱进行正常反冲洗，然后，通入原水，重新启动，发现滤柱启动初期出水锰浓度偏高，但过滤 2～3d 后出水锰浓度降至 0.1mg/L 以下，表明滤柱长时间关闭对其除锰活性影响很小。

【实例 5-28】 地下水除铁除锰研究的问题与发展。

一般说来，一级除铁除锰滤池中，上部是除铁带，下部为除锰带，但试验发现，只有滤层表面铁细菌计数达到 10^5 数量级时，滤池的除锰能力才成熟，可是在除锰带上常常只能计到 $10^2 \sim 10^3$ 数量级的铁细菌。如果铁细菌是除锰的主要因素，为什么除锰往往发生在微生物数量级少的下层，而不是数量级较多的上层？

有人发现，Fe^{2+} 是铁细菌的诱导因素，在没有 Fe^{2+} 存在的情况下，铁细菌无法利用水中的 Mn^{2+}。但是地下水进入滤层后，Fe^{2+} 往往在滤池上部 10cm 的滤层中就几乎被氧化为 Fe^{3+}，下层的 Fe^{2+} 含量微乎其微，大部分 Mn^{2+} 去除是在几乎不含 Fe^{2+} 的滤层下部完成的。试验发现，在两级除铁除锰过滤中，二级除锰滤柱在一级滤柱出水 Fe^{2+} 含量没有或者很小的情况下（<0.03mg/L），除锰稳定，当二级进水 Fe^{2+} 增加时发现除锰滤柱出现异常，即滤层中含锰量均超过进水含锰量，到滤层下部才逐渐降低。

【实例5-29】 反冲洗对除锰滤池稳定运行影响

利用已培养成熟的生产性滤池进行反冲洗试验（表 5-41）。试验滤池位于沈阳经济技术开发区水厂。水厂原水进水铁浓度 0.034～0.099mg/L，锰浓度为 1.428～2.812mg/L。工艺流程为一级曝气、单级过滤。滤料为石英砂，粒径 0.5～1.2mm，厚度为 1000mm。在滤料培养阶段，滤池过滤周期为 96h，反冲洗强度为 14L/(s·m²)，反冲洗 4min。培养阶段后期，滤层出现板结，将周期缩短为 72h，反冲洗强度加大为 15L/(s·m²)，反冲洗时间 5min，滤池处理效果良好，出水锰浓度最大为 0.05mg/L。从 2 月 7 日起，将过滤周期缩短为 48h，运行一个月后出水锰浓度升至 0.41mg/L。3 月 23 日将过滤周期恢复到 72h，并每 24h 以 12L/(s·m²) 强度反冲洗 1min 滤层（不排反冲洗水），一周后出水合格。

生物滤池稳定运行期反冲洗试验表　　　表 5-41

运行时间	工作周期 (h)	反冲洗强度 [L/(s·m²)]	反冲洗历时 (min)	进水铁 (mg/L)	进水 Mn^{2+} (mg/L)	出水 Mn^{2+} (mg/L)
12.22～2.6	72	15	5	0.034	1.873～2.812	≤0.05
2.7～3.22	28	15	5	0.034	2.339	0～0.41
3.23～7.31	72	15	5	0.034～0.099	1.428～2.751	未检出

当滤层刚成熟，初滤水中锰浓度会短期突然增大，但 5～10min 后出水锰浓度将降至正常。当滤层运行成熟后，反冲洗滤池初滤水锰的浓度低于 0.1mg/L，基本不受反冲洗的影响。

【实例5-30】 陶粒-锰砂双层滤池去除地下水中的铁锰

吉林省梅河口市海龙镇煤田地质 102 勘探队以地下水为水源，原水水质见表 5-42，供水规模为 300m³/d。原设备老化除铁除锰效果不佳，采用接触氧化＋药剂氧化工艺对原工艺进行改造。新工艺采用射流曝气，同时向水中投加高锰酸钾 5.0mg/L，再经陶粒-锰砂双层滤料过滤。滤池内上层陶粒粒径 3.0～5.0mm，层厚 950mm，密度 1.54g/cm³，下层的锰砂粒径 1.2～2.0mm，层厚为 850mm，密度 2.74g/cm³，滤速 6～8m/h，过滤水头损失一般取 2.0m。反冲洗时，气冲强度为 17L/(s·m²)，时间为 5min，水反冲强度为 15～16L/(s·m²)，时间为 3min。设备改造后至今已运行 1 年，投产起就持续获得达标除铁除锰水，效果良好，出水水质见表 5-42。

陶粒-锰砂双层滤池出水水质 表5-42

项目	进水	出水	去除率（%）
高锰酸盐指数	4.8mg/L	1.7mg/L	64.6
色度	28.5mg/L	5.0mg/L	42
浊度	10.0NTU	0.45NTU	95.5
Fe^{2+}	6.8mg/L	0.06mg/L	99.1
Mn^{2+}	1.29mg/L	0.02mg/L	98.4
大肠菌群	—	<3个/L	—
NH_4^+-N	1.3mg/L	0.12mg/L	90.8
pH	5.9	7.1	—
氰化物	<0.01mg/L	—	—

【实例5-31】 论曝气氧化法和接触氧化法及在绥滨县地下水除铁除锰中的应用。

黑龙江省鹤岗市绥滨县东胜村以地下水为水源，原水水质：pH 为 6.3，Fe^{2+} 为 2.7mg/L，Mn^{2+} 为 0.67mg/L。该村供水规模 8~10m^3/h，采用自然氧化和接触氧化联用去除工艺：深水泵——射流曝气——絮凝反应沉淀池——滤池——出水。

该工艺射流曝气的气水比为 0.4:1，曝气后水中 pH 由 6.3 升至 6.9，曝气后水在絮凝反应池中沉淀 1.5h，然后流入锰砂滤池，池中锰砂粒径 0.8~1.2mm，滤速 8m/h。该装置于 2005 年 9 月初建成，9 月底取出水水样，测得出水中 Fe 浓度为 0.24~0.27mg/L，Mn 浓度为 0.03~0.09mg/L。

【实例5-32】 两级曝气两级过滤工艺处理超高含铁锰地下水。

黑龙江省德都市地下水含铁含锰浓度极高，水质见表5-43。水厂采用两级曝气两级过滤除铁除锰工艺。曝气为跌水曝气，滤池滤料为石英砂，工艺参数见表5-44。

德都市地下水水质 表5-43

项目	单位	浓度	项目	单位	浓度	项目	单位	浓度
K^+	mg/L	84.0	Cl^-	mg/L	14.5	游离 CO_2	mg/L	—
Na^+	mg/L	—	SO_4^{2-}	mg/L	10.0	总硬度	mg/L	—
Ca^+	mg/L	89.0	HCO_3^-	mg/L	1016.0	总硬度	mg/L	—
Mg^+	mg/L	95.7	NO_2^-	mg/L	—	pH	mg/L	6.1
NH_4^+-N	mg/L	—	NO_3^-	mg/L	—	耗氧量	mg/L	0.56
TFe	mg/L	28	可溶 SiO_2	mg/L	62.5	溶解氧	mg/L	—
Mn^{2+}	mg/L	7.4	总硬度	mmol/L	6.15	总固体	mg/L	899.6

两级流程净化超高浓度铁、锰地下水过程设计与参数 表5-44

跌水曝气池		滤池						
跌水高度（m）	单宽流量 [m^3/(m·h)]	滤速（m/h）		工作周期（h）		反冲洗强度 [L/(s·m^2)]		反冲洗时间（min）	
		一级滤池	二级滤池	一级滤池	二级滤池	一级滤池	二级滤池	一级滤池	二级滤池
0.8	20	5	5	24	28	12	10	8	6

水厂第一级跌水曝气和第二级跌水曝气跌水高度皆为 0.8m。第一级曝气后，水中溶解氧浓度升至 5mg/L，经第一级滤池过滤，出水中铁浓度由 28mg/L 降至 2mg/L，但锰

浓度由 7.5mg/L 降至 6.0mg/L，仅稍有去除，滤池出水中溶解氧浓度降至 0；水经第二级曝气和二级过滤后，出水铁浓度降至 0.2mg/L，锰浓度降至 0.05mg/L，达到国家水质标准要求。水厂各工艺构筑物出水水质见表 5-45。

各单元出水水质　（单位：mg/L）　　　　　　　　　表 5-45

水质指标	第一曝气池	一级滤池	第二曝气池	二级滤池
DO	5.0	0	5	2
TFe	28	2	2	0.2
Mn^{2+}	7.5	0	6	0.05

【实例 5-33】　沈阳开发区地下水除铁除锰。

沈阳开发区供水厂以地下水为水源，设计规模 6 万 m^3/d，原水铁浓度 0.1～0.5mg/L，锰浓度为 1～3mg/L。水厂采用跌水曝气-大阻力普通快滤池除铁除锰工艺。水在曝气池中跌水高度为 0.84m。滤池采用石英砂为滤料，滤层厚 1m，设计滤速为 6m/h，强制滤速为 6.5m/h。2002 年 9 月 25 日，水厂 1 号滤池正式接种，单池面积 46.5m^2，接种种泥量为 2400L。采用低滤速、弱反冲洗强度，通过适当的控制运行，对接种滤池进行人工培养。经 3 个月的运行，滤池出水锰浓度小于 0.05mg/L，表明滤层已经成熟，成熟期为 3 个月。

【实例 5-34】　单级石英砂滤层处理高含铁含锰地下水。

黑龙江省兰西镇原有地表水厂，规模为 6000m^3/d，因被污染决定用河漫滩地下水为水源建设 12000m^3/d 规模的新水厂。水源水中含有过量铁和锰，水质如下：Fe^{2+} 为 11～15mg/L，Fe^{3+} 为 0.1～2mg/L，Mn^{2+} 为 0.5～2.6mg/L，Ca^{2+} 为 15.9～103.37mg/L，Mg^{2+} 为 4.83～33.78mg/L，NH_4^+-N 为 0.04～1.36mg/L，HCO_3^- 为 97.63～575.59mg/L，总硬度为 59.52～382.25mg/L。水厂采用跌水曝气-滤池除铁除锰工艺。水厂曝气池中跌水高度 0.6m，曝气后水中溶解氧浓度为 5～6mg/L。滤池采用石英砂为滤料，滤料粒径 0.6～1.2mm，滤层厚 1300mm，设计滤速 6m/h。2003 年 10 月 21 日从北京市水质科学与水环境恢复试验室取得除铁除锰混合菌种，第二日接种于滤池中，按低速度 1m/h，工作周期 3d，反冲洗强度 12L/(s·m^2)，反冲洗时间 4min 进行培养。2004 年 1 月起将反冲洗周期缩短为 24h，反冲洗时间延长至 6min，滤速提高至 2m/h。到 2004 年 6 月底，经过 8 个月的培养滤层基本成熟，出水总铁小于 0.1mg/L，锰小于 0.1mg/L，即滤层成熟期为 8 个月。

【实例 5-35】　东丰县地下水除铁除锰。

吉林省东丰县以地下水为水源，扩建规模为 6000m^3/d 的除铁除锰二水厂。水源水中含铁 7～10mg/L，含锰 0.9～2.0mg/L，有微量有机物。水厂采用跌水曝气＋滤池的除铁除锰工艺。水在曝气池中经二级跌水，第一级跌水为 0.8m，第二级跌水高厚为 0.8m。曝气后水中溶解氧含量可达 4～5mg/L。滤池采用石英砂为滤料，滤层厚 1.2m。扩建工程 2002 年末建成。滤池运行 2 个月，滤层成熟，出水总铁小于 0.1mg/L，锰小于 0.05mg/L。

【实例 5-36】　高含铁地下水单级过滤除锰。

黑龙江省佳木斯市为满足 2005 年城市供水要求，拟建设规模为 20 万 m^3/d 的地下水水厂。原水中铁浓度为 12.24～14.9mg/L，锰浓度最高为 1.55mg/L，pH 为 6.2～6.7，水温 4.5～7.0℃，总硬度为 45.41～356.73mg/L（以 $CaCO_3$ 计），矿化度为 110～160mg/L，耗氧量为 1.25～3.06mg/L。水厂采用跌水曝气-滤池除铁除锰工艺。滤池采用石英砂为滤料，滤速 6m/h。滤池成熟期为 6 个月，水厂出水铁、锰含量达标。

【实例 5-37】 黑龙江省哈尔滨市阿城区地下水除铁除锰。

黑龙江省哈尔滨阿城区以地下水为水源，水中铁、锰浓度超标，水源水质见表 5-46。阿城前后建起 2 座地下水除铁除锰水厂：二水厂（供水规模 6 万 m^3/d）和三水厂（供水规模为 5 万 m^3/d）。两水厂都采用曝气-两级锰砂过滤除铁除锰工艺，工艺参数基本相同。

阿城二水厂和三水厂水质　　　　　　　　　　　表 5-46

参数	二水厂		三水厂	
	原水数值	出厂水	原水数值	出厂水
锰（mg/L）	1.38~1.90	<0.1	0.91~1.55	<0.1
铁（mg/L）	0.8~1.50	0.01~0.05	1.5~1.92	0.01~0.05
氨氮（mg/L）	0.15~0.37	0.1~0.3	0.36~0.66	0.2~0.4
硬度（mg/L）（以 CaCO₃ 计）	210~300	200~285	200~332	200~330
总溶解性固体（mg/L）	640~760	640~752	620~750	600~746
浊度（NTU）	0~10.1	0.2~0.5	2.5~17.1	0.3~0.5
溶解氧（mg/L）	—	6.5~8	—	6.5~8.0
pH	7.1~7.2	7.1~7.2	7.1~7.2	7.1~7.2

第一级和第二级滤池滤料皆为锰砂，粒径 0.6~2.0mm，滤层厚 1.2m，滤速 5~8m/h。两水厂出水水质见表 5-46，出水铁浓度为 0.01~0.05mg/L，锰浓度小于 0.1mg/L，氨氮 0.1~0.4mg/L，硬度 200~322mg/L，总溶解性固体 600~752mg/L，浊度 0.2~0.5mg/L，pH 为 7.1~7.2，出水水质达到国家水质标准要求。

【实例 5-38】 地下水除铁除锰除硬度

黑龙江省哈尔滨市双城区以地下水为水源，水中铁、锰和硬度超标，原水水质见表 5-47。水厂的供水规模为 30000m^3/d，工艺流程如图 5-47 所示。

图 5-47　哈尔滨双城地下水处理工艺流程

水厂原水水质（2015 年）　　　　　　　　　　　表 5-47

检验项目	结果	单位	检验项目	结果	单位
色度	—	—	溶解氧	7.2	mg/L
浊度	3.72	NTU	溶解性总固体	—	mg/L
臭和味	无	—	氟化物	0.35	mg/L
肉眼可见物	无	—	硝酸盐（以 N 计）	—	mg/L
pH	7.2	—	亚硝酸盐（以 N 计）	—	mg/L
总硬度（以 CaCO₃ 计）	464	mg/L	氨氮	3.6	mg/L
铁	2.89	mg/L	硫化物	0.004	mg/L
锰	1.73	mg/L	氯化物	1.37	mg/L
硫酸盐	8.26	mg/L	COD$_{Mn}$	2.64	mg/L

设计投药量为 Ca (OH)$_2$150mg/L，NaOH 30mg/L。水在絮凝池中的停留时间为16min。水在沉淀池中的沉淀时间为13min，表面负荷为 3.6m^3/(h·m^2)。第一级滤池采用石英砂为滤料，滤料粒径 0.8～1.2mm，滤层厚为 1.0m，滤速为 10.8m/h。第二级滤池采用石英砂为滤料，滤料粒径 0.8～1.2mm，滤层厚为 1.0m，滤速为 8m/h。

水厂出水铁浓度为 0.221mg/L，锰浓度为 0.031mg/L，总硬度为 178mg/L（以 CaCO$_3$ 计），符合国家水质标准要求。出厂水水质见表5-48。

水厂出水水质（2018年3月23日）　　　　　　表 5-48

检验项目	结果	单位	检验项目	结果	单位
色度	5	—	溶解氧	1.91	mg/L
浊度	0.04	NTU	溶解性总固体	590	mg/L
臭和味	无	—	氟化物	0.28	mg/L
肉眼可见物	无	—	硝酸盐（以 N 计）	2.01	mg/L
pH	7.01	—	亚硝酸盐（以 N 计）	0.005	mg/L
总硬度（以 CaCO$_3$ 计）	178	mg/L	氨氮	0.10	mg/L
铁	0.221	mg/L	硫化物	0.005	mg/L
锰	0.031	mg/L	氯化物	11.4	mg/L
硫酸盐	10.3	mg/L	COD$_{Mn}$	0.15	mg/L

【实例 5-39】 烟台水福园地下水除铁除锰。

烟台为保证门楼水库大坝维修期间向城市供水，在原地表水厂——营家岛水厂附近建一地下水除铁除锰水厂。地下水源水质：锰 0.56mg/L（实测平均值）、铁 0.54mg/L、氯化物 201.92mg/L、硫酸盐 117.86mg/L、氨氮 0.34mg/L、pH7.22、总硬度 267.38mg/L。考虑到水质会有波动，设计取铁、锰浓度为 1mg/L。水厂总供水量为 5 万 m^3/d。除铁除锰采用跌水曝气—单级锰砂滤池工艺。跌水采用三级跌水，以保证水中溶解氧浓度达到 3～5mg/L。滤池采用锰砂为滤料，滤层总厚度为 1.2m，K_{80}＝1.2；粒径0.8～1.2mm，滤料厚 600mm，K_{80}＝1.4；粒径 1.2～1.5mm，厚 200mm，K_{80}＝1.1。设计滤速为 3.1m/h，强制滤速为 3.85m/h。工程投产后，2017 年 3 月 21 日检测，出水铁浓度为 0.057mg/L，锰浓度为 0.021mg/L；2017 年 9 月 19 日检测，出水铁浓度小于 0.020mg/L，锰浓度小于 0.020mg/L，达到国家水质标准的要求。

【实例 5-40】 超高含锰地下水曝气-二级过滤工艺除铁除锰。

深圳市平湖华宝（集团）有限公司以地下水为水源，水站设计规模为 4500m^3/d，地下水水源水质见表5-49。

地下水水源水质　　　　　　表 5-49

项目	含量	项目	含量
浊度（NTU）	106	亚硝酸盐（以 N 计）（mg/L）	0.028
气味	铁锈	硝酸盐（以 N 计）（mg/L）	0.46
色度	＞100	总铁（mg/L）	3.38
pH	6.7	锰（mg/L）	7.48
总硬度（以 CaO 计）（mg/L）	82	细菌（个/mL）	116
总碱度（以 CaO 计）（mg/L）	130	大肠杆菌（个/L）	230

由表 5-49 可见，原水浊度、色度、气味、铁、锰含量及细菌数均超过国家生活饮用水卫生标准，特别是具有极高含锰水的特点。采用的工艺流程如图 5-48 所示。

图 5-48　工艺流程

原水在曝气池中经 4 级跌水，水中投入混凝剂 PAC 后，流入旋流斜管沉淀池，再经两级锰砂滤池过滤。锰砂滤池中滤料粒径为 $d_{10}=0.9$mm，$K_{80}=1.4$，滤层厚 0.7m，滤速 8m/h。滤后水在清水池中经消毒后供厂区生产、生活使用。

水站投产后，只经过一周左右的时间，出水铁、锰浓度均达标，见表 5-50，由表可见，出水各项水质指标已达到国家生活饮用水卫生标准的要求，水质良好。由于设计利用地形优势，在水处理过程中全程采用重力流方式，故运行费用低，为 0.31 元/t。

过滤出水水质（mg/L）　　　　　　　　　　　　表 5-50

项目	含量	项目	含量
浊度（NTU）	0.97	亚硝酸盐（以 N 计）（mg/L）	0.08
气味	无	硝酸盐（以 N 计）（mg/L）	0.30
色度	5	总铁（mg/L）	<0.05
pH	6.6	锰（mg/L）	<0.05
总硬度（以 CaO 计）（mg/L）	78	细菌（个/mL）	6
总碱度（以 CaO 计）（mg/L）	105	大肠杆菌（个/L）	<3

本章参考文献

[1] 鲍志戎，孙书菊，王国彦，等. 自来水厂除锰滤砂的催化活性分析 [J]. 环境科学，1997（1）：38～41.

[2] 曹昕. 铁锰复合氧化物催化氧化去除地下水中氨氮研究 [D]. 西安：西安建筑科技大学，2015.

[3] 陈涛，朱宝余，孙成勋，等. 以河砂为填料的接触氧化法处理高铁锰地下水研究 [J]. 环境污染与防治，2011，33（11）：67～71.

[4] 陈宇辉，陶涛，余健. pH 对地下水除铁除锰影响机理的研究 [J]. 工业用水与废水，2005（5）.

[5] 陈宇辉，陶涛. 洞庭湖区地下水除铁除锰工艺研究 [J]. 河南科学，2005（3）：422～425.

[6] 陈宇辉，余健，谢水波. 地下水除铁除锰研究的问题与发展 [J]. 工业用水与废水，2003（3）：1～4.

[7] 陈正清，别东来，钟俊. 不同滤料除铁除锰效果研究 [J]. 环境保护科学，2005（3）：22～24，43.

[8] 陈志冉，闫凯. 活性炭对地下水中锰的动态吸附试验研究 [J]. 工业安全与环保，2013，39（5）：17～19.

[9] 崔海. 受高浓度铁锰氨氮污染的地下水治理研究 [J]. 应用能源技术，2016（1）：1～3.

[10] 董历新，仲爱青. 生物接触法除铁除锰水厂的设计与运行 [J]. 中国给水排水，1999（5）：3～5.

[11] 董岩. 除铁除锰工艺在通辽市供水建设中的作用 [J]. 内蒙古民族大学学报，2012，18（5）：

62～63.

[12] 杜菊红. 滤料性能对地下水去除铁锰效果的影响 [J]. 宁夏工程技术，2006 (4)：418～419，422.

[13] 范懋功. 地下水除铁除锰和脱氮作用的关系 [J]. 中国给水排水，1988 (2).

[14] 傅金祥，张丹丹，安娜，等. 石英砂/锰砂混层滤料的除铁除锰效果及其影响因素 [J]. 中国给水排水，2007 (23)：6～10.

[15] 甘宇生. 典型农村地下水含锰情况调查与除锰技术研究 [D]. 广州：广东工业大学，2018.

[16] 高洁，丁时宝，张杰. 生物除铁除锰滤池稳定运行阶段反冲洗研究 [J]. 湘潭矿业学院学报，2003 (4)：83～86.

[17] 宫喜君. 东北小村镇地区地下水中铁锰氨氮去除试验研究 [D]. 长春：吉林大学，2015.

[18] 广西综合设计院除铁除锰试验小组. 马山锰砂在除铁、除锰中的应用 [J]. 建筑技术通讯（给水排水），1981 (6).

[19] 郭英明. 铁锰氧化膜催化氧化同步去除地下水中氨氮和锰的研究 [D]. 西安：西安建筑科技大学，2017.

[20] 何绪文，周波，邵立南，等. 改性滤料处理高浊高铁锰矿井水效能和机制研究 [J]. 中国矿业大学学报，2009 (5)：724～728.

[21] 胡明忠，王小雨，王飞际. 陶粒-锰砂双层滤池去除地下水中的铁锰 [J]. 工业用水与废水，2006 (1)：22～23.

[22] 黄玲卿. 谈矿山含铁、锰、硫的地下水净化 [J]. 金属矿山，1988 (3).

[23] 黄廷林，郑娜，曹昕. 滤料表面活性滤膜对水中锰的吸附特性与机理研究 [J]. 水处理技术，2013，39 (3)：39～43.

[24] 姬保江. 生物除锰技术在生活饮用水中应用 [J]. 工业用水与废水，2002 (6)：22～24.

[25] 贾晗. 改性河砂滤料去除地下水中锰的试验研究 [D]. 长春：吉林大学，2015.

[26] 姜湘山，梁科扈，董国福，等. 阜新化工厂地下水净化设备设计及运行 [J]. 化工给排水设计，1997 (2).

[27] 荆立坤，王银叶，王强. 纳米分子筛和硅藻土吸附去除水中锰离子的研究 [J]. 天津城市建设学院学报，2008 (3)：207～209，227.

[28] 赖坤容，李梦耀，周维博. 壳聚糖对高锰地下水的吸附研究 [J]. 应用化工，2010，39 (8)：1167～1169，1176.

[29] 李波. 中小型除铁锰设备的设计 [J]. 城镇供水，1996 (2)：15～15.

[30] 李博瑶，罗彤，李欣. 不同锰砂滤料除锰吸附特性研究 [J]. 供水技术，2014，8 (3)：13～16.

[31] 李冬，曾辉平. 高铁锰地下水生物净化技术 [M]. 北京：中国建筑工业出版社，2015.

[32] 李福勤，王锦，秦宇，等. 改性滤料强化接触氧化法处理高锰矿井水的研究 [J]. 中国给水排水，2008 (13)：31～33.

[33] 李圭白，刘超. 地下水除铁除锰 [M]. 第 2 版. 北京：中国建筑工业出版社，1989.

[34] 李圭白. 关于用自然形成的锰砂除锰的研究 [J]. 哈尔滨建筑工程学院学报，1979 (1)：60～65.

[35] 李继云，徐冰峰，黄兆龙，等. 核桃壳对二价锰离子（Mn^{2+}）的吸附性能 [J]. 净水技术，2012 (4).

[36] 李继震，于文举，王志军，等. 曝气-石灰碱化法除铁除锰、降低水的硬度和溶解性总固体含量的研究 [J]. 给水排水，2000 (4)：12～13，2.

[37] 李金成，刘俊峰，张慧英，等. 生物除锰滤池启动中微生物接种及培养研究 [J]. 给水排水，2014 (S1)：14～17.

[38] 李倩倩，张隆基. 去除饮用水中低水平含锰的试验研究 [J]. 科技资讯，2013 (35)：78～79.

[39] 李向红，丛波. 小型地下水除铁除锰装置生产性试验研究 [J]. 黑龙江水利科技，2005 (3)：40～41.

[40] 李晓蓉，王宜树. 浅谈地下水铁、锰离子的去除 [J]. 铁道标准设计，2002 (10)：41～42.

[41] 李迎凯，李平，吴玉华. 锰砂除铁除锰干扰因素的探讨 [J]. 中国公共卫生，1994 (11).

[42] 李志斌，谢自元，王光谷，等. 农村用水除铁除锰新工艺的研究和应用 [J]. 医学临床研究，1987 (4).

[43] 廉广德，徐毅，王可丽. 论曝气氧化法和接触氧化法及在绥滨县地下水除铁除锰中的应用 [J]. 科技资讯，2006 (4)：18～19.

[44] 廉广德，徐毅，王可丽. 论曝气氧化法和接触氧化法及在绥滨县地下水除铁降锰中的应用 [J]. 科技资讯，2006 (4)：18～19.

[45] 刘超，陶子顺，高书环. 含铁锰较高地下水处理的几个问题 [J]. 建筑技术通讯（给水排水），1982 (2)：21～25.

[46] 刘晨阳，黄廷林，程亚，等. 溶解氧对催化氧化滤料制备及除锰性能影响研究 [J]. 水处理技术，2019，45 (6)：111～115，122.

[47] 刘德明，徐爱军，李维，等. 鞍山市大赵台地下水除锰机理试验 [J]. 中国给水排水，1990 (4)：42～49.

[48] 刘国平，王志军，王欢. 接触氧化法除铁和除锰效果的影响因素研究 [J]. 黑龙江水专学报，2005 (1)：77～79.

[49] 刘和平，王大明，许俊，等. 曝气除锰法在临川区农村自来水厂的应用 [J]. 疾病监测与控制杂质，2010，4 (5)：272～273.

[50] 刘南发. 压力式地下水除铁锰方法讨论 [J]. 西部探矿工程，2004 (9)：61～63.

[51] 马纯照，林少华. 凹凸棒石对水中 Mn^{2+} 的吸附特性研究 [J]. 广东化工，2010，37 (12)：99～100.

[52] 毛艳丽，罗世田，师军帅. 不同滤料去除地下水中铁锰效果的试验研究 [J]. 平顶山学院学报，2006 (5)：41～43.

[53] 孟恩，张利君. 给水净化——地下水除铁、除锰 [J]. 黑龙江科技信息，2008 (9)：48.

[54] 牛利平. 除铁除锰净化水处理设施的设计与施工 [J]. 铁道建筑技术，2003 (5)：69～71.

[55] 潘俊，李博瑶，马悦，等. 不同锰砂滤料对地下水除锰的去除能力分析 [J]. 沈阳建筑大学学报：自然科学版，2014，30 (3)：542～546.

[56] 彭立夫，黄玲卿，王克玉，等. 接触氧化法处理含高硅地下水中铁、锰的试验和实践 [J]. 金属矿山，1985 (2)：44～47，43.

[57] 邱宪锋，张建，宁伟，等. 填料对接触氧化滤柱去除地下水中铁锰的研究 [J]. 山东大学学报：工学版，2007 (5)：99～102.

[58] 荣明书，唐勇臣. 小型地下水除铁锰工艺在农村小型集中式供水工程中的应用 [J]. 科技创新与应用，2014 (29)：20～21.

[59] 阮登洋，郭玉润. 地下水除铁锰和有害气体 [J]. 中国给水排水，1993 (1)：55～58.

[60] 三机部第四设计院. 给水除锰实例两则 [J]. 建筑技术通讯（给水排水），1975 (4)。

[61] 邵艳秋，刘艳芬，高淑君，等. 用锰砂除地下深井水中铁、锰离子的工艺设计及运行控制 [J]. 热能动力工程，1996 (2).

[62] 沈超，王继续，黄风芹，等. 反冲洗回收水消毒对除铁锰效果影响生产性试验研究 [J]. 给水排水，2008 (8)：22～25.

[63] 沈志恒，杜茂安. 曝气天然锰砂接触氧化法除锰试验研究 [J]. 哈尔滨建筑工程学院学报，1982 (3)：63～70.

[64] 盛力，马军，高乃云. 金属氧化物改性滤料过滤去除水中残余铝的效能与机理研究 [J]. 给水排

水, 2007 (5): 129~132.

[65] 宋金璞, 张宝杰, 张锦, 等. 多层纤维除铁除锰塔生产性试验 [J]. 化工进展, 2002 (10): 766~768.

[66] 宋鑫, 冯喜来, 刘晓静, 等. 两级过滤去除地下水中铁锰的试验研究 [J]. 供水技术, 2010, 4 (5): 10~12, 20.

[67] 孙成超. 高锰酸钾快速启动接触氧化除锰滤池及其处理效能 [D]. 哈尔滨: 哈尔滨工业大学, 2019.

[68] 孙卫东, 周彦合. 烟台永福园地下水水库生物除铁除锰工程设计 [J]. 中国给水排水, 2018 (14): 109~112.

[69] 谭万春, 王云波, 喻晨雪, 等. 改性沸石处理高铁锰地下水 [J]. 环境工程学报, 2013, 7 (6): 2203~2207.

[70] 汤为龙, 林嗣荣, 许根福, 等. 从铁锰含量高的地下水制取生活饮用水的研究——CHZ-02 型净化水装置的研制及应用 [J]. 铀矿冶, 1998 (3): 3~5.

[71] 唐朝春, 陈惠民, 叶鑫, 等. 吸附法去除地下水铁锰的研究进展 [J]. 长江科学院院报, 2016 (6): 18~23.

[72] 唐玉朝, 胡伟, 徐满天, 等. 高锰酸钾氧化-吸附去除水中 Mn^{2+} 的机理初步研究 [J]. 环境科学与技术, 2018 (5).

[73] 汪洋, 黄廷林, 文刚. 地下水中氨氮、铁、锰的同步去除及其相互作用 [J]. 中国给水排水, 2014, 30 (19): 32~35, 39.

[74] 王秀荣. 建华水厂地下水除锰工艺改造 [J]. 黑龙江环境通报, 2010, 34 (1): 84~85.

[75] 王云波, 廖天鸣. 沸石处理农村高铁锰地下水的改性研究 [J]. 水科学与工程技术, 2012 (4): 1~3.

[76] 王长平, 李武. 曝气—两级过滤工艺用于地下水除铁除锰 [J]. 工业安全与环保, 2002 (12): 19~20.

[77] 王志军, 李继震, 李圭白. 单级滤池曝气接触氧化除铁除锰技术研究 [J]. 给水排水, 2015, 51 (3): 13~16.

[78] 武俊槟, 黄廷林, 程亚, 等. 催化氧化除铁锰氨氮滤池快速启动的影响因素 [J]. 中国环境科学, 2017, 37 (3): 1003~1008.

[79] 武俊槟. 接触氧化滤料挂膜工艺条件的优化与运行效果 [D]. 西安: 西安建筑科技大学, 2017.

[80] 肖伟民, 吴光春, 王峰. 混凝在洞庭湖区地下水除铁除锰中的应用 [J]. 给水排水, 2006 (4): 21~22.

[81] 邢颖, 张大钧, 李冰. 地下水除铁除锰水厂设计实例 [J]. 北方环境, 2002 (1): 65~66.

[82] 熊斌, 李星, 杨艳玲, 等. 接触氧化/超滤除铁除锰组合工艺的净化效能 [J]. 中国给水排水, 2014, 30 (1): 30~33.

[83] 杨春初, 李庭军. LTM 型射水曝气除铁除锰一体化水处理器 [J]. 城镇供水, 2006 (2): 26~27.

[84] 杨孟进. 中德长江啤酒厂给水工程除铁、除锰及软化设计简介 [J]. 给水排水, 1989 (5): 23, 40.

[85] 杨威, 倪小溪, 余华荣, 等. Fe^{2+} 对单级除铁除锰滤池除锰成熟期影响 [J]. 中国给水排水, 2017 (7): 6~10.

[86] 杨威, 张莉莉, 余华荣, 等. 滤料材质及二价铁污染对除铁除锰的影响 [J]. 哈尔滨商业大学学报: 自然科学版, 2018 (5): 545~550.

[87] 杨炜, 王明辉, 原书文, 等. 郑州市石佛水厂除铁除锰滤池运行机理讨论 [J]. 中州大学学报, 1999 (4): 3~5.

[88] 姚三立, 汪瑞华, 宋岩. 小协水源除锰净化站设计及运行浅析 [J]. 煤矿设计, 1993 (4): 42~

44.

[89] 叶春松，曾惠明，钱勤，等. 改性沸石去除地下水中铁锰试验研究 [J]. 环境工程学报，2009，3
(7)：1237~1240.

[90] 叶梦星，潘俊，陈鹏. 改性锰砂滤料处理含氨氮的高铁锰水最佳运行参数研究 [J]. 江苏水利，
2018 (9)：11~15.

[91] 余健，曾光明，姚志强，等. 地下水生物除锰效果及其影响因素 [J]. 中国给水排水，2003
(12)：11~14.

[92] 余健，郭照光，付国楷，等. 两级过滤除铁除锰水厂的设计与运行 [J]. 中国农村水利水电，
2002 (1)：4~5.

[93] 曾辉平. 含高浓度铁锰及氨氮的地下水生物净化效能与工程应用研究 [D]. 哈尔滨：哈尔滨工业
大学，2010.

[94] 张朝升，宋金璞，张锦. 软质滤料过滤器除铁锰的试验 [J]. 水处理技术，2000 (3)：178~179.

[95] 张凤君，朱树阳，钟爽，等. 改性河砂过滤处理高锰地下水 [J]. 科技导报，2012，30 (5)：27~32.

[96] 张吉库，刘明秀. 溶解氧和温度对地下水除铁、锰效果的影响 [J]. 安全与环境工程，2006 (1)：
52~54.

[97] 张吉库，宋鑫，姜阳，等. 硅碳素对地下水中 Mn^{2+} 的吸附研究 [J]. 给水排水，2010，46 (S1)：
18~21.

[98] 张吉库，宋鑫，孟建军，等. 锰砂和硅碳素联合处理低铁高锰地下水 [J]. 沈阳建筑大学学报：
自然科学版，2011，27 (4)：751~754.

[99] 张吉库，张凯，傅金祥，等. 地下水除锰的生物作用试验 [J]. 沈阳建筑大学学报：自然科学版，
2015 (6)：719~722.

[100] 张建锋，蒋亦媛，孙丽萍，等. 锰质滤膜的成分分析及除锰性能研究 [J]. 水处理技术，2012，
38 (8)：47~50.

[101] 张杰，李冬，杨宏，等. 生物固锰除锰机理与工程技术 [M]. 北京：中国建筑工业出版社，
2005.

[102] 张杰，杨宏. 生物固锰除锰技术的确立 [J]. 给水排水，1996 (11)：5~10.

[103] 张旭，李鹏，李金成. 负锰滤料去除地下水中锰的影响因素研究 [J]. 青岛理工大学学报，2013 (6).

[104] 张羽，刘海波，陈平，等. 热处理褐铁矿去除水中的 Mn^{2+} [J]. 岩石矿物学杂志，2018，37
(4)：687~696.

[105] 张玉林，黄劲松，李子龙. 浅谈嘎巴屯净水厂除铁、锰工艺设计 [J]. 煤炭工程，2003 (4)：17~19.

[106] 张子豪，李博瑶. 农村地下水除锰工艺设计及不同滤料除锰效果 [J]. 山西建筑，2014，40
(29)：144~145.

[107] 赵超. 浅谈地下水净化厂除铁除锰试验及应用 [J]. 黑龙江环境通报，2011，35 (2)：32~33.

[108] 赵海华，薛英文，陈红梅. 不同滤料对含铁锰及有机物污染地下水处理的影响研究 [J]. 湘潭大
学自然科学学报，2017，39 (1)：61~63.

[109] 赵良元，胡波，朱迟，等. Na 型斜发沸石去除水中铁锰及其再生方法研究 [J]. 环境科学与管
理，2008 (1)：65~69.

[110] 赵煊琦. 改性硅铝矿石处理含锰地下水效能及其机理探讨 [D]. 哈尔滨：哈尔滨工业大学，
2019.

[111] 赵玉华，常启雷，李妍. NaOH 改性沸石吸附地下水中铁锰效能研究 [J]. 辽宁化工，2009，38
(12)：857~860.

[112] 赵玉华，常启雷，林长宇，等. NaCl 改性沸石对含铁锰微污染地下水处理效能 [J]. 沈阳建筑

大学学报：自然科学版，2010，26（5）：966～970.

[113] 赵玉华，陈芳，李艳凤，等. 化学氧化法处理高铁锰微污染地下水的试验 [J]. 沈阳建筑大学学报：自然科学版，2012，28（6）：1098～1102.

[114] 赵玉华，李妍，刘芳蕊，等. 有机物与氨氮污染对含铁锰地下水接触氧化过滤的影响 [J]. 沈阳建筑大学学报：自然科学版，2011，27（4）：746～750.

[115] 赵玉莲，范云龙，贾滨鹏. 天然饮料用水除铁锰设备的研究 [J]. 黑龙江商学院学报：自然科学版，1991（2）：67～68.

[116] 仲琳. 锰砂对地下水除锰的化学作用与生物作用效果研究 [D]. 哈尔滨：哈尔滨工业大学，2019.

[117] 仲爽，吕聪，王斯佳，等. 接触氧化除锰滤池的快速启动 [J]. 化工学报，2011（5）：1435～1440.

[118] 仲伟华，朱青，张方方. 盐酸对锰砂去除地下水铁锰的影响试验 [J]. 内蒙古科技与经济，2019（11）：85～86，88.

[119] 周志芳，薛罡. 不同曝气方式对地下水中铁锰去除效果的研究 [J]. 中国环保产业，2005（11）.

[120] 朱来胜，黄廷林，程亚，等. 地下水中锰对接触氧化滤池快速启动的影响 [J]. 中国给水排水，2017，33（21）：6～12.

[121] AHAMMED M M，MEERA V. Metal oxide/hydroxide-coated dual-media filter for simultaneous removal of bacteria and heavy metals from natural waters [J]. Journal of Hazardous Materials，2010，181（1）：788～793.

[122] BRUINS J. Manganese removal from groundwater：Role of biological andphysico-chemical autocatalytic processes [D]. Delft：Delft University of Technology and of the Academic Board of the UNESCO-IHE Institute，2016.

[123] DIMIRKOU A，DOULA M K. Use of clinoptilolite and an Fe-overexchanged clinoptilolite in Zn^{2+} and Mn^{2+} removal from drinking water [J]. Desalination，2008，224：280～292.

[124] DOULA M K. Removal of Mn^{2+} ions from drinking water by using clinoptilolite and a clinoptilolite-Fe oxide system [J]. Water Research，2006，40（17）：3167～3176.

[125] DOULA M K. Simultaneous removal of Cu，Mn and Zn from drinking water with the use of clinoptilolite and its Fe-modified form [J]. Water Research，2009，43（15）：3659～3672.

[126] EREN E，AFSIN B，ONAL Y. Removal of lead ions by acid activated and manganese oxide-coated bentonite [J]. J Hazard Mater，2008，161（2）：677～685.

[127] GUO Y M，HUANG T L，WEN G，et al. The simultaneous removal of ammonium and manganese from groundwater by iron-manganese co-oxide filter film：the role of chemical catalytic oxidation for ammonium removal [J]. Chemical Engineering Journal，2017，308：322～329.

[128] KAN C C，AGANON M C，Futalan C M，et al. Adsorption of Mn^{2+} from aqueous solution using Fe and Mn oxide-coated sand [J]. Journal of Environmental Sciences，2013，25（7）：1483～1491.

[129] LEE S M，TIWARI D，CHOI K M，et al. Removal of Mn（Ⅱ）from Aqueous Solutions Using Manganese-Coated Sand Samples [J]. Journal of Chemical & Engineering Data，2009，54（6）：1823～1828.

[130] PIISPANEN J K，SALLANKO J T. Mn（Ⅱ）removal from groundwater with manganese oxide-coated filter media [J]. Journal of Environmental Science and Health，Part A，2010，45（13）：1732～1740.

[131] TAFFAREL S R，RUBIO J. On the removal of Mn^{2+} ions by adsorption onto natural and activated chilean zeolites [J]. Minerals Engineering，2008，22（4）：336～343.

［132］　TAFFAREL S R，RUBIO J. Removal of Mn²⁺ from aqueous solution by manganese oxide coated zeolite ［J］. Minerals Engineering，2010，23（14）：1131～1138.

［133］　TIWARI D，YU M R，KIM M N，et al. Potential application of manganese coated sand in the removal of Mn（Ⅱ）from aqueous solutions ［J］. Water Science and Technology，2007，56（7）：153～160.

第 6 章
除铁除锰水的稳定性

6.1　除铁除锰水的稳定性问题

在除铁除锰过程中，水经曝气可散除部分二氧化碳，但二价铁和二价锰氧化水解又产生一部分二氧化碳。水中二氧化碳浓度过高，会使碳酸钙溶解，并且具有腐蚀性；水中二氧化碳浓度过低，则会产生碳酸钙沉淀。具有腐蚀性和具有沉淀性的水都是不稳定的。

具有腐蚀性的除铁除锰水不能在金属壁上形成碳酸钙保护膜，管壁在二氧化碳和溶解氧的作用下将遭到腐蚀，管壁上的铁质就会进入水中，使水重新含有过量的铁质。管壁的腐蚀过程如下：

铁原子放出电子而溶于水中（阳极反应）：

$$Fe \Longrightarrow Fe^{2+} + 2e \tag{6-1}$$

水中的氢离子接受电子被还原为氢气（阴极反应）：

$$2H^+ + 2e \Longrightarrow H_2 \tag{6-2}$$

进入水中的二价铁与水中的碳酸根离子或氢氧根离子生成沉淀物。

$$Fe^{2+} + CO_3^{2-} \Longrightarrow FeCO_3 \tag{6-3}$$

$$Fe^{2+} + 2OH^- \Longrightarrow Fe(OH)_2 \tag{6-4}$$

沉淀物覆盖于管壁表面形成密实的保护膜，能防止金属管壁继续受到腐蚀。但是，当水中有二氧化碳存在时，含有二氧化碳的水能溶解上述保护膜，使铁质继续不断溶于水中，从而使金属管道的腐蚀过程不断地进行下去：

$$FeCO_3 + CO_2 + H_2O \Longrightarrow Fe(HCO_3)_2 \tag{6-5}$$

$$Fe(OH)_2 + 2CO_2 \Longrightarrow Fe(HCO_3)_2 \tag{6-6}$$

当水中同时有溶解氧存在时，能与氢气作用生成水：

$$H_2 + \frac{1}{2}O_2 \Longrightarrow H_2O \tag{6-7}$$

因此，溶解氧能起阴极去极剂的作用。此外，溶解氧还能将二价铁氧化为三价铁，破坏阳极生成的保护膜而生成疏松的氢氧化铁膜，它对管壁的保护作用极差。所以，溶解氧能加速金属管道的腐蚀。

天然水中的钙盐和碳酸化合物有如下的溶解平衡关系：

$$Ca^{2+} + 2HCO_3^- \Longrightarrow CaCO_3 + CO_2 + H_2O \tag{6-8}$$

此反应恰好达到平衡状态时，水既不对碳酸钙有溶解作用，也不由水中产生碳酸钙沉淀，这时水中二氧化碳的浓度称为平衡浓度。当水中二氧化碳的浓度低于平衡浓度时，反应将向右方进行，会由水中沉淀出碳酸钙，这样能在金属管壁上生成一层碳酸钙保护膜，从而可以减小或防止腐蚀过程的进行。当水中二氧化碳的浓度高于平衡浓度时，反应将向左方进行，这样碳酸钙保护膜遭到破坏，腐蚀加剧。水中的二氧化碳超过平衡浓度的数量，称为侵蚀性二氧化碳。在有溶解氧的除铁除锰水中，同时又含有大量侵蚀性二氧化碳，会使金属管道产生严重的腐蚀现象。

表 6-1 为一组试验结果。含铁地下水水质如下：铁 10mg/L，pH 为 6.9，游离二氧化碳 24.5mg/L，碱度 1.93mg-eq/L，Ca^{2+} 25.4mg/L，溶解性固体 211mg/L，水温 20℃。1 号水样为去除了侵蚀性二氧化碳的除铁水，2 号水样为含有侵蚀性二氧化碳的除铁水。将两种水放在试验钢管中，封闭静置 6h，然后取样测定水中的含铁量。由表中试验结果可见，由于侵蚀性二氧化碳引起了严重的腐蚀，而使除铁水水质大大恶化。又例如，湖南沅江的地下水含铁量为 10mg/L，经接触氧化除铁后水中含铁量降至 0.3mg/L，经过 1km 铸铁管道输送，管内水中含铁量竟重新升至 6～8mg/L，造成水质恶化而不符合用水要求。此外，在湖南岳阳和黑龙江佳木斯、安达、铁力和呼兰等地，都发现除铁水的含铁量在输送过程中不同程度增高的现象。特别是管网末梢水中的含铁量，常超过用水要求。

侵蚀性二氧化碳加速金属管道腐蚀的试验　　　　表 6-1

试验水样编号	侵蚀性二氧化碳浓度（mg/L）	溶解氧浓度（mg/L）	除铁水含铁量（mg/L）	6h 水样含铁量（mg/L）	附注
1	0.54	8.9	<0.15	0.27	二次平均值
2	25	2.7	<0.3	2.7	三次平均值

6.2　水的稳定性的判别方法

碳酸钙的溶解平衡式为：

$$CaCO_3 \rightleftharpoons Ca^{2+} + CO_3^{2-} \tag{6-9}$$

$$[Ca^{2+}][CO_3^{2-}] = K_{CaCO_3} \tag{6-10}$$

式中，K_{CaCO_3} 为碳酸钙的溶度积常数，其值与水温有关。所以，达到溶解平衡时碳酸根离子的浓度应为：

$$[CO_3^{2-}] = \frac{K_{CaCO_3}}{[Ca^{2+}]} \tag{6-11}$$

从水中碳酸的第一级和第二级离解反应平衡式中消去氢离子浓度 $[H^+]$，可得水中溶解性二氧化碳的计算式：

$$[CO_2] = \frac{K_2}{K_1} \cdot \frac{[HCO_3^-]^2}{[CO_3^{2-}]} \tag{6-12}$$

式中，K_1 和 K_2 为碳酸的第一级及第二级离解平衡常数。

在 pH 为 5～8 的含铁地下水中，水中重碳酸根离子的浓度与水的碱度大致相等：

$$[HCO_3^-] \approx [碱] \tag{6-13}$$

将式（6-11）和式（6-13）代入式（6-12），可得水中平衡二氧化碳：

$$[CO_2]_p = \frac{K_2}{K_1 K_{CaCO_3}} \cdot [碱]^2 \cdot [Ca^{2+}] \tag{6-14}$$

式中未计及其他离子的影响。水中实际二氧化碳浓度与平衡浓度的差值，便是水中侵蚀性二氧化碳的浓度；

$$[CO_2]_q = [CO_2] - [CO_2]_p \tag{6-15}$$

式中　$[CO_2]_q$——侵蚀性二氧化碳的浓度；

　　　$[CO_2]$——实际的二氧化碳浓度；

　　　$[CO_2]_p$——平衡的二氧化碳浓度。

显然，当 $[CO_2]_q > 0$，水具有侵蚀性；当 $[CO_2]_q = 0$，水是稳定的；当 $[CO_2]_q < 0$，水具有沉淀性。但是，由于水中实际的二氧化碳浓度不易准确测定，所以这种判别方法的准确性较差。实际上最常用的方法是将水的 pH 与平衡状态下的 pH 相比较。

将式（6-11）代入碳酸第二级离解平衡式，可得平衡时水中的氢离子浓度：

$$[H^+]_p = \frac{K_2}{K_{CaCO_3}} \cdot [碱] \cdot [Ca^{2+}] \tag{6-16}$$

对上式两端取对数，可得平衡时水的 pH 的计算式，若计及水中其他离子对平衡的影响，并引入单位换算系数，则可写为：

$$pH_p = pK_2 - pK_{CaCO_3} - \lg[Ca^{2+}] - \lg[碱] + 2.5\sqrt{\mu} + 7.6 \tag{6-17}$$

式中　$[Ca^{2+}]$ 以 mg/L 计，$[碱]$ 以 mg-eq/L 计，7.6 为单位换算引入的系数。

由式（6-17）可见，式中 K_2 和 K_{CaCO_3} 是温度的函数，μ 是含盐量的函数。所以，只要知道水的温度、$[Ca^{2+}]$、$[碱]$ 和含盐量 4 个参数，便能求得平衡的 pH——pH_p，而这 4 个参数都是易十准确测定的。

为简化计算，pH_p 可用图 6-1 图进行计算，计算式为：

$$pH_p = f_1(t) - f_2[Ca^{2+}] - f_3[碱] + f_4(P) \tag{6-18}$$

式中，$f_1(t) = pK_2 - pK_{CaCO_3}$，它是水温 $t(℃)$ 的函数。

$$f_2[Ca^{2+}] = \lg[Ca^{2+}]$$

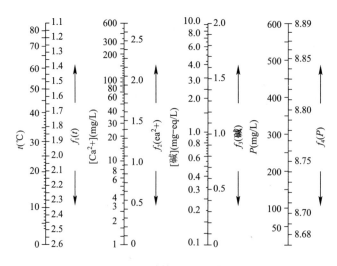

图 6-1　计算 pH_p 的算图

$$f_3(\text{碱}) = \lg(\text{碱}) + 1$$

$f_4(P) = 2.5\sqrt{\mu} + 8.6$，它是水中含盐量 P 的函数。

若 pH 为水的实际 pH，它与 pH_p 的差值 I_p 称为平衡饱和指数：

$$I_p = pH - pH_p \tag{6-19}$$

平衡饱和指数可作为一种判别水的稳定性的指标：

当 $I_p = 0$ 时，水是稳定的；

当 $I_p > 0$ 时，水具有沉淀性；

当 $I_p < 0$ 时，水具有侵蚀性。

平衡饱和指数 I_p 是从平衡概念出发得来的，它只能指出水的侵蚀性和沉淀性的倾向，但不能指出水的侵蚀性或沉淀性的程度。例如，对硬度高的水，当 I_p 为正值时，可正确地判断会产生碳酸钙的沉淀，但对硬度低的水，在同样的 I_p 值情况下，可能就不会产生出明显的碳酸钙沉淀。

有人认为，稳定指数 I_ω 可以作为指示水质不稳定程度的一个数量指标。

$$I_\omega = 2pH_p - pH \tag{6-20}$$

当 $I_\omega = 4 \sim 5$ 时，倾向于严重结垢；

当 $I_\omega = 5 \sim 6$ 时，倾向于轻微结垢；

当 $I_\omega = 6 \sim 7$ 时，倾向于平衡；

当 $I_\omega = 7 \sim 7.5$ 时，倾向于轻微腐蚀作用；

当 $I_\omega = 7.5 \sim 8$ 时，倾向于严重腐蚀作用。

稳定指数是从许多实际经验中归纳出来的，有一定的实践基础。但是，管道中水的流动对碳酸钙溶解平衡的影响，水中有机物和微生物的影响，除碳酸钙以外的其他物质（如铁、锰等）的沉积平衡的情况等均未计及，所以 I_ω 仍然属于一种指示倾向性的指标。

6.3　除铁除锰过程中水的稳定性变化

当含铁含锰地下水曝气时，由水中去除的二氧化碳的数量为 $\Delta[CO_2]$。随后，在除铁除锰过程中，假定水中的二价铁和二价锰全部氧化并水解，产生出来的氢离子浓度为 $[H^+]$，水解产生的氢离子与水中碱度（即 HCO_3^-）作用，生成二氧化碳。这样，在除铁除锰过程中，水中的碱度减小了 $[H^+]_s$，水中的二氧化碳又增加了 $[H^+]_s$。

在曝气除铁除锰过程中，水的平衡饱和指数的变化为：

$$\Delta I_p = \lg \frac{[CO_2]}{[CO_2] - \Delta[CO_2] + [H^+]_s} - 2\lg \frac{[\text{碱}]}{[\text{碱}] - [H^+]_s} \tag{6-21}$$

当 $\Delta I_p = 0$ 时，除铁除锰前后水的稳定性相同；

当 $\Delta I_p > 0$ 时，除铁除锰使水趋向沉淀性；

当 $\Delta I_p < 0$ 时，除铁除锰使水趋向侵蚀性。

若使 $\Delta I_p = 0$，由式（6-21）可得除铁除锰前后水的稳定性相同所需二氧化碳的去除量：

$$\Delta[CO_2]_0 = [H^+]_s + [CO_2] \cdot \left\{ 1 - \left(\frac{[\text{碱}] - [H^+]_s}{[\text{碱}]} \right)^2 \right\} \tag{6-22}$$

以曝气除铁除锰过程中二氧化碳的实际去除量 $\Delta[CO_2]$ 与上述计算值 $\Delta[CO_2]_0$ 相比较。当 $\Delta[CO_2]=\Delta[CO_2]_0$ 时，除铁除锰前后水的稳定性相同，当 $\Delta[CO_2]>\Delta[CO_2]_0$ 时，除铁除锰使水趋向沉淀性；当 $\Delta[CO_2]<\Delta[CO_2]_0$ 时，除铁除锰使水趋向侵蚀性。

由式（6-22）可见，式中右端第二项恒为一正值，所以总有 $\Delta[CO_2]_0>[H^+]_s$，亦即为使除铁除锰前后水的稳定性不变，所需去除的二氧化碳的数量应比除铁除锰过程中产生的二氧化碳的数量要大。当地下水的含铁含锰浓度高时，要求去除的二氧化碳的数量亦相应增大。

在生产实际中应用的一些曝气方法，常常不能大量去除水中的二氧化碳。例如，在压力式系统中（因曝气的气水比很小）和在接触氧化除铁除锰系统中（因只要求向水中充氧而不要求去除水中的二氧化碳）便是如此。这时，常会有 $\Delta[CO_2]<\Delta[CO_2]_0$ 的情况出现，结果使除铁除锰水趋向侵蚀性。

6.4　除铁除锰水的稳定性处理

为了消除除铁除锰水的侵蚀性，应将水中的侵蚀性二氧化碳尽量去除。

上面已经述及，在除铁除锰过程中，由于水中二价铁和二价锰的氧化水解，使水的碱度减少了 $[H^+]_s$，而水中二氧化碳含量则增加了 $[H^+]_s$，所以地下水中原来含有的二氧化碳和除铁除锰过程中新产生的二氧化碳之和应为水中二氧化碳的总量。

$$[CO_2]_z = [CO_2] + [H^+]_s \qquad (6-23)$$

除铁除锰时水中碱度的减小，使水中平衡二氧化碳的数值相应降低。除铁除锰水的平衡二氧化碳，按式（6-14）计算如下：

$$[CO_2]'_p = \frac{K_2}{K_1 K_{CaCO_3}} \cdot [Ca^{2+}]([碱]-[H^+]_s)^2 \qquad (6-24)$$

水中侵蚀性二氧化碳的总量应为：

$$[CO_2]_q = [CO_2]_z - [CO_2]'_p \qquad (6-25)$$

为了去除水中侵蚀性二氧化碳，可以采用曝气或药剂碱化的方法。

当用曝气法去除水中侵蚀性二氧化碳时，要求的二氧化碳去除率为：

$$\varphi = \frac{[CO_2]_q}{[CO_2]_z} = 1 - \frac{[CO_2]'_p}{[CO_2]_z}$$

在一般的除铁除锰系统中，地下水只经过一次曝气，由于在曝气过程中二价铁和二价锰一般还没有来得及被氧化，所以曝气只能去除地下水中原来含有的部分二氧化碳，而曝气后水中二价铁和二价锰氧化水解产生出来的二氧化碳则无法被去除，因此一次曝气过程二氧化碳的去除率常常不高。但是也有个别地下水中二价铁的氧化很快，能在一次曝气过程中将大部分二价铁氧化水解产生的二氧化碳除去，并同时去除了大部分侵蚀性二氧化碳，而获得较好的处理效果。因此，当一次曝气不能获得满意的效果时，可采用滤后二次曝气的处理系统。这时水中二价铁已全部氧化水解并被去除，二价锰的含量一般比较小，滤后水经二次曝气能够充分地去除水中的侵蚀性二氧化碳。

当采用石灰碱化法时，石灰投加量可按中和全部侵蚀性二氧化碳计算：

$$[CaO] = 0.64 \cdot [CO_2]_q \qquad (6\text{-}26)$$

式中，[CaO] 系指纯质氧化钙而言。式中，[CaO] 和 $[CO_2]_q$ 的单位以 mg/L 计。

采用石灰碱化法，需增设混合池、反应池、沉淀池等构筑物，以及石灰药剂贮存、运输、制备、投加等设备，系统比较复杂、管理不便，运行费用高、劳动条件差，这是其缺点。此外，还可以采用氢氧化钠对水进行碱化，其投加设备比石灰碱化法要简单得多，但药剂费较高。所以，药剂碱化法，只适宜在曝气法处理效果实在不能满足要求时才考虑采用。

前已述及，除铁除锰水常常是不稳定的，并且在多数情况下是具有侵蚀性的。在重视水质的今天，对除铁除锰水进行稳定性处理，以获得化学稳定性的水，这是今后水处理发展的一个方向。

本章参考文献

[1]　陈天意. 锰砂滤池处理高浓度铁锰及氨氮地下水 pH 影响研究 [D]. 哈尔滨工业大学，2014.

[2]　李倩. 接触氧化—超滤组合工艺处理含高浓度铁锰及氨氮地下水的研究 [D]. 青岛理工大学，2014.

[3]　赵煊琦. 改性硅铝矿石处理含锰地下水效能及其机理探讨 [D]. 哈尔滨工业大学，2019.

[4]　李圭白，杜星，余华荣，翟芳术，梁恒. 关于创新与地下水除铁除锰技术发展的若干思考 [J]. 给水排水，2016，52（08）：9~16.

[5]　李圭白，梁恒，余华荣，等. 锰质活性滤膜化学催化氧化除锰机理研究 [J]. 给水排水，2019，55（05）：7~11，76.

第 7 章
含铁含锰地下水的曝气

含铁含锰地下水一般不含溶解氧，而含有大量的二氧化碳。在地下水的曝气过程中，空气中的氧气将溶解于水，水中部分二氧化碳将由水中逸出，结果水的 pH 会相应升高。

地下水的除铁除锰方法不同，对水的曝气要求也不同。当用接触氧化法除铁时，只要地下水的 pH 不低于 6.0，就能顺利地进行除铁，而不要求提高水的 pH。所以，在接触氧化除铁工艺中，地下水曝气的目的主要是使足够数量的氧气溶解于水中。

自然氧化法除铁一般要求水的 pH 不低于 7.0，这样才能保证水中二价铁有较快的氧化反应速度。对于大多数 pH 较低的地下水，需要用曝气法使水的 pH 提高至 7.0 以上，才能顺利地进行除铁。所以，在自然氧化除铁工艺中，地下水曝气除要向水中溶解足够数量的氧气外，还要大量去除水中的二氧化碳，以提高水的 pH。

接触氧化法除锰一般要求水的 pH 达到 6.5，大多数地下水的 pH 都不低于 6.5，所以曝气的目的主要是使氧溶于水中。

此外，当除铁除锰水具有腐蚀性时，也要求去除水中大量二氧化碳，以减小或消除水的腐蚀性。

本章将讨论含铁含锰地下水在曝气过程中溶氧和去除二氧化碳的规律，各种曝气方法和曝气装置的形式、构造、效果、计算方法，及其适用条件和存在的问题等。

7.1 气体在水中的溶解平衡

7.1.1 气体在水中的溶解度

气体在水中的溶解度，与气体的性质、水的温度以及该气体在水上方的压力有关。一般，气体在水中的溶解度随水温的升高而降低。气体在水中的溶解度与压力的关系，可以用亨利定律表达：当温度一定时，气体的溶解度与该气体在水上方的压力成正比：

$$C = \frac{1}{H} \cdot P \tag{7-1}$$

式中　C——气体在水中的溶解度（g/L 或 L/L）；

　　　P——气体在水上方的压力（atm），1atm≈0.1MPa；

　　　H——亨利系数，$\frac{1}{H}$ 等于压力为 1atm 时气体在水中的溶解度。

当水面上为若干气体的混合物（如空气）时，亨利定律仍然适用，只是要用指定气体在混合气体中的分压力来表示上式中的 P。

在一个正常大气压下，空气中氧的分压力为 0.21atm，二氧化碳的分压力为 0.0003～0.001atm。水与空气接触并达到溶解平衡时，空气、氧和二氧化碳在水中的溶解度见表 7-1。为了计算方便，表中空气的溶解度以体积浓度表示，氧和二氧化碳的溶解度以质量浓度表示。

氧气在水中的溶解度，可视为在常压下地下水曝气溶氧的限度。实际的曝气过程，不可能使水中溶解氧浓度达到表 7-1 所列数值。

空气、氧和二氧化碳在水中的溶解度

表 7-1

气体种类		水温（℃）							附注
		0	5	10	15	20	25	30	
空气	亨利系数 H_k	35.4	40.3	45.4	50.2	55.3	60.5	66.3	—
	溶解度（mL/L）	29.2	25.7	22.8	20.6	18.7	17.1	15.6	
	密度 ρ_k（g/L）	1.293	1.271	1.247	1.223	1.205	1.185	1.165	
氧	亨利系数 H_{O_2}	14.8	16.9	19.0	21.3	23.6	25.8	28.3	—
	溶解度（mg/L）	14.6	12.8	11.3	10.2	9.17	8.38	7.63	
二氧化碳	亨利系数 H_{CO_2}	0.309	0.374	0.445	0.525	0.612	0.714	0.828	$\rho = 0.001atm$
	溶解度（mg/L）	3.35	2.77	2.32	1.97	1.69	1.45	1.25	

空气中二氧化碳在水中的溶解度，可视为在常压下地下水曝气后水中二氧化碳的最低极限浓度。实际的曝气过程不可能使地下水中的二氧化碳浓度降至表 7-1 所列数值。

7.1.2　曝气水中溶解氧的平衡饱和浓度

当水进行曝气时，参与曝气的空气体积和水的体积之比，便是与单位体积的水相接触的空气的体积数量，称为气水比，以符号 V 表示，单位用 L/L 或 m^3/m^3，或无因次比值来表示。由于空气的体积与压力有关，所以都以正常大气压下的空气体积为准来进行计算。

下面讨论向 1L 地下水中加注 V 升空气的情况。设水的表面压力为 P（相对压力），其绝对压力便为 $1+P$，这时溶于水中的空气体积，按照亨利定律为：

$$\Delta V = \frac{1}{H_k}(1+P) \qquad (7\text{-}2)$$

式中　H_k——空气的亨利系数。

剩余的空气体积为 $V-\Delta V$，但在 $1+P$ 压力下被压缩至 υ：

$$\upsilon = \frac{V-\Delta V}{1+P} \qquad (7\text{-}3)$$

V 升空气中氧的质量为：

$$g_0 = 0.231 V \rho_k \qquad (7\text{-}4)$$

式中　g_0——V 升空气中氧的质量（g）；

　　　ρ_k——空气的密度（g/L）；

　　0.231——氧在空气中所占的质量比例。

空气中的氧溶于水，使水中溶解氧的浓度升高，当达到平衡状态时，水中溶解氧的浓

度为 C，此时，与之相应的空气中氧的分压力 p，按照亨利定律应为：

$$p = H_{O_2} \cdot C \tag{7-5}$$

式中　H_{O_2}——氧气的亨利系数。

剩余在空气中的氧气，根据气体定理，可写出标准状态下和工作状态下各参数之间的关系式：

$$\frac{v_0 p_0}{T_0} = \frac{vp}{T} \tag{7-6}$$

$$v_0 = \frac{g_0 - C}{32} \times 22.4 = 0.7 \times (g_0 - C) \tag{7-7}$$

式中　p_0——标准状态下的压力，$p_0 = 1\text{atm}$（760mmHg）；

　　　T_0——标准状态下的绝对温度（K），$T_0 = 273\text{K}$；

　　　v_0——剩余在空气中的氧气在标准状态下的体积（L），在标准状态下，1mol 气体的体积为 22.4L，剩余氧气的摩尔数为 $\dfrac{g_0 - C}{32}$；

　　　p——在平衡状态下，氧气的分压力（atm）；

　　　T——绝对温度（K），如工作温度为 t℃，则 $T = 273 + t$；

　　　v——剩余氧气的体积（L），与空气体积相同。

将式（7-1）、式（7-2）、式（7-3）、式（7-4）、式（7-5）、式（7-7），代入式（7-6），整理得水中溶解氧的平衡饱和浓度 C^*：

$$C^* = \frac{0.231 V \rho_k}{1 + \frac{273}{273 + t} \cdot \frac{H_{O_2}}{0.724} \cdot \left[\frac{V}{1 + P} - \frac{1}{H_k} \right]} \times 10^3 \quad (\text{mg/L}) \tag{7-8}$$

上式是按溶氧过程达到平衡状态的条件导出的。但是，在实际的曝气过程中，溶氧过程是不可能完全进行到平衡状态的。所以，在同样压力和气水比条件下，实际得到的水中溶解氧浓度将低于按上式的计算值。因此，按式（7-8）计算出来的溶解氧的平衡饱和浓度，可视为是理论最大值。

由表 7-2 可见，在正常大气压下（$P = 0$），气水比 $V = 0.1 \sim 0.2$ 时，水中的溶解氧可能已达到极限值的 80% 左右，再增大气水比，水中溶解氧的增加也十分有限。所以，从曝气溶氧的角度看，在常压下，气水比采取 0.1～0.2，在理论上认为已基本充足。

曝气水中溶解氧的平衡饱和浓度 C^*　　（单位：mg/L）　　表 7-2

压力 P(atm)	气水比（L/L）										
	0.01	0.02	0.05	0.1	0.2	0.5	1	2	5	10	∞
0（常压下）	2.88	5.76	8.42	9.66	10.5	11.0	11.2	11.3	11.3	11.4	11.4
1	2.88	5.76	13.4	16.8	19.3	21.2	22.0	22.4	22.6	22.7	22.8
2	2.88	5.76	14.4	22.4	27.0	30.8	32.5	33.3	33.8	34.0	34.2
3	2.88	5.76	14.4	26.8	33.7	39.6	42.5	44.0	44.9	45.2	45.5

注：表中数值为当水温为 10℃时，曝气水中溶解氧的平衡饱和浓度按式（7-8）计算的结果。当气水比 V 无限增大时，C^* 趋近于一极限值。

在压力除铁除锰系统中（$P > 0$）进行地下水的曝气，水中溶解氧的浓度要比在常压下高，当 $V = 0.05 \sim 0.1$ 时，水中的溶解氧浓度便有可能提高到 10mg/L 以上，这基本能满足高含铁含锰地下水的要求。所以，在压力系统中，从曝气溶氧角度看，理论上气水比采取 0.05～0.1，便能基本满足要求。

若以溶于水的氧量与空气中的总氧量相比，按式（7-8）进行计算，可得空气中氧气利用率的最大理论值：

$$\eta_{max} = \frac{C^*}{g_0} = \frac{1}{1 + \dfrac{273}{273+t} \cdot \dfrac{H_{O_2}}{0.724} \cdot \left[\dfrac{V}{1+P} - \dfrac{1}{H_k}\right]} \times 100\% \qquad (7-9)$$

图 7-1 是按式（7-9）绘出的空气中氧的理论最大利用率与气水比的关系曲线。

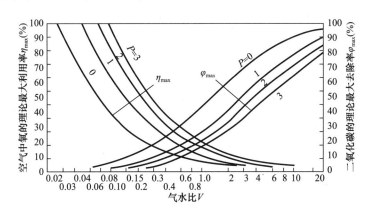

图 7-1　空气中氧的理论最大利用率 η_{max} 和水中二氧化碳的理论

最大去除率 φ_{max} 与气水比 V 的关系（水温 10℃）

在实际应用中，由于氧在水中的溶解过程不可能进行到平衡状态，所以氧的利用率要比图中的数值低。并且由图 7-1 可见，随着气水比的增大，空气中氧的利用率相应降低。空气中氧的利用率过低，在生产运行上是不经济的，所以在曝气溶氧的生产运行中不宜采用过大的气水比。在压力除铁除锰系统中，由于曝气溶氧过程比在常压下可能有较高的氧的利用率，所以可以减小气水比，从而更经济有效地工作。

7.1.3　曝气水中二氧化碳的理论最大去除率

地下水的气水比为 V，假定空气中不含二氧化碳，当水与空气接触后，水中的二氧化碳将逸入空气中，当达到平衡状态时，水中二氧化碳的浓度将由初始值 C_0 下降至平衡值 C，空气中的二氧化碳的分压力将由 0 上升至 p，按亨利定律：

$$p = H_{CO_2} \cdot C \qquad (7-10)$$

式中　H_{CO_2}——二氧化碳的亨利系数。

逸入空气中的二氧化碳在标准状态下和在工作状态下有如下关系：

$$\frac{v_0' p_0'}{T_0} = \frac{v' p'}{T} \qquad (7-11)$$

式中　p_0'——标准状态下的压力，$p_0' = 1atm$；

　　　T_0——标准状态下的绝对温度（K），$T_0 = 273K$；

　　　v_0'——逸入空气中的二氧化碳在标准状态下的体积，1L 水逸入空气中的二氧化碳

的量为 $C_0 - C(g)$，二氧化碳的分子量为 44，在标准状态下的体积为：

$$v_0' = \frac{C_0 - C}{44} \times 22.4 = 0.51(C_0 - C) \quad (L) \tag{7-12}$$

p'——二氧化碳在空气中的分压力（atm）；

T——绝对温度（K），$T = 273 + t$；

v'——在空气中的二氧化碳的体积（L），与空气体积相同，按式（7-3）计算。

将有关诸式代入式（7-11），整理后得水中二氧化碳的理论最大去除率：

$$\varphi_{max} = \frac{C_0 - C}{C_0} = \frac{1}{1 + \dfrac{273 + t}{273} \cdot \dfrac{0.525}{H_{CO_2}} \cdot \dfrac{1}{\dfrac{V}{1+P} - \dfrac{1}{H_k}}} \times 100\% \tag{7-13}$$

上式是按去除二氧化碳的过程达到平衡状态时导出的。在实际曝气过程中，去除二氧化碳的过程不可能进行到平衡状态，即在同样条件下，实际的二氧化碳去除率将低于上式的计算值，所以上式计算出来的去除率，可以认为是曝气时水中二氧化碳的理论最大去除率。图 7-1 是按上式进行计算的结果。

由图 7-1 可见，气水比对水中二氧化碳的理论最大去除率有重大影响。在正常大气压下，要使水中的二氧化碳的去除率达到 50%，气水比必须达到 1.5 以上；要使去除率达到 80%，气水比必须达到 5 以上。

水中二氧化碳的去除率还随水的压力升高而降低。在压力除铁除锰系统中，一般采用的气水比不可能很大，常小于 0.3，所以水中二氧化碳的去除率一般都远小于 10%，由此可见，在压力式系统中，除铁除锰过程基本上是在不去除二氧化碳的条件下进行的。所以，当除铁除锰过程要求去除二氧化碳时，只有采用敞开的重力式曝气装置才能奏效。

7.1.4 曝气水的理论最高 pH

地下水在曝气过程中，由于去除了部分二氧化碳，所以水的 pH 会相应升高。但是，在一定的气水比下，二氧化碳的去除率有一定限度，所以水的 pH 的升高亦有相应的限度。下面来讨论，对应于二氧化碳的最大去除率所能得到的曝气水的理论最高 pH。

含铁含锰地下水的 pH 一般为 $6.0 \sim 7.5$，这时水中碱度为：

$$[\text{碱}] = [HCO_3^-] + 2[CO_3^{2-}] \tag{7-14}$$

以碳酸的第一级和第二级离解平衡式代入上式，并略去含盐量的影响，得：

$$[\text{碱}] = \frac{K_1[CO_2]}{[H^+]} + 2 \times \frac{K_1 K_2 [CO_2]}{[H^+]^2} \tag{7-15}$$

由上式可解出：

$$[H^+] = \frac{K_1[CO_2] + \sqrt{(K_1[CO_2])^2 + 8[\text{碱}]K_1 K_2 [CO_2]}}{2[\text{碱}]} \tag{7-16}$$

将式（7-13）中的二氧化碳浓度 C 代入上式，

$$C = C_0(1 - \varphi_{max}) \tag{7-17}$$

可得曝气水的理论最高 pH。

【例题 7-1】 含铁地下水中二氧化碳含量为 74mg/L，碱度为 5mg-eq/L，水温为

$10℃$，pH 为 6.94。若在正常大气压力下曝气，pH 的理论最高值为多少？

【解】　由题可知：[碱]＝5mg-eq/L＝5×10^{-3}g-eq/L；

$$C_0＝74\text{mg/L}＝1.68 \times 10^{-3}\text{mol/L}；$$

$$K_1＝3.43 \times 10^{-7}；$$

$$K_2＝3.24 \times 10^{-11}。$$

C 值按式（7-17）计算，φ_{max} 值按式（7-13）计算。将上列数值代入式（7-16），所得计算结果列于表 7-3，即在不同的气水比下可能达到的 pH 的最高值。

不同气水比可能达到的 pH 的最高值　　　　　　　　表 7-3

V	0	0.1	0.2	0.5	1	2	5	10	20	∞
pH	6.94	6.97	7.00	7.08	7.19	7.35	7.63	7.95	8.20	8.91

表中最后一项，即 $V＝\infty$ 时的计算，是按空气中二氧化碳的分压力为 0.0003 大气压，二氧化碳在水中的平衡浓度为 1.6×10^{-5}mol/L（0.7mg/L）进行计算的。

$V＝\infty$，就意味着水与空气最充分接触的极限状态。这时，水中二氧化碳的浓度只与空气中二氧化碳的分压力有关，而与气水比无关。这时所能达到的 pH 的最高值，是在常压下曝气所能获得的 pH 的极限值。由式（7-16）可知，这个 pH 的极限值，只与水中的碱度及水温有关，而与水的初始 pH 及二氧化碳的浓度无关，如图 7-2 所示。

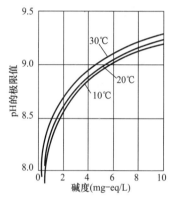

图 7-2　pH 的极限值与碱度和水温的关系

7.2　气体的传质方程式

水和空气接触后，空气经过气、水接触表面积 dF，在 t 时间内向水中溶解了 dG 数量的氧，这样在单位时间内经过单位接触表面积向水中溶氧的量应为 $\dfrac{dG}{t\,dF}$，其值与浓度差 $(C^*－C)$ 有正比例关系：

$$\frac{dG}{t\,dF} = K(C^*－C) \tag{7-18}$$

式中　C^*——水中溶解氧的平衡饱和浓度；

C——水中实际的溶解氧浓度；

K——比例常数，称为传质系数。

此式左端是传质速度，右端的 $C^*－C$ 是推动传质过程进行的浓度差。当 $C^*－C＝0$ 时，传质过程便达到动态平衡状态，空气和水中的氧浓度不再改变；当 $C^*－C>0$ 时，表明水中氧的浓度小于平衡浓度，故空气中的氧便向水中溶解；当 $C^*－C<0$ 时，表明水中溶解氧的浓度高于平衡浓度，故水中的氧便向空气中逸散。并且，浓度差 $C^*－C$ 的绝对值愈大，则传质过程进行得愈强烈。别的气体的传质方程也具有式（7-18）的形式，只是

传质系数 K 值（当浓度差为1时，单位时间里在单位面积上转移的气体物质量）随不同气体而异，需用试验方法求定。

若 dG 的氧溶于体积为 W 的水中，则水中溶解氧的浓度将增大 dC，故有：

$$dG = WdC \tag{7-19}$$

将上式代入式（7-18），得：

$$\frac{dC}{C^* - C} = \frac{Kt\,dF}{W} \tag{7-20}$$

在整个曝气溶氧过程中，水中的溶解氧浓度由 C_1 升高至 C_2；空气和水的总接触表面积为 F，将式（7-20）积分，得：

$$\int_{C_1}^{C_2} \frac{dC}{C^* - C} = \frac{KtF}{W} \tag{7-21}$$

设在整个曝气溶氧过程中溶于水中的氧气总量为 G，则：

$$G = W(C_2 - C_1)$$

或

$$W = \frac{G}{C_2 - C_1} \tag{7-22}$$

将式（7-22）代入式（7-21），整理后得：

$$G = KtF \cdot \frac{C_2 - C_1}{\int_{C_1}^{C_2} \dfrac{dC}{C^* - C}} \tag{7-23}$$

$$G = KtF\Delta C_{\mathrm{p}} \tag{7-24}$$

$$\Delta C_{\mathrm{p}} = \frac{C_2 - C_1}{\int_{C_1}^{C_2} \dfrac{dC}{C^* - C}} \tag{7-25}$$

式中　ΔC_{p}——曝气溶解过程中，溶解氧的平均浓度差。

对于微溶于水的氧气来说，可把 C^* 当作 C 的直线函数看待，由上式积分得：

$$\Delta C_{\mathrm{p}} = \frac{\Delta C_1 - \Delta C_2}{2.3\lg \dfrac{\Delta C_1}{\Delta C_2}} \tag{7-26}$$

式中，$\Delta C_1 = C_1^* - C_1$，即当水进入曝气装置时，水中溶解氧的浓度 C_1 与平衡浓度 C_1^* 的差值；$\Delta C_2 = C_2^* - C_2$，即当水流出曝气装置时，水中溶解氧的浓度 C_2 与平衡浓度 C_2^* 的差值。

式（7-24）便是水的曝气溶氧过程的传质方程式。

这个传质方程式也适用于曝气去除水中二氧化碳的过程。当含有二氧化碳的水进入曝气装置时，水中二氧化碳的浓度为 C_1，而与空气中二氧化碳分压相平衡的平衡浓度为 C_1^*，在浓度差 $\Delta C_1 = C_1^* - C_1$ 的推动下，水中的二氧化碳逸往空气中，使水中二氧化碳的浓度不断降低。当水由曝气装置流出时，水中二氧化碳的浓度已降至 C_2，这时的平衡浓度为 C_2^*，浓度差为 $\Delta C_2 = C_2 - C_2^*$。但是，由于水中二氧化碳的平衡浓度 C^* 的计算比较复杂，为了简化计算，可采用下式作近似计算：

$$\Delta C_{\mathrm{p}} = \frac{C_1 - C_2}{2.3 \lg \dfrac{C_1}{C_2}} \tag{7-27}$$

（1）由传质方程式可知，气体在气、水之间传质的数量，与平均浓度差成正比。在曝气溶氧时，提高空气的压力能使平衡浓度增大，从而能增大平均浓度差，提高溶氧数量。在曝气去除二氧化碳时，增大气水比能减小空气中二氧化碳的分压力，这样就降低了平衡浓度，增大了平均浓度差，提高了二氧化碳的去除量。

（2）气体的传质量与气、水之间的接触表面积成正比。当气水比一定时，减小水滴或气泡的直径，减小水层的厚度，能使接触表面积增大而提高气体的传质量。

（3）气体的传质量与传质系数成正比。影响传质系数的因素很多，如气体的性质、曝气装置的构造、曝气装置承受的负荷量、气水相对运动速度等。

（4）延长曝气时间，也能增大气体的传质量。

（5）水的温度对传质过程有多方面的影响，从而能影响气体的传质量。

为了使曝气过程尽可能迅速完善地进行，需设置曝气装置。曝气装置按形成气、水接触表面的方法不同，可分为 4 类：

（1）气泡式，使空气以气泡形式分散于水中，这时水是连续介质，空气是不连续物质；

（2）喷淋式，使水以水滴形式分散于空气中，这时空气是连续介质，水是不连续物质；

（3）薄膜式，使水形成薄膜以增大水、气接触表面积，这时水和空气都是连续介质；

（4）综合式，即将喷淋式和薄膜式综合起来。

在地下水除铁除锰工艺中，气泡式曝气装置多用于压力式系统中。另外三种曝气装置多用于重力式系统中，可统称为喷淋式曝气装置。气泡式曝气装置，一般采用较小的气水比，曝气的主要目的是向水中溶氧。喷淋式曝气装置，一般采用较大的气水比，曝气的目的不仅向水中溶氧，同时还去除水中的二氧化碳。

7.3　气泡式曝气装置

7.3.1　气泡式曝气装置的溶氧速度

气泡式曝气装置一般采用的气水比较小，去除二氧化碳的效率很低，主要用于向含铁含锰地下水中溶氧。

设想向 1L 水中加入体积为 V 空气，空气以气泡形式存在于水中。假设空气泡的大小都一样，其直径为 d_0，一个气泡的表面积为 πd_0^2，体积为 $\dfrac{\pi d_0^3}{6}$。如果水的压力为 P，体积为 V 的空气进入水中后被压缩至 $\upsilon = \dfrac{V}{1+P}$。水中空气泡的数目为 $\upsilon / \dfrac{\pi d_0^3}{6} = \dfrac{6\upsilon}{\pi d_0^3}$，则气水接触表面积为：

$$F = \frac{6\upsilon}{\pi d_0^3} \cdot \pi d_0^2 = \frac{6V}{d_0(1+P)} \tag{7-28}$$

假设曝气前水中的溶解氧浓度 $C_1 = 0$，曝气后水中溶解氧浓度为 C_2，则：

$$G = W(C_2 - C_1) = C_2 \tag{7-29}$$

式中，$W = 1$L。

含铁含锰地下水刚开始曝气时，水中溶解氧的平衡浓度，按亨利定律为：

$$C_1^* = \frac{0.21}{H_{O_2}} \cdot (1 + P) \tag{7-30}$$

曝气结束时，水中溶解氧的平衡浓度，可按式（7-8）进行计算。

以 α 表示曝气后水中溶解氧浓度与平衡浓度的比值：

$$\alpha = \frac{C_2}{C_2^*} \times 100\% \tag{7-31}$$

α 还可以称为水中溶解氧的饱和度。当 $\alpha = 100\%$ 时，表示曝气溶氧过程已达到平衡状态，但实际上是不可能的，实际上 α 值总是小于 100%。在实际应用上，当 $\alpha = 90\%$ 时，便认为曝气溶氧过程已足够完善。

将有关诸式代入传质方程式，可得溶氧所需曝气时间的计算式：

$$t = \frac{G}{K_{O_2} F \Delta C_p} = \frac{d_0(1+P)}{6 K_{O_2} V} \times \frac{C_2}{\Delta C_p} \times 3.6 \tag{7-32}$$

式中：t 以 s 计，d_0 以 mm 计，P 以 atm 计，V 以 L/L 计，K_{O_2} 以 m/h 计，C_2 和 ΔC_p 以 mg/L 计，3.6 为单位换算系数。

气泡式曝气溶氧过程的传质系数，根据文献资料，有的测定为 1.4m/h（15℃），有的测定为 0.32~2.30m/h，因试验条件不同而有很大差异。

溶氧所需的曝气时间与气泡的直径有正比例关系，气泡直径愈小，所需曝气时间愈短。表 7-4 为按式（7-32）计算的结果。由表 7-4 可见，当气泡直径小至 0.1mm，只需近 1s 时间便能完成曝气溶氧过程；当气泡直径为 10mm 时，需要超过 2min 才能完成曝气过程。所以，减小气泡的直径，对加速和完善曝气溶氧过程非常重要。

溶氧所需的曝气时间与气泡直径的关系　　　　表 7-4

气泡直径（mm）	0.01	0.1	1	10
溶氧所需时间（s）	0.13	1.3	13	130

注：计算条件为 $V = 0.1$，$\alpha = 90\%$，$K_{O_2} = 1$m/h，$P = 0$（常压下），水温 10℃。

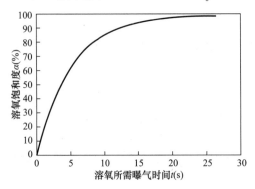

图 7-3　溶氧所需曝气时间 t 与溶氧饱和度 α 的关系（$d_0 = 1$mm，$V = 0.1$L/L，$K_{O_2} = 1$m/h，$P = 0$，水温 10℃）

由式（7-32）可见，溶氧所需曝气时间，将随水中溶氧饱和度的提高而增长。图 7-3 为一计算结果。由图可见，溶氧所需曝气时间随饱和度逐渐趋近于 100% 而迅速增长。所以，为使曝气装置的容积不致过大，溶氧饱和度不应要求过高，一般取 $\alpha = 70\% \sim 90\%$ 为宜。此外，增大气水比，虽然空气中氧气的利用率降低了，但能缩短溶氧所需曝气的时间，加快溶氧速度，是其有利的一面。

7.3.2　压缩空气曝气装置

在压力式除铁除锰系统中，常在滤池前向

水中加入压缩空气。一般，压缩空气由空气压缩机供给。当有压缩空气气源时可用管道直接引入，以进行水的曝气充氧。

为了加速曝气溶氧过程的进行，需在加气后设置气水混合器。

1. 喷嘴式气水混合器

图 7-4 为常用的一种喷嘴式气水混合器。喷嘴口径 d_0 为来水管径 d 的一半，即 $d_0 = \frac{1}{2}d$。当来水管中水流速度为 $0.5 \sim 1.0 \text{m/s}$ 时，喷嘴出口流速可达 $2 \sim 4 \text{m/s}$。若在喷嘴出口处设置弧形挡板，从喷嘴流出的高速水流遇到挡板

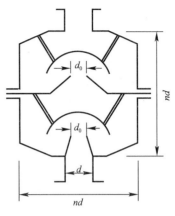

图 7-4　喷嘴式气水混合器

阻拦能形成强烈的紊流，从而可将随水出流的空气破碎成小的气泡。图中的气水混合器使水和空气相继通过两个喷嘴，以提高曝气溶氧效果。

喷嘴式混合器一般都做成圆柱形，圆柱体的直径和高度为来水管管径的 n 倍（nd），所以其体积应为 $\frac{\pi}{4}(nd)^3$。若来水管中的流速为 v，则水的流量应为 $v \times \frac{\pi}{4}d^2$，从而可求得水在气水混合器中的停留时间：

$$t = \frac{\frac{\pi}{4}(nd)^3}{v \times \frac{\pi}{4}d^2} = \frac{n^3 d}{v} \tag{7-33}$$

式中：t 以 s 计，d 以 m 计，v 以 m/s 计。

若取来水管中流速 $v = 1 \text{m/s}$，则 t 与 n 的关系见表 7-5。

水在气水混合器中的停留时间 t　（单位：s）　　　　表 7-5

来水管管径 d(mm)	n		
	3	4	5
150	4.0	9.6	18.7
200	5.4	12.8	25.0
250	6.8	16.0	31.2
300	8.1	19.2	37.2

设计中 n 不宜取得过小。当取 $n = 3$，相应水在混合器中的停留时间只有数秒，由于形成的空气泡直径较大（约数毫米），短时间里不足以完成溶氧过程，使曝气水中溶解氧的饱和度（α）一般只有 40% 左右。为了提高曝气效果，可取 $n = 4$，以延长水在混合器中的停留时间，这样可使水中溶解氧的饱和度增高，从而减小气水比，改善曝气溶氧作业的经济效果。

此外，喷嘴式气水混合器的水流阻力特别大，据测定其阻力系数约为 50，水头损失可按下式计算：

$$h = 50 \frac{v^2}{2g} \tag{7-34}$$

式中　h——混合器的水头损失（m）；

υ——来水管中水的流速（m/s）；

g——重力加速度，$g=9.8\text{m/s}^2$。

按此式计算，当 $\upsilon=1\text{m/s}$ 时，混合器中的水头损失约为 2.5m，能量耗费比较大。

【例题 7-2】 喷嘴式气水混合器前的来水管管径为 250mm，管中水的流速为 0.6m/s，向管中加注压缩空气，要求水和空气在混合器中混合曝气时间为 30s，计算混合器的尺寸。

【解】 已知 $d=0.25\text{m}$，$\upsilon=0.6\text{m/s}$，$t=30\text{s}$，代入式（7-33），可得：

$$n=\sqrt[3]{\frac{t\upsilon}{d}}=\sqrt[3]{\frac{30\times0.6}{0.25}}\approx4$$

喷嘴式气水混合器的直径 D 和高度 H 为：

$$D=H=nd=4\times0.25=1.0\text{m}$$

水在混合器中的水头损失为：

$$h=50\times\frac{\upsilon^2}{2g}=50\times\frac{0.6^2}{2\times9.8}=0.92\text{m}$$

2. 穿孔管式气水混合器

这种形式的气水混合器是用穿孔管来分布空气（图 7-5）。空气经混合器下部空气管道上的孔眼进入水中，形成大量气泡，由下向上运动；地下水由上部进入混合器，从上向下流动，与空气泡接触而得到曝气；曝气后的水经下部出水管流出，而上浮的空气泡由上部排气阀排出。试验表明，经穿孔管出流而形成的空气泡的直径，不仅与孔眼的直径有关，并且还与孔眼中空气的出流速度有关。为了减小空气泡的直径，应尽量缩小孔眼的直径；但孔眼过小易于堵塞，一般取 2～5mm。经孔眼出流的空气流速愈大，则形成的空气泡亦越大，所以经孔眼出流的空气流速控制在 10～15m/s 为宜。孔眼应设于穿孔管下方，以便排除管中的积水。

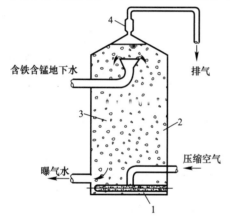

图 7-5 穿孔管式气水混合器

1—穿孔配气管；2—混合器；

3—空气泡；4—自动排气阀

空气泡上升的速度与空气泡的直径有关。图 7-6 为实测的单个空气泡上升速度与其直径的关系。由图可见，空气泡在水中的上升速度与空气泡直径的关系十分复杂。当空气泡直径 $d_0>0.6\text{mm}$ 时，空气泡上升速度的增加速率便迅速降低；当 $d_0=2\sim10\text{mm}$ 时，空气泡的上升速度几乎保持不变。这是因为空气泡在水中的形状只在 $d_0<0.6\text{mm}$ 时才是球形；当 $d_0>0.6\text{mm}$ 时，空气泡垂直方向的尺寸相对地减小了，形状由球形变为椭球形，进而变为帽形。对于直径大的椭球形和帽形空气泡，其上升途径已不再是直线，而是呈螺旋状或摇摆状，所以上升速度便相应地降低了。当水中有大量空气泡一起上升时，由于空气泡之间的互相影响（与拥挤沉降的情况相似），空气泡的上升速度比图中的要小。当水温不同时，小直径的空气泡上升速度可按斯托克斯定律进行温度修正。直径大于 1mm 的空气泡的上升速度，受温度的影响较小。

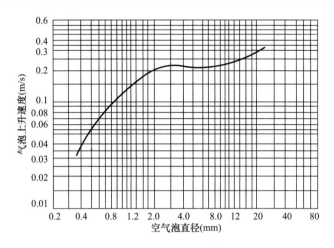

图 7-6 空气泡的上升速度与空气泡直径的关系（21℃）

为使空气泡与水能有较长的接触时间，气水混合器应有较大的水深，以延长空气泡上浮的时间，所以混合器的高度不宜小于 2m，一般可取 2~4m。

由于空气泡的直径一般不小于配气孔眼的直径，约为数毫米，所以为获得较高的曝气效果，宜选择较长的曝气时间。因此，气水混合器的容积，一般可按水在其中停留 30s 左右进行计算。气水混合器的平面面积，可按水流速度为 0.05~0.1m/s 计算。

气水混合器的顶部，需设置自动排气阀，及时排除上升的空气。

穿孔管式气水混合器与喷嘴式气水混合器相比，前者水流阻力较小，故能量损失少。此外，还能在混合器内排除大部分空气，以免大量空气进入滤池影响滤池工作。这两种混合器形成的空气泡直径均为数毫米，所以其曝气溶氧效果相差不多。穿孔管式气水混合器的主要缺点是配气孔眼会逐渐被铁质堵塞，因此在构造上，穿孔管应便于拆卸，以便清扫，并且气水混合器宜设置两个，交替使用。

喷嘴式气水混合器，多分散装于每个除铁滤池之前；穿孔管式气水混合器适宜在数个滤池前集中曝气时使用。

7.3.3 射流泵曝气装置

1. 射流泵的工作原理

图 7-7 为射流泵的构造示意。工作压力水经喷嘴 1 以高速喷出，由于压力水的势能转变成为动能，使射流的压力降至大气压以下，从而在吸入室 2 中形成真空；空气在压力差作用下经空气吸入口 3 进入吸入室，并在高速射流的紊动挟带作用下随水流进入混合管 4；空气与水在混合管中进行剧烈地掺混，将空气粉碎成极小的气泡，从而形成均匀的气水乳浊液进入扩散管 5 中；扩散管的作用是将高速水流的动能再转变为势能。

射流泵由于高速射流的剧烈紊动和摩擦，能量损耗甚大，所以一般效率比较低，特别是当射流泵的构造设计不合理时，更使效率大为降低。设计时应注意以下各点：

（1）为取得较大的流速系数，喷嘴前端应有长为 $0.25d_0$ 的圆柱段（d_0 为喷嘴直径）。为了形成空气与射流的良好水力条件，喷嘴出口处的管壁应尽量薄。

（2）混合管应采用圆柱形。管长 L_2 取为混合管直径 d_2 的 4~20 倍，即 $L_2 = (4 \sim 20)d_2$。

增大比值 L_2/d_2 能提高射流泵的气、水流量比。混合管入口处做成圆锥形斜面,斜面倾角为 $45°\sim60°$。混合管端不宜突出于吸入室内。

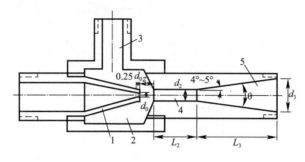

图 7-7 射流泵构造示意
1—喷嘴;2—吸入室;3—空气吸入口;4—混合管;5—扩散管

(3)喷嘴距混合管端的最佳距离 Z:

当 $m<4$ 时,Z 在 $d_0\sim2.3d_0$ 范围内调整;

当 $m>6$ 时,Z 在 $1.3d_0\sim2.8d_0$ 范围内调整;

当 m 较大时,可取较大的 Z 值。

其中,m 为混合管的断面积与喷嘴的断面积之比。

(4)空气吸入口,应位于喷嘴口之后,靠近高压水管一方。吸入口的直径应使空气流速不超过 $1m/s$,如因吸气量大而流速太大时,可采用两个对称的吸入口。

(5)扩散管的锥顶夹角可取 $8°\sim10°$,管径 d_3 最好采用公称直径。

(6)喷嘴内壁、混合管内圆面、扩散管内圆面的加工光洁度应达到 5~6 级。喷嘴、混合管和扩散管的中心线要严格对准。

射流泵前一般需要 $3\sim4atm$ 的工作压力,所以常由水厂出厂压力水供给。射流泵吸入空气后形成气水乳浊液,注入地下水的管道中,利用管道混合曝气,应使气与水有足够的混合时间,以获得良好的曝气溶氧效果。为使水中溶氧饱和度不低于 $50\%\sim70\%$,气水在管道中的混合时间宜不少于 $15s$。若管道长度不能满足混合时间的要求时,宜设置气水混合器。表 7-6 为两则实例。

用射流泵加气、利用管道混合曝气的溶氧效果　　表 7-6

地点	气水比 $V(L/L)$	管道压力 $P(atm)$	管中水流速度 (m/s)	在管道中混合时间（s）	曝气水中溶解氧浓度（mg/L）	空气中氧的利用率 η	水中溶氧饱和度 α
佳木斯	$0.055\sim0.069$	~0	2	$9\sim10$	$5.2\sim5.4$	30%	60%
铁力	0.033	$1.3\sim1.6$	—	7.6	2.8	32%	32%

射流泵的出口至加注点的距离要尽量短,以免乳浊液中的气泡相互聚合而增大气泡直径。含铁地下水曝气后,易于产生铁质沉淀堵塞管道和部件,所以射流泵应用除铁水作工作压力水的水源。当用含铁水作工作压力水水源时,凡能被铁质堵塞的管道和部件,都应设备用件,并在构造上考虑便于拆卸检修。

用射流泵向深井泵吸水管上加注空气,还会在水泵泵壳和上升压力水管中产生铁质沉积,特别是当地下水的含铁量高时,堵塞情况比较严重,需定期将水泵提出除锈。所以射流泵的这种应用方式，一般在地下水含铁量不大于 10mg/L 的情况下使用比较适宜。

在压力式除铁除锰系统中，用射流泵加注空气与用空气压缩机加气相比有如下优点：①不使用机械设备，不需占用建筑面积，设备小，造价低，能节省大量建筑和设备费用；②没有运动部件，工作稳定可靠，运行管理方便，能节省人力和其他维护费用；③溶氧效率较高，能节省能量；④可以自行加工制造，便于自力更生，上马快投产早等。所以，在压力式系统中，射流泵加气溶氧的应用方式，是值得推荐的。

7.3.4 曝气溶氧所需空气量的计算

为使曝气水中能含有除铁除锰所需浓度的溶解氧，需要向单位体积的水中加入体积为 V 的空气；空气中氧的总量为 g_0，溶于水中的氧量为 $[O_2]$，则空气中氧的利用率 η 为：

$$\eta = \frac{[O_2]}{g_0} = \frac{[O_2]}{C^*} \cdot \frac{C^*}{g_0} = \alpha\eta_{max} \tag{7-35}$$

曝气水中实际的溶解氧浓度 $[O_2]$ 与平衡饱和浓度 C^* 的比值，便是溶氧饱和度 α；C^* 亦是曝气过程中能溶于水的氧气的最大数量，它与氧气总量 g_0 的比值，便是氧气的理论最大利用率 η_{max}。

所以，需要向水中加注氧的数量应为：

$$\frac{[O_2]}{\eta} = \frac{[O_2]}{\alpha\eta_{max}}$$

氧在空气中所占的重量百分比为 23.1%，空气的密度为 ρ_k，单位体积水所需的空气体积，即气水比为：

$$V = \frac{[O_2]}{0.231 \times \rho_k\alpha\eta_{max}} \tag{7-36}$$

式中 V——气水比（无因次比值）；

ρ_k——空气的密度（g/L），其平均值取 1.29g/L。

水中的溶氧饱和度 α 与曝气方法有关，其值可按表 7-7 选用。

溶氧饱和度与曝气方法的关系 表 7-7

曝气方式	混合方法	混合时间（s）	溶氧饱和度 α
压缩空气	喷嘴式混合器	10~15	30~40
射流泵	管道或混合器	15	50~70
射流泵	水泵	—	~100

用式（7-36）计算 V，由于式右端的 η_{max} 值还与 V 值有关，所以 V 值不能直接求得，只能用试算法进行计算。下面介绍一种简便的求定 V 的方法。

将式（7-36）改写为下列形式：

$$V\eta_{max} = \frac{[O_2]}{0.231\rho_k\alpha} \tag{7-37}$$

这样，式的右端已不再包含与 V 有关的参数，所以，$V\eta_{max}$ 的值可由此式直接计算出来。积值 $V\eta_{max}$ 为 V 的函数，若能作出 $V\eta_{max}$ 与 V 之间的函数曲线，便可根据计算得到的 $V\eta_{max}$ 值直接从曲线上找到所要求定的 V 值。图 7-8 为按图 7-1 的数据作出的 V-$V\eta_{max}$ 函数关系曲线，可供计算使用。

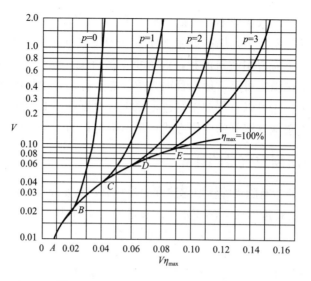

图 7-8 V-$V\eta_{\max}$ 关系曲线（水温 $10℃$）

当水温不是 $10℃$ 时，应先将温度为 T 时的积（$V\eta_{\max}$），换算为 $10℃$ 时的积（$V\eta_{\max}$）$_{10℃}$，然后再用图查出 V 值。换算式如下：

$$(V\eta_{\max})_{10℃} = \lambda(V\eta_{\max})_T \tag{7-38}$$

式中 λ——换算系数，见表 7-8。

换算系数 λ 值 　　　　　　　　　　　　　　　　　　　表 7-8

$T(℃)$	0	5	10	15	20	25	30
λ	0.86	0.93	1.00	1.08	1.15	1.23	1.30

除铁除锰所需空气的体积流量为：

$$Q_k = VQ \tag{7-39}$$

式中 Q_k——除铁所需空气流量（L/s 或 m^3/h）；

　　　　Q——地下水的流量（L/s 或 m^3/h）；

　　　　V——气水比。

【例题 7-3】 除铁水厂的处理水量为 $5000m^3$/d，地下水的含铁量为 10mg/L，水温为 $10℃$。试计算除铁所需空气量。

【解】 （1）用射流泵向地下水管中加注空气，利用管道混合，射流泵后水的压力为 2atm。

已知 $Q=5000m^3$/d$=58$L/s，$[Fe^{2+}]_0=10$mg/L，选定过剩溶氧系数 $a=4$，所需溶解氧 $[O_2]=0.14$，$a[Fe^{2+}]_0=0.14\times4\times10=5.6$mg/L。按水的曝气方式和混合方法，选 $\alpha=100\%$，由式（7-37）得：

$$V\eta_{\max} = \frac{[O_2]}{0.231\rho_k\alpha} = \frac{5.6}{0.231\times1.2\times10^3\times1} = 0.02$$

图 7-8 中的 V-$V\eta_{\max}$ 曲线由两段组成。例如，当 $P=2$atm 时，$V-V\eta_{\max}$ 曲线的全段为

$ABCDD'$，其中在 $ABCD$ 段上，由于空气中氧气全部溶解于水，故 $\eta_{max}=100\%$，从而 $V=V\eta_{max}$。在 DD' 段曲线上，因空气中氧气不能全部溶解于水，故 η_{max} 随 V 的增大而减小。

当 $V\eta_{max}=0.02$ 时，利用 $ABCD$ 段曲线进行计算，所以得 $V=0.02$。

除铁所需空气流量为：

$$Q_k = VQ = 0.02 \times 58 = 1.16 \text{L/s}$$

（2）用射流泵向重力滤池前的管道中加注空气，利用管道混合，混合时间为 15s。

这时，滤前水的压力可近似地取为 $P \approx 0$，溶解氧在水中的饱和度取为 $\alpha=60\%$，按式（7-37）得：

$$V\eta_{max} = \frac{5.6}{0.231 \times 1.2 \times 10^3 \times 0.6} = 0.034$$

当 $P=0$ 时，图中的 $V-V\eta_{max}$ 曲线为 ABB'。$V\eta_{max}=0.034$ 时，由 BB' 段上可找到对应的 V 值为 0.14。

除铁所需空气量为：

$$Q_k = VQ = 0.14 \times 58 = 8.1 \text{L/s}$$

7.3.5　跌水曝气装置

水自高处自由下落，能挟带一定量的空气进入下部受水池中，被带入水中的空气以气泡形式与水接触，使水得以曝气。跌水曝气装置如图 7-9 所示。

跌水曝气的溶氧效果，一般与跌水的单宽流量及跌水高度等因素有关。表 7-9 是几则实例。

由表可见，跌水曝气一般能将水中溶解氧浓度提高 2～4mg/L，对于含铁含锰量不大于 10mg/L 的地下水，基本上已能满足要求。对于含铁含锰量更高的地下水，只要适当增大跌水高度，或采用多级跌水，便能使水中溶解氧浓度进一步提高，所以也有可能使用。

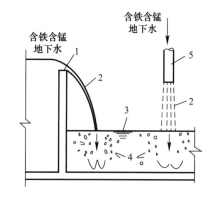

图 7-9　跌水曝气装置

1—溢流堰；2—下落水舌；3—受水池水面；4—气泡；5—原水管

跌水曝气几则实例　　　　　　　　　　　　　　　　表 7-9

水厂名称	水的流量 (m^3/h)	跌水高度（m）			堰的单宽流量 [$m^3/(h \cdot m)$]			水温 (℃)	溶解氧浓度 (mg/L)		pH	
		第一级	第二级	第三级	第一级	第二级	第三级		跌水前	跌水后	跌水前	跌水后
黑龙江佳木斯四水厂	417	0.5	—	—	45	—	—	7	3.4	5.4	6.2	6.2
河南新乡二水厂	1250	0.4	1.4	—	152	284	—	16.5	0.59	4.75	7.3	7.3
湖北武汉吴家山加工厂	20	1.0	1.0	1.0	16	14	14	18	0	3.93	7.1	7.3
广西南宁地区水厂	51	0.87	—	—	93	—	—	24.8	2.75	5.53	6.5	6.7
广东湛江霞山水厂	530	0.5	0.84	—	24	52	—	29.8	2.00	5.46	6.3	6.7
广东湛江龙画水厂	417	0.7 1.3	—	—	—	—	—	28	0 0	3.6 4.6	—	—

跌水曝气溶氧装置的构造特别简单，便于灵活应用，特别是某些重力式滤池（如无阀滤池、虹吸滤池等）的进水都有跌水装置，可以被利用来进行曝气溶氧。所以跌水曝气溶

氧方法在除铁工艺中得到广泛的应用。

7.3.6 叶轮表面曝气装置

1. 叶轮表面曝气原理

图 7-10 为一叶轮表面曝气装置。在曝气池的中心装有曝气叶轮，叶轮由电动机带动

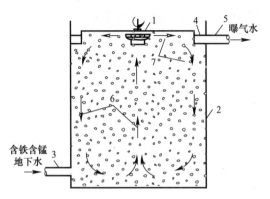

图 7-10 叶轮表面曝气装置

1—曝气叶轮；2—曝气池；3—进水管；

4—溢流水槽；5—出水管；

6—循环水流；7—空气泡

急速旋转，叶轮中的水便在离心力的作用下高速向四周流动。由于叶轮装设在水的表面，叶轮的急速转动能使表层的水与空气剧烈混合，将大量空气卷带入水中，并以气泡形式随水流向四周。表层水流遇到池壁便转而螺旋向下运动，同时也将部分气泡带向池的深处。池中心的水向上流往叶轮以行补充。这样，在池内便形成了水的循环运动。由于循环水流的流量很大，所以水能在池内经循环曝气多次，然后流出池外。由于水在池内能反复循环地进行曝气，所以可获得很大的气水比，不仅能使氧溶于水中，并且也能充分去除水中的二氧化碳。

在我国，表面曝气装置常用的叶轮形式，有泵型叶轮和平板型叶轮两种。实践表明，泵型叶轮的进气孔数目少、孔径小、进气量少、易被铁质堵塞，影响曝气效果，现已较少采用。平板叶轮的进气孔孔径大、数目多、进气量大、不易被铁质堵塞、构造简单、容易制作，所以应用日益广泛。

2. 平板叶轮表面曝气的经验方程式

叶轮表面曝气装置中曝气叶轮的流量为 q，曝气池的容积为 W，曝气一次的时间为 Δt，则：

$$\Delta t = \frac{W}{q} \tag{7-40}$$

水的流量为 Q，水在池中停留时间为 t，则：

$$t = \frac{W}{Q} \tag{7-41}$$

水在池中的停留时间内，曝气的次数为：

$$n = \frac{t}{\Delta t} = \frac{q}{Q} \tag{7-42}$$

在地下水除铁除锰工艺中采用叶轮表面曝气装置，主要是为了充分散除水中的二氧化碳，以提高水的 pH，而同时空气中的氧也溶于水中并达到很高的饱和度。所以设计时一般按散除二氧化碳进行计算。

曝气时，水中二氧化碳散除率可以下式表示：

$$\frac{dC}{dt} = -K'(C - C_*) \tag{7-43}$$

式中 C——水中二氧化碳的浓度（mg/L）；

C_*——二氧化碳在空气和水之间达到传质平衡时在水中的浓度（mg/L）；

K'——曝气系数。

当水第一次经叶轮曝气时，水中二氧化碳浓度由 C_0 降低至 C_1，对式（7-43）进行积分：

$$\int_{C_0}^{C_1} \frac{dC}{(C-C_*)} = -\int_0^{\Delta t} K' dt$$

得

$$\text{In} = \frac{(C_1-C_*)}{C_0-C_*} = -K'\Delta t \tag{7-44}$$

或

$$\frac{C_1-C_*}{C_0-C_*} = e^{-K'\Delta t} \tag{7-45}$$

当水第 2 次、第 3 次……第 n 次经叶轮曝气时，同理可写出下列诸式：

$$\frac{C_2-C_*}{C_1-C_*} = e^{-K'\Delta t} \tag{7-46}$$

$$\frac{C_3-C_*}{C_2-C_*} = e^{-K'\Delta t} \tag{7-47}$$

$$\cdots\cdots\cdots\cdots\cdots$$

$$\frac{C_n-C_*}{C_{n-1}-C_*} = e^{-K'\Delta t} \tag{7-48}$$

将式（7-45）～式（7-48）左右两边相乘，得曝气总效果公式：

$$\frac{C_n-C_*}{C_0-C_*} = e^{-K'n\Delta t} = e^{-K't} \tag{7-49}$$

对式（7-49）取对数，且以 C 表示曝气后水中二氧化碳浓度，可写出一般的表达式：

$$\lg \frac{C-C_*}{C_0-C_*} = -0.4343K't = -Kt \tag{7-50}$$

式中，$K=0.4343K'$。

曝气后水中二氧化碳浓度可由下式求得：

$$C-C_* = (C_0-C_*) \cdot 10^{-Kt} \tag{7-51}$$

根据试验所得曝气效果，由式（7-51）可求出曝气系数 K 值：

$$K = \frac{1}{t}\lg \frac{C_0-C_*}{C-C_*} \tag{7-52}$$

3. 叶轮表面曝气装置的计算方法

叶轮表面曝气装置的计算，就是按照曝气水的流量和对水曝气的要求，确定叶轮表面曝气装置的尺寸、容量和技术参数。

已知地下水的 pH 为 pH_0、碱度为 $[碱]_0$、水温为 T、水的含盐量为 P，可求出水中二氧化碳浓度 C_0：

$$C_0 = [CO_2]_0 = [碱]_0 \cdot 10^{pK_1 - pH_0 - 0.5\sqrt{\mu}}$$

要求曝气后水的酸碱性为 pH，由于当 pH<8.4 时水的碱度在曝气过程中基本上不发生变化，所以可求出曝气后水中二氧化碳的浓度 C：

$$C = [CO_2] = [碱]_0 \cdot 10^{pK_1 - pH_0 - 0.5\sqrt{\mu}}$$

由式（7-52）可求出为满足曝气要求所需的 Kt 积值：

$$Kt = \lg \frac{C_0 - C_*}{C - C_*} \tag{7-53}$$

根据试验资料提出 K 值的经验公式：

$$K = \frac{1.3 \times 1.175^v \times 1.019^{T-20}}{t^{0.6} \times (D/d)} \tag{7-54}$$

将式（7-54）代入式（7-53），整理可得曝气所需停留时间 t 的计算式：

$$t = \left[\frac{\frac{D}{d} \cdot \lg \frac{C_0 - C_*}{C - C_*}}{1.3 \times 1.175^v \times 1.019^{T-20}} \right]^{2.5} \tag{7-55}$$

若曝气水的流量为 $Q(\text{m}^3/\text{h})$，曝气池的容积为：

$$W = \frac{Qt}{60} \tag{7-56}$$

对圆柱形曝气池，取池深 H 与池直径 D 相等，即 $H=D$，则曝气池的容积为：

$$W = \frac{\pi}{4} \cdot D^2 \cdot H = \frac{\pi D^3}{4}$$

池直径为：

$$D = \left(\frac{Qt}{15\pi} \right)^{\frac{1}{3}} \tag{7-57}$$

对正方形曝气池，取池深 H 与池边长 L 相等，即 $H=L$，则：

$$L = \left[\frac{Qt}{60} \right]^{\frac{1}{3}} \tag{7-58}$$

设计选定直径比 $D/d=\delta$，一般取 $\delta=4\sim8$，叶轮直径为：

$$d = \frac{D}{\delta} \tag{7-59}$$

设计选定叶轮周边线速度 v，一般取 $v=3\sim5\text{m/s}$，叶轮转速为：

$$n = \frac{60v}{\pi d} \tag{7-60}$$

叶轮上的叶片数、叶片尺寸、进气孔直径、叶轮浸没深度等，可从表 7-10 查得。

表面曝气叶轮主要设计参数　　　　　　　表 7-10

叶轮直径 d(mm)	叶片数目 (个)	叶片高度 h(mm)	叶片长度 L(mm)	进气孔数 (个)	进气孔直径 (mm)	叶轮浸没深度 (mm)	轴功率 (kW)
300	16	58	58	16	20	45	0.5
400	18	68	68	18	24	50	0.8
500	20	76	76	20	27	55	1.2
600	20	84	84	20	30	60	1.7
700	24	92	92	24	33	65	2.3
800	24	100	100	24	36	70	2.9
900	26	105	105	26	38	74	3.5
1000	26	110	110	26	40	77	4.2

注：表中轴功率按叶轮外缘切线速度为 $4.05\sim4.85\text{m/s}$ 算出。

叶轮表面曝气法与其他敞开式曝气装置相比，可以避免水滴溅出池外，能改善周围环境，适宜于把曝气装置设于室内的北方寒冷地区使用。

叶轮表面曝气法可以通过改变叶轮的大小和转速，以及水在曝气池中的停留时间等因素来控制曝气效果，适应性和灵活性比较大。但缺点是，叶轮表面曝气法一般需要设置专用的机械曝气池。

7.4　喷淋式曝气装置

7.4.1　莲蓬头和穿孔管曝气装置

1. 莲蓬头在高负荷条件下的曝气效果

莲蓬头曝气装置是一种喷淋式曝气装置。它使地下水通过莲蓬头上的许多小孔向下喷洒，把水分散成许多小水滴，在水滴降落过程中进行气、水之间的气体交换，从而实现水的曝气。图 7-11 为莲蓬头曝气装置的示意图。在地下水除铁除锰工艺中使用的莲蓬头直径一般为 $150\sim300mm$，小孔的直径为 $3\sim6mm$，莲蓬头的安装高度为 $1.5\sim2.5m$。莲蓬头曝气装置常直接设于重力式除铁滤池之上。

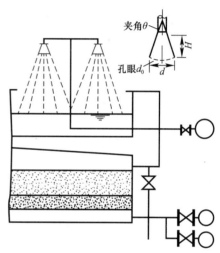

图 7-11　莲蓬头曝气装置

在莲蓬头的运用中，其淋水密度在单位时间内，单位集水面积上喷洒的水量一般为 $1.5\sim3m^3/(h\cdot m^2)$，但是，对设于滤池上的莲蓬头，其淋水密度应同滤速相等，所以数值常在 $8\sim10m^3/(h\cdot m^2)$ 以上，较上述负荷要高数倍，因此，设于滤池上的莲蓬头都是在高负荷条件下工作的。

为了解莲蓬头曝气装置在高负荷条件下工作的特性，于 1960 年对此进行了研究，并发现一个特殊的现象。过去人们都觉得，莲蓬头曝气装置的淋水密度愈小，曝气效果应该愈好，淋水密度愈大则曝气效果愈差。但是，试验的结果与此恰恰相反，图 7-12 为用莲蓬头做的曝气溶氧试验，由图可见，当莲蓬头的出水流量不断增大时（淋水密度也随之增大），曝气水中的溶解氧浓度（曝气效果）不仅没有降低，反而不断增高。经观察研究，出现这一现象的原因是水经莲蓬头上小孔出流的速度对曝气效果有相当的影响。图 7-13 为两个尺寸相同的莲蓬头，它们的孔眼大小和安设高度都相同，只是小孔的数目不同，莲蓬头Ⅰ的孔眼数比Ⅱ少一倍，所以在相同的出水流量下，Ⅰ的孔眼流速要比Ⅱ高一倍。由图可见，结果Ⅰ的曝气效果优于Ⅱ，即孔眼流速大者曝气效果较好。这是由于：气水之间的相对运动速度增大，从而增强了气水之间界面上的紊动程度，甚至可能在气水界面上产生乳化现象，这事实上增大了气水的接触表面积，从而在总体上仍然提高了曝气效果。

综上所述，只要能合理地选择高的孔眼流速，就能使莲蓬头在高负荷下工作，并获得良好的曝气效果。

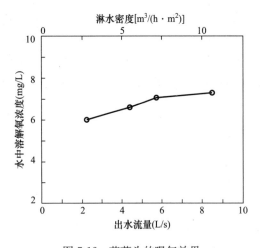

图 7-12　莲蓬头的曝气效果

（曝气前水中溶解氧浓度为 0；试验水温 7℃；

莲蓬头安设高度 1.75m）

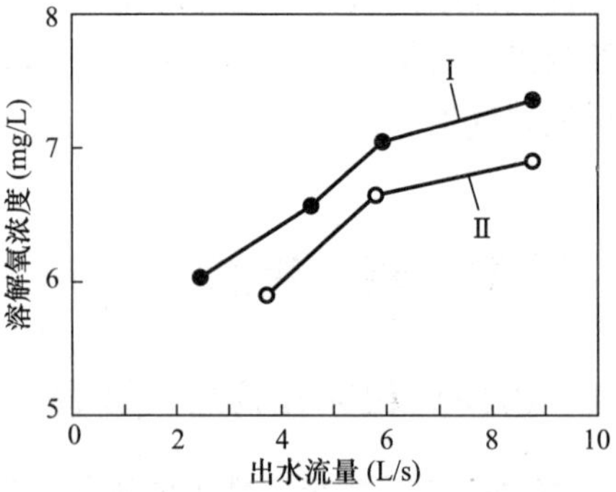

图 7-13　孔眼流速对曝气效果的影响

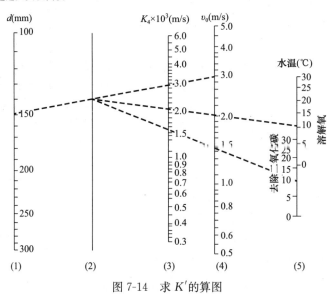

图 7-14　求 K' 的算图

用法：如图 7-14 所示，（1）～（4）连线与（2）相交；（2）～（5）连线与（3）相交，得 K_4' 值；$K' = \lambda K_4'$，λ 为修正系数，选定见表 7-11。

修正系数 λ　　　　　　　　　　　　　　　　　　　　　　　　　表 7-11

d_0(mm)	3	4	5	6
λ	0.88	1.0	1.1	1.2

2. 莲蓬头曝气装置的计算

已知：

（1）原水的水质，即原水中气体的浓度 C_1 和水的温度；

（2）对曝气效果的要求，即曝气后水中气体的浓度 C_2；

（3）曝气水的流量。

1）选择合理的技术参数：

一个莲蓬头的出水流量 Q 不宜选择过大，以不超过 10L/s 为宜。

莲蓬头孔眼水的流速 v_0 不宜选择过小，以 2.5～3.5m/s 为宜。

莲蓬头孔眼直径 d_0 一般选用 4～6mm。过小易造成堵塞，过大会降低曝气效果。

一个莲蓬头上孔眼的数目为：

$$n = \frac{4Q}{\pi v_0 d_0^2} \times 10^3 \quad \text{（个）} \tag{7-61}$$

式中，Q 以 L/s 计，v_0 以 m/s 计，d_0 以 mm 计，10^3 为单位换算系数。

莲蓬头上孔眼的孔隙率 φ 可取 10％～20％。

莲蓬头的直径为：

$$d = \sqrt{\frac{n}{\varphi}} \cdot d_0 \quad \text{（mm）} \tag{7-62}$$

式中 d_0 以 mm 计。莲蓬头的直径以不超过 250mm 为宜。莲蓬头的锥顶夹角 θ，可取 45°～60°。

2）图 7-14 是按试验资料提出的经验公式推出的计算传质系数 K 的算图。按照 d、d_0、v_0 和水的温度，可用图 7-14 求传质系数 K'。

3）按照 C_1 和 C_2，由式（7-26）或式（7-27）求平均浓度差 ΔC_p。

4）按下式求出莲蓬头喷出的水滴在空气中降落的时间：

$$t = \frac{d_0(C_1 - C_2)}{6K'\Delta C_p} \times 10^{-3} \quad \text{（s）} \tag{7-63}$$

式中，d_0 以 mm 计，K' 以 m/s 计，C_1、C_2 和 ΔC_p 以 mg/L 计，10^{-3} 为单位换算系数。

5）求莲蓬头的安装高度：

$$h = v_0 t + \frac{1}{2}gt^2 \quad \text{（m）} \tag{7-64}$$

式中：v_0 以 m/s 计；t 以 s 计；g 为重力加速度，$g = 9.8\text{m/s}^2$。莲蓬头之间的距离，应使洒下的水滴基本上互不重叠。

6）水经莲蓬头喷出的水头损失为：

$$h_0 = \frac{1}{\mu^2} \cdot \frac{v_0^2}{2g} \tag{7-65}$$

式中　h_0——水经莲蓬头上孔眼喷出时的水头损失（m）；

　　　v_0——水在孔眼中的流速（m/s）；

　　　μ——孔眼的流量系数，其值与孔眼直径 d_0 与壁厚 δ 的比值有关，见表 7-12；

　　　g——重力加速度。

孔眼的流速系数　　　　　　　　　　　　　　表 7-12

d_0/δ	1.25	1.5	2	3
μ	0.76	0.71	0.67	0.62

按照上述试验资料，在高负荷条件下莲蓬头的曝气效果，能使曝气水中溶解氧的浓度达到饱和值的 60％左右，水中二氧化碳的去除率达到 50％左右。这样的曝气效果已能满

足大多数地下水除铁的要求。

莲蓬头上的孔眼常因铁质沉积而逐渐堵塞，需定期清洗，所以莲蓬头应便于拆卸。因此，莲蓬头曝气装置宜用于含铁量不很高（<5mg/L）的地下水曝气。

在我国北方，莲蓬头曝气装置一般都设于室内，在冬季由于门窗关闭，室内通风不良，会使曝气效果受到一定影响。此外，因水滴飞溅，常使室内地面潮湿和空气湿度大，有硫化氢和铁锈气味。因此，设计时应考虑加强通风措施。

【例题 7-4】 含铁地下水含有二氧化碳 28.2mg/L，水中不含溶解氧，水温为 10℃。除铁滤池尺寸为 3.5m×3.5m，滤速为 10m/h。要求曝气后水中溶解氧浓度能达到 6mg/L，二氧化碳去除率能达到 50%。若将莲蓬头装于滤池上，计算此莲蓬头曝气装置。

【解】 一个滤池过滤的水量为 3.5×3.5×10=122.5m³/h=34L/s。在一个滤池上用 4 个莲蓬头进行曝气，每个莲蓬头的出水流量为：

$$Q = \frac{34}{4} = 8.5 \text{L/s}$$

选 $v_0 = 3\text{m/s}$，$d_0 = 6\text{mm}$，一个莲蓬头上孔眼的数目为：

$$n = \frac{4Q}{\pi v_0 d_0^2} \times 10^3 = \frac{4 \times 8.5}{3.14 \times 3 \times 6^2} \times 10^3 = 100 \text{ 个}$$

选取孔隙率 $\varphi = 15\%$，莲蓬头的直径为

$$d = \sqrt{\frac{n}{\varphi}} \cdot d_0 = \sqrt{\frac{100}{0.15}} \times 6 = 154 \text{mm}$$

取 $d = 150\text{mm}$。莲蓬头上孔眼呈方格形排列，孔眼轴线距离为 13.5mm。莲蓬头锥顶夹角 θ 取 45°，喷水面采用弧形。

首先按曝气溶氧的要求进行计算。由 d、d_0、v_0 和水温的数值，从图 7-14 查出 $K'_{O_2} = 2.47 \times 10^{-3} \text{m/s}$。又知 $C_1 = 0$，$C_2 = 6\text{mg/L}$，10℃时氧在水中的饱和浓度按表 7-1 为 $C^* = 11.3\text{mg/L}$，故 $\Delta C_1 = 11.3\text{mg/L}$，$\Delta C_2 = 5.3\text{mg/L}$，平均浓度差为：

$$\Delta C_p = \frac{\Delta C_1 - \Delta C_2}{2.3 \lg \frac{\Delta C_1}{\Delta C_2}} = \frac{11.3 - 5.3}{2.3 \lg \frac{11.3}{5.3}} = 7.95 \text{mg/L}$$

水滴在空气中降落的时间为：

$$t = \frac{d_0 (C_2 - C_1)}{6 K_{O_2} \Delta C_p} \times 10^{-3} = \frac{6 \times (6 - 0)}{6 \times 2.47 \times 10^{-3} \times 7.95} \times 10^{-3} = 0.31\text{s}$$

再按曝气去除二氧化碳的要求进行计算。由图 7-14 查得 $K'_{CO_2} = 1.85 \times 10^{-3} \text{m/s}$。又知 $C_1 = 28.2\text{mg/L}$，若去除 50% 的二氧化碳，则 $C_2 = 14.1\text{mg/L}$，平均浓度差为：

$$\Delta C_p = \frac{C_1 - C_2}{2.3 \lg \frac{C_1}{C_2}} = \frac{28.2 - 14.1}{2.3 \lg \frac{28.2}{14.1}} = 20.4 \text{mg/L}$$

水滴在空气中降落的时间为：

$$t = \frac{6 \times (28.2 - 14.1)}{6 \times 1.85 \times 10^{-3} \times 20.4} \times 10^{-3} = 0.37\text{s}$$

由于曝气去除二氧化碳要求水滴在空气中降落的时间较长，所以根据它来进行莲蓬头安设高度的计算：

$$h = v_0 t + \frac{1}{2} g t^2 = 3 \times 0.37 + \frac{1}{2} \times 9.8 \times 0.37^2 = 1.78 \text{m}$$

选定莲蓬头安装于滤池水面以上的高度为 2.0m。这时，若以锥顶夹角 45° 的角度向下喷洒，洒于池内水面上的圆的直径为 1.65m。

将滤池上 4 个莲蓬头呈正方形布置，相邻莲蓬头之间的距离为 1.75m，所以莲蓬头喷洒下来的水滴互相间不会重叠，也不会洒出池外。

水经莲蓬头上孔眼喷出所需水头为：

$$h_0 = \frac{1}{\mu^2} \cdot \frac{v_0^2}{2g} = \frac{1}{0.62^2} \times \frac{3^2}{2 \times 9.8} = 1.2 \text{m}$$

若取莲蓬头壁厚 $\delta = 2$mm，则 $d_0 / \delta = 6/2 = 3$，则流量系数 $\mu = 0.62$。

3. 穿孔管曝气装置

穿孔管曝气装置与莲蓬头类似，它使地下水通过穿孔管上的许多小孔向下喷淋，实现水的曝气。穿孔管上的小孔孔径一般为 5～10mm，孔眼倾斜向下，与垂线交角一般不大于 45°。小孔可在穿孔管两侧设置两排或多排。穿孔管常直接设于滤池上，也可单独设置。穿孔管的安装高度为 1.5～2.5m，孔眼流速宜取 1.5～3.0m/s。为使穿孔管喷水均匀，每根穿孔管的断面积应不小于孔眼总面积的 2 倍。穿孔管曝气装置的设计，可参照莲蓬头曝气装置进行。穿孔管曝气装置的淋水密度一般为 5～10m³/(h·m²)。

7.4.2　喷水式曝气装置

这种曝气装置是用特制的喷嘴将水由下向上喷洒，水在空气中分散成水滴，然后回落至下部的池中，一般使用的喷嘴直径为 25～40mm，喷嘴前的作用水头为 5～7m，一个喷嘴的出水流量为 17～40m³/h，淋水密度为 5m³/(h·m²) 左右，曝气水中二氧化碳的去除率可达 70%～80%，溶解氧浓度可达饱和值的 80%～90%。

喷水式曝气装置宜设在室外，并要求下部有较大面积的集水池，故目前在生产中尚较少应用。

7.4.3　接触式曝气塔

接触式曝气塔是应用较广的一种敞开式曝气装置。图 7-15 为接触式曝气塔的构造示意。曝气塔中填料的粒径一般为 30～50mm 或 50～100mm，填料层厚度为 0.3～0.4m，填料设 2～5 层，填料层间的高度为 0.3～1.5m。常用焦炭或矿渣作填料。将含铁含锰地下水送到曝气塔顶，用穿孔管均匀分布后，经填料层逐层淋下，汇集于下部的集水池中。水在填料中主要以薄膜形式流动，得以和空气充分接触，进行曝气。在填料层之间，水则以水滴形式淋下，既能起曝气作用，又能驱动空气流动，使之不断更新。塔的平面形状，小型的可为圆形或方形，大型的为长方形。塔的宽度一般为 2～4m，宽度过大会影响塔内外空气的对流，降低曝气效果。曝气塔四周设倾斜挡板，既不妨碍空气流通，又可防止水滴溅出塔外。

接触式曝气塔由于能使水与空气有较长的接触时间，所以曝气效果较好。此外，当含铁含锰地下水流经填料层时，水中部分的铁和锰将沉积于填料表面，能对水中二价铁和二价锰的氧化起接触催化作用，所以称作接触式曝气塔。

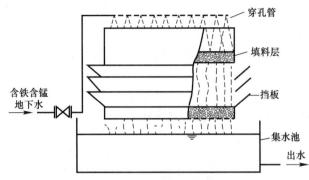

图 7-15 接触式曝气塔

接触式曝气塔至今尚无可靠的计算方法。表 7-13 为几座生产塔曝气效果的实测数据。有的曝气塔原来都有 3 层焦炭层，后来运行中为便于更换填料，都将中层填料层拿掉，成为 2 层焦炭层。由表 7-13 可见，当塔中淋水密度为 $5\sim7.3\,m^3/(h\cdot m^2)$ 时，水中溶解氧浓度能达到饱和值的 $75\%\sim85\%$，二氧化碳去除率可达 $50\%\sim60\%$。

接触曝气塔的曝气效果
表 7-13

设备所在地区		佳木斯	哈尔滨	海龙	阿城	万县
平面尺寸（m）		12×6	7.1×5.8	3.9×2.8	38（m²）	32（m²）
焦炭层数		2	2	2	2	1
焦炭粒径（mm）		50～100	50～100	50～80（上层）	80～120	30～100
焦炭层厚度（mm）		300	300	30～40（下层）	500	500
焦炭层间距（m）		1.1	1.64	—	1.8	—
曝气塔高度（m）		3	3.6	300	—	—
淋水密度 [m³/(h·m²)]		5	7.3	0.6	6	1.7
水温（℃）		6.6	10	—	7	17.5
水的碱度（mg-eq/L）		2.2	7	6.3 15 2.2	4.9	2.7
溶解氧	曝气前浓度（mg/L）	1.4	1.6	1.4	2.85	3.3
	曝气后浓度（mg/L）	9.1	10	8.2	9.85	7.1
	饱和度	75%	85%	64%	81%	74%
二氧化碳	曝气前浓度（mg/L）	50.5	—	30.2	46.3	—
	曝气后浓度（mg/L）	26.2	—	10.5	18.5	—
	散除率	48%	60%	65%	60%	—
水的 pH	曝气前	6.3	7.0～7.1	7.0	7.0	7.0
	曝气后	6.8	7.5～7.6	7.6	7.5	7.2

显然，若增多填料的层数，增大塔的高度，曝气效果还能提高。在设计接触式曝气塔时，一般采用淋水密度为 $5\sim20\,m^3/(h\cdot m^2)$，但实际常选用较低值，以便获得较高的曝气

效果。

　　有的资料指出，接触式曝气塔的填料层数应按地下水中二价铁浓度的高低来选取。这可能是针对自然氧化除铁工艺而言的。因为在自然氧化除铁工艺中，地下水含铁量愈高，在除铁过程中产生的二氧化碳便愈多，pH 的降低值也愈大，因此有必要增加填料层数以加强曝气过程。

　　接触式曝气塔中的填料因铁质沉积会逐渐堵塞，所以需要定期清洗和更换。当地下水的含铁量为 $3\sim5mg/L$ 时，填料可 $1\sim3$ 年更换一次；当含铁量为 $5\sim10mg/L$ 时，填料需一年左右更换一次；含铁量高于 $10mg/L$ 时，需一年清洗和更换一至数次。更换填料是一项十分繁重的劳动，所以在设计时应考虑便于装卸填料的措施，如设置装卸口、室内起吊设备等。

　　接触式曝气塔可单独设置，亦可设于滤池上。

　　在我国北方地区，接触式曝气塔一般都设于室内，在冬季由于门窗紧闭，空气流通不畅，曝气效果会受到一定影响。此外，由于水滴飞溅，所以具有和莲蓬头曝气装置相同的缺点。

　　接触式曝气塔，多用于含铁量不高于 $10mg/L$ 的地下水的曝气。

7.4.4　板条式曝气塔

　　图 7-16 为 5 层板条的曝气塔，每层板条之间有空隙，当含铁含锰地下水自上而下淋洒时，水流在板条上溅开形成细小水滴，在板条表面也形成薄的水膜，然后由上一层板条落至下一层板条。由于水能以很大表面积与空气进行较长时间的接触，所以可以获得较好的曝气效果。表 7-14 为 3 座板条式曝气塔的曝气效果。其中南宁市的 2 座曝气塔原来都是接触式曝气塔，由于地下水含铁量很高，塔中填料层仅数月便被铁质堵塞，后来将填料拿去，换用板条式曝气塔方式工作。由表 7-14 可见，这两座板条式曝气塔能使水中溶解氧浓度达到饱和值的 $56\%\sim77\%$，曝气效果是较好的。

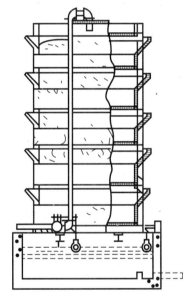

图 7-16　板条式曝气塔

板条式曝气塔的曝气效果			表 7-14
设备所在地区	沅江	南宁	南宁
平面尺寸（m）	3×9	—	—
板条层数	8	3	4
层间距离（m）	0.8	$0.8\sim0.85$	0.7
塔高（m）	7.2	3.15	3.8
淋水密度 $[m^3/(h\cdot m^2)]$	$3.4\sim5.4$	8.65	6.74
地下水含铁量（mg/L）	10	$20\sim24$	—
水温（℃）	$21\sim22$	25	23.5

续表

设备所在地区		沅江	南宁	南宁
溶解氧	曝气前浓度（mg/L）		$0\sim0.5$	$0.3\sim0.5$
	曝气后浓度（mg/L）	$>80\%$	$4.9\sim5.4$	7.0
	饱和度		$56\%\sim62\%$	77%
二氧化碳	曝气前浓度（mg/L）	约30	—	—
	曝气后浓度（mg/L）	约10	—	—
	散除率	$78\%^*$	—	—
水的pH	曝气前	6.8	—	—
	曝气后	$7.1\sim7.3$	—	—

* 其中包括去除因二价铁氧化而分离出来的二氧化碳 14mg/L。

一般，板条式曝气塔的板条层数可采取 $4\sim10$ 层，淋水密度为 $5\sim20m^3/(h\cdot m^2)$，水中二氧化碳的去除率约为 $30\%\sim60\%$。

由于板条式曝气塔不易为铁质所堵塞，所以可用于含铁量高的地下水的曝气。

7.4.5 机械通风式曝气塔

机械通风式曝气塔是一个封闭的柱形曝气塔，如图 7-17 所示，含铁地下水由塔上部送入，经配水后通过塔中的填料层淋下，空气用通风机自塔下部吹入，由下向上经过填料层，然后自塔顶排出。塔中的填料常为瓷环，木条格栅，或塑料填料等。水经填料层流动时，水在填料表面形成薄的水膜，以很大的表面积与空气接触，从而进行曝气。塔顶的配水设备，为在一平槽上装设许多小的管嘴，当来水在槽中的水深大于管嘴高度时，便经管嘴向下出流，出流水舌在填料层上溅开，然后向下经填料流出。自下而上穿过填料层的空

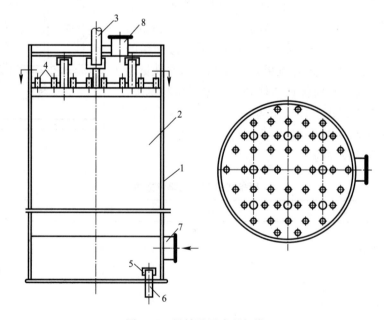

图 7-17 机械通风式曝气塔

1—塔体；2—填料；3—进水管；4—配水管嘴；5—水封；6—出水管；7—进风管（接通风机）；8—排气管

气，通过配水平槽上的排气管，然后经通风管道排至室外。经填料层流出的曝气水，汇于塔底的集水池中，再经水封由出水管流出塔外。在出水管前设置水封，是为了不使通风机鼓入塔内的空气外逸，所以应使水封的高度较通风机的风压大。

机械通风式曝气塔的淋水密度一般为 $40m^3/(h \cdot m^2)$，气水比为 $15\sim20$，曝气水的溶氧饱和度可达 90%，二氧化碳去除率可达 $80\%\sim90\%$。

7.5　曝气装置的选择

含铁地下水的曝气装置应按采用的除铁方法对曝气的要求来选择。

在接触氧化除铁除锰工艺中，曝气的主要目的是向地下水中充氧，所以宜选用构造简单、体积小、效率高，便于和接触氧化除铁除锰滤池组成一体的曝气装置，如射流泵、跌水曝气等。

在自然氧化除铁或需要消除水的腐蚀性工艺中，曝气的目的不仅是为了向地下水中溶氧，并且还要求散除水中大量二氧化碳，以提高水的 pH，所以应当选用去除二氧化碳效率高的喷淋式曝气装置，如莲蓬头曝气装置、板条式曝气塔、接触式曝气塔，以及叶轮表面曝气装置等。由于各种曝气装置的二氧化碳去除率不同，所以应按要求的二氧化碳去除率的大小，选择构造比较简单、造价比较低廉、设置比较方便，运行管理简便的曝气装置。

对 pH 较高、含铁量较低的地下水，自然氧化除铁法有时也可不要求去除二氧化碳以提高水的 pH，这时曝气的目的主要是为了向水中充氧，所以也可选择射流泵、跌水曝气等简单曝气装置。各种曝气装置的曝气效果及适用条件，见表 7-15。

含铁含锰地下水曝气装置的曝气效果及适用条件　　表 7-15

曝气装置	曝气效果		适用条件			附　注
	溶氧饱和度	二氧化碳散除率	功能	处理系统	含铁量 (mg/L)	
射流泵加气	—	—		压力式	—	泵壳及压
泵前加注	约100%	—	溶氧	压力式	<10	水管易堵
滤池前加注	60%~70%	—	溶氧	重力式	不限	
压缩空气	—	—	—		不限	设备费高
喷嘴式混合器	30%~70%	—	溶氧	压力式	不限	水头损失大
穿孔管混合器	30%~70%	—	溶氧	压力式	<10	孔眼易堵
跌水曝气	30%~50%	—	溶氧	重力式	不限	
叶轮表面曝气	80%~90%	50%~70%	溶氧、去除二氧化碳	重力式	不限	—
莲蓬头及穿孔管曝气	50%~65%	40%~55%	溶氧、去除二氧化碳	重力式	<5	孔眼易堵
板条式曝气塔	60%~80%	30%~60%	溶氧、去除二氧化碳	重力式	不限	
接触式曝气塔	70%~90%	50%~70%	溶氧、去除二氧化碳	重力式	<10	填料层易堵
机械通风式曝气塔	90%	80%~90%	溶氧、去除二氧化碳	重力式	不限	有机电设备管理较复杂

以上的曝气装置还可分为两类，一类是依靠外部输入能量对水进行曝气（如压缩空气曝气、叶轮表面曝气、机械通风塔曝气等）。依靠外部输入能量进行曝气，一旦水厂停电，曝气设备停运，未曝气的无氧含铁水就会进入除铁除锰滤池，造成对除锰滤膜的污染，这

对除锰是存在风险的。一类是依靠水自身能量进行曝气（如跌水曝气、穿孔管或莲蓬头曝气、曝气架曝气、射流曝气等），依靠自身能量进行曝气，一旦停电，进水停止，曝气也停止，不会发生未曝气含铁水进入除锰滤池的现象，对除锰是比较安全的。对除铁除锰而言，应优先选用依靠自身能量进行曝气的装置。对于已建水厂，如采用了依靠外部输入能量进行曝气的装置，可设停电及在线溶氧的报警装置，以便于及时发现事故降低风险。

本章参考文献

[1] 李圭白，虞维元，孙国臣. 莲蓬头曝气设备的计算方法 [J]. 哈尔滨建筑工程学院学报，1961 (2).

[2] 哈尔滨建筑工程学院，黑龙江省规划设计研究院. 地下水表面叶轮曝气装置 [J]. 哈尔滨建筑工程学院学报，1982 (3).

[3] 李皓白，李圭白. 地下水三通引流曝气装置的最优工况 [J]. 哈尔滨建筑工程学院学报，1983 (3)：75～82.

[4] 李平，张洪儒，李迎凯，等. 接触氧化过滤除铁设施的研究 [J]. 解放军预防医学杂志，1989，7 (4).

[5] 曹积宏，赵东雷，陆一梅. 关于地下水除铁除锰技术的设计 [J]. 低温建筑技术，2004 (3)：58.

[6] 陈京赋，饶学良. 复式曝气式地下水净化工程 [J]. 中国水利，1990 (2)：34.

[7] 周志芳，薛罡. 不同曝气方式对地下水中铁锰去除效果的研究 [J]. 中国环保产业，2005 (11).

[8] 张吉库，刘明秀. 溶解氧和温度对地下水除铁、锰效果的影响 [J]. 安全与环境工程，2006 (1)：52～54.

[9] 米海蓉，崔海，刘慧，等. 曝气强度对地下水生物除铁除锰影响的研究 [J]. 黑龙江大学自然科学学报，2006 (6)：797～801.

[10] 武伟男. 多孔塑料球曝气方式曝气量对地下水除铁的影响 [J]. 科技创新导报，2017，14 (26)：118～119，121.

[11] 邱金伟. 纳米气泡对地下水中铁锰去除的研究 [D]. 济南：山东建筑大学，2018.

[12] 丁康，刘慧，马杰，等. 曝气对高铁地下水化学特性的影响 [J]. 环境科学与技术，2019，42 (6)：89～93.

[13] 李圭白. 天然锰砂除铁设备的设计原则 [J]. 建筑技术通讯（给水排水），1975 (1)：1～8.

[14] 金锥. 水——气射流泵的试验研究与设计方法 [J]. 建筑结构，1973 (12)：1～12.

[15] 戚影. 地下水除铁锰装置的工艺设计及其应用 [J]. 工程勘察，1998 (6)：3～5.

[16] 黄宇萍，蔡同辛. 跌水曝气在地下水除铁中的应用及效果 [J]. 建筑技术通讯（给水排水），1991 (3)：10～12.

[17] Румянцепа Л П. брызгальные Установкя цля Обезжлезиания Волы [M]. М. Стройиздат，1973.

第 8 章
除铁除锰滤池

目前用于除铁除锰的滤池主要有两类，一类是接触氧化除铁或除锰滤池，用于接触氧化除铁或除锰工艺，另一类是截留铁质悬浮物的澄清滤池，用于自然氧化除铁以及氯氧化法除铁等工艺中。接触氧化除铁除锰滤池中使用的滤料，主要为天然锰砂、石英砂和无烟煤粒。澄清滤池中使用的滤料，目前主要为石英砂和无烟煤粒。这两类滤池的设计计算、施工安装、运行管理都有许多共同之处。

8.1 地下水除铁除锰滤池的运行方式

地下水除铁除锰滤池运行方式示于图 8-1。滤池系统包括滤层、滤层下的承托层和配水系统。承托层的作用，主要是用以支持滤层。配水系统的作用是在过滤时收集滤过水，在反冲洗时均布反冲洗水。

滤池的运行方式主要有：

（1）过滤。水由上部进入滤池，从上而下经滤层过滤除铁除锰，处理后的水由下部排水系统收集后引出池外，如图 8-1（a）所示。

（2）反冲洗。滤层被铁和锰质污泥堵塞后，需对滤层进行反冲洗，以清除滤层中的污泥。反冲洗水由下部进入滤池，经配水系统分布后，从下而上穿过承托层对滤层进行反冲洗。滤层在上升水流中悬浮膨胀，污泥由滤料表面脱落，随水由滤池上部排出池外，如图 8-1（b）所示。反冲洗完毕后，滤池又重新投入过滤作业。但是，在过滤初期，由于滤层中残存有反冲洗废水，所以滤池初滤水水质不佳。初滤水延续时间一般不超过 30min。但在实际生产中有的不排出初滤水，以减少水量损失。

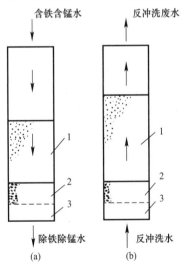

图 8-1 地下水除铁除锰滤池运行示意

1—滤层；2—承托层；3—配水系统

以滤层的平面面积除滤池过滤水的流量，可得单位面积上过滤水的流量，称为滤池的过滤速度：

$$v = \frac{Q}{\Omega} \tag{8-1}$$

式中　v——滤池的滤速（m/h）；

　　　Q——滤池过滤水的流量（m³/h）；

　　　Ω——滤池中滤层的平面面积（m²）。

滤池进水和出水的水头差，即为促使水通过滤层过滤的水头。它所能达到的最大值，称为滤池的作用水头。

滤池可以在恒滤速的情况下工作，这时，由于滤层不断被污泥堵塞，滤层阻力不断增大，促使水经滤层过滤的水头也相应地增大，所以具有变水头工作的特点。

滤池亦可在恒水头的情况下工作。当滤池刚冲洗完毕，滤层的阻力最小，滤速最大。随着滤池工作时间的延长，滤层逐渐被污泥堵塞，滤速便相应地逐渐减小，直至过滤周期结束时达最小值，所以具有减滤速工作的特点。

滤池既可以是压力式的，也可以是重力式的。压力式滤池适用于中、小型水厂。重力式滤池适用于大、中型水厂。

8.2　除铁除锰滤池的滤料

8.2.1　对滤池滤料的一般要求

作为除铁除锰滤池的滤料，应满足以下要求：

（1）用作接触氧化除锰滤池的滤料，最好能具有较大的吸附及去除二价锰离子的能力和促进滤料成熟的特性，所以应优先采用优质天然锰砂作滤料。

用作接触氧化除铁滤池的滤料，可以采用天然锰砂，也可以采用石英砂、无烟煤粒等。对于低含铁地下水，由于天然锰砂具有较大的吸附二价铁离子的能力，能使滤池投产初期出水水质较好，所以宜优先采用。

（2）滤料应具有良好的机械强度。滤料在经常的反冲洗过程中互相碰撞摩擦，会部分地变成细碎颗粒随水流失，所以在澄清滤池中使用机械强度不高的滤料，会增加滤料的损耗。

在接触氧化滤池中，由于除铁或除锰过程中不断在滤料表面生成滤膜，使滤料粒径变大，对滤料的损耗起着补偿作用，所以对滤料机械强度的要求，不如澄清滤池那样高。

（3）滤料应具有良好的化学稳定性。

滤料应该不溶于水。滤料若溶解于水，不仅损耗大，而且还可能污染水质。

天然锰砂、石英砂和无烟煤粒的化学稳定性良好，一般能满足生产要求。

8.2.2　滤料的粒度特征

一般，滤料颗粒都是不均匀的。为了便于评价滤料的粒度特征，常需作出滤料的筛分析曲线，方法如下：称取洗净、烘干（105℃）的滤料100g，置于一组筛中过筛，称量每一筛盘上的剩余滤料质量，然后按表 8-1 所列形式进行记录和计算。由于滤料总量为100g，所以剩在每一筛盘上的滤料的克数，即为所占百分数（%）。通过该号筛的滤料所占百分数（%），等于剩在小于该号筛的所有筛盘上滤料的百分数的总和。例如，表 8-1

中通过 0.75mm 筛孔的滤料所占百分数，应等于剩在 0.60mm、0.50mm 和 0.30mm 三个筛盘上和底盘上的滤料的百分数的总和，即 10.8＋3.9＋1.0＋0.3＝16.0（％）。若以筛孔径为横轴，以通过该筛孔径的滤料所占百分数（％）为纵轴作图，便可绘出滤料的筛分析

曲线，如图 8-2 所示。与 10％对应的粒径称为有效粒径 d_{10}，与 50％对应的粒径称为中值粒径 d_{50}，与 80％对应的粒径为 d_{80}。d_{80} 与 d_{10} 的比值称为滤料的不均匀系数 $K=\dfrac{d_{80}}{d_{10}}$（有的主张以 d_{60} 与 d_{10} 的比值来表示不均匀系数）。一般常以 d_{10}（或 d_{50}）和 K 来评价滤料的粒度特征。如要求滤料比较均匀一些，K 宜不大于 2.0。

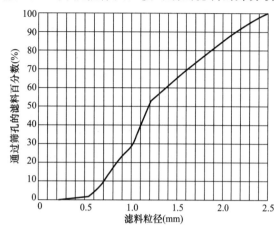

图 8-2　滤料的筛分曲线

由于天然锰砂滤料和无烟煤滤料都是筛分而得，所以筛分时所用的两个筛盘的孔径便是滤料的最大粒径 d_{max} 和最小粒径。在实用上，d_{max} 和 d_{min} 是滤料粒度特征的重要指标。

滤料筛分析记录格式　　表 8-1

筛孔径（mm）	剩在筛盘上的滤料（％）	通过该号筛的滤料（％）
3.0	—	100
2.5	0.45	99.55
2.0	14.75	84.80
1.5	19.45	65.35
1.2	12.90	52.45
1.0	23.20	29.25
0.75	13.25	16.00
0.60	10.80	5.20
0.50	3.9	1.30
0.30	1.00	0.30
底盘	0.30	

滤料的当量直径在设计中有重要意义。所谓滤料的当量直径，是指一假想的均匀滤料的直径，这均匀滤料的颗粒表面积与实际滤料的颗粒表面积相等。若一个球形滤料的直径为 d_i，其体积为 $\dfrac{\pi d_i^3}{6}$，质量为 $\rho\cdot\dfrac{\pi d_i^3}{6}$，表面积为 πd_i^3。质量为 1 的球形滤料的总表面积应为：

$$\frac{1}{\rho\cdot\dfrac{\pi d_i^3}{6}}\times\pi d_i^2=\frac{6}{\rho}\cdot\frac{1}{d_i}$$

对于非球形颗粒，其表面积大于等体积的球形颗粒。非球形颗粒的表面积与等体积球形颗粒的表面积之比，称为颗粒的形状系数 α。非球形颗粒的形状，还可以球形度系数 ψ

来表示。颗粒的形状系数 α 与球形度系数 ψ 互为倒数：

$$\alpha = \frac{1}{\psi}$$

常用滤料的形状系数如下：

球形 　　　　$\alpha = 1.0$；

河砂 　　　　$\alpha = 1.17 \sim 1.30$；

尖角石英砂 　$\alpha = 1.50 \sim 1.67$；

无烟煤 　　　$\alpha = 1.50 \sim 2.13$。

质量为 1 的非球形滤料的总表面积为 $\frac{6\alpha}{\rho} \cdot \frac{1}{d_i}$。

在筛分析曲线上选取微元百分数 dP 的滤料，其表面积应为：

$$d\omega = \frac{6\alpha}{\rho} \cdot \frac{dP}{d_i}$$

全部滤料的总表面积为：

$$\omega = \frac{6\alpha}{\rho} \int_0^1 \frac{dP}{d_i}$$

设滤料的当量直径为 d，则有：

$$\omega = \frac{6\alpha}{\rho} \cdot \frac{1}{d}$$

将此式代入上式，得当量直径的计算式：

$$\frac{1}{d} = \int_0^1 \frac{dP}{d_i} \tag{8-2}$$

当已知如图 8-2（或表 8-1）所示之筛分曲线时，滤料的当量直径可按下式进行近似计算：

$$\frac{1}{d} = \sum \frac{\Delta P}{d_i} \tag{8-3}$$

如果不知道滤料的筛分析曲线，只知道滤料的最大粒径 d_{max} 和最小粒径 d_{min}，为估算起见，可假定 P 对 d_i 有直线关系以进行近似计算。当 $d_i = d_{min}$ 时，$P = 0$；当 $d_i = d_{max}$ 时，$P = 1.0$，按此条件可写出下列直线关系式：

$$P = \frac{d_i - d_{min}}{d_{max} - d_{min}} \tag{8-4}$$

以此式代入式（8-2），得：

$$\frac{1}{d} = \int_0^1 \frac{dP}{d_i} = \frac{1}{d_{max} - d_{min}} \cdot \int_{d_{min}}^{d_{max}} \frac{dd_i}{d_i} = \frac{1}{d_{max} - d_{min}} \cdot \ln \frac{d_{max}}{d_{min}}$$

所以滤料的当量粒径为：

$$d = \frac{d_{max} - d_{min}}{2.3 \lg \dfrac{d_{max}}{d_{min}}} \tag{8-5}$$

滤池滤料的粒度是否符合设计要求，对除铁除锰效果的影响很大。在实际生产中，常常由于滤料的筛分工作进行得不好，使滤料的粒度不能满足设计要求。例如，由于筛分工作进行得不彻底，会使一些粒径小于 d_{min} 的细砂和粉砂混入滤料中，在滤层反冲洗时，这些细砂和粉砂在水力分级作用下会集聚于滤层的表面，造成滤层易被堵塞，使滤池的工作周期缩短，滤速降低。所以，一般要求滤料中粒径小于 0.3mm 的粉砂含量不大于 1%，粒径小于 d_{min} 的细砂含量不大于 3%。由于筛网孔径选择过大，或因筛网破裂，会使一些粒径大于 d_{max} 的粗砂混入滤料中，这样不仅会使过滤水的水质降低，并且还可能使滤层冲洗不净影响滤池的工作。所以一般要求滤料中粒径大于 d_{max} 的粗砂含量不大于 5%。由于滤料在过滤过程中起着关键的作用，所以对其粒度的质量应严格要求。

8.2.3　除铁除锰滤料简介

石英砂在我国各地都有出产，一般为河砂或海砂，形状比较规则，密度为 $2600 \sim 2650 kg/m^3$，堆积密度约为 $1600 kg/m^3$，孔隙度约为 41%。

无烟煤粒一般都由块状无烟煤碎后筛分而得，其性质因产地不同而异，密度为 $1400 \sim 1900 kg/m^3$，堆积密度为 $700 \sim 1000 kg/m^3$，孔隙度为 $50\% \sim 55\%$。我国部分地区无烟煤密度见表 8-2。

目前，在我国东北地区过去用于接触氧化除铁的滤料有产于东北的锦西瓦房子锰砂。锦西瓦房子锰砂是由矿区粉矿堆中直接筛出，机械强度稍差，锰砂密度为 $3200 kg/m^3$，堆积密度约为 $1600 kg/m^3$，孔隙度约为 50%。现用的已较少。

在长江中、下游地区，湘潭锰矿砂应用较多，其 MnO_2 含量为 50% 左右，可用作接触氧化除铁和除锰的滤料。湘潭锰砂的密度约为 $3400 kg/m^3$，堆积密度约为 $1700 kg/m^3$，孔隙度约为 50%。

马山锰矿砂是一种良好的接触氧化除铁和除锰滤料，其 MnO_2 含量为 $50\% \sim 55\%$，密度约为 $3600 kg/m^3$，堆积密度约为 $1800\ kg/m^3$，孔隙度约为 50%。

无烟煤的密度	表 8-2
产地	密度（kg/m³）
北京门头沟	1880
四川荣径	1610
山西晋城	1600
河南巩县	1560
河南焦作	1550
云南昭通	1550
云南镇雄	1500
黑龙江双鸭山	1500
四川宜宾	1480
山西阳泉	1470
安徽淮北（焦炭）	1400

8.3　滤层的过滤澄清过程

8.3.1　澄清滤层中悬浮物的浓度分布

在自然氧化除铁以及氧化法除铁除锰等工艺中，水中的二价铁和二价锰经氧化水解，生成悬浮物，最后经澄清滤池截留除去。悬浮物在澄清滤池中被过滤除去的过程，与水中二价铁和二价锰在接触氧化滤池中被过滤除去的过程是不同的。

含悬浮物的水经滤层过滤，水中的悬浮物能附着于滤料表面，从而使过滤水中的悬浮物不断由水中分离出去，使水得到澄清。水中悬浮物的浓度愈高，附着于滤料上的悬浮物也愈多，所以水中悬浮物浓度的降低也愈快。当水流过的滤层愈厚，水中悬浮物的浓度也变得愈低，浓度降低的速率也愈小。所以，水中悬浮物浓度沿滤层深度方向的分布，应该是一条斜率逐渐减小的曲线。当水中能被去除的悬浮物全部被去除后，水中的悬浮物浓度便不再降低。能使水中悬浮物浓度不断减小的滤层，称为工作层。水在滤层中的浓度分布曲线，如图 8-3 中曲线 t_1 所示。t_1 为滤层开始过滤工作的时刻。但是，在滤层中除了这种附着澄清过程外，还进行着另一过程，即脱落过程。这就是附着于滤料表面的悬浮物，在过滤水流的剪切力作用下会部分由砂面脱落，继而再被下面的滤料截留。并且，附着于滤料上的悬浮物愈多，自砂面脱落的也愈多。当脱落的悬浮物数量与附着的悬浮物数量相等时，滤层截留的悬浮物数量便达到饱和状态，此时滤层丧失澄清能力，这种滤层称为饱和层。一般，饱和层总是从滤层的表层开始的，其范围逐渐向下扩展，从而使工作层也逐渐下移，所以滤层中水的悬浮物浓度分布曲线也相应地下移，如图 8-3 中曲线 t_2 所示。当工作滤层移至滤层下缘时，滤池的出水悬浮物浓度便开始升高，即出现穿透滤层的现象。这时，需要对滤层进行反冲洗。澄清滤池出水悬浮物浓度变化的情况，如图 8-4 所示。滤池由开始过滤到出水水质恶化所经历的时间，称为水质周期。显然，增加滤层的厚度，能使水质周期增长。

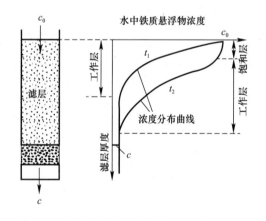
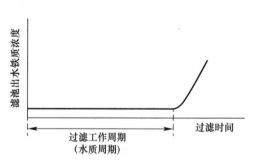

图 8-3　滤层中铁质悬浮物浓度的分布及其变化　　图 8-4　澄清滤池出水铁质浓度的变化情况

8.3.2　澄清滤层中水头损失的增长

当悬浮物的水通过滤层作等速过滤时，因污物不断被截留于滤层中，使滤层中的水头损失不断增大。试验表明，水在滤层中的水头损失随时间常呈直线关系变化，如图 8-5 所示。当开始过滤时，滤层是清洁的，水在滤层中的水头损失最小，称为初期水头损失 h_0。随着澄清过滤过程的进行，滤层的水头损失 h 逐渐增加，当增至最大值时，便需对滤层进行反冲洗。这时滤池的过滤周期，称为压力周期。水在滤层中的水头损失允许达到的最大值，与滤池的过滤作用水头 H 有关。如图所示，水在滤池中的水头损失，除了在滤层中的损失以外，还有在其他构件中的水头损失 h'。滤池的过滤作用水头，扣除在其他构件中的损失，便是滤层水头损失所能达到的最大值。显然，滤池的过滤作用水头愈大，滤池的压力周期亦愈长。

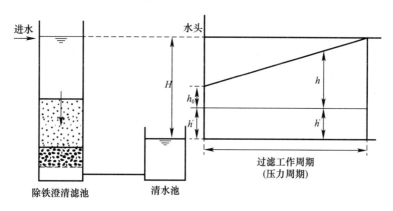

图 8-5　滤层中水头损失的增长

8.3.3　影响澄清滤池工作的主要因素

影响澄清滤池工作的因素很多，主要有以下几种：

（1）滤料粒径；

（2）滤层厚度；

（3）滤速；

（4）悬浮物的浓度、性质以及过滤水的水质等。

对澄清滤池工作的首要要求，是保证滤池出水的水质。由于水中铁质锰质悬浮物常常十分细小，为了能使滤后水的铁锰浓度降至用水要求的数值以下，需要选择较细的滤料粒径、足够的滤层厚度和较低的滤速。但是，滤料粒径过细以及滤层过厚，会缩短滤池的工作周期；滤速过小，会增大滤池的面积，增加设备费用。所以在生产中常采用的滤料粒径为 0.5~1.0mm 和 0.5~1.2mm，滤层厚度为 0.8~1.2m，滤速为 5~10m/h。

澄清滤池的工艺参数，与水中悬浮物的浓度及性质有很大关系。有的地下水的含铁含锰浓度低，氧化水解生成的悬浮物的过滤性能好，在较高的滤速下仍能获得优质的除铁除锰水。也有的地下水含铁含锰浓度高，或产生的悬浮物的过滤性能差，在较低的滤速下，仍不能获得良好的过滤水，这就必须进一步对滤料粒径、滤层厚度以及滤速进行调整。

滤池工作是否经济，与滤池过滤作用水头是否被充分利用有关。在建成的重力式滤池里，滤池的过滤作用水头都已确定，滤池过滤时不论水头损失是否达到最大值，都要耗费掉与作用水头相当的能量。所以，充分利用作用水头，增长过滤时间，实现使滤池水头损失达到最大值的工作周期（压力周期），在运行管理上是经济的。如果滤池作用水头未被充分利用，由于滤池出水水质恶化而提前结束过滤工作（达到水质周期），将是不经济的。

滤池的最优工作条件是水质周期等于压力周期。为了做到这点，可以调整滤池的各种工艺参数。例如，调整滤层的厚度就是一种措施。如图 8-6 所示，增加滤层的厚度，可以增长水质周期。相反，增加滤层厚度，水在滤层中的水头损失也相应增大，从而使压力周期缩短。如果用试验的方法能作出水质周期和压力周期与滤层厚度的关系曲线，那么两条曲线的交点便是滤池最优工作条件，对应的滤层厚度便是最适宜的厚度。所以，当水质周期小于压力周期时，只要适当增厚滤层，就能使滤池的工作更经济合理。在实际生产中，由于影响滤池工作周期的因素十分复杂，不可能在任何条件下都保持最优工作条件，所以为避免出现水质周期小于压力周期的现象，在滤池设计中宁肯采用水质周期大于压力周期的工作条件，即选取比图中最适宜厚度更厚一些的滤层。这样，在滤池水头损失达到最大值而结束工作以前，不会出现出水水质恶化的现象，这对滤池的运行管理也十分方便。

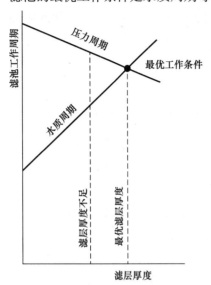

图 8-6　澄清滤池的最优工作条件

8.4　接触氧化滤料层的过滤除铁除锰过程

在本书第 4 章中，已经讨论了水的含铁浓度在滤层中的变化规律及对除铁效能的影响因素，这样就能够建立起过滤除铁的各参数之间的函数关系。对式（4-17）积分，得所需滤层厚度 L 的计算式为：

$$L = \frac{2.3dv^p}{\beta' \cdot [O_2]} \cdot \lg \frac{[Fe^{2+}]_0}{[Fe^{2+}]} \tag{8-6}$$

式中　L——滤层的厚度（m）；

　　　d——滤料的当量直径（mm）；

　　　v——滤速（m/h）；

　　　p——指数，当处于层流区时，$p=1$；当处于过渡区 $p=0\sim1$，其值由试验确定；

　　$[O_2]$——水中溶解氧浓度（mg/L）；

$[Fe^{2+}]_0$——过滤前水中的含铁浓度（mg/L）；

　$[Fe^{2+}]$——过滤后水中的含铁浓度（mg/L）；

　　　β'——催化除铁活性系数，其值由试验确定。

上式包含了过滤除铁的各主要参数，是接触氧化过滤除铁的基本方程式。对于接触氧化除锰，其规律也类似。

前已述及，由于除铁除锰接触氧化过程是一个自动催化过程，氧化生成物作为催化剂又参与催化反应，随着催化物质在滤层中积累，滤层的接触氧化除铁除锰能力在不断提高，所以滤层中水的含铁含锰浓度的分布曲线，在整个过滤工作周期里没有下移现象，滤池出水中铁、锰浓度十分稳定且不断降低，不会出现过滤周期中出水水质恶化现象，从而使滤池的水质周期不受限制，即滤池工作只需要按压力周期控制即可，使滤池工作控制大为简化。

由式（8-6）可知，当需要提高去除率降低出水铁、锰浓度时，可采用更厚滤层，更细的滤料、提高溶解氧浓度以及降低滤速等措施。

对于接触氧化除铁滤池，滤池的过滤周期与滤速的关系如下：

$$T = K\{\upsilon[Fe^{2+}]_0\}^{-1.6}$$

式中　　T——滤池的过滤工作周期（h）；

　　　　υ——滤池的滤速（m/h）；

　　$[Fe^{2+}]_0$——进水中二价铁的浓度（mg/L）；

　　　　K——系数，对于重力式滤池，滤料粒径为 0.6～2.0mm 及 0.6～1.5mm，过滤水头为 2～3m，K 可取 $4.2×10^4$。

对于接触氧化除锰滤池，由于原水含锰浓度较铁低得多，滤池压力周期很长，所以常不按压力周期控制，而由运行管理要求（如滤料板结等）决定。

上述的接触氧化除铁除锰滤池的工作特点都是典型的情况，但实际情况要复杂得多。当水的 pH 比较高时（例如 pH＞7），水中二价铁的氧化比较迅速。这样，在过滤前，水中已有部分或大部分二价铁被氧化为三价铁，并水解和絮凝，生成铁质悬浮物。这时，滤层只是部分地起接触氧化除铁作用，部分地起机械截留铁质悬浮物的作用。在这种情况下，滤层中水头损失的增长情况便不像上述那样典型。

接触氧化除锰的情况与除铁类似，当水中的铁和锰在同一滤层中被去除时，滤前水的 pH 提高至 7.0 以上，滤层的上部除截留二价铁以外，还截留氢氧化铁絮凝体，滤层的下部仍以接触氧化过滤除锰为主。一般水中含铁量较高，生成的氢氧化铁絮凝体比较疏松，而上部滤料粒径又较细，使上部滤层的水头损失增长较快成为整个滤层的控制因素，所以滤层水头损失增长曲线也将不再典型。所以，实际工程中接触氧化除铁除锰滤池工作周期常由试验来确定。

8.5　提高过滤效果的方法

8.5.1　减速过滤

20 世纪 50 年代的普通快滤池，一般都采用恒速过滤方式工作。恒速过滤时，在滤池工作初期，滤层是清洁的，滤层的孔隙度较大，水在滤料缝隙中的真实流速较小，所以过滤的水头损失亦较小。随着过滤过程的进行，滤层逐渐为浊质所堵塞，滤层孔隙度减小，但由于过滤水流量不变，故水在滤料缝隙中的真实流速增大，使滤层过滤水头损失增加较快，再加上为控制过滤水量恒定而设于出水管上的滤速调节器的水头损失（其值为滤池总水头损失的⅓以上），所以恒速过滤时滤池的过滤水量较少，滤层的含污能力较低。

当采用减速过滤方式时，滤池出水管上不再设滤速调节器。在滤池过滤工作周期初期，由于清洁滤层的阻力很小，在恒定水头作用下滤速很高。随着滤层逐渐被浊质堵塞，滤层阻力增大，滤速随之降低，即随着滤层空隙度的逐渐减小，滤池的过滤水量也相应减少，这使滤料缝隙间的水的真实流速比恒速过滤小。这样，减速过滤滤池工作后期出水水质较好，周期较长，过滤的水量亦较多。

但减速过滤在过滤初期，常由于滤速过高而致过滤水质不佳，如不排放初滤水，对除铁除锰水水质的影响比较严重，这时需适当减小初滤速以保证水质。减速过滤方式已为我国许多水厂普遍采用。

8.5.2 粗滤料过滤

滤池由细滤料过滤向粗滤料过滤的发展，与过滤澄清理论的发展是分不开的。

最早的快滤池过滤澄清理论是沿用了慢滤池的滤膜筛滤理论。这种理论认为，滤池的澄清作用主要是由于在滤层表面形成了一层细致的滤膜，依赖这种滤膜的筛滤作用使水得以澄清。滤料愈细，滤层表面的滤膜愈易形成，过滤水质愈好。所以 20 世纪 50 年代以前，快滤池滤料的有效粒径多采用 0.4～0.5mm。

20 世纪 50 年代提出了快滤池过滤澄清的新理论——接触凝聚理论。这个理论认为，微小絮凝颗粒在过滤时与滤料表面碰撞，能在分子力的作用下被滤料吸附凝聚而由水中除去，使水得到澄清。按照这种理论，滤层中滤料的表面积是过滤澄清的主要因素，而滤料的粒径大小便不再是重要的了。

按照新的理论，水中杂质的浓度愈高，杂质与滤料表面的碰撞率便愈大，因而被截留下来的杂质数量也愈多。对于水由上向下经滤层过滤的情况而言，水中杂质的浓度在滤层的表层最高，且由上而下迅速降低，所以被截留杂质在滤层中的分布是不均匀的，表层截留的最多，下部较少。

滤料粒径较细，单位体积滤层的滤料表面积便较大，因而单位体积滤层中截留的杂质也较多，使滤层孔隙的堵塞较快，特别是处于表层的细滤料被堵塞得更快，结果使滤层阻力迅速增大，过滤周期缩短，滤层含污能力较低。相反，滤料粒径较粗，单位体积滤层的滤料表面积较小，单位体积滤层中截留的杂质也较少，从而使滤层孔隙被堵塞得较慢，未被表层截留的杂质进入滤层的深处而被截留，使被截留杂质在滤层中的分布趋于均匀，从而滤层水头损失增长得较慢，滤池过滤周期增长，滤层含污能力增大。

由于粗滤料较细滤料有显著优点，所以近些年来使用的滤料都有加粗的趋势。在我国，接触氧化滤池的滤料粒径常采用 0.6～2.0mm，即属粗滤料过滤。

前已述及，无论是接触氧化过滤还是澄清过滤，滤层中滤料的表面积都是影响过滤水质的主要因素。单位面积滤层中滤料的总表面积为：

$$S = sW_0 = sL_0 \tag{8-7}$$

式中　S——单位面积滤层中滤料的总表面积（m^2）；

　　　s——单位体积滤层中滤料的表面积，称为滤料的比表面积（m^2/m^3），s 按式（4-8）
　　　　计算：

$$s = \frac{6\alpha(1-m_0)}{d} \tag{8-8}$$

　　　d——滤料的粒径（m）；

α——滤料的形状系数；

m_0——滤层的孔隙度；

L_0——滤层的厚度（m）；

W_0——单位面积滤层的体积（m³），它在数值上等于滤层的厚度：$W_0 = 1 \times L_0 = L_0$。

将式（8-8）代入式（8-7），得：

$$S = 6\alpha(1 - m_0) \cdot \frac{L_0}{d} \tag{8-9}$$

由式（8-9）可知，滤层中滤料的表面积与厚径比 L_0/d 有正比例关系。例如，在普通澄清滤池中，单层石英砂滤料的粒径为 0.5～1.2mm，滤层厚 700mm。滤料的当量粒径为 $d = 0.8$mm，厚径比 $L_0/d = 700/0.8 = 875$。在除铁除锰澄清滤池中，一般取 $L_0/d = 1000$。对于接触氧化除铁或除锰滤层，厚径比因地下水含铁量或含锰量不同而异，例如天然锰砂滤料粒径为 0.6～1.2mm（当量粒径为 $d = 0.87$mm），滤层厚度为 800mm，厚径比为 $L_0/d = 800/0.87 = 923$。对于粗滤料滤层，为获得相同的过滤效果，应使滤层的厚径比 L_0/d 值不致减小，即在增大滤料粒径的同时，要相应地增加滤层的厚度。

8.5.3　多层滤料过滤

双层滤料过滤是利用两种相对密度不同的滤料构成滤层，上层为轻质的粗滤料（一般用无烟煤粒，相对密度 1.4～1.7），下层为重质的细滤料（一般用石英砂，相对密度 2.6～2.7），如能选择恰当的粒径配比，就可以使两滤层在反冲洗的水力分级作用下，保持各自状态而不发生显著的混杂。当水由上向下过滤时，水首先通过粗滤料滤层，使水中大部杂质截留其中，然后再通过细滤料滤层，截留水中剩余的杂质，从而使两滤层都能充分发挥作用，整个滤层的含污能力也得以提高。双层滤料过滤已在除铁除锰滤池中得到应用。

多层滤料滤层中的每一层滤料，仍然为粒径不均一的滤料，它在反冲洗水流的水力分级作用下仍会形成上细下粗的构造，所以多层滤料滤层的粒度分布从整体上看虽然是上粗下细的，但对于每一层又是上细下粗的，所以多层滤料滤层的粒度分布是不够理想的。

滤层理想的粒度分布，应是由粗到细自上而下连续变化的。这种粒度分布用天然滤料是不易做到的。现在已在研究可任意控制相对密度的人造滤料，将来可望实现由粗到细连续变化的理想滤层构造。

为了获得良好的过滤效果，应使多层滤料滤层的厚径比不至减小。多层滤料滤层的厚径比，等于各滤料层厚径比之和：

$$\left(\frac{L_0}{d}\right)_m = \sum_i^n \frac{L_i}{d_i} \tag{8-10}$$

式中　$\left(\dfrac{L_0}{d}\right)_m$——多层滤料滤层的厚径比；

L_i——各滤料层的厚度（m）；

d_i——各滤料层的粒径（m）。

例如，普通澄清滤池中使用的煤、砂双层滤料滤层，无烟煤滤料的粒径为 0.8～

1.8mm，当量粒径为1.24mm；石英砂滤料的粒径为$0.5 \sim 1.2$mm（当量粒径为0.8mm）；各滤层厚度皆为400mm，这种双层滤料滤层的厚径比为：

$$\left(\frac{L_0}{d}\right)_m = \frac{400}{1.24} + \frac{400}{0.8} = 823$$

8.5.4 高分子化合物助滤

前面所述的各种过滤方式，大多数是从增大滤层的含污能力角度着眼的。但有的水质，水中铁质和锰质悬浮物易于穿透滤层，结果滤层水头损失尚远未达到极限值时，滤后水水质已开始恶化，不得不提前冲洗滤池。在这种情况下，滤层的含污能力便不能得到充分利用。在过滤前向水中投加少许高分子化合物，则可改善过滤性能，防止铁质穿透，提高出水水质，延长过滤周期，从而提高了滤层的实际含污能力。

高分子化合物的助滤原理，一方面是改善了由铁锰形成的絮凝体的性状，使之强度增大不易破碎，易于为滤层所截留；另一方面是使高分子化合物吸附于滤料表面，使之具有更好的黏附性能。

可用作助滤剂的高分子化合物甚多，在我国常用的有活化硅酸、骨胶、聚丙烯酰胺等。

8.5.5 采用新滤料及改善滤料的表面性质

天然石英砂有长久的使用历史。但是，天然砂的形状接近球形，滤层的比表面积和孔隙度都比较小，不利于过滤效果的提高。有多种天然的和人造的滤料，具有不规则的颗粒形状，滤料表面比较粗糙，从而滤层的比表面积较大，能以更大的表面积去黏附水中的杂质，试验表明比天然砂有更好的澄清效果。滤料颗粒的形状不规则，使滤层的孔隙度增大，能贮存更多的积泥，从而提高了滤层的含污能力。

上述滤料的物理性质，虽对滤层的过滤效果有相当的影响，但影响更大的是滤料表面的化学性质和物理化学性质，其中滤料表面的电性质，对悬浮杂质在滤料表面的黏附过程有特别重要的影响。

可用作滤料的天然矿物材料，有无烟煤、磁铁矿、钛铁矿、石榴子石、大理石、沸石、火山灰、锰矿等。人造滤料有陶粒、瓷屑、高炉矿渣、石油渣、塑料、发泡塑料，橡皮屑等。发泡塑料的相对密度可使之小于水，成为漂浮滤料，从而可发展出多种漂浮滤料滤池。

滤料表面的性质，还可用化学处理的方法来改善。将滤料浸泡于高价离子溶液或高分子絮凝剂溶液中，可改变滤料表面的电性质，或使具有线形构造的高分子吸附于滤料表面，高分子以其自由端捕获水中的悬浮杂质，从而强化了滤料表面的黏附性能。这种措施称为滤料表面的活化。活化后的表面。称为活性表面。具有活性表面的滤料，比天然滤料的过滤效果高得多。直接在滤前投加高分子助滤剂，就是一种滤料表面的连续活化工艺。高分子助滤剂进入滤层，直接吸附于滤料表面，增强了黏附能力，能获得显著效果。

当采用塑料等高分子化合物作滤料时，可在滤料表面肢接带电荷的分子基因，从而制成永久性的活性表面，它是新型滤料发展的一个方向。

8.6　滤层的反冲洗

8.6.1　滤层的反冲洗问题

滤层在过滤除铁过程中，逐渐被污泥堵塞，滤层的水头损失随之不断增长，当滤层的水头损失达到滤池的过滤作用水头时，过滤便告结束，这时需要对滤层进行冲洗，以清除聚集在滤层中的铁泥。一般对滤层都是用反向水流自下而上进行冲洗的，即反冲洗。对滤层进行反冲洗，一般都用滤后的除铁除锰水。若滤层冲洗得好，滤层的初期水头损失便较小，可以获得较长的工作周期。图 8-7 为滤池的初期水头损失与工作周期的关系，可见使滤层获得良好的冲洗效果，是保证滤池经济有效工作的必要条件。特别是，如果滤层长期冲洗不净，污泥淤积其中，还会使滤层固结成块，严重地影响其过滤效果。

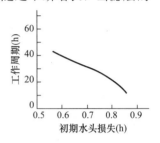

图 8-7　初期水头损失和工作周期的关系

为了使滤层获得良好的冲洗效果，可以运用普通澄清滤池所使用的各种冲洗方法。单独用水进行反冲洗是最简便的冲洗方法。生产实践表明，对于接触氧化除铁除锰滤池，单独用水进行反冲洗，可以获得满意的冲洗效果，从而保证滤池长期正常工作。当然，对澄清滤池若辅以表面冲洗或压缩空气反冲洗也是可行的。

当用水对滤层进行反冲洗时，经滤层单位面积上流过的反冲洗水流量，称为反冲洗强度，可以下式表示：

$$q = \frac{Q}{\Omega} \tag{8-11}$$

式中　　　　q——滤层的反冲洗强度 $[L/(s \cdot m^2)]$；

Q——滤层的反冲洗水流量（L/s）；

Ω——滤层的平面面积（m^2）。

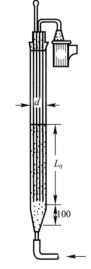

图 8-8　滤层反冲洗试验装置

用如图 8-8 所示的玻璃管模型滤池进行滤层的反冲洗试验，可以清楚地观察到反冲洗时的情况。模型滤池内装有厚度为 L_0 的砂滤层，滤层下设有承托层。试验时，由滤池下部送入反冲洗水，水由下向上经过承托层和滤层，由池上部排出。当反冲洗强度 q 很小时，滤层静止不动；当反冲洗强度 q 增大到某一数值时，滤层开始松动，滤层表面略微有些上升，但滤料颗粒没有运动现象；再继续增大反冲洗强度 q，滤层表面继续升高，滤层表面颗粒开始轻微跳动；随着反冲洗强度 q 的继续增大，滤层厚度相应地增高，滤料颗粒由上向下开始紊动；当反冲洗强度 q 达到某一数值时，滤层全部处于悬浮状态，滤层上部颗粒紊动剧烈，下部颗粒紊动较弱，上、下部的滤料有对流交替现象；当反冲洗强度 q 再增大时，悬浮滤层继续增厚，滤层表面界面的清晰程度随反冲洗强度 q 的增大而降低，当反冲洗强度 q 极度增大时，滤料将被上升水流冲出池外。

在上述滤层的反冲洗过程中，滤层因部分或全部悬浮于上升水流中而使滤层厚度增大的现象，称为滤层的膨胀。滤层增厚的相对比率，称为滤层的膨胀率。

$$e = \frac{L - L_0}{L_0} \times 100\% \tag{8-12}$$

式中　e——滤层的膨胀率；

　　　L_0——反冲洗前滤层的厚度（m）；

　　　L——反冲洗时滤层的厚度（m）。

试验表明，对应于每一个反冲洗强度 q 值，都有一个相应的滤层厚度和一个相应的滤层膨胀率 e。若把上述反冲洗试验中各相应的 q 和 e 值绘于图上，且以 q 为横轴，e 为纵轴，可得 e-q 曲线即滤层膨胀率与反冲洗强度的关系曲线。图 8-9 即为以各种粒径的均匀的石英砂滤料进行反冲洗试验所得到的 e-q 曲线，由图可见，e-q 曲线基本上是一条直线，只是在滤层刚刚开始膨胀时（$e < 5\%$），e 和 q 不是直线关系。

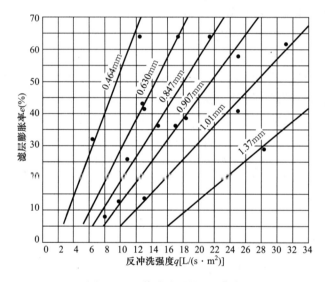

图 8-9　石英砂滤层的 e-q 曲线

对于粒径不均匀的滤层，情况与上述粒径均匀的滤层完全相似。

在对滤层进行反冲洗的过程中，悬浮于水中的滤料相互碰撞摩擦，使附着于滤料颗粒表面的污泥迅速脱落下来，被冲洗水带出池外。这样，经过一定时间的反冲洗，过滤截留于滤层中的污泥，便基本被清除干净。目前，生产中采用的反冲洗时间，一般为 5～15min。图 8-10 为滤池反冲洗废水含铁浓度变化情况的实测曲线，由图可见，反冲洗废水的含铁浓度，只在冲洗开始的 2～3min 内很高，冲洗 3～5min 以后冲洗废水的含铁浓度便已迅速降低，再继续延长反冲洗时间，冲洗废水的含铁浓度已不再有显著的变化。这说明滤层中过滤截留的铁泥，在反冲洗最初的 3～5min 内已大部被排除。黑龙江佳木斯一除铁水厂的地下水含铁浓度为 12.5mg/L，其天然锰砂滤池的反冲洗时间选用 5min，反冲洗废水的含铁浓度变化如图 8-10 中的曲线，经长期生产运行，滤池工作周期没有缩短现象，亦未发现滤层有积泥结块现象。可见滤池的反冲洗时间采用 5～7min 是可以的。此外，前已述及，对接触氧化滤层的反冲洗超过一定限度，便有可能使滤料表面的活性滤膜受到破坏，从而降低滤层的除铁除锰能力，所以，滤层的反冲洗时间不宜过长。

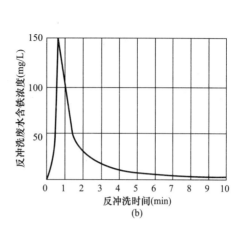

图 8-10　天然锰砂生产滤池反冲洗废水含铁浓度变化曲线

（a）地下水含铁浓度为 12.5mg/L；（b）地下水含铁浓度为 0.8～1.0mg/L

8.6.2　滤层在反冲洗过程中的水力特征

当上升水流穿过滤料层时，将在滤层中产生水头损失。由图 8-11 可见，当反冲洗强度很小而滤层尚未膨胀时，情况与固定状态滤层的过滤情况相同，在层流状态下，滤层中的水头损失与反冲洗强度成正比；当反冲洗强度达极限值而使滤层开始膨胀时，滤层中水头损失的变化便趋于平缓；当反冲洗强度增大到使滤层全部处于悬浮状态时，滤层中的水头损失将趋

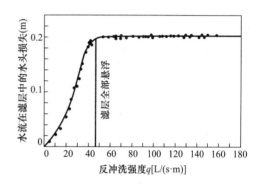

图 8-11　滤层中水头损失随反冲洗强度的
变化情况

于一稳定值。这时，悬浮滤层将处于动力平衡的状态，即所有作用于悬浮滤层上的力的总和应为零。作用于悬浮滤层上的力主要有下列两种：

（1）悬浮滤层的重力 G。对单位平面面积而言，其值等于滤层在水中的重量：

$$G = (\rho - \rho_0)gL_0(1 - m_0) \tag{8-13}$$

式中　G——单位面积的滤层在水中的重量；

　　　ρ——滤料的密度；

　　　ρ_0——水的密度；

　　　g——重力加速度；

　　　L_0——滤层膨胀前的厚度；

　　　m_0——滤层膨胀前的孔隙度。

（2）水流作用于悬浮滤层上的力 P，对单位面积而言，其值等于在悬浮滤层上、下两面的水的压力损失：

$$P = \rho_0 gh \tag{8-14}$$

式中　h——水流在悬浮滤层中的水头损失。

其他符号意义同前。

上述作用于悬浮滤层上的两力大小相等，方向相反，处于平衡状态：

$$G = P \tag{8-15}$$

将式（8-13）和式（8-14）代入式（8-15），得悬浮滤层中水头损失计算式：

$$h = \left(\frac{\rho}{\rho_0} - 1\right)(1 - m_0)L_0 \tag{8-16}$$

由此式可知，水在悬浮滤层中的水头损失，与反冲洗强度无关，其值在数量上等于单位面积上的滤层在水中的重量。

当水流通过悬浮滤层时，可写出下列函数关系：

$$i = \frac{P}{L} = \eta \cdot \frac{\rho_0 u^2}{l} \tag{8-17}$$

$$u = \frac{q}{m} \tag{8-18}$$

$$l = \frac{m}{s} \tag{8-19}$$

式中　i——水在悬浮滤层中的水力坡降；

　　　P——悬浮滤层上、下两界面之间水的压力损失；

　　　L——悬浮滤层的厚度；

　　　ρ_0——水的密度；

　　　u——水在悬浮滤层中实际的流速；

　　　m——悬浮滤层的孔隙度；

　　　l——悬浮滤层的水力半径；

　　　s——单位体积滤层中滤料颗粒的总表面积；

　　　η——阻力系数。

阻力系数 η 是雷诺数 Re 的函数：

$$\eta = f(Re) \tag{8-20}$$

$$Re = \frac{\rho_0 u l}{\mu} \tag{8-21}$$

式中　μ——水的动力黏度。

函数关系 $\eta = f(Re)$ 可由试验得到。图 8-12 为石英砂滤层的 $\eta = f(Re)$ 关系试验曲线，由图可见，在双对数坐标系上，当 $Re < 1 \sim 2$ 时，$\lg\eta$ 与 $\lg Re$ 有直线关系，称为层流区。在层流区内，可得：

$$\eta = \frac{A}{Re} \tag{8-22}$$

当 $Re > 1000$ 时，曲线趋于水平，

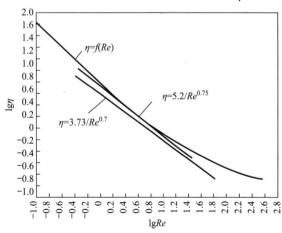

图 8-12　石英砂滤层的 $\eta = f(Re)$ 的试验曲线

表明 η 与 Re 无关，称为紊流区。在紊流区内，可得：

$$\eta = C \tag{8-23}$$

当 $1\sim2<Re<1000$ 时，$\lg\eta$ 与 $\lg Re$ 的关系为一条斜率逐渐减小的曲线，它介于层流区和紊流区之间，称为过渡区。在过渡区内，可用两项式近似地表示 η 与 Re 的函数关系：

$$\eta = \frac{A}{Re} + B \tag{8-24}$$

式中，A、B、C 为常数，其值由试验确定。

当孔隙度等于固定滤层孔隙度而为定值时（$m=m_0$），可以看成水在清洁滤层中过滤的情况。在给水滤池中，水在滤层中过滤一般属层流流态。将关系式（8-22）及有关诸式代入式（8-17），并取 $A=5.1$（按 Мцнч 和 Щуберг 资料），可得水在清洁滤层中过滤时的水头损失计算式：

$$h_0 = 184 \cdot \frac{\alpha^2\mu}{\rho_0 g} \cdot \frac{(1-m_0)^2}{m_0^3} \cdot \frac{\upsilon}{d^2} \cdot L_0 \tag{8-25}$$

式中　h_0——水在清洁滤层中的水头损失（m）；

L_0——滤层的厚度（m）；

d——滤料的粒径（m）；

α——滤料的形状系数；

m_0——清洁滤层的孔隙度；

υ——过滤速度（m/h）；

μ——水的动力黏度 [kg/（m·s）]；

ρ_0——水的密度，可取 $\rho_0=1000\text{kg/m}^3$；

g——重力加速度，$g=9.81\text{m/s}^2$。

当水的过滤属过渡区流态时（如水在粗滤料滤层中高速过滤，或水在承托层中过滤时），可将式（8-24）代入进行计算。

但是，在滤层的反冲洗计算中，二项式阻力系数公式不便于变量的分离，故应用有一定困难。另一种近似计算方法是，在一定的雷诺数范围内用直线来代替 $\eta=f(Re)$ 曲线，直线关系为单项式公式，便于进行变量的分离：

$$\eta = \frac{A}{Re^s} \tag{8-26}$$

在过渡区内，在一定雷诺数范围内，以直线代替 $\eta=f(Re)$ 曲线进行近似计算，这种计算方法的精确度与选定的雷诺数大小有关。选定的雷诺数范围愈大，直线与曲线之间差别也愈大，计算的精确度便愈差；相反，选定的雷诺数范围愈小，直线与曲线之间的差别也愈小，计算的精确度便愈高。Мцнч 在 $Re=0.9\sim35.5$ 范围内以直线代替 $\eta=f(Re)$ 曲线，得到的参数值为 $s=0.7$，$A=3.73$，即：

$$\eta = \frac{3.73}{Re^{0.7}} \tag{8-27}$$

李圭白以式（8-27）与试验数据进行对比，发现两者有很大差别，如图 8-12 所示。产生差错的原因，是由于该公式作者选定的直线关系式与试验曲线不相符合，所以 Мцнч 公式的误差很大，不宜再继续使用。

下面是李圭白推导的计算公式。关于雷诺数范围的选择，以生产适用范围为准。取石英砂滤料粒径 $d=1.5mm$，反冲洗强度 $q=30L/(s \cdot m^2)$，可得 $Re \approx 16$，选作雷诺数范围的上限值；取 $d=0.45mm$，$q=6L/(s \cdot m^2)$，可得 $Re \approx 1$，选作雷诺数范围的下限值。生产中实用的石英砂滤料粒径和滤层反冲洗强度一般都不超出上述范围，所以选取雷诺数范围 $Re=1 \sim 16$，应该能够将生产实用情况皆包括在内。

李圭白选用的雷诺数范围，较 Mцнч 选定的范围（$Re=0.9 \sim 35.5$）要小得多，所以所得结果应具有更高的精确度。

李圭白根据图 8-12 中石英砂滤料层的试验曲线 $\eta = f(Re)$，在雷诺数范围 $Re=1 \sim 16$ 将曲线简化为直线，得出参数值为 $s=0.75$，$A=5.20$ 即有：

$$\eta = \frac{5.20}{Re^{0.75}} \tag{8-28}$$

将式（8-28）以及有关诸式代入式（8-17），整理之，可得石英砂滤层反冲洗计算公式：

$$q = 0.034 \frac{(\rho - \rho_0)^{0.8} d^{1.4}}{\mu^{0.6}} \cdot F(e, m_0) \tag{8-29}$$

$$F(e, m_0) = \frac{(m_0 + e)^{2.4}}{(1 + m_0)^{0.6} + (1 + e)^{1.8}} \tag{8-30}$$

式中 q——滤层的反冲洗速度（m/s）。若换算至实用单位，$1m/s=1000L/(s \cdot m^2)$；

d——滤料的粒径（m）；

ρ——滤料的密度（kg/m^3）；

ρ_0——水的密度，$\rho_0 = 1000kg/m^3$；

μ——水的动力黏度 [$kg/(s \cdot m)$]；

m_0——静止滤层的孔隙度；

e——滤层的膨胀率。

式（8-29）表明，滤料的滤径愈粗，密度愈大，水温愈高（μ 愈小），为达到必需的滤层膨胀率，所需的反冲洗强度便愈大。

由图 8-12 可见，式（8-28）与试验吻合情况良好。

对于粒径不均匀的滤料，用滤料的当量粒径代入式（8-29）进行计算，可获足够精确的计算结果。

试验表明，对于无烟煤滤料，在 $Re=1 \sim 16$ 范围内以直线代替 $\eta = f(Re)$ 曲线，可得到与石英砂滤料完全相同的结果，即 $s=0.75$，$A=5.2$。所以，式（8-29）也完全适用于无烟煤滤料。图 8-13 为按式（8-29）计算结果与试验对照情况，可见两者吻合良好。

式（8-29）亦可用于天然锰砂滤料的计算。

当 $e=0$ 时，按式（8-29）可求得该粒径滤料的起始悬浮反冲洗强度。

【例题 8-1】 已知石英砂滤料粒径 $d=1mm$，静止滤层孔隙度 $m_0=0.41$，水温 20℃，为使滤层具有膨胀率 $e=20\%$，需要多大的反冲洗强度？

【解】 已知 $d=0.001m$，$\rho=2650kg/m^3$，$\rho_0=1000kg/m^3$，$\mu=0.001kg/(m \cdot s)$，$m_0=0.41$，$e=0.2$。将以上诸值代入式（8-29），得所需反冲洗强度：

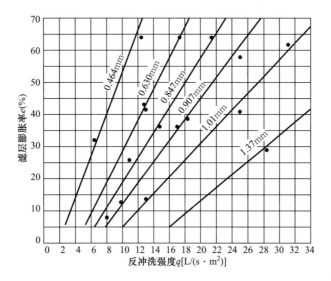

图 8-13 无烟煤滤层计算与试验结果对照

$$q = 0.034 \frac{(\rho - \rho_0)^{0.8} d^{1.4}}{\mu^{0.6}} \cdot \frac{(m_0 + e)^{2.4}}{(1 - m_0)^{0.6} (1 + e)^{1.8}}$$

$$= 0.034 \times \frac{(2650 - 1000)^{0.8} \times 0.001^{1.4}}{0.001^{0.6}} \times \frac{(0.41 + 0.2^{2.4})}{(1 - 0.41)^{0.6} \times (1 + 0.2)^{1.8}}$$

$$= 0.0153 (\text{m/s}) = 15.3 [\text{L/(s} \cdot \text{m}^2)]$$

如果取 $e = 0$，按式（8-29）计算，可得滤料起始悬浮反冲强度为 $q = 8.20 \text{L/(s} \cdot \text{m}^2)$。

反冲洗时，滤层悬浮于上升水流中，还可以看作滤料颗粒群在上升水流中的沉降。每一反冲洗强度，都可看成是在相应条件下滤料颗粒群的沉降速度。滤料颗粒群的沉降速度较单颗粒的沉降速度小得多，这是由于滤料以颗粒群体的方式沉降时各滤料颗粒之间存在着相互干扰所致。颗粒群滤料在水中的沉降，一般称为干涉沉降（或拥挤沉降）。

若滤料颗粒单独自由沉降时的沉速为 u_0，在颗粒群中干涉沉降时的沉速（反冲洗强度）为 q，则两者的比值为：

$$\beta = \frac{q}{u_0} \tag{8-31}$$

式中 β 称为沉速减低系数。

据研究，沉速减低系数主要与水中滤料颗粒的体积浓度有关。如果悬浮滤层的孔隙度为 m，则滤料颗粒的体积浓度便为 $1 - m$，即：

$$\beta = \frac{q}{u_0} = f(1 - m) \tag{8-32}$$

上述函数关系常以幂函数的形式表出：

$$\beta = \frac{q}{u_0} = m^n \tag{8-33}$$

式中 n 为指数。

对式（8-33）两端取对数，得

$$\lg q = \lg u_0 + n \lg m \tag{8-34}$$

按照式（8-34），$\lg q$ 和 $\lg m$ 在直角坐标纸上应有直线关系。情况的确如此。图 8-14 为以石英砂滤料进行试验得到的结果，由图可见，试验点很好地落在直线上，直线的斜率为 n，n 值因滤料粒径而异。根据文献资料，当滤料粒径 $d > 2mm$ 时，$n = 2.25$；当滤料粒径 $d < 0.1mm$ 时，$n = 4.5$；在 $0.1mm < d < 2mm$ 范围内，n 值介于 $2.25 \sim 4.5$ 之间。

以无烟煤滤料进行试验，结果与石英砂滤料类似。

Fair 和 Geyer 认为 $n = 4.5$ 是一常数，与滤料粒径无关。他们的数据现被广泛应用，但这是与试验不符合的。

李圭白根据试验资料，求得以下关系式：

对石英砂滤料

$$n = 6.4 Re_0^{-0.18} \qquad (8\text{-}35)$$

对无烟煤滤料

$$n = 7.2 Re_0^{-0.18} \qquad (8\text{-}36)$$

此关系式在 $2.25 < n < 4.5$ 范围内适用。

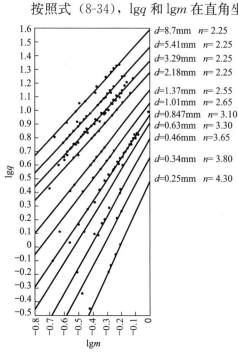

图中标注：
$d = 8.7mm$　$n = 2.25$
$d = 5.41mm$　$n = 2.25$
$d = 3.29mm$　$n = 2.25$
$d = 2.18mm$　$n = 2.25$
$d = 1.37mm$　$n = 2.55$
$d = 1.01mm$　$n = 2.65$
$d = 0.847mm$　$n = 3.10$
$d = 0.63mm$　$n = 3.30$
$d = 0.46mm$　$n = 3.65$
$d = 0.34mm$　$n = 3.80$
$d = 0.25mm$　$n = 4.30$

图 8-14　q 与 m 的关系

取 $m = m_0$，按式（8-33）可得滤料的起始悬浮反冲洗强度。

8.7　滤层的高效反冲洗

8.7.1　滤层反冲洗的最优化理论

滤层反冲洗情况的好坏，对滤池工作效果有重大影响。滤池反冲洗耗水量，是滤池工作的一个基本技术经济参数。用最少量的水，获得最好的冲洗效果，称为滤层反冲洗的最优工况，是滤池设计和运行的目标之一。使滤层经常处于最优条件下反冲洗，不仅可以节水、节能，还能提高滤池出水水质，增大滤池含污能力，提高滤速，延长过滤周期，意义是很大的。

关于滤层的最优反冲洗条件，一直存在着几种不同的理论。一种理论认为，反冲洗时，悬浮滤层中滤料颗粒的相互碰撞摩擦，是使污物由滤料表面脱落的主要原因，而水流剪切应力的作用是次要的，所以与滤料最大碰撞速率对应的为滤层最优反冲洗条件，这称为颗粒碰撞理论。另一种理论认为，悬浮滤层中水流的剪切应力是使污物脱落的主要原因，而颗粒碰撞摩擦的作用是次要的，所以与最大剪切应力对应的为滤层的最优反冲洗条件，称为水流剪切理论。还有一种理论认为，颗粒碰撞摩擦和水流剪切应力都是使污物由滤料表面脱落的重要原因。李圭白将上述三种理论与许多学者的试验结果相对照，发现后一种理论，即综合考虑颗粒碰撞摩擦和水流剪切应力两种作用的观点与试验比较吻合。下面先介绍颗粒碰撞理论的基本观点。

滤料颗粒在上升水流中相互碰撞的速率，可用以下公式计算：

$$M_0 = \frac{1}{3} N^2 d^3 G \tag{8-37}$$

式中　M_0——单位体积的颗粒群在单位时间中相互碰撞的次数 $[1/(m^3 \cdot s)]$；

　　　N——单位体积中滤料颗粒数（m^3）；

　　　G——上升水流的速度梯度（s^{-1}）。

按照颗粒碰撞理论，与最大碰撞率对应的工况便是最优工况，相应的参数为最优参数，各种粒径滤料的最优参数值，列于表 8-3 中。由表可见，滤料粒径愈粗，相对密度愈大，滤层最优膨胀率便愈小，这点与实际经验是一致的。但是，随着粒径增大，滤层膨胀率减小至零仍为最优工况的结论，是与实际不符合的，这说明颗粒碰撞理论是不完善的。将上述颗粒碰撞理论的最优反冲洗速度，与寺岛等人的最优试验值对比，如图 8-15 所示，可知理论值偏低而与试验不符。

水流剪切理论认为，使污物由滤料表面脱落的主要原因是水流剪切应力。水流剪切应力 τ 可表示如下：

$$\tau = (\mu + \mu_{ed})G \tag{8-38}$$

滤层的最优反冲洗参数值（20℃）　　　　　　　　　　表 8-3

滤料种类	d (mm)	u_0 (mm/s)	n	颗粒碰撞理论				水流剪切理论			
				m_s	β_s	q_s (mm/s)	e_s	m_s	β_s	q_s (mm/s)	e_s
石英砂 $\rho=2650$ kg/m³, $m_0=0.41$	0.4	46	3.8	0.56	0.110	5.1	34%	0.74	0.313	14.4	124%
	0.5	56	3.5	0.54	0.114	6.4	28%	0.72	0.308	17.3	107%
	0.6	66	3.3	0.52	0.118	7.8	24%	0.70	0.304	20.1	95%
	0.8	84	3.0	0.50	0.125	10.5	18%	0.67	0.296	24.9	77%
	1.0	100	2.8	0.48	0.130	13.0	14%	0.64	0.290	29.0	65%
	1.2	112	2.7	0.47	0.135	15.1	11%	0.62	0.285	31.9	56%
	1.5	132	2.5	0.45	0.140	18.5	7.6%	0.60	0.278	36.6	46%
无烟煤 $\rho=1500$ kg/m³, $m_0=0.5$	0.6	31	4.3	0.59	0.103	3.2	21%	0.77	0.320	9.9	113%
	0.8	38	3.9	0.57	0.109	4.1	15%	0.74	0.315	12.0	95%
	1.0	48	3.6	0.55	0.113	5.4	10%	0.72	0.310	14.9	80%
	1.2	57	3.4	0.53	0.117	6.7	6.2%	0.70	0.305	17.4	69%
	1.5	67	3.1	0.51	0.122	8.2	2.3%	0.68	0.300	20.1	57%
	2.0	81	2.1	0.49	0.128	10.4	—	0.65	0.293	23.7	44%

澄清滤池过滤时，如突然提高滤速，能致滤后水悬浮物浓度增大，证实了水流剪切理论有与实际相符合的一面。但是，有的现象说明它与实际并不相符。例如，在接触氧化过滤除铁滤池中，被去除的铁质能比较紧密地附着于滤料表面，在很高的水流剪切应力作用下也不脱落。表 8-4 为以无铁清水通过除铁滤层过滤的情况，测定滤后水中铁质含量，可以判断滤料表面铁质脱落的程度，由表可见，当以远高于一般反冲洗强度的滤速过滤时，滤料表面的铁质在很高水流剪切应力作用下仍无脱落现象，但当过滤层进行反冲洗时，滤料表面的铁质却能迅速脱落下来。李圭白求出水流剪切理论的最优参数值，列于表 8-3 中。以理论值与试验值比较，如图 8-15 所示，可见理论偏高而与试验不符。综上所述可

知，水流剪切理论也是不完善的。

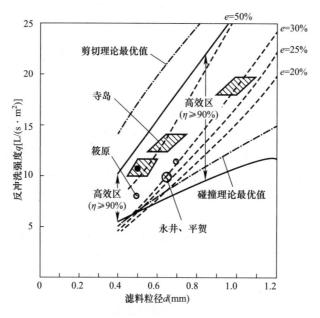

图 8-15　石英砂滤料的最优反冲洗强度（水温 20℃）

8.7.2　滤层反冲洗的高效区

对于颗粒碰撞理论：反冲洗时，滤料的碰撞速率与其最大值之比，称为颗粒碰撞理论的反冲洗效率。

接触氧化除铁滤层冲刷试验					表 8-4
无铁水过滤速度		滤后水含铁量（mg/L）			
		过滤延续时间（min）			
（m/h）	[L/(s·m²)]	0	5	10	15
35	9.7	0.36	0.13	0.05	痕量
48	13.3	0.31	0.04	0.02	痕量
85	23.6	0.32	0.15	0.02	痕量
136	37.8	0.30	0.17	0.03	痕量

$$\eta_M = \frac{M}{M_{max}} \tag{8-39}$$

在最优值附近，η_M 接近 100%，称为颗粒碰撞理论的反冲洗高效区（简称碰撞高效区）。滤层在高效区范围内进行反冲洗，仍能获得良好的效果。反冲洗高效区的范围，可根据对反冲洗效率的要求来确定。

对于水流剪切理论：反冲洗时，水流的剪切应力与其最大值之比称为水流剪切理论的反冲洗效率。

$$\eta_\tau = \frac{\tau}{\tau_{max}} \tag{8-40}$$

在最优值附近，η_c 接近 100%，称为水流剪切理论的反冲洗高效区（简称剪切高效区）。反冲洗高效区的范围，可根据对反冲洗效率的要求来确定。

高效区的界限反冲洗速度（20℃）　　　　　　　　　　　　表 8-5

滤料种类	d (mm)	u_0 (mm/s)	n	$\eta \geqslant 90\%$		$\eta \geqslant 80\%$	
				q_{max} (mm/s)	q_{min} (mm/s)	q_{max} (mm/s)	q_{min} (mm/s)
石英砂 $\rho=2650$ $=2650$ kg/m³	0.4	46	3.8	10.2	5.5	13.3	3.0
	0.5	56	3.5	12.8	6.6	16.6	3.6
	0.6	66	3.3	15.6	7.6	20.3	4.2
	0.8	84	3.0	21.0	9.5	27.3	5.2
	1.0	100	2.8	26.0	11.0	33.8	6.1
	1.2	112	2.7	30.2	12.0	39.3	6.7
	1.5	132	2.5	37.0	13.9	48.1	7.7
无烟煤 $\rho=1500$ kg/m³	0.6	31	4.3	6.4	3.8	8.3	2.1
	0.8	38	3.9	8.2	4.6	10.7	2.5
	1.0	48	3.6	10.8	5.7	14.0	3.1
	1.2	57	3.4	13.4	6.6	17.4	3.6
	1.5	67	3.1	16.4	7.6	21.3	4.2
	2.0	81	2.9	20.8	9.0	27.0	5.0

如选择高效区的反冲洗效率为 $\eta \geqslant 90\%$，则可绘出碰撞高效区和剪切高效区的范围，研究发现两种高效区的范围部分发生重叠。将理论计算得到的重叠部分与试验资料进行对照，如图 8-15 所示，图中对于石英砂滤料，Balis 根据试验，认为砂层膨胀率以 20%～25% 为佳。寺岛由试验资料得出结论，水温高时采用 20%～30% 的砂层膨胀率，水温低时采用 50% 膨胀率，反冲洗效果较好。埜口等认为，砂层最优膨胀率为 20%～30%。筱原由试验资料得出，砂层的最优膨胀率为 30%，膨胀率为 30%～50% 时反冲洗效果也较好。由图 8-15 可见，所有试验资料都落在 $\eta \geqslant 90\%$ 的理论重叠部分范围内，所以，笔者认为，滤层反冲洗时，使污物由滤料表面脱落是颗粒碰撞和水流剪切两者综合作用的结果。表 8-5 中列出了理论计算得到的 $\eta \geqslant 90\%$ 和 $\eta \geqslant 80\%$ 的石英砂滤层的反冲洗高效率的界限反冲洗速度值，可供参考。

8.8　滤层的水力分级和层间混杂

8.8.1　对现行理论的评价

滤池中多层滤料滤层的结构得以实现，是以反冲洗时各滤层互不混杂为条件的。由密度不同的滤料组成的滤层，能够在反冲洗时互不混杂而保持各自的分层状态，是由于水力分级作用的结果。这种在上升水流中使滤料分层的现象，称为水力分级现象。试验表明，密度不同的滤料，只在一定的粒径配比条件下，才能使各滤层在反冲洗时不致混杂而保持分层状态。

现今用于多层滤料滤层粒径配比计算的理论，主要是以等降粒子概念为基础的理论。若以 u_{01} 表示轻质滤料颗粒的自由沉速，u_{02} 表示重质滤料颗粒的自由沉速，如果两沉速相等 $u_{01} = u_{02}$，则这两种滤料颗粒称为等降粒子。这种理论认为，多层滤料滤层的粒径配比，应按等降粒子的原则确定，即当两种滤料颗粒的自由沉降速度相等时，两种滤料层在反冲洗时应不产生混杂，而能保持各自的良好分层状态。该理论中，有的按两种滤料颗粒的自由沉降速度进行计算，有的按两种滤料颗粒的拥挤沉降速度进行计算。

以等降粒子概念为基础的计算理论，没有说明引起滤层水力分级的原因，也没有提出引起滤层混杂的因素，更没有提出不产生混杂的条件，所以这类计算理论是不完善的。

ЛяЩенко 认为，在上升水流中引起水力分级的主要因素是悬浮颗粒层的相对密度 σ，以下式表示：

$$\sigma = (\rho - \rho_0)(1 - m) \tag{8-41}$$

密度不同的两种滤料，在上升水流中将按其形成悬浮颗粒层的相对密度的大小进行水力分级，相对密度较大的滤料将位于下部，相对密度较小的滤料将位于上部。当两种滤料悬浮层的相对密度相同时，两种滤料将完全混杂。

ЛяЩенко 的理论正确地提出了引起水力分级的主要原因——悬浮滤层的相对密度，并指出了滤层完全混杂的条件——两种滤料悬浮层的相对密度相等，但是他没有指出滤层不产生混杂的条件，以及控制滤层混杂程度的因素。所以 ЛяЩенко 的理论只是定性地说明了水力分级及层间混杂问题；但没有能够定量地解决问题，从而也无法按照 ЛяЩенко 理论进行滤层粒径配比的计算。

8.8.2 悬浮滤层的相对密度——滤层水力分级的主要因素

为了使滤层水力分级的主要因素具有更明确的物理意义，可以提出悬浮滤层密度的概念，这个概念与悬浮滤层相对密度的概念类似，但物理意义更清楚，更易于为人们所理解。

滤料的相对密度，就是单位体积滤料的重量（实体积）与同体积水的重量之比，以下式表示：

$$\gamma = \frac{G}{G_0} = \frac{\rho g}{\rho_0 g} = \frac{\rho}{\rho_0} \tag{8-42}$$

式中　γ——滤料的相对密度；

　　G——单位体积滤料的重量（N/m³）；

　　G_0——单位体积水的重量（N/m³）；

其他符号的意义同前。

单位体积悬浮滤层的重量 G_*，等于单位体积悬浮滤层中滤料的重量 $(1-m)\rho g$ 和水的重量 $m\rho_0 g$ 之和：

$$G_* = (1-m)\rho g + m\rho_0 g = \rho g - (\rho g - \rho_0 g)m \tag{8-43}$$

悬浮滤层的相对密度为：

$$\gamma_* = \frac{G_*}{G_0} = \gamma - (\gamma - 1) \cdot m \tag{8-44}$$

悬浮滤层的相对密度，是滤层水力分级的主要因素。悬浮滤层实质上是一种流体，在重力作用下，相对密度大的悬浮滤层将趋向下部，相对密度小的悬浮滤层将趋向上部，即按悬浮滤层的相对密度进行水力分级。

由式（8-44）可知，当滤料的种类和粒径已经确定，对应于每一反冲洗强度，滤层都有一相应的孔隙度 m，从而也有一相应的悬浮层相对密度 γ_*。

对于由两种不同滤料组成的双层滤料滤层，反冲洗时两种滤料将在同一反冲洗强度下形成各自的悬浮滤层，其相对密度为：

$$\gamma_{*1} = \gamma_1 - (\gamma_1 - 1) \cdot m_1 \tag{8-45}$$

$$\gamma_{*2} = \gamma_2 - (\gamma_2 - 1) \cdot m_2 \tag{8-46}$$

式中　γ_1，γ_2——轻质滤料和重质滤料的相对密度；

$\quad\quad\ \gamma_{*1}$，γ_{*2}——轻质滤料和重质滤料悬浮滤层的相对密度。

当轻质滤料的悬浮滤层相对密度小于重质滤料的悬浮滤层相对密度时（$\gamma_{*1} < \gamma_{*2}$），轻质滤料将位于上部，重质滤料将位于下部，从而保持两滤层各自的分层状态。

相反，当轻质滤料的悬浮滤层相对密度大于重质滤料的悬浮滤层相对密度时（$\gamma_{*1} > \gamma_{*2}$），轻质滤料将趋向下部，重质滤料将趋向上部，出现滤层颠倒的分层现象。

当轻质滤料的悬浮滤层相对密度恰等于重质滤料的悬浮滤层相对密度时（$\gamma_{*1} = \gamma_{*2}$），水力分级作用消失，两种滤料完全混杂。

上述按悬浮滤层的相对密度进行水力分级的原理，在试验中得到了验证。

用上述悬浮滤层的相对密度，也易于说明由不均匀粒径滤料组成的滤层的上细下粗的水力分级现象。滤层反冲洗时，同一种类但粒径不同的滤料，在同一反冲洗条件下的膨胀率是不同的；粗粒径滤料的膨胀率较小，悬浮滤层的孔隙度也较小，从而悬浮滤层的相对密度便较大；细粒径滤料的膨胀率较大，悬浮滤层的孔隙度也较大，从而悬浮滤层的相对密度便较小。在同一上升水流中，由于粗滤料和细滤料形成的悬浮滤层的相对密度不同，结果粗滤料便趋向下部，细滤料趋向上部，形成上细下粗的水力分级现象。

8.8.3　多层滤料滤层层间的卷入混杂

当滤池反冲洗时，多层滤料滤层在水力分级作用下可保持滤料的分层状态，但在反冲洗上升水流的扰动下又能产生部分滤料的混杂现象。下面先来观察无烟煤和石英砂组成的双层滤料滤层的层间混杂现象。

将粗粒径的无烟煤和细粒径的石英砂两种滤料装入玻璃滤管中，无烟煤滤料在上部，石英砂滤料在下部，然后用水自下而上地对滤层进行反冲洗。当反冲洗强度较小时，煤、砂两滤层之间有明显的界面，只是有部分细粒径石英砂渗入到粗粒径无烟煤的孔隙中，一般渗入深度不大，这种混杂现象可以称为渗入混杂。增大反冲洗强度，煤、砂悬浮滤层中的紊动增强，这种紊动包括滤料颗粒作不规则的跳动，滤层中有小的涡流，以及贯穿整个砂悬浮滤层的大的环流。当反冲洗强度增大至某一值时，发现有个别无烟煤粒开始被卷入石英砂悬浮滤层中，无烟煤粒被卷入后能随小涡流或大环流进至石英砂滤层的深部。再增大反冲洗强度，被卷入的无烟煤滤料逐渐增多，但多数仍位于交界面附近，被卷入石英砂悬浮滤层深部的则相对地较少。这时，煤、砂滤层之间的交界面因紊动增强和混杂加剧而逐渐变得模糊不清。无烟煤滤层的厚度也因滤料被大量卷入砂层而相应地减小。大大增加反冲洗强度，最终能使混杂扩展至全部煤、砂悬浮滤层，但在水力分级作用下仍是上部无烟煤居多，下部石英砂居多。当降低反冲洗强度后，在水力分级作用下，又能恢复良好分层状态。上述的混杂现象可以称为层间卷入混杂。

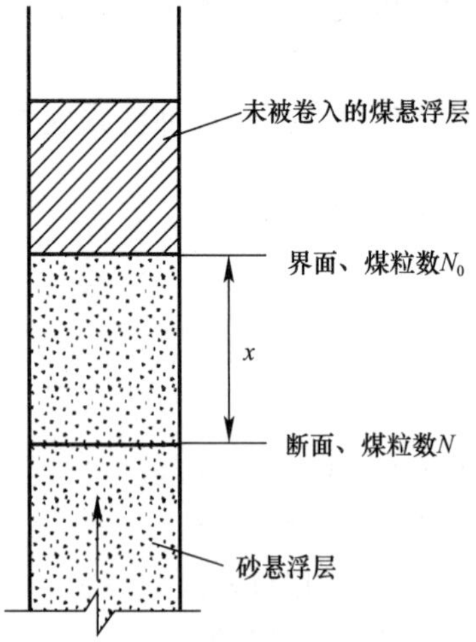

图 8-16　层间卷入混杂示意

试验发现，层间卷入混杂的程度主要与两个因素有关。一个是石英砂悬浮滤层的相对密度与无烟煤滤料本身及其悬浮滤层的相对密度的对比关系，另一个是由反冲洗水流引起的石英砂悬浮滤层中的紊动强度。也就是说，无烟煤悬浮颗粒在紊动作用下被卷入石英砂悬浮滤层，但另一方面被卷入的煤粒又在水力分级作用下向上回升，即无烟煤滤料在紊动和水力分级综合作用下在石英砂悬浮滤层中形成一种数量分布。由于紊动已被证实具有随机过程的性质，所以它类似于胶体粒子在扩散和重力综合作用下形成的沉降平衡。仿照胶体的沉降平衡规律，可以写出无烟煤滤料在石英悬浮滤层中的数量分布关系式如下（图 8-16）：

$$\ln \frac{N}{N_0} = -k \cdot \frac{\varphi}{\theta} \cdot x \tag{8-47}$$

$$\varphi = \frac{\gamma_{*2} - \gamma_{*1}}{\overline{\gamma_*}} \tag{8-48}$$

$$\overline{\gamma_*} = \frac{\gamma_{*1} + \gamma_{*2}}{2} \tag{8-49}$$

$$\theta = \frac{q}{q_0} \tag{8-50}$$

式中　N_0——未被卷入的无烟煤悬浮滤层中的煤粒数；

　　　N——距无烟煤层 x 距离处的砂悬浮滤层中的煤粒数；

　　　φ——煤、砂悬浮滤层的相对密度差，它反映水力分级作用的影响，按式(8-48)进行计算；

　　　x——卷入混杂的深度；

　　　γ_{*1}——无烟煤悬浮滤层的相对密度；

　　　γ_{*2}——石英砂悬浮滤层的相对密度；

　　　$\overline{\gamma_*}$——煤、砂悬浮滤层的平均相对密度；

　　　θ——反冲洗强度比，它反映悬浮滤层紊动强度的影响，按式（8-50）计算；

　　　q——反冲洗强度 $[L/(s \cdot m^2)]$；

　　　q_0——标准反冲洗强度，按习惯数据可取 $15L/(s \cdot m^2)$；

　　　k——系数。

如果指定一个 $\frac{N}{N_0}$ 值作考察值，则式（8-47）左端便为一常数，这时式（8-47）可改写为下列形式：

$$x = K \cdot \frac{\theta}{\varphi} \qquad (8-51)$$

即 x 与 $\frac{\theta}{\varphi}$ 有直线关系。图 8-17 为几组试验结果。试验中选取 $\frac{N}{N_0} = \frac{1}{2}$。由图 8-17 可见，试验点皆较好地落在直线周围，只是直线一般不通过原点，所以直线的试验方程为：

$$x = K\left(\frac{\theta}{\varphi} - \delta\right) \qquad (8-52)$$

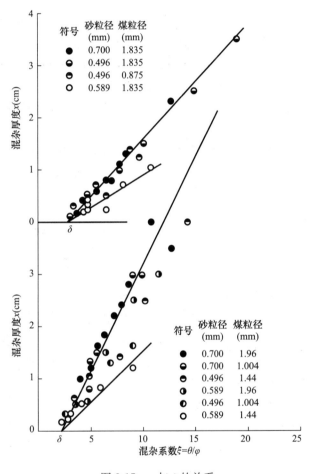

图 8-17　x 与 ξ 的关系

式中，δ 为直线在 $\frac{\theta}{\varphi}$ 轴上的截距。由于 $\frac{\theta}{\varphi}$ 与卷入混杂厚度 x 有直线关系，所以 $\frac{\theta}{\varphi}$ 可以用来作为表示滤层层间卷入混杂程度的一个指标，称为层间卷入混杂系数，以符号 ξ 表示：

$$\xi = \frac{\theta}{\varphi} = \frac{q}{2q_0} \cdot \frac{\gamma_{*2} + \gamma_{*1}}{\gamma_{*2} - \gamma_{*1}} \qquad (8-53)$$

由图 8-17 可见，不同直线在 ξ 横轴上的截距都相等，即各直线都交于一点。直线在 ξ 横轴上的截距 δ 的意义是，当 $\xi \leqslant \delta$ 时不出现卷入混杂现象。各直线交于横轴上一点，说明开始产生卷入混杂的条件与煤、砂滤料的粒径对比无关。如能控制层间卷入混杂深度 x 值不大于 1cm，则可使煤、砂滤层之间不产生严重卷入混杂现象而保持较好的分层状态，为此应使层间卷入混杂系数 ξ 不大于 5。所以滤层层间卷入混杂系数 ξ 可以作为控制层间卷入混杂程度的指标，设计时只需选定适当的 ξ 值，就能控制滤层层间卷入混杂程度不超过一定的范围。对于无烟煤和石英砂双层滤料滤层，如果要求不产生严重的层间卷入混杂以保持滤层较好的分层状态，设计时可取：

$$\xi \leqslant 5$$

8.8.4 多层滤料滤层的层间渗入混杂

前已述及，渗入混杂是多层滤料滤层层间混杂的另一种形式。在无烟煤和石英砂组成的双层滤料滤层中，可以清楚地观察到渗入混杂现象。试验发现，下层细粒径的石英砂滤料向上部粗粒径无烟煤滤料中渗入混杂的深度，主要与两者的粒径比值有关，而一般与反冲洗强度无关。图 8-18 为层间渗入混杂深度与反冲洗强度的关系的试验曲线，由图可见，层间渗入混杂一般不随反冲洗强度的变化而变化，只是当反冲洗强度甚大时，才随之略有增大。

图 8-19 为层间渗入混杂深度与滤料粒径比值的关系，由图可见，层间渗入混杂的深度随粒径比值的增大而迅速增大。为使层间渗入混杂深度不致过大，两滤料的粒径比值不宜大于 4.0。

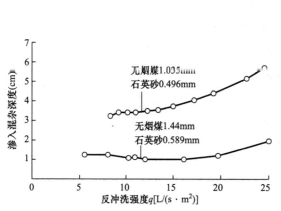

图 8-18　渗入混杂深度与反冲洗强度的关系　　图 8-19　渗入混杂深度与粒径比的关系

8.8.5 按混杂程度计算多层滤料粒径配比的方法

为控制层间卷入混杂程度，可使 ξ 不超过某一界限值 ξ_c。取界限值进行计算，得条件式：

$$\xi = \xi_c \tag{8-54}$$

以式（8-53）和式（8-44）代入式（8-54），得条件式的实用形式：

$$m_2 = \frac{\gamma_2 + \varepsilon\gamma_1}{\gamma_2 - 1} + \frac{\varepsilon(\gamma_1 - 1)}{\gamma_2 - 1} \cdot m_1 \tag{8-55}$$

$$\varepsilon = \frac{2\xi_c + \dfrac{q}{q_0}}{2\xi_c - \dfrac{q}{q_0}} \tag{8-56}$$

式中，γ_1 和 m_1 为轻质滤料的相对密度和悬浮滤层孔隙度，γ_2 和 m_2 为重质滤料的相对密度和悬浮滤层孔隙度。

由于滤层的膨胀率 e 与孔隙度 m 有确定的函数关系：

$$e = \frac{m - m_0}{1 - m} \tag{8-57}$$

$$m = \frac{e + m_0}{e + 1} \tag{8-58}$$

所以式（8-55）也是两滤层膨胀率 e_1 和 e_2 关系的条件式。

双层滤料滤层反冲洗时，两种滤料将在同一反冲洗强度下形成各自的悬浮滤层，所以对两滤层而言，其反冲洗速度应相等：

$$q_1 = q_2 \tag{8-59}$$

对由无烟煤和石英砂组成的双层滤料滤层，可以将式（8-29）代入式（8-59），整理得无烟煤滤料粒径 d_1 与石英砂滤料粒径 d_2 的比值计算式：

$$\frac{d_1}{d_2} = \left(\frac{\rho_2 - \rho_0}{\rho_1 - \rho_0}\right)^{0.57} \cdot \left[\frac{F(e_2, m_{02})}{F(e_1, m_{01})}\right]^{0.71} \tag{8-60}$$

以条件式求得其对应值 e_1 和 e_2 代入上式，便可求出符合要求层间卷入混杂程度的粒径比值。但是，满足条件式之对应值 e_1 和 e_2 有无数多组，每组都有其相应的粒径比值，其中以 $e_1 = 0$ 时对应的粒径比值最大，称为最大粒径比。

图 8-20 为煤、砂滤料的最大粒径比值与无烟煤滤料的相对密度关系，可供设计参考。若 $\frac{d_1}{d_2} < 2$，无烟煤滤料的粒径变得过细，已失去实用价值。所以，由图可见，无烟煤滤料的相对密度以不高于 1.7 为宜。

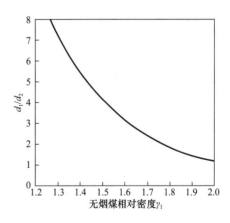

图 8-20　无烟煤和石英砂最大粒径比
与无烟煤相对密度的关系

8.9　滤层的粒径和反冲洗强度的选择

8.9.1　单层滤料滤层的粒径和反冲洗强度的选择

由不均匀粒径滤料构成的单层滤料滤层仍是目前应用最广的滤层构造形式，所以正确选定其滤料粒径及滤层反冲洗强度，对生产有重要意义。

理想的滤料是粒径均匀的滤料，但为提高原料的利用率，实际生产使用的都是粒径不均匀的滤料。粒径不均匀的滤料，在滤层反冲洗时，在水力分级作用下会形成上细下粗的粒径分布。

滤层上部细粒径的滤料在澄清过滤过程中截留的污物最多，而反冲洗时又最不易冲洗干净，久之易于生成泥球，使处理效果下降，所以滤料最小粒径的选定是首先要注意的问题。从目前滤池的发展看，不论从过滤角度，还是从滤层反冲洗角度，都提倡使用较粗的滤料。所以石英砂滤料的最小粒径 d_{min}，从 20 世纪四五十年代的 0.4～0.5mm，已提高到目前的 0.5～0.7mm，并且还有进一步提高的趋势。

滤层下部粗粒径的滤料在澄清过滤过程中截留的污物最少，而反冲洗时又易于冲洗干净，所以它的粒径选择主要是考虑滤料原材料的利用率不宜过低、反冲洗强度不宜过大等经济因素。对石英砂滤料的最大粒径 d_{max} 一般选为 1.0～1.5mm。

由粒径不均匀的滤料构成的滤层在反冲洗时，由于细粒径滤料和粗粒径滤料皆处于同一反冲洗上升水流中，所以无法同时满足两者最优反冲洗条件的要求。若反冲洗强度等于最小粒径滤料的最优反冲洗强度值，则由于反冲洗强度较小，而致部分粗粒径滤料不能悬浮。若反冲洗强度等于最大粒径滤料的最优反冲洗强度值，则由于反冲洗强度较大，偏离了细滤料的最优反冲洗强度值，而致细滤料的反冲洗效果较差。

但是，根据前面提出的反冲洗高效区的概念，可以设法使整个滤层反冲洗时皆处于高效区范围内工作。

在选择滤料粒径和滤层反冲洗强度时，有三个界限值需要考虑：

（1）反冲洗高效区的上界限（$\eta \geqslant 80\%$）；

（2）反冲洗高效区的下界限（$\eta \geqslant 80\%$）；

（3）滤层的起始悬浮反冲洗强度。

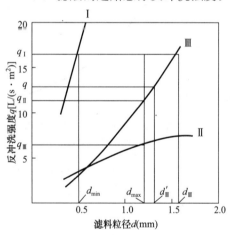

图 8-21　石英砂粒径和反冲洗强度的选择

（水温 20℃）

Ⅰ—反冲洗高效区（$\eta \geqslant 80\%$）的上界限；

Ⅱ—反冲洗高效区（$\eta \geqslant 80\%$）的下界限；

Ⅲ—滤层起始悬浮反冲洗强度

滤料粒径和反冲洗强度的选择，应使滤层能全部悬浮，并处于高效区范围。选择工作在图 8-21 所示 q-d 坐标图上进行十分方便，图中绘出了石英砂的 $\eta \geqslant 80\%$ 高效区的上界限（曲线Ⅰ）、下界限（曲线Ⅱ）和起始悬浮反冲洗强度（曲线Ⅲ）。先选定 d_{min}，由 d_{min} 作垂线与曲线Ⅰ相交，交点纵坐标值为 $q_{Ⅰ}$；由交点作水平线与曲线Ⅱ和曲线Ⅲ相交；交点横坐标为 $d_{Ⅱ}$ 和 $d_{Ⅲ}$。如选择反冲洗强度 $q = q_{Ⅰ}$，为使全部滤层处于高效区，应选择 $d_{max} \leqslant d_{Ⅱ}$；为使全部滤层都能悬浮，应选择 $d_{max} \leqslant d_{Ⅲ}$。在本图中，由于曲线Ⅱ位于曲线Ⅲ以下，$d_{Ⅲ} < d_{Ⅱ}$，所以选择 $d_{max} \leqslant d_{Ⅲ}$。

如果选择反冲洗强度 $q < q_{Ⅰ}$，由 q 作水平线，与曲线Ⅱ和曲线Ⅲ的交点为 $d'_{Ⅱ}$ 和 $d'_{Ⅲ}$，在本图中应选 $d_{max} \leqslant d'_{Ⅲ}$，由于 $d'_{Ⅲ} < d_{Ⅲ}$，所以随着反

冲洗强度减小，d_{max} 的选择范围也减小了。

如果 d_{max} 已经选定，由 d_{max} 作垂线，与曲线Ⅱ和曲线Ⅲ的交点为 $q_{Ⅱ}$ 和 $q_{Ⅲ}$，显然，滤层反冲洗强度 q 选择在 $q_{Ⅰ} \sim q_{Ⅱ}$ 范围，可使全部滤层处于高效区，q 选择在 $q_{Ⅰ} \sim q_{Ⅲ}$ 范围，

可使全部滤层悬浮。在本图中，由于 $q_{II} < q_{III}$，所以选择 $q_I \geqslant q \geqslant q_{II}$。

【例题 8-2】 试选择石英砂滤料的粒径和反冲洗强度。

【解】 选定石英砂滤料的最小粒径为 $d_{min} = 0.5mm$，由图 8-21 可见，当 $\eta \geqslant 80\%$ 时，$q_I = 16.6mm/s$。如果选择反冲洗强度 $q = q_I$，为使全部滤层处于高效区，应选 $d_{max} \leqslant d_{III} = 1.56mm$。设计选定 $d_{max} = 1.2mm$。求出滤粒的当量粒径 $d = 0.8mm$，按式（8-29）求出滤层的膨胀率为 $e = 40\%$。由图 8-21 可见，当 $d_{max} = 1.2mm$ 时，$q_{III} = 11.5mm/s$，即反冲洗速度在 $11.5 \sim 16.6mm/s$ 范围内皆属高效区，从而可计算出相应的滤层膨胀率为 $20\% \sim 40\%$。若选择 $d_{max} = 1.0mm$，则反冲洗速度在 $8.9 \sim 16.6mm/s$ 范围内皆属高效区，相应滤层膨胀率为 $18\% \sim 50\%$。

对于粒径为 $0.5 \sim 1.2mm$ 的石英砂滤层，《室外给水设计规范》规定反冲洗强度为 $12 \sim 15L/(s \cdot m^2)$，亦处于高效区范围内。

表 8-6 列出反冲洗高效区的工艺参数值，可供设计参考。

石英砂滤层反冲洗高效区（$\eta \geqslant 80\%$）工艺参数值　　表 8-6

滤料粒径 $d_{min} \sim d_{max}$	d_{max}/d_{min}	反冲洗强度 [L/(s·m²)]	滤层膨胀率 e
0.4~1.0	2.5	8.9~13.3	21%~43%
0.5~1.2	2.4	11.5~16.6	20%~40%
0.6~1.5	2.5	15.6~20.8	21%~35%
0.8~1.8	2.25	20.2~27.8	19%~33%

注：水温 20℃。

8.9.2 多层滤料滤层的粒径和反冲洗强度的选择

由粒径不均匀的滤料构成的多层滤料滤层，其粒径及反冲洗强度的选择，应同时满足以下条件：

（1）各滤层都能全部悬浮；

（2）尽量使各滤层都处于反冲洗高效区，特别是上部轻质滤料层，由于其截污量最大，应全部处于高效区；

（3）各滤层不产生严重的层间混杂现象。

以无烟煤和石英砂组成的双层滤料滤层为例。上部无烟煤滤料粒径的选择，应使滤层全部处于反冲洗高效区。石英砂滤料粒径的选择，首先应使细组分处于高效区，为此宜使两种滤料的最小粒径颗粒具有相同的最优反冲洗强度：

$$q_{s1} = q_{s2} \tag{8-61}$$

将式（8-31）和颗粒自由沉降过渡区公式代入式（8-61），整理得：

$$\frac{d_{min1}}{d_{min2}} = \left(\frac{\rho_2 - \rho_0}{\rho_1 - \rho_0}\right)^{0.75} \cdot \left(\frac{\beta_{s2}}{\beta_{s1}}\right) \approx \left(\frac{\rho_2 - \rho_0}{\rho_1 - \rho_0}\right)^{0.75} \tag{8-62}$$

式中，d_{min1} 为无烟煤滤料的最小粒径，d_{min2} 为石英砂滤料的最小粒径。由式（8-62）可知，两滤料的最小粒径比，主要与它们的密度有关。石英砂滤料的最小粒径，还应满足不与最粗的无烟煤滤料产生严重层间混杂的条件。石英砂滤料的最大粒径应在反冲洗时能悬浮。

多层滤料粒径和反冲洗强度的选择，在 q-d 图上进行比较方便。如图 8-22 所示，将无烟煤和石英砂滤料的反冲洗高效区的界限值，以及滤层起始悬浮反冲洗强度值，综合绘于图上。由图 8-22 可见，无烟煤滤料粒径的选择，与反冲洗强度的选择有关。如果选定反冲洗强度为 $15L/(s \cdot m^2)$，为使无烟煤滤层全部处于高效区，无烟煤滤料的粒径应为 $1.05\sim1.85mm$，设计选定为 $1.0\sim1.8mm$。石英砂滤料的粒径选为 $0.5\sim1.2mm$。这样，反冲洗时，无烟煤和石英砂滤层将全部悬浮，并皆处于高效区。无烟煤滤料的最大粒径与石英砂滤料的最小粒径之比 $d_{min1}/d_{min2}=1.8/0.5=3.6$，符合不产生严重的层间卷入混杂和渗入混杂的条件。按式（8-29）计算，可得无烟煤滤层的膨胀率为 25%，石英砂滤层的膨胀率为 35%。

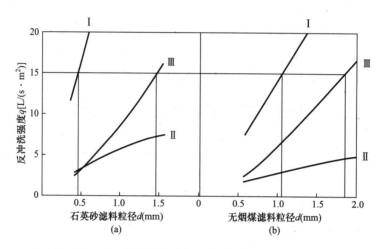

图 8-22　煤、砂双层滤料粒径和反冲洗强度的选择（水温 20℃）

（a）石英砂滤料（相对密度 2.65）；（b）无烟煤滤料（相对密度 1.5）

Ⅰ—反冲洗高效区（$\eta \geqslant 80\%$）的上界限；

Ⅱ—反冲洗高效区（$\eta \geqslant 80\%$）的下界限；

Ⅲ—滤层起始悬浮反冲洗强度

表 8-7 列出了在几种无烟煤相对密度和反冲洗强度条件下煤、砂双层滤料的粒径组成，可供设计参考。

无烟煤、石英砂双层滤料粒径组成 d_{min}/d_{max}　　　表 8-7

滤层名称		无烟煤			石英砂
滤料相对密度		1.4	1.5	1.6	2.65
反冲洗强度 $[L/(s \cdot m^2)]$	12	1.0~1.8	0.8~1.5	0.7~1.2	0.4~1.0
	12	1.0~1.8	0.8~1.5	0.7~1.4	0.5~1.0
	15	1.2~2.0	1.0~1.8	0.9~1.5	0.5~1.2
	15	1.2~2.0	1.0~1.8	0.9~1.6	0.6~1.2

注：水温 20℃。

8.10　滤池的配水系统

8.10.1　配水系统的静态设计原理

滤池的配水系统在滤池过滤时，能将过滤的水聚集起来引出池外；在滤池反冲洗时，能将反冲洗水均匀分布于整个滤池平面面积上。由于滤池的反冲洗水的流量要比过滤水的流量大得多，并且对分布反冲洗水的均匀程度的要求也更高，所以滤池的配水系统一般都按反冲洗的要求进行设计。

滤池的配水系统可以按不同的原理工作，以达到均匀分布反冲洗水的目的。图 8-23 为滤池在反冲洗时的水流情况。反冲洗水进入滤池后，可以按任意路线穿过滤层，图中所示即为任意两条路线。反冲洗水在池内的任一路线上的水头损失都由下列四部分组成：

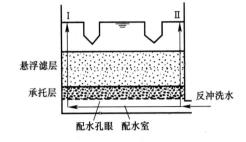

图 8-23　滤池反冲洗时水流路程示意

（1）水在配水系统内的水头损失 h_1，若取单位面积滤池来考虑，则：

$$h_1 = s_1 q^2 \tag{8-63}$$

式中　s_1——配水系统内的水力阻抗；

　　　q——滤池的反冲洗强度。

（2）水从配水系统孔眼中流出时的水头损失 h_2：

$$h_2 = s_2 q^2 \tag{8-64}$$

式中　s_2——配水孔眼的水力阻抗。

（3）水在承托层中的水头损失 h_3：

$$h_3 = s_3 q^2 \tag{8-65}$$

式中　s_3——承托层的水力阻抗。

（4）水在悬浮滤层中的水头损失 h_4，按式（8-16）进行计算：

$$h_4 = \left(\frac{\rho}{\rho_0} - 1 \right)(1 - m_0)L_0 = \left(\frac{\rho}{\rho_0} - 1 \right)(1 - m)L$$

水经第 I 条路线和第 II 条路线流过时的总水头损失分别为：

$$H_{\text{I}} = h_1' + h_2' + h_3' + h_4'$$
$$H_{\text{II}} = h_1'' + h_2'' + h_3'' + h_4''$$

由于反冲洗水的各条路线都具有同一进、出口压力，所以各条路线的总水头损失应相等

$$H_{\text{I}} = H_{\text{II}} \tag{8-66}$$

或

$$h_1' + h_2' + h_3' + h_4' = h_1'' + h_2'' + h_3'' + h_4''$$

假定 h_4' 与 h_4'' 相等，再将式（8-63）～式（8-65）代入式（8-66）：

$$s_1' q_{\text{I}}^2 + s_2' q_{\text{I}}^2 + s_3' q_{\text{I}}^2 = s_1'' q_{\text{II}}^2 + s_2'' q_{\text{II}}^2 + s_3'' q_{\text{II}}^2$$

整理后得：

$$\frac{q_{\text{I}}}{q_{\text{II}}} = \sqrt{\frac{s_1'' + s_2'' + s_3''}{s_1' + s_2' + s_3'}} \tag{8-67}$$

反冲洗水的任意两条路线在配水系统中所走的路程是不同的，故 s_1' 和 s_1'' 必不相等；水流流出配水孔眼时，如出流条件相同，可使 s_2' 和 s_2'' 基本相等；两条路线上的水流经过承托层的情况不可能完全相同，但它们之间的差别亦不致很大，可以认为 s_3' 和 s_3'' 相近。综上所

述，主要由于两条路线上的水流在配水系统中的阻抗不同，致使 q_{I} 与 q_{II} 也不相等，所以滤池的反冲洗强度在滤池平面上的分布是不均匀的。

反冲洗水在池中分布的均匀程度，常以池中反冲洗强度的最小值和最大值的比值来表示，并要求此比值不小于 0.9～0.95：

$$\frac{q_{\min}}{q_{\max}} \geqslant 0.9 \sim 0.95 \tag{8-68}$$

式中，$q_{\min}$ 和 $q_{\max}$ 为反冲洗强度的最小值和最大值。为达到上述均匀分布反冲洗水的要求，可采用两个途径：

（1）加大水力阻抗 s_2，使 s_1 和 s_3 与之相比甚小，则式（8-67）中阻抗比便能趋近于1，从而使流量比 $q_{\mathrm{I}}/q_{\mathrm{II}}$ 也接近于1。所以，只要选择适当的 s_2 值，就能满足 $q_{\min}/q_{\max} \geqslant 0.9\sim0.95$ 的要求。按这种原理设计出来的配水系统，称为大阻力配水系统。

（2）尽量减小水力阻抗 s_1，使 s_1 与 s_2+s_3 相比甚小，也能使阻抗比趋近于1，从而使 $q_{\mathrm{I}}/q_{\mathrm{II}}$ 也接近于1。按这种原理设计出来的配水系统，称为小阻力配水系统。

大阻力配水系统能定量地控制反冲洗水分布的均匀程度，工作比较可靠，但是水头损失较大，是一个缺点。相反，小阻力配水系统虽然分布水的均匀程度较差，但反冲洗时消耗的水头损失很小，为滤池实现反冲洗提供了便利条件，常用于中、小型设备。

滤池配水系流中孔眼的总面积与滤池面积之比，称为配水系统的开孔比，以下式表示：

$$p = \frac{\omega_0}{\Omega} \times 100\% = \frac{q}{10 v_0} \tag{8-69}$$

式中　p——配水系统的开孔比；

Ω——滤池的过滤面积；

ω_0——滤池配水系统孔眼的总面积；

q——滤池的反冲洗强度；

v_0——水在配水系统孔眼中的流速。

在滤池配水系统的设计中，习惯上常以开孔比 p 作为主要指标，这是值得商榷的，因为式（8-69）中的三个参数，反冲洗强度 q 是按滤层冲洗的要求确定的，这在配水系统的设计中已是一个确定值。剩下的 v_0 和 p，只要选定一个，另一个就可被求出。孔眼流速 v_0 是决定水头损失 h_2 的主要因子，选定适宜的 v_0 值就能保证配水系统在大阻力条件下工作，并保持配水系统的配水均匀程度。相反，由于滤池功能、滤料种类和粒径、冲洗方式等不同，q 可在 4～25L/(s·m²) 范围内变化。如首先选定 p 值，则 v_0 值便随 q 值的不同而异，就不一定能保证配水系统在设计要求的条件下工作。所以，在滤池配水系统的设计中，首先选定 v_0 值是很重要的。

一般，水在大阻力配水系统的孔眼中的流速 $v_0=5\sim6$m/s，水在孔眼中的水头损失为 2.5～4.5m。水在小阻力配水系统的孔眼中的流速 $v_0 \leqslant 1\sim1.5$m/s，水在孔眼中的水头损失为 0.05～0.3m。

李圭白认为，适当选取配水系统中孔眼的流速 $v_0=2\sim3$m/s，既可获得较高的配水均匀性（$q_{\min}/q_{\max}\approx90\%$），又能显著降低水在孔眼中的水头损失（约1m），从而兼有上述大阻力配水系统和小阻力配水系统的优点。这种介于两者之间的配水系统，可称为中阻力配水系统。

8.10.2　穿孔管配水系统

穿孔管配水系统是滤池中常用的一种大阻力配水系统。

穿孔管配水系统是由干管和支管组成的管道网，支管上有向下倾斜的小孔，在管道网上铺设数层砾石承托层。承托层上铺滤层，如图 8-24 所示。反冲洗水由干管配入各支管，然后经支管上的孔眼向外均匀配出，再穿过砾石承托层进入滤层，对滤层进行反冲洗。

造成穿孔管配水不均的原因，是管上各孔眼内外水压力差不相等。

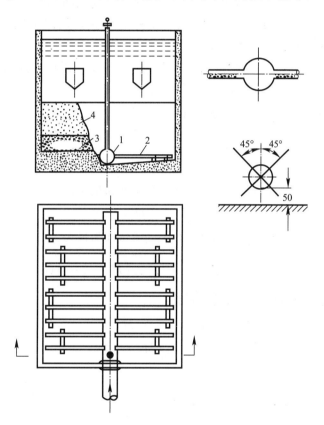

图 8-24　穿孔管配水系统

1—干管；2—支管；3—砾石承托层；4—滤层

反冲洗水在配水系统的穿孔管中沿程不断配出，流量和流速沿程不断减小，所以属减速流情况。水在穿孔管中作减速流动时，一方面水流因摩擦损失而产生水头损失使静水压力减小，另一方面因水的流速逐渐减小，动能转变为势能而使静水压力增高。

穿孔管内外水压差可写为：

$$H = H_0 - h_1 + h_v \tag{8-70}$$

式中　H——穿孔管末端孔眼内外水压力差（m）；

　　　H_0——穿孔管始端孔眼内外水压力差（m）；

　　　h_1——水在穿孔管中的水头损失（m）；

h_v——因流速减小，水流的动能转变为势能所形成的静水头（m）。

由上式可见，当 $h_1 > h_v$ 时，管内外水压差将沿水流方向逐渐减小；当 $h_1 < h_v$ 时，水压差将沿水流方向逐渐增大。试验表明，穿孔管中水压差的变化，与穿孔管的构造尺寸有关：

当 $d < \left(\dfrac{L}{185}\right)^{0.8}$ 时，水压差沿程减小；

当 $d > \left(\dfrac{L}{185}\right)^{0.8}$ 时，水压差沿程增大。

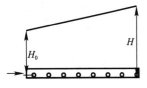

图 8-25　穿孔配水管内外水压差的变化

其中，d 为穿孔管的管径，以 m 计；L 为穿孔管的长度，以 m 计。对滤池的穿孔管大阻力配水系统而言，因反冲洗流量甚大，所以一般总是符合上述后一条件，即水压差将沿程增大，如图 8-25 所示。

若将水压差的增值 $(h_v - h_e)$ 以进水速头的函数形式表示，则式（8-70）可写为：

$$H = H_0 + \zeta \frac{v^2}{2g}(\text{m}) \tag{8-71}$$

式中　v——穿孔管始端流速（m/s）；

ζ——系数。

穿孔管始端的水压差最小，故该处孔眼的流量亦为最小：

$$q_{0\min} = \mu f_0 \sqrt{2gH_0}(\text{m}^3/\text{s})$$

穿孔管末端的水压差最大，故该处的孔眼的流量亦为最大：

$$q_{0\max} = \mu f_0 \sqrt{2gH} = \mu f_0 \sqrt{2g\left(H_0 + \zeta \frac{v^\gamma}{2g}\right)}(\text{m}^3/\text{s})$$

若穿孔管上的孔眼是均匀分布的，则有：

$$\frac{q_{\min}}{q_{\max}} = \frac{q_{0\min}}{q_{0\max}} = \sqrt{\frac{H_0}{H_0 + \zeta \dfrac{v^2}{2g}}} \geqslant \theta \tag{8-72}$$

式中，$\theta = 0.9 \sim 0.95$。

上式中的参数可表示为：

$$H_0 = \frac{1}{\mu^2} \cdot \frac{v_0^2}{2g} \tag{8-73}$$

$$v_0 = \frac{Q}{\omega_0} \tag{8-74}$$

$$v = \frac{Q}{\omega} \tag{8-75}$$

式中　Q——穿孔管始端水的流量（m³/s）；

v——穿孔管始端水的流速（m/s）；

v_0——穿孔管上孔眼的流速（m/s）；

ω——穿孔管的断面积（m²）；

ω_0——穿孔管上孔眼的总面积（m²）；

μ——孔眼的流量系数。

以式 (8-73) ～式 (8-75) 代入式 (8-72)，整理后得：

$$\left(\frac{\upsilon}{\upsilon_0}\right)^2 = \left(\frac{\omega}{\omega_0}\right)^2 \leqslant \lambda \qquad (8\text{-}76)$$

或

$$\frac{\upsilon}{\upsilon_0} = \frac{\omega}{\omega_0} \leqslant \sqrt{\lambda} \qquad (8\text{-}77)$$

式中

$$\lambda = \frac{1 - \theta^2}{\zeta \mu^2 \theta^2} \qquad (8\text{-}78)$$

式 (8-76) 或式 (8-77) 为单支穿孔管均匀配水的条件式，即为使穿孔管配水的均匀程度不小于 θ，应使流速比 υ/υ_0 或面积比 ω_0/ω 不大于 $\sqrt{\lambda}$ 值。如果取 $\theta=0.95$，$\mu=0.62$，$\zeta=1$ 进行计算，可得 $\lambda=0.28$，或 $\sqrt{\lambda}=0.53$。式 (8-77) 表明，穿孔管配水的均匀性只与穿孔管的构造有关，而与管中的流量无关。上述关于穿孔管均匀配水条件式的推导并不十分精确。试验表明，当比值 $\omega_0/\omega \approx 0.5$ 时，穿孔管的配水均匀性远小于 95%。这是由于忽略了孔眼流量系数 μ 的变化带来的影响。

图 8-26 为按试验资料修正后，得到的流量比 (q_{min}/q_{max}) 与面积比 (ω_0/ω) 的关系曲线，由图可见，为使反冲洗强度比 (q_{max}/q_{min}) 不小于 90%，面积比 (ω_0/ω) 或流速比 (υ/υ_0) 均应不大于 1/4，即：

$$\frac{\upsilon}{\upsilon_0} = \frac{\omega_0}{\omega} \leqslant \frac{1}{4} \qquad (8\text{-}79)$$

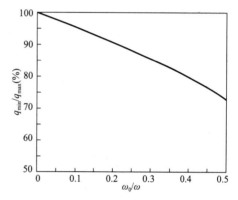

图 8-26　q_{min}/q_{max} 与 ω_0/ω 关系曲线（$\mu=0.7$）

式 (8-79) 也可用于其他形状断面的穿孔渠。图 8-27 为常见的具有底部配水室的配水系统。室上部为穿孔配水板，配水板上孔眼均匀分布，从而构成一个矩形断面的穿孔渠。设配水室长为 L_d、宽为 B_d、高为 H_d，渠道断面积为 $\omega = B_d H_d$，代入式 (8-79)：

$$\frac{\omega_0}{\omega} = \frac{\omega_0}{B_d H_d} = \frac{L_d \omega_0}{L_d B_d H_d} = \frac{L_d p}{H_d} \leqslant \frac{1}{4}$$

移项后，得：

$$H_d \geqslant 4 p L_d \qquad (8\text{-}80)$$

式中，p 为配水系统的开孔比。

例如，滤池配水室长 $L_d=10\text{m}$，取 $p=1\%$，由式 (8-80) 得配水室高 $H_d \geqslant p L_d = 4 \times 0.01 \times 10 = 0.4\text{m}$。

以上是关于单支穿孔管的情况。对于穿孔管配水系统，如果把配水干管也看作穿孔管，则也可用与单支穿孔管类似的方法来推导其均匀配水的条件式。但理论推导出来的条件式不够精确，故常采用经验公式进行计算。

下面是一则经验公式：

$$\left(\frac{v_1}{v_0}\right)^2 + 1.25\left(\frac{v_2}{v_0}\right)^2 \leqslant \frac{1}{A\mu^2} \tag{8-81}$$

式中，A 为与配水均匀性有关的系数。当配水均匀程度为 $\theta=95\%$ 时，$A=12$；$\theta=90\%$ 时，$A=10$ 时；$\theta=85\%$ 时，$A=8$；$\theta=80\%$ 时，$A=5$。

穿孔管系统不仅可用作大阻力配水系统，也可用作中阻力配水系统。

穿孔管大阻力配水系统的计算如下：

(1) 选择孔眼流速 v_0。一般可取 $v_0=5\sim6\text{m/s}$。

(2) 计算配水系统的开孔比 p：

$$p=\frac{q}{v_0}$$

(3) 计算滤池所需孔眼总面积：

$$\omega_0=p\Omega$$

(4) 配水系统上孔眼的直径一般为 $d_0=6\sim12\text{mm}$，一个小孔的面积为 $\frac{\pi d_0^2}{4}$，配水系统上孔眼的总数为：

$$n=\frac{\omega_0}{\frac{\pi d_0^2}{4}}=\frac{4q\Omega}{1000\pi v_0 d_0^2}(\text{个}) \tag{8-82}$$

孔眼在配水系统的支管上应均匀布置，孔眼之间的中距不大于 $100\sim120\text{mm}$。

(5) 配水系统的干管始端流速一般为 $v_1=1.0\sim1.5\text{m/s}$，支管始端流速一般为 $v_2=1.5\sim2.0\text{m/s}$，可满足均匀分布反冲洗水的要求。支管管径一般不大于 150mm，支管间距一般不大于 $250\sim300\text{mm}$。

(6) 反冲洗水在配水系统中的水头损失可近似地按式 (8-73) 计算，式中流量系数 μ 与孔眼直径 d_0 和管壁厚度 δ 的比值有关，可按表 8-8 采用。

穿孔管渠的平均流量系数 表 8-8

孔眼直径/管壁厚度	1	1.5	2.0	2.5	3.0	4.0
μ	0.7	0.68	0.65	0.63	0.60	0.58

由于配水干管上不设孔眼，所以反冲洗时当干管直径大于 300mm 时，为防止产生配水不均匀，宜采用丁字形支管连接方式，如图 8-27 所示。

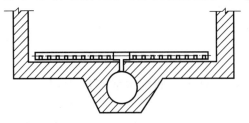

图 8-27　丁字管连接形式的穿孔管大阻力配水系统

穿孔管配水系统上需设砾石承托层。如滤池内装 $0.5\sim1.2\text{mm}$ 的石英砂滤料，承托层的粒径和厚度可采用表 8-9 数据。天然锰砂滤层下面的砾石承托层，应为相对密度相同的天然锰矿石粒。但是，锰矿石的价格较卵石贵，为了节省用量，可以将实际上不会发生松动的承托层用卵石代替。如承托层中粒径最粗且用量最大的一层（$16\sim32\text{mm}$ 粒径）可用卵石代替。

表 8-10 所示的承托层组成，经长期生产实践证明，工作情况可靠，推荐采用。

穿孔管配水系统上的承托层粒径和厚度 表 8-9

层次（由上向下）	粒径（mm）	厚度（m）	附注
1	2～4	100	—
2	4～8	100	—
3	8～16	100	—
4	16～32	100	由孔眼以上 100mm 处起直到池底，皆由此粒径填充

天然锰砂滤池的承托层组成 表 8-10

承托层层次	承托层材料	逐层粒径组成（mm）	各层承托层厚度（mm）
1	天然锰矿石	2～4	100
2	天然锰矿石	4～8	100
3	天然锰矿石	8～16	100
4	普通卵石或砾石	16～32	由配水系统孔眼以上 100mm 处起直到池底，皆由此粒径填充

由于天然锰砂滤层要求的反冲洗强度较大，为了解在反冲洗过程中的稳定情况，我们曾进行了天然锰矿石承托层的反冲洗破坏试验。试验滤管的上层，装有粒径为 0.6～2.0mm 的天然锰砂滤料，其下为天然锰矿石承托层，各层的粒径组成和厚度依次为：粒径 2～4mm、厚 50mm；粒径 4～7mm，厚 50mm；粒径 7～10mm，厚 50mm；粒径 10～20mm，厚 100mm。不断增大反冲洗强度，并观察各承托层开始松动和开始破坏时的反冲洗强度数值。表 8-11 所列为多次试验的平均值；试验水温为 7～8℃，由表可见，当反冲洗强度不大于 30L/(s·m²) 时，天然锰矿石承托层是充分稳定的。

滤池反冲洗时，水在承托层中的水头损失，可按下列经验公式进行计算：

$$h = 0.022qH \tag{8-83}$$

式中　h——反冲洗水在承托层中的水头损失（m）；

H——承托层的厚度（m）；

q——反冲洗强度 [L/(s·m²)]。

天然锰矿石承托层反冲洗破坏试验 表 8-11

各承托层的粒径（mm）	反冲洗强度 [L/(s·m²)]		附注
	开始松动	破坏	
2～4	29	34	试验水温 7～8℃
4～7	38	45	
7～10	48	55	

穿孔管大阻力和中阻力配水系统比较适合用于除铁除锰，因为其孔眼直径较大不易为铁、锰沉淀物堵塞，且配水均匀性较高，可用于大、中、小型除铁除锰滤池中。

【例题 8-3】 普通快滤池长 8m、宽 6m；内装石英砂滤料，粒径 0.5～1.2mm；滤层反冲洗强度 14L/(s·m²)。试进行穿孔管配水系统的设计和计算。

【解】　（1）按大阻力配水系统设计选取孔眼流速 $v_0 = 6$m/s，滤池面积 $\Omega = 6 \times 8 = 48$m²，滤池反冲洗水流量 $Q = q\Omega = 14 \times 48 = 672$L/s $= 0.672$m³/s，配水系统孔眼总面积

$\omega_0 = Q/v_0 = 0.672/6 = 0.112\text{m}^2$，开孔比 $p = \omega_0/\Omega = 0.112/48 = 0.23\%$，选取孔眼直径 $d_0 = 10\text{mm}$，一个孔眼面积 $f_0 = 0.785d_0^2 = 0.785 \times 0.01^2 = 7.85 \times 10^{-5}\text{m}^2$，孔眼总数 $n = \omega_0/f_0 = 0.112/7.85 \times 10^{-5} = 1427$ 个。

选取配水干管中水的流速 $v_1 = 1.5\text{m/s}$，按流量选定管径 $D_1 = 800\text{mm}$，管中水的实际流速为 $v_1 = 1.33\text{m/s}$，干管沿长度方向铺设，管长 8m。

选取配水支管中距 0.25m，支管数为 $N = 2 \times 8/0.25 = 64$ 根，每根支管水的流量 $Q' = Q/N = 0.672/64 = 0.0105\text{m}^3/\text{s}$。

选取支管流速 $v_2 = 2.0\text{m/s}$，按支管流量选定管径 $D_2 = 80\text{mm}$，管中水的实际流速 $v_2 = 2.11\text{m/s}$。

反冲洗水分配的均匀程度取为 $\theta = 95\%$，相应 $A = 12$；孔眼直径/管壁厚 $= 10/4 = 2.5$，由表 8-8，$\mu = 0.63$；式（8-81）右边值 $1/A\mu^2 = 1/12 \times 0.63^2 = 0.210$，式左侧值

$$\left(\frac{v_1}{v_0}\right)^2 + 1.25\left(\frac{v_2}{v_0}\right)^2 = \left(\frac{1.33}{6}\right)^2 + 1.25\left(\frac{2.11}{6}\right)^2 = 0.204 < 0.210$$

符合均匀配水的条件。

每根支管上的孔数 $n_0 = n/N = 1427/64 = 22.3$，设计取 $n_0 = 24$ 个。支管长 3m，孔眼中距 $l_0 = l/n_0 = 3000/24 = 125\text{mm}$，支管上孔眼向下与垂线成 45°角交错排列。水在配水系统中的水头损失 $h_2 = \dfrac{1}{\mu^2} \cdot \dfrac{v_0^2}{2g} = \dfrac{1}{0.63^2} \times \dfrac{6^2}{2 \times 9.8} = 4.5\text{m}$。支管与干管采用 T 形连接形式。

（2）按中阻力配水系统设计：

选择孔眼流速 $v_0 = 2.5\text{m/s}$；配水系统孔眼总面积 $\omega_0 = 0.672/2.5 = 0.269\text{m}^2$；开孔比 $p = 0.290/48 = 0.50\%$；选取孔眼直径 $d_0 = 12\text{mm}$，一个孔眼的面积 $f_0 = 0.785 \times 0.012^2 = 1.13 \times 10^{-4}\text{m}^2$；孔眼总数 $n = f/f_0 = 0.269/(1.13 \times 10^{-4}) = 2379$ （个）；用配水干渠配水，选取 $v_1 = 0.6\text{m/s}$，干渠断面积 $\omega_1 = Q/v_1 = 0.672/0.6 = 1.12\text{m}^2$；干渠宽 0.8m，高 1.4m；选取配水支管中距为 0.2m；支管数为 $N = 2 \times 8/0.2 = 80$ 根；每根支管水的流量 $Q' = 0.672/80 = 0.0084\text{m}^3/\text{s}$；选取支管流速 $v_2 = 1.0\text{m/s}$，按支管流量选定管径 $D_2 = 100\text{mm}$；实际流速 $v_2 = 0.97\text{m/s}$；反冲洗水分配的均匀程度 $\theta = 90\%$，相应 $A = 10$；（孔眼直径）/（管壁厚）$= 12/4 = 3.0$，$\mu = 6.0$；则 $1/A\mu^2 = 1/(10 \times 0.6^2) = 0.278$；式左侧值

$$\left(\frac{v_1}{v_0}\right)^2 + 1.25\left(\frac{v_2}{v_0}\right)^2 = \left(\frac{0.6}{2.5}\right)^2 + 1.25\left(\frac{0.97}{2.5}\right)^2 = 0.246 < 0.278$$

即配水均匀程度为 $\theta = 90\%$，每根支管孔数 $n_0 = 2379/80 \approx 30$ 个，孔眼中距 $l_0 = 3000/30 = 100\text{mm}$；水在配水系统中的水头损失 $h_2 = \dfrac{1}{\mu^2} \cdot \dfrac{v_0^2}{2g} = \dfrac{1}{0.6^2} \times \dfrac{2.5^2}{2 \times 9.8} = 0.89\text{m}$。

穿孔滤砖配水系统和穿孔三角槽配水系统，都可以看成是由干渠和支渠组成的穿孔渠中阻力配水系统，它们的配水均匀性也可以参照式（8-81）来进行计算。

8.10.3 穿孔板配水系统

穿孔板一般为钢筋混凝板块或钢板，上设孔眼，孔眼直径为 10mm 左右（图 8-28）。当采用钢筋混凝土板时，为减小进入承托层的流速，孔眼可做成喇叭形，下部直径 10mm，上部直径 20~30mm。穿孔板设于配水室顶，与配水室一起构成穿孔渠配水系统。

为使配水均匀程度不低于 90%，配水室的高度可按式（8-80）计算。

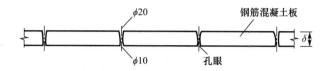

图 8-28　穿孔配水板

穿孔板配水系统可用作中阻力配水系统，也可用作小阻力配水系统。

反冲洗水经穿孔板上孔眼流入承托层，由于相邻孔眼有一定的间距，所以孔眼配出的水在孔眼附近的分布是不均匀的，需经砾石承托层再行分布，才能均匀地冲洗滤层。为使流进承托层的水的不均匀性不致过大，孔眼间距不宜过大，一般为 $70\sim100$mm。当采用中阻力配水系统时，由于孔眼流速 v_0 较大，故开孔比较小，孔眼数目较少，可能会有孔眼过稀、间距过大的现象。这时，宜适当减小孔眼直径，增加孔眼数目。

为提高配水的均匀性，有的采用两层穿孔板配水。在上层穿孔板孔眼流速 v_0 不变的条件下，增设下层穿孔板，可使配水系统的水头损失增大。有利于提高配水的均匀性和稳定性，这是其有利的一面。但是，两层穿孔板之间为一连通空间，使水流有横向流动进行再分配的条件，从而又降低了配水的稳定性。所以，两层穿孔板配水，宜将两板之间隔成小格，才会有助于提高配水的均匀性和稳定性。此外，两层穿孔板配水系统构造比较复杂，是其缺点。

穿孔板上的承托层，砾石粒径 $2\sim32$mm，分层铺设，总厚度 400mm，可采用表 8-9 数据。

为减小承托层厚度，常于穿孔板上再铺设尼龙网 $1\sim2$ 层，孔径 $15\sim50$ 目不等，称为网孔板。由于尼龙网可防止滤料流失，也起着承托作用，所以承托层的粒径和厚度可减小。一般在尼龙网上铺粒径为 $2\sim4$mm、$4\sim8$mm、$8\sim16$mm 三层砾石，每层厚 $50\sim100$mm，总厚度 $150\sim300$mm。应设法将尼龙网压紧，以防反冲洗时被冲起。

穿孔板配水系统出水孔眼孔径较大，不易被铁、锰沉淀物堵塞，适用于除铁除锰滤池。

【例题 8-4】　普通快滤池长 8m、宽 6m；内装石英砂滤料，粒径 $0.5\sim1.2$mm，滤层厚 0.7m；承托层见表 8-9；反冲洗强度 15L/（s•m²）；试进行穿孔板配水系统的设计和计算。

【解】　该滤池为在动态稳定工况下工作，孔眼流速应不小于 1.6 m/s，在此选取 $v_0=2$m/s；

配水系统开孔比 $p=0.001q/v_0=0.001\times15/2=0.75\%$；

取孔眼孔径 $d_0=10$mm，孔眼面积 $f_0=0.785\times10^{-4}$m²；

每 1m² 面积上的孔数为 $p/f_0=0.0075/0.785\times10^{-4}=96$ 个。

设计选定孔数为 100 个，开孔比为 $p=0.785\%$。孔眼呈正方形排列，孔眼中距 100mm。

穿孔板用钢筋混凝土制作，板厚 100mm；孔眼做成喇叭形，即下部为柱形孔，孔径 10mm，长 40mm；上部为喇叭形孔，孔径由 10mm 扩至 20mm，长 60mm，圆锥夹角 9°，夹角较小有利于水流均匀扩散。

穿孔板下配水室的高度，按式（8-80）计算：

$H_d \geqslant pL_d=4\times0.00785\times8=0.25$ （m）设计选定 $H_d=0.4$m。

穿孔板配水系统的水头损失。

$$h_2 = \frac{1}{\mu^2} \cdot \frac{v_0^2}{2g} = \frac{1}{0.75^2} \times \frac{1.91^2}{2 \times 9.8} = 0.33\text{m}$$

式中，取流量系数 $\mu = 0.75$。

滤池反冲洗时，水流经穿孔板的水头损失大时，有可能会将孔板抬起。但砾石承托层对孔板的压力，能防止孔板抬起。砾石层对孔板的压力，等于单位面积砾石层在水中的重量，减去反冲洗水在砾石层中的水头损失：

$$P = \left(\frac{\rho}{\rho_0} - 1\right)(1 - m_0)L - h_3 \tag{8-84}$$

取砾石密度 $\rho = 2650\text{kg/m}^3$，水的密度 $\rho_0 = 1000\text{kg/m}^3$，砾石层孔隙度 $m_0 = 0.4$，反冲洗水在砾石层中的水头损失 $h_3 = 0.06\text{m}$，得：

$$P = \left(\frac{2650}{1000} - 1\right)(1 - 0.4) \times 0.45 - 0.06 = 0.38\text{m}$$

穿孔板自重的压力估计为 0.16m，共计 $0.38 + 0.16 = 0.54\text{m}$，其值大于 h_2，故穿孔板反冲洗时不会被抬起。但为防止反冲洗时孔板被抬起，应对穿孔板进行锚固。

8.10.4 格栅式配水系统

图 8-29 为一种格栅式配水系统。格栅用 $\phi12$ 的圆钢制成，圆钢间距为 3mm，其上设 $16\sim8\text{mm}$、$8\sim4\text{mm}$、$4\sim2\text{mm}$ 三层砾石承托层，总厚度为 250mm。格栅下部为一底部空间。反冲洗水送入底部空间经分布后，穿过格栅和承托层，进入滤层进行反冲洗。过滤时，滤过水汇集于底部空间，然后引出池外。由于格栅下面的底部空间过水断面很大，所以其水力阻抗很小，属小阻力配水系统，能达到均匀布水的目的。但在设计时，应使反冲洗水能均匀地缓慢进入底部空间，特别要避免高速水流冲入，以免影响布水的均匀程度。

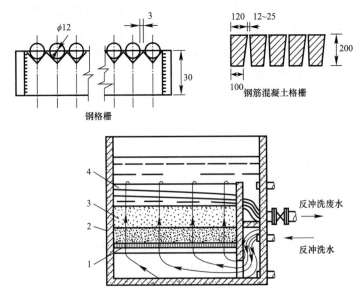

图 8-29 格栅式小阻力配水系统

1—格栅；2—承托层；3—滤层；4—冲洗废水排出槽

此外，还可采用各种形式的钢筋混凝土格栅。该种格栅之间的缝隙较宽，需要设置 16～32mm（甚至 32～64mm）粒径的承托层。

有的地方还采用铸铁格栅，效果良好。铸铁格栅有高度小、强度大、耐腐蚀、价格低等优点。

格栅式小阻力配水系统不易被铁锰沉淀物堵塞，故可在除铁除锰滤池中应用。

在地表水水厂得到广泛应用的滤头式配水系统，因滤头上过水缝隙细小（0.25～0.4mm），易于为铁锰沉积物堵塞，故不推荐在除铁除锰滤池中使用。

8.11 反冲洗废水的排除装置

滤池进行反冲洗时，反冲洗水穿过悬浮滤层，挟带大量污泥，需要及时迅速地排出池外。为在滤池平面上均匀地收集和排除反冲洗废水，滤层上需设置反冲洗水排除装置。

对于小型滤池，可在池中心设一排水口来收集和排除反冲洗废水。排水口的直径一般不小于反冲洗水排水管管径的 2 倍。排水口边缘距滤层表面的距离，应较膨胀后的滤层表面为高，其值可用下式计算：

$$H = eL_0(0.25 \sim 0.3) \tag{8-85}$$

式中 H——排水口边缘距滤层表面的高度（m）；

L_0——反冲洗前滤层的厚度（m）；

e——滤层的膨胀率；

0.25～0.3——排水口边缘高出膨胀滤层表面的距离（m）。

对于大、中型重力式滤池，一般都在滤层上设置排水槽，以收集和排除反冲洗废水。排水槽用钢板或钢筋混凝土制成，其横断面形状如图 8-30 所示。排水槽底的坡度一般为 0～0.02。由于反冲洗是向槽里跌水出流，不断冲刷槽底，所以槽底坡度小至零，也不会沉积杂质。

当排水槽向排水渠自由跌水出流时，排水槽所需过水断面积可按下式计算：

$$\omega = 1.73 \cdot \sqrt[3]{\frac{Q^2 B}{g}} \tag{8-86}$$

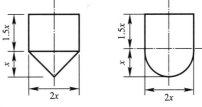

图 8-30 排水槽的断面形状

式中 ω——排水槽所需过水断面积（m²）；

Q——排水槽的排水流量（m³/s）；

B——排水槽的宽度（m）；

g——重力加速度，$g = 9.8\text{m/s}^2$。

按上式求得的排水槽尺寸，槽高宜另加 0.05m，使冲洗废水流入排水槽时能自由跌水出流。

对于标准五角形排水槽，$B = 2x$，$\omega = 4x^2$。考虑到排水槽宜自由跌水出流，选取 $x = 3.5x^2$，按式（8-86）计算：

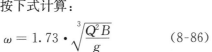

$$x = 0.475Q^{0.4} \tag{8-87}$$

池中可设置数个排水槽，排水槽的中心距离不大于 1.5～2.5m。排水槽的总平面面积一般不超过滤池面积的 30%。

为了不使滤料因冲洗水在排水槽之间的流速增大而被带出池外，排水槽宜设置在膨胀后的滤层表面以上，所以排水槽边缘距滤层表面的高度可按下式计算：

$$H = eL_0 + 2.5x^2 \text{(m)} \tag{8-88}$$

式中　$2.5x^2$——五角形排水槽的高度。

接在排水槽后的排水渠道的水面标高，应不高于排水槽底的标高，以保证排水槽出流水能自由跌落。

8.12　反冲洗水的供给

滤池一般都用滤后水进行反冲洗。

滤池所需反冲洗水的流量，等于反冲洗强度与滤池面积的乘积：

$$Q = q\Omega \text{(L/s)}$$

反冲洗水的总水头损失为：

$$\sum h = h_1 + h_2 + h_3 + h_4 \tag{8-89}$$

式中　$\sum h$——反冲洗水的总水头损失（m）；

h_1——反冲洗水在输送管道中的水头损失（包括长度损失和局部水头损失）（m）；

h_2——反冲洗水在配水系统中的水头损失（m）；

h_3——反冲洗水在承托层中的水头损失（m），可按式（8-83）计算；

h_4——反冲洗水在悬浮滤层中的水头损失（m），可按式（8-16）计算。

若反冲洗水用水泵供给时（图 8-31），水泵的扬程可按下式计算：

$$H = H_0 + \sum h + h_b \tag{8-90}$$

式中　H——反冲洗水泵的扬程（m）；

　H_0——几何给水高，其值等于滤池排水口或排水槽顶与吸水井中最低水位的标高差（m）；

　h_b——备用水头，取 1.5～2.0m。

若反冲洗水由水箱供应时（图 8-32），水箱的容积一般按冲洗一个滤池所需水量的 1.5 倍计算。

$$W = \frac{1.5q\Omega t \times 60}{1000} 0.09q\Omega t \tag{8-91}$$

式中　W——冲洗水箱的容积（m³）；

　t——反冲洗时间（min）。

冲洗水箱的箱底距排水槽顶的高度为：

$$H = \sum h + h_b \text{(m)} \tag{8-92}$$

有的水厂将多座滤池成组设置，一座滤池反冲洗时，其反冲洗水由组内其他滤池的过滤水供给，这样可以不设专用的水泵或水箱，从而简化系统，降低设备费用。

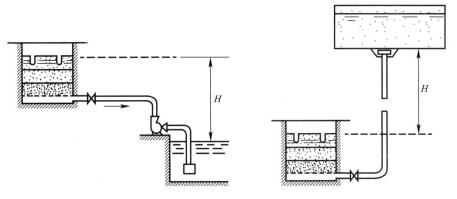

图 8-31　用水泵反冲洗滤池　　　图 8-32　用高位水箱反冲洗滤池

若一组滤池的池数为 n，其中一座滤池反冲洗所需反冲洗水的流量为 Ωq，剩余的 $n-1$ 个滤池的过滤水流量为 $(n-1)\Omega v$，假设过滤水流量与反冲洗水流量相等：

$$\Omega q = (n-1)\Omega v/3.6$$

则一组滤池的最低池数为：

$$n = \frac{3.6q}{v} + 1 \qquad (8\text{-}93)$$

式中　q——反冲洗强度 $[\text{L}/(\text{s}\cdot\text{m}^2)]$；

　　　v——滤速（m/h）。

8.13　压力式滤池

压力式滤池有立式和卧式两种形式。立式压力滤池常用于中、小型水厂，卧式压力滤池常用于大、中型水厂。

压力式滤池的圆柱形池体由钢板焊成，池下部装有大阻力配水系统，其上设砾石承托层，承托层上为滤层。池上部有一排水漏斗，与池外的含铁含锰水进水管和冲洗废水排水管相连；池下部的配水系统，与池外的滤后水管、反冲洗水管和初滤水管相连。上述五条池外管道都设有阀门，池顶部设有自动排气阀。图 8-33 为压力滤池的构造图示。这种立式圆柱形池体的最大直径一般为 3m 左右，相应的滤池面积约为 7m^2。池下部的曲面封顶常用混凝土填实抹平，以便在其上装设配水系统。大阻力配水系统的配水支管应便于拆卸，以利检修。池内壁与滤料层相接触的地方可设钢筋阻流圈，以免过滤水在池壁附近形成短流。池上部排水漏斗的直径应不小于废水排水管管径的 2 倍。滤池上部及下部应各设人孔一个，以便装卸滤料和定期检修。按照滤池的布置情况，池外 5 个闸门应集中布置在滤池的正面，以便操作。来水和滤过水的取样管应集中引至滤池正面。取样管下设排水斗。取样管上还可装设压力表，以测量滤池前后的压力差。在滤池池顶设自动排气阀。自动排气阀也可用排气管代替，排气管上的阀门，需定期开启放气，以免池内集存空气过多，影响滤池正常工作。当滤池进行过滤时，水经进水管进入滤池，通过滤层过滤，由配水系统收集后，经滤后水管送往水塔或用户。水中挟带的气泡在滤池顶部与水分离后，经自动排气阀排出。当滤池进行反冲洗时，关闭进水管和滤后水管上的阀门，开启反冲洗水管和冲洗废水排水管上的阀门，反冲洗水送入滤池经配水系统均匀分布，由下向上冲洗滤层，冲洗废水由排水漏斗收集后，经排水管排出。反冲洗结束后，关闭反冲洗水管和冲洗废水排水管上的阀门，开启进水管和初滤水管上的阀门，排放初滤水十余分钟，待滤后水的锰铁浓度降至标准以下后，关闭初滤水管上的阀门，开启滤后水管上的阀门，将除铁除锰水送往水塔或用户。如果为了节约水量而不排放初滤水，排放初滤水的程序可以省去。现代压力滤池都安装电动阀门，使滤池操作自动化。

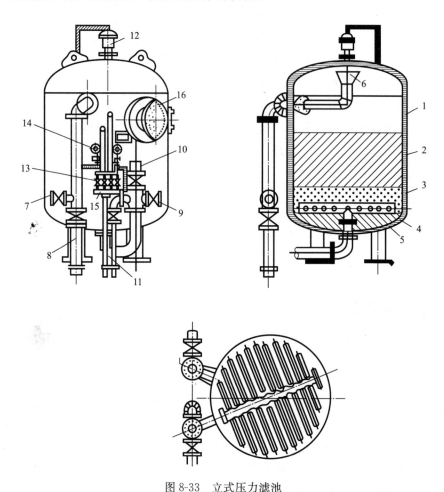

图 8-33 立式压力滤池

1—钢板池体；2—滤层；3—承托层；4—穿孔管大阻力配水系统；5—水泥砂浆填充；6—排水漏斗；7—进水管；8—反冲洗废水排水管；9—滤后水管；10—反冲洗水管；11—初滤水管；12—自动排气阀；13—取样管；14—压力表；15—排水斗；16—人孔

在寒冷地区，压力滤池一般都设于室内。但是，黑龙江大庆创造了在东北严寒地区将压力滤池设于室外的成功经验，将压力滤池的池体设于室外，而只将滤池的进出水管道、闸门、仪表和取样管等集中设于室内管廊中，这样大大减少了滤池车间房屋的建筑面积。为了避免池顶自动排气阀被冻，还制成了池内自动排气阀。

有的压力滤池的反冲洗水由水塔（高位水箱）或其他滤池的滤过水供给，这时滤池可以只设 3 个阀门，即进水阀、排水阀和滤后水阀，如图 8-34 所示。过滤时，开启进水阀和滤后水阀，关闭排水阀，水由进水管进入滤池，由上向下经过滤层进行过滤，滤后水经滤后水管流出池外；反冲洗时，关闭进水阀，开启排水阀，水在滤后水管余压作用下经过滤后水阀反向流回滤池，自下而上冲洗滤层，反冲洗废水经排水管排入下水道。反冲洗结束，关闭排水阀，开启进水阀，重新开始过滤。所以，这种滤池进行过滤和反冲洗时，事实上只需要操作进水阀和排水阀两个阀门，故习惯上又被称为双阀压力滤池。

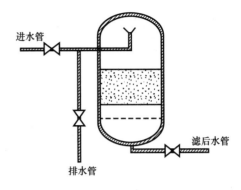

图 8-34　双阀压力滤池示意

目前，我国大多数城市自来水厂供水量不足，许多水厂把不排放初滤水作为水厂挖掘潜力的措施之一。初滤水虽然水质较差，但它在整个过滤水量中只占很小比例，使初滤水在清水池中与其他滤池过滤的优质水混合，混合水的水质一般尚能符合用水要求。但是，如果用户对水质的要求很高时，排放初滤水则是十分必要的。

8.14　重力式滤池

在大、中型地下水除铁除锰水厂中，常采用重力式滤池，重力式滤池与前述压力式滤池的构造基本相同，但它不是依靠压力而是依靠重力工作的。

图 8-35 为重力式滤池的构造示意。滤池底部为穿孔管大阻力配水系统，其上设砾石承托层和滤层，滤层上部有排除冲洗废水的排水槽。池上部的排水槽与进水室相连，进水室又与池外的进水管和冲洗废水排水管相连。池下部的配水系统与池外的滤后水管、反冲洗水管和初滤水管相连。这五根管道上皆设有阀门。重力式滤池的面积一般可达数十平方米，所以过滤的水量和反冲洗水量都较大，进出水管的管径亦较大，故一般多采用水动或电动阀门操作。

重力式滤池可按恒滤速方式工作，亦可按减滤速方式工作。为了能使滤池恒滤速工作，一般常在滤过水管上装设滤速调节器。此外，还可以用控制滤池进水流量的办法，来达到恒速过滤的目的。

重力式滤池由于依靠重力进行工作，所以设置位置要比清水池高，以便滤过水能自流至清水池中。由图 8-36 可见，滤池中的水位与清水池最高水位的标高差 H_0，扣去由滤池至清水池的管道中的水头损失 h，便是滤池所能利用的最大水头，即为滤池的过滤作用水头 H。滤池作用水头数值的选择，是一个技术经济问题。选择大的作用水头，能延长滤池的工作周期，节省反冲洗用水量；但是滤池的建筑费用和一级泵站的抽水费用将增大。相反，选择小的作用水头，能减小滤池的建筑费用和一级泵站的抽水费用，但反冲洗用水量增大了。一般，在生产中重力式滤池的作用水头，常选定为 $2.0\sim3.0m$。

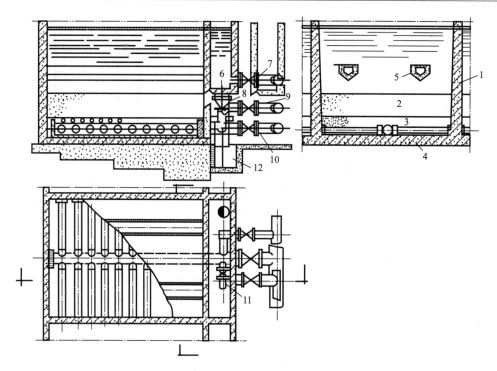

图 8-35　重力式滤池构造

1—钢筋混凝土池体；2—滤层；3—承托层；4—穿孔管大阻力配水系统；

5—排水槽；6—进水室；7—进水管；8—反冲洗废水排水管；9—滤后水管；

10—反冲洗水管；11—初滤水管；12—排水沟

在滤池的滤层中，水头损失的分布，一般是非常不均匀的。按照过滤水杂质浓度在滤层中的分布规律，被截留的污泥主要集中在滤层的表层，所以滤层的表层也集中了滤层水头损失的绝大部分。考察滤层表层下 E 点处的压力变化（图 8-37），其压力可按下式计算：

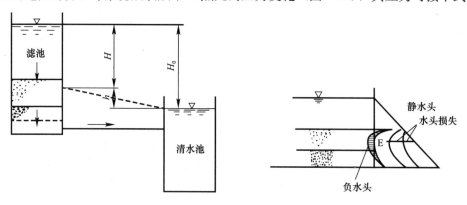

图 8-36　重力式滤池的作用水头　　　　图 8-37　滤层中压力的变化

$$\frac{P_E}{\rho_0 g} = H_E - h_E \tag{8-94}$$

式中　P_E——E 点处的压力（N/m²）；

ρ_0——水的密度（kg/m³）；

H_E——E 点处的静水压头，其值等于 E 点在池内水面以下的距离（m）；

h_E——水由滤层表面流至 E 点的水头损失（m）。

在过滤开始时，滤层是清洁的，所以水头损失 h_E 很小，但随着过滤时间的延长，在滤层表层集聚的污泥愈来愈多，水头损失 h_E 也随之增加，E 点的压力 P_E 随之逐渐减小；到了滤池工作的后期，在滤层表层的水头损失 h_E 的数值能变得很大，若 E 点的静水压头 H_E 不够大时，则在 E 点便可能出现负压的情况，即 $P_E < 0$，这时，由于在 E 点出现了真空，水中的溶解性气体便会由水中逸出，在滤层中产生大量气泡，使滤层的过水断面积减小，阻力增加，滤层的水头损失急剧增大，从而使滤池的工作周期相应缩短。图 8-37 为滤池工作期间滤层中压力分布的情况。为了延迟滤层中出现真空的现象，应适当增加滤层上的水深。当滤池作用水头为 2.0～3.0m 时，滤层上的水深不宜小于 1.5～2.0m。

普通快滤池在交替进行过滤过程和反冲洗过程的操作时，需要启闭 5 个阀门，操作比较复杂，故都采用电动或气动阀门，并进行自动控制操作。

8.15　无阀滤池

图 8-38 为重力式无阀滤池的工作原理。当无阀滤池过滤时，水由流量分配堰 1 流入进水箱 2，再通过进水管 3，到达滤池顶部；水流经挡水板 4 均匀地分配到滤层 5 上，进行自上而下的过滤，水中的杂质便被截留在滤层中；滤后水经过承托层 6 和配水系统 7，进入底部空间 8，再经过连通管 9 向上流至冲洗水箱 10 中；当冲洗水箱的水位高出滤后水管 11 的溢流口时，水即流入清水池。

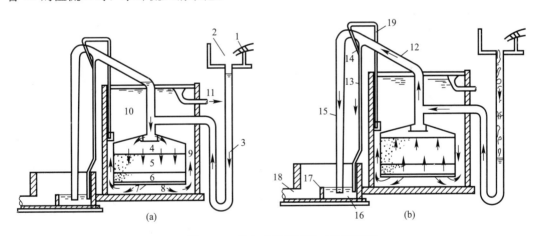

图 8-38　重力式无阀滤池工作原理图

(a) 过滤时的情况；(b) 反冲洗时的情况

1—流量分配堰；2—进水箱；3—进水管；4—挡水板；5—滤层；6—承托层；7—配水系统；8—底部空间；9—连通管；10—冲洗水箱；11—滤后水管；12—虹吸上升管；13—虹吸辅助管；14—抽气管；15—虹吸下降管；16—排水井；17—水封堰；18—污水管；19—虹吸破坏管

随着过滤时间的增长，滤层中截留下来的杂质愈来愈多，水流通过滤层的水头损失便逐渐增加，从而促使滤前水位（虹吸上升管 12 内的水位）不断上升。当水位高出虹吸辅助管 13 管口时，水便自该管中下流，依靠下降水流在管中形成的真空以及急速水流的挟气作用，抽气管 14 不断将虹吸下降管 15 中的空气抽走，从而使虹吸管的真空度逐渐增大。这时，一方面排水井 16 中的水被吸上至一定高度，另一方面由于在滤层上方造成低压，促使大量水流不再通过滤层向下过滤，而涌向虹吸上升管，并越过顶端沿虹吸下降管落下。当越过顶端下落水的流量超过某一极限值时，管内的水流挟带剩余的空气急速冲出管口，形成连续水流，于是虹吸真正形成。这时，滤层上方的压力急剧下降，促使冲洗水由冲洗水箱经连通管自下而上地冲洗滤层，使滤层膨胀悬浮，滤层中积聚的污泥被冲洗下来，并随水通过虹吸管不断排入排水井，进而越过水封堰 17 流入污水管 18。上述滤池的反冲洗一直进行到冲洗水箱的水位下降至虹吸破坏管 19 的管口以下，这时大量空气经破坏管进入虹吸管，于是虹吸被破坏，滤池冲洗停止。虹吸管内的气压恢复到与外界相同的大气压，滤池的进水也同时恢复了向下过滤的方向，滤后水（包括初滤水）又重新向上流入冲洗水箱。

进水管做成向下弯曲的 U 形管，可以在滤池反冲洗时形成水封，阻止经进水管抽进空气，破坏虹吸管的工作。滤池过滤时，进水 U 形管还能进行气水分离，以免进水挟气，影响虹吸形成和滤池工作。但是，进水 U 形管防止进气的作用不甚可靠，所以近些年来已逐渐为气水分离箱代替。

由于进水通过堰顶溢流跌水进入进水箱，进水流量不受堰后水位的影响，所以无阀滤池是按等速过滤方式工作的。

上述这种无阀滤池的构造形式，目前在生产中应用最广。但是，它没有排除初滤水的作业步骤。反冲洗后立即以正常滤速过滤，形成的初滤水，水质很差。图 8-39 为一个天然锰砂无阀滤池初滤水铁质浓度的变化情况。初滤水中的铁质浓度有时能高达十余毫克/升，延续时间达 30min，受初滤水污染有时能使滤池出水（由冲洗水箱表面溢流出水）含铁浓度超过 0.3mg/L 达 1～2h 之久。

为了避免初滤水对过滤水质的污染，可采用过滤水与初滤水分流的构造形式，如图 8-40 所示。无阀滤池反冲洗后，冲洗水箱被排空，初滤水首先进入冲洗水箱，待水箱装满时，过滤水质已经变好，便经分流管道流向清水池，避免了与水箱里的初滤水混合；而冲洗水箱中贮存的初滤水，作为下一次滤池的反冲洗用水，这样既避免了污染，又充分利用了初滤水。

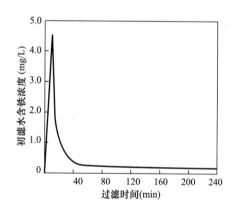

图 8-39 无阀滤池初滤水铁质浓度的变化情况
（地下水含铁浓度 12～15mg/L，天然锰砂粒径 0.6～2.0mm；滤速 8m/h）

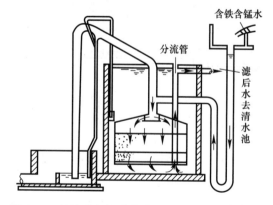

图 8-40 过滤水与初滤水分流的无阀滤池构造形式

本章参考文献

[1]　曹积宏，赵东雷，陆一梅. 关于地下水除铁除锰技术的设计 [J]. 低温建筑技术，2004（3）：58.

[2]　陈涛，朱宝余，孙成勋，等. 以河砂为填料的接触氧化法处理高铁锰地下水研究 [J]. 环境污染与防治，2011，33（11）：67～71.

[3]　陈天意. 锰砂滤池处理高浓度铁锰及氨氮地下水 pH 影响研究 [D]. 哈尔滨：哈尔滨工业大学，2014.

[4]　胡明忠，王小雨. 陶粒-锰砂双层滤料滤池同时去除地下水中铁锰研究 [J]. 净水技术，2006（3）：23～25.

[5]　霍威. 硅碳素滤料在处理地下水中的应用研究 [J]. 节能，2012，31（5）：32～34.

[6]　李圭白，陈辅君. 大型无阀滤池若干设计问题的探讨 [J]. 建筑技术通讯（给水排水），1984（2）：19～22.

[7]　李圭白，杜茂安. 进水虹吸水力自动控制装置的设计和计算 [J]. 建筑技术通讯（给水排水），1979（5）：5～9.

[8]　李圭白，曲祥瑞. 多层滤料滤层的层间混杂规律和滤料粒径的选择方法初探 [J]. 建筑技术通讯（给水排水），1981（5）：9～16.

[9]　李圭白，汤鸿霄. 煤、砂滤层反冲洗计算公式 [J]. 环境科学学报，1981（4）：275～284.

[10]　李圭白. 变速过滤的自然调节 [J]. 建筑技术通讯（给水排水），1986（2）：7～10.

[11]　李圭白. 关于无阀滤池反冲洗的计算问题 [J]. 哈尔滨建筑工程学院学报，1975（1）：49～60.

[12]　李圭白. 滤池配水系统的动态设计原理探讨 [J]. 建筑技术通讯（给水排水），1984（1）：13～16.

[13]　李圭白. 深层滤床的高效反冲洗问题 [J]. 中国给水排水，1985（2）：3～8.

[14]　李圭白. 天然锰砂除铁设备的设计原则 [J]. 建筑技术通讯（给水排水），1975（1）：1～8.

[15]　李平，张洪儒，李迎凯，等. 接触氧化过滤除铁设施的研究 [J]. 解放军预防医学杂志，1989，7（4）.

[16]　刘灿生，黄毅轩，陈牧民. 关于地下水除铁、除锰机理的讨论 [J]. 给水排水，1996（10）：17～20.

[17]　刘灿生，吴贵本. 煤砂双层滤料过滤除铁 [J]. 给水排水，1984（2）.

[18]　刘杰. 不同离子对铁锰氧化物催化氧化去除地下水中氨氮的影响 [D]. 西安：西安建筑科技大学，2017.

[19]　戚影. 地下水除铁锰装置的工艺设计及其应用 [J]. 工程勘察，1998（6）：3～5.

[20]　席安龙. 沸石过滤除铁锰氨氮以及优化运行的中试试验研究 [D]. 西安：西安建筑科技大学，2014.

[21]　徐特秀. 活性炭/锰砂生物滤层法去除地下水中铁锰的研究 [D]. 南京：南京农业大学，2015.

[22]　杨昊. 无烟煤滤料在生物除铁除锰水厂的应用与研究 [D]. 哈尔滨：哈尔滨工业大学，2007.

[23]　朱来胜. 复合锰氧化物在滤料表面快速成膜条件优化 [D]. 西安：西安建筑科技大学，2018.

[24]　AMIRTHARAJAH A. Optimum backwashing of sand filters [J]. J. ENVIRON. ENG. DIV. AM. SOC. CIV. ENG. ，1978，104（EE5）：917～932.

第 9 章
地表水除铁除锰

9.1　地表水中铁、锰的来源

我国城镇和工业企业有70%以上以地表水为水源，而其中以湖泊和水库为水源的又达40%以上。地表水中铁和锰来源主要有：

（1）含铁含锰地下水的补给，将铁、锰带入地表水中。如松花江夏季水位高，由江水对地下水进行补给，冬季水位低，地下水补给江水，地下水中铁、锰含量较高，使地表水含有超标的铁和锰。

（2）含铁含锰的工业废水排入地面水中。例如黄浦江上下游水源水质不断恶化，尤其是春夏之交、梅雨和盛夏季节，铁、锰、氨氮、色度和有机物等水质指标都达到了较高的数值，呈季节性变化，并与高的耗氧量及氨氮水平相对应，如图9-1所示，表明水污染是地表水锰含量增高的主要原因。

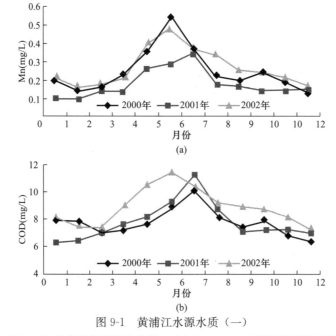

图 9-1　黄浦江水源水质（一）

（a）2000～2002 年总锰月变化曲线；（b）2000～2002 年耗氧量月变化曲线

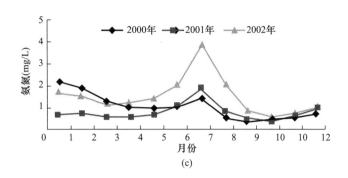

图 9-1　黄浦江水源水质（二）

（c）2000～2002 年氨氮月变化曲线

（3）雨雪冲刷将地面的含铁、锰化合物带入地表水中。

湖库水源中铁、锰超标现象比较普遍，所以许多学者特别是水文水利专家对湖库中铁锰含量增高的现象进行了比较深入的研究。湖库水中铁锰来源有外源和内源两方面。例如，深圳某水库水中铁、锰含量与降水量有关，可知湖库水中铁、锰来源于夏季降水将地面铁、锰化合物冲入河道，然后带入库中，属外源性来源。湖库水中内源性铁、锰来源更为重要。表 9-1 是浙江上杭铁东水库坝头不同水深水质变化情况。

浙江上杭铁东水库坝头不同水深水质（2004 年 9 月 6 日化验）　　　　表 9-1

相对水面（m）	-0.5	-2.5	-5	-7.5	-10	-12.5	-15	-20	-25	-30
水温（℃）	29	29	28	28	28	27	26	24.5	23	22.5
高锰酸钾指数（mg/L）	2.3	2.5	2.2	2.4	1.8	1.9	2.1	2.3	2.3	4.5
溶解氧（mg/L）	6.4	5.0	2.5	3.0	2.1	1.4	0.8	0.1	0.1	0.1
BOD_5（mg/L）	0.1	0.1	0.2	0.1	0.4	0.2	0.3	0.3	0.3	0.3
总铁（mg/L）	<0.05	<0.05	0.17	0.17	0.09	0.22	0.96	1.46	1.97	3.16
锰（mg/L）	0.015	0.026	0.092	0.244	0.127	0.220	0.448	0.628	0.631	1.187
色度（mg/L）	<5	<5	15	10	15	15	20	>20	>20	>20

该水库库底地质构造中含有铁锰矿物，或周边地区有铁锰化合物，以及大量有机物被降水和河流输送至库中沉积于库底。由表 9-1 可见，在库中有时（特别是夏季）会沿水深形成温度梯度，上层水温度高，下层水温度低，形成水温分层现象，使上、下层水难以交换，当库底有机质在微生物作用下将下层水中溶解氧耗尽，在这种厌氧还原条件下水中高价铁和锰将会被还原为溶解态的铁和锰，进而向中、上层扩散，使库水含有铁和锰，并且水深越大含量越高。所以，湖、库具有季节性铁、锰超标的特点，并且夏季较多，冬季较少。有的水厂由库底取水，结果水中铁、锰含量会比较高，若由湖库中上层取水，则铁锰含量会比较低，甚至不超标。所以水厂应尽量避免由库底取水，而尽量由中上层取水，以获取含铁、锰低的原水。所以，湖库水中含有铁和锰，应该是一个比较普遍的现象。

文献报道了一些地表水铁、锰超标事例，其中出厂水铁超标不多见，但锰超标则较为普遍，使地表水的除锰问题突出起来。表 9-2 中列出了若干锰超标事例。

地表水水源锰含量超标事例

表 9-2

地点	水体名称	原水锰超标季节	Mn 浓度（mg/L）	处理方法	文献
福建省三明市宫兴堡	东牙溪	枯水期长达4～5个月	0.12～0.26	ClO$_2$、Cl$_2$	郭星庚等，2001
上海市闵行区	—	—	—	KMnO$_4$	佚名，2002
浙江省湖州市城西水厂	东西苕源	—	0.2～0.6	KMnO$_4$	唐铭等，2003
黑龙江省哈尔滨市	呼兰河	—	2.0	中试	朱荣凯，2003
上海石化水厂	紫石泾、张堰和张泾	—	0.3（最高 0.6）	KMnO$_4$	杨开等，2003
浙江省台州市三门县	珠游溪浅层地下水（Mn 超标）和亭旁溪地表水混合水	—	—	KMnO$_4$	黄玲琴，2011
黄浦江	支流张泾河和紫石泾河水	4 月～9 月	0.2～0.6	KMnO$_4$	万毅锋等，2007
黄浦江	上下游	1 月～12 月	0.1～0.5	KMnO$_4$	康建雄等，2003
太湖	支流河水	—	0.25～0.61	KMnO$_4$ 复合剂	孙士权等，2006
河北省邯郸市铁西水厂	岳城水库	7 月～8 月	0.135～0.515	KMnO$_4$	郭建敏，2007
甘肃省吴忠市东江水务	河水	—	0.093	KMnO$_4$	金占红等，2007
广东省东莞市	东江	—	超标	KMnO$_4$	张建锋等，2007
浙江省台州市	长潭水库	2001 年	超标 8 倍	—	翁国永等，2007
洞庭湖流域	藕池河	—	0.39～0.61	KMnO$_4$	徐学等，2008
广东省广州市	白坭河	常年	0.17～0.3	KMnO$_4$＋NaOCl	俞文正等，2009
海南省三亚市	金鸡岭水库	4 月～8 月	0.69～1.28	KMnO$_4$	王菊，2009
云南省曲靖市	独木水库	—	0.257	复合锰砂	高文奎等，2009
安徽省合肥市	大房郢水库	6 月～10 月	0.75～2.0	KMnO$_4$	张昌林等，2011
浙江省舟山市	姚江河水（宁波）	—	平均值＞0.2，最高 1.0	KMnO$_4$	林技，2011
四川省绵阳市	涪江	—	—	KMnO$_4$	王建蓉等，2011
山东省胶南市铁山水厂	铁山水库	—	0.73	ClO$_2$	董玉帅等，2011
河南省	河水	—	1.4	—	李俊等，2011
江苏省盐城市城东水厂	通榆河	汛期持续2～5个月	0.2，最高 0.5	KMnO$_4$	杨政义等，2012
广东省深圳市	某水库	6 月～9 月、12 月～2 月	最高 1.6	KMnO$_4$	张立岩，2013
浙江省绍兴市次坞镇水厂	石牛坞水库	—	2.1	KMnO$_4$	朱勇，2012
浙江省上虞水司	水库	6 月初开始间歇开闸放水	0.2～0.9	KMnO$_4$	王亮，2013
贵州省	锦江河	2012 年 11 月8 日～9 日	0.188 0.339	—	张晓健等，2013
广东省珠海二灶水厂	木头冲水库	季节性	月均 0.63，最高 1.19	锰砂 KMnO$_4$	孙志民等，2014
浙江省绍兴市	河水	—	0.15	KMnO$_4$	沈志余等，2014

续表

地点	水体名称	原水锰超标季节	Mn 浓度（mg/L）	处理方法	文献
浙江省绍兴市	王园水库	—	—	ClO_2 锰砂接触氧化	崔恒等，2014
山东省即墨市北水厂	水库	2003 年 7 月 30 日	2.08	$KMnO_4$	王玲等，2015
广东省惠州大亚湾	风田水库	7 月~9 月	0~0.4	$KMnO_4$	黄敏等，2015
西北地区	水库	10 月底至 11 月中	0.21~0.35	$KMnO_4$	王文东等，2016
重庆市	藻渡河汛期矿坑排水污染	4 月~8 月	最高 0.22	—	陈运东，2016
浙江省宁波市塘溪水厂咸丰水厂	梅溪水库	6 月~10 月	2015 年 7 月 12 日进水 0.47	常规	—
浙江省宁波市邱隘水厂李吴水厂	三溪浦水库	8 月~10 月	0.1~0.7mg/L，最高 1.0mg/L	前加 ClO_2	—
浙江省宁波市江东水厂	白溪	—	0.1~0.18	常规	—

此外，还有贵阳阿哈水库、揭阳市水库、湖南锦江河、建瓯七里街水库、邵阳某水库、长沙湘江、唐山西大洋水库、石家庄黄壁庄水库、福州白眉水库、泉州石壁水库、新安水库、诏安亚湖水库、古田溪水库、黑龙江五大水系等都有水源锰超标的报道。

《生活饮用水卫生标准》GB 5749—2006 的锰浓度不得超过 0.1mg/L（以 Mn 计）。有的水司发现，在符合国家标准的情况下也会发生输配水管道中锰的沉积，在水流速变化时，能被冲起，出现"黑水"。有的发现锰能在滤料上沉积，使滤料出现"黑化"现象，特别严重的能逐渐堵塞配水滤头缝隙，影响滤池工作。有的发现即使锰浓度低至 0.05mg/L，仍出现水的色度增高的现象。所以有的水司将水中锰浓度限值降至 0.05mg/L，甚至 0.02mg/L（以 Mn 计）。

美国水质标准的锰浓度限值为 0.05mg/L，欧盟也为 0.05mg/L。

将水厂出水中锰浓度进一步降低，将会是我国水厂努力的方向。

地表水中铁和锰的特点是，除了含有溶解态的二价铁和二价锰以外，还含有以悬浮物和络合物形态存在的非溶解态的铁、锰化合物。对水中铁、锰进行分析时，用 $0.45\mu m$ 的滤膜过滤，能被滤膜截留的为非溶解态铁和锰，不能被滤膜截留的为溶解态二价铁和二价锰。对深圳某水厂不同时期 13 个水样进行分析，发现其溶解态铁在总铁中的占比为 $12.6\%\pm7.0\%$，溶解态锰占比为 $43.1\%\pm22.3\%$。由于二价铁在天然水条件下易于被水中溶解氧氧化为三价铁，进而以三价铁化合物形式由水中析出，所以地表水中铁质主要为非溶解态的高价铁化合物，而溶解态的二价铁占比较低。相反，二价锰在天然水条件下难以被水中溶解氧氧化，所以占比较高。

地表水中虽常含有铁、锰，但含量并不高，一般不超过水质标准的限值。但有的地表水水体，特别是湖、库水会出现铁、锰含量超标的现象，并常具有季节性超标的特点。水中含铁浓度一般为 1~10mg/L，含锰浓度为 0~1mg/L，但个别有更高的。当二价铁超标不多时，在水厂净水工艺中常能被去除，而当二价锰超标时，水厂净水工艺难于将其去除，成为水厂的一个难题。

水源水中含铁和锰时，有时会出现石英砂滤料变色，即黑化的现象。经研究，以湘江为水源的水厂为例，水中锰含量在夏季小于 0.05mg/L，而在冬季能高达 0.2mg/L。水厂滤池中的石英砂有黑化现象，黑化石英砂表面的黑膜主要由 Mn（28.25%）、Fe（9.53%）、铝（13.55%）等组成，一般对过滤除浊效果无显著影响，在该条件下，黑化石英砂对水中二价锰并未发现有接触氧化去除作用，但水厂往往提前换砂，增加了运行成本。但在另外的试验中，发现黑化石英砂对水中二价锰有接触氧化作用。

在对地表水的处理中，为去除水中的浊质，一般都使用混凝工艺（混凝、沉淀、过滤）。水中非溶解态的铁、锰悬浮物在混凝工艺中能被有效去除，所以一般不成为去除的难题。相反，水中溶解态的铁和锰难于被混凝工艺去除，需要用专门的方法进行处理。一般，去除水中的二价铁和二价锰常采用氧化的方法，即先将溶解态的二价铁和二价锰氧化成非溶解态的高价铁、锰化合物，再用混凝等固液分离方法将其由水中除去，从而达到除铁除锰的目的。常用的氧化剂有高锰酸钾（及其复合剂）、二氧化氯、氯、臭氧等。

9.2　高锰酸钾氧化法除铁除锰

高锰酸钾是比氧和氯都更强的氧化剂。高锰酸钾在国外主要用于水的除铁、除锰、除臭、除味等净水工艺，并且应用越来越广泛。美国水协会 1999 年对美国地表水厂的调查，在服务人口超过 1 万人的水厂中，约有 36.8% 使用高锰酸钾，占美国人口的 21%，其比例仅次于氯。

经许多学者研究表明，迄今尚未发现高锰酸钾氧化会出现对人体有毒害的氧化副产物，所以高锰酸钾是一种比氯、二氧化氯、臭氧等更安全的氧化剂。

高锰酸钾能迅速地将二价铁氧化为三价铁：

$$3Fe^{2+} + KMnO_4 + 2H_2O =\!=\!= 3Fe^{3+} + MnO_2 + K^+ + 4OH^- \tag{9-1}$$

按照这个反应式进行计算：

$$\frac{KMnO_4}{3Fe^{2+}} = \frac{158}{3 \times 55.85} = 0.94$$

即每氧化 1mg 的二价铁，理论上需要 0.94mg 的高锰酸钾。

有人发现，高锰酸钾在投药量远较上述理论值小的情况下，就能具有相当的除铁作用。这可能是由于反应生成的 MnO_2 能吸附水中的 Fe^{2+}，并具有接触催化作用所致。

此外，当水中还存在其他还原性物质时，将消耗一部分高锰酸钾，所以为除铁所需之高锰酸钾投加量，应由试验来确定。

向含铁水中投加高锰酸钾，能生成密实的絮凝体，易于为砂滤池所截留，所以含铁水在投加高锰酸钾后可以立即过滤。但也有人认为，投加高锰酸钾后使其反应数十分钟，能获得更好效果，特别是当有机物含量高时，需要较长的氧化时间。

此法用于硬度较大的含铁水效果较好。

高锰酸钾可以在中性和弱酸性条件下迅速将水中二价锰氧化为四价锰：

$$3Mn^{2+} + 2KMnO_4 + 2H_2O = 5MnO_2 + 2K^+ + 4H^+ \qquad (9\text{-}2)$$

按上式计算：

$$\frac{2KMnO_4}{3Mn^{2+}} = \frac{2 \times 158}{3 \times 54.94} = 1.92$$

即每氧化 1mg 二价锰理论上需要 1.9mg 高锰酸钾，但实际上所需高锰酸钾量比理论值低，因为反应生成物二氧化锰是一种吸附剂，能吸附水中的二价锰，从而使高锰酸钾用量降低。当水中含有其他易于氧化的物质时，则高锰酸钾用量会相应增大。

但在实际生产中，地表水中的锰既有溶解态的二价锰，也有非溶解态的高价锰，而后者对水厂出水锰浓度也是有贡献的。所以，实际上一般都通过试验来确定高锰酸钾的投加量。

图 9-2 为一则静态试验实例。原水中锰含量的 0.16～0.24mg/L。由图 9-2可见随高锰酸钾投加量的增加，滤后水中锰浓度不断降低。对于原水锰含量为 0.16mg/L 和 0.24 mg/L 两种水样，当高锰酸钾投加量为 0.4～0.6mg/L 时，滤后水中锰浓度降至 0.03mg/L 左右；再增加高锰酸盐投加量，滤后水锰浓度下降速率变慢。

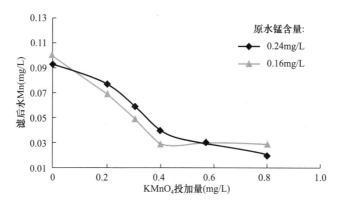

图 9-2　不同高锰酸钾投加量条件下的除锰效果

地表水厂除锰的特点是，水中二价锰被高锰酸钾氧化成高价锰化合物由水析出，在后续混凝、沉淀、过滤过程中被除去。所以水混凝的好坏，对水厂出水锰浓度是有影响的。试验表明，高锰酸钾和混凝剂的投加顺序对除锰效果有影响。对上述原水，水厂采用聚合铝（PAC）为混凝剂，图 9-3为高锰酸钾投加于混凝剂之前和之后对出水锰浓度的影响。

水厂出水中的二氧化锰会使水的色度增大，图 9-4 为投加顺序对滤后水色度的影响。由图 9-3及图 9-4可知，将高锰酸钾投于混凝剂之前，能获得更好的滤后水水质。试验表明，将高锰酸钾投于混凝之前，比两者同时投加也能获得更好的效果。一般高锰酸钾宜在混凝剂之前 5～15min 投加。

当原水受到污染，特别是水中有机物含量高时，会对水中铁、锰离子有保护作用，形成络合物，阻碍高锰酸钾的氧化，使投药量增大，例如广州某水厂自白泥河取水，因受工业废水及城市污水污染，水中锰为 0.17～0.3mg/L，高锰酸盐指数 8～10mg/L，水质

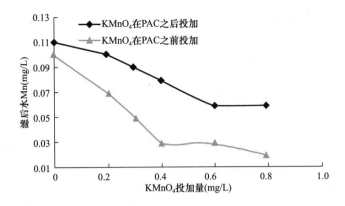

图 9-3 高锰酸钾投加顺序对除锰效果的影响

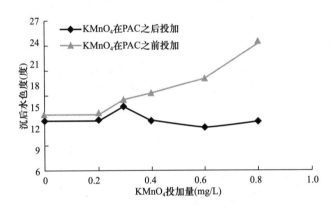

图 9-4 投加顺序对滤后水色度的影响

见表 9-3。水厂为常规工艺，出厂水锰常年超标。水厂采用高锰酸钾除锰。由图 9-5 可见，当高锰酸钾投加量达 1.5mg/L 时，才能将锰浓度降至 0.1mg/L 以下。如要将锰浓度降至 0.05mg/L，高锰酸钾投加量需达 3.0mg/L，这比理论值要高得多，表明水中有机物对二价锰的保护作用十分明显。

<table>
<tr><th colspan="8">原水水质</th><th>表 9-3</th></tr>
</table>

浊度（NTU）	色度（度）	总铁（mg/L）	总锰（mg/L）	pH	TOC（mg/L）	NH_4^+-N（mg/L）	碱度（以 $CaCO_3$ 计，mg/L）
14.3 ± 1.5	30 ± 2	0.03 ± 0.01	0.22 ± 0.03	7.84 ± 0.13	6.5 ± 0.4	1.15 ± 0.19	148 ± 23

试验发现，次氯酸钠对高锰酸钾的氧化有促进作用，当向水中投加 1.76mg/L 次氯酸钠时，投加 1.0mg/L 高锰酸钾就能将出水锰降至 0.1mg/L；投加 1.5mg/L 高锰酸钾可将出水锰降至 0.05mg/L。

高锰酸钾对水中二价锰的氧化速度，与水的 pH、温度等因素有关。图 9-6 为不同 pH 条件下高锰酸钾氧化二价锰的速度，当水的 pH=6.32 时，反应于 30min 时达到平衡；当 pH=6.54 时，反应于 5min 内达到平衡。所以，水的 pH 大于 6.5 时，氧化反应才足够快。此外，水温越高，氧化反应也越快。

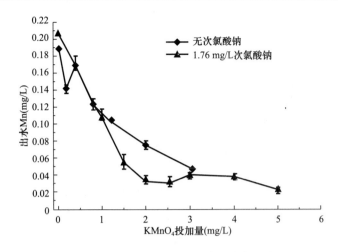

图 9-5　高锰酸钾投加量与出水锰浓度的关系

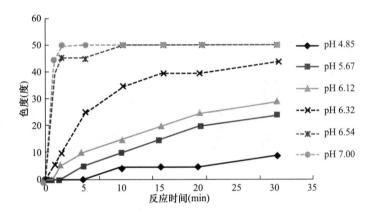

图 9-6　高锰酸钾氧化除锰过程中 pH 对反应速度的影响

当水中有机物含量很高时，对除铁除锰氧化速度会有影响。例如，藕池河原水水质见表 9-4，聚合铝投加量高达 40～60mg/L 仍难以凝聚。2006 年、2007 年出厂水铁、锰浓度平均 0.14mg/L 和 0.27mg/L，个别月份出厂水锰浓度竟高达 0.6mg/L。这是由于水中有机物含量很高，对铁、锰有保护作用，从而使高锰酸盐复合药剂对铁、锰的氧化速度减慢。

	试验期间原水水质		表 9-4
水质指标	范围	水质指标	范围
浊度（NTU）	5.6～13.4	Fe（总量）（mg/L）	0.35～0.78
色度（度）	38～59	锰（总量）（mg/L）	0.39～0.61
pH	7.1～8.4	藻类（个/mL）	$(5～12)\times10^4$
耗氧量（mg/L）	4.7～6.2	细菌总数（个/mL）	$(6～9)\times10^3$

图 9-7 为高锰酸盐复合药剂氧化水中铁锰的试验结果，由图可见，反应时间达到 30min 时，氧化才接近完全，这比一般要慢得多。

图 9-8 为投加高锰酸盐复合药剂后去除水中稳定性铁、锰的效果。这是由于高锰酸盐复合药剂氧化破坏了水中有机物对铁、锰的保护作用。

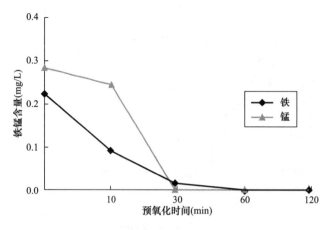

图 9-7 预氧化时间对铁锰含量的影响

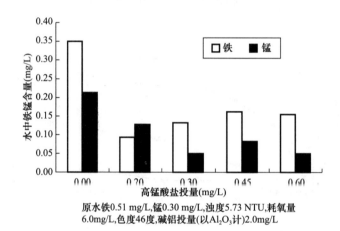

原水铁0.51 mg/L,锰0.30 mg/L,浊度5.73 NTU,耗氧量
6.0mg/L,色度46度,碱铝投量(以Al$_2$O$_3$计)2.0mg/L

图 9-8 高锰酸盐复合药剂预氧化强化去除稳定性铁、锰效果图

若高锰酸钾投加量超过需要量,处理后的水会显粉红色,这是需要避免的,所以必须严格控制。高锰酸钾投加量允许在一定的安全幅度内变动,在安全幅度内,处理水的性状可保持良好。此安全幅度的大小随 pH 而变,pH 越高,幅度越宽,且所需投加量也相应减小。

在水厂设置锰浓度在线检测仪,可随时监测原水中锰浓度及其变化,有利于精确投加高锰酸钾及其复合剂。也可在滤池采用对水中锰有吸附作用的滤料,当高锰酸钾及其复合剂投加量不足时,滤池滤料可吸附去除未被氧化的二价锰,从而保障出水水质达标。

高锰酸钾投加过程中,氧化水中二价锰在滤料表面逐渐生成对溶解氧氧化二价锰有催化作用的锰质活性滤膜,从而使滤料在不投加高锰酸钾条件下也能持续地除锰。李圭白团队孙成超的试验如下:在滤柱中装入石英砂滤料,滤料粒径 $d_{10}=0.76$mm,$d_{80}=1.40$mm,$K_{80}=1.84$,滤料厚度 1500mm,滤速 5m/h。试验原水用自来水配制。自来水先经活性炭过滤去除水中的余氯,再向水中加入 $MnCl_2$ 和 $FeCl_2$,配成锰浓度为 1.0 mg/L,二价铁浓度为 0.3mg/L 的试验原水。原水水质见表 9-5。为使高锰酸钾与水中锰充分反应,在原水流进滤柱前向水中投加高锰酸钾并使其在混合装置内反应5～6min。

试验水质 表 9-5

指标	单位	数值
温度	℃	18～25
pH	—	6.85～7.15
UV_{254}	—	0.040～0.055
溶解氧	mg/L	8.5～9.8
Mn^{2+}	mg/L	1.0±0.10
Fe^{2+}	mg/L	0.3±0.05
浊度	NTU	≤1.0
NH_4^+-N	mg/L	<0.2
NO_3^--N	mg/L	<0.3
NO_2^--N	mg/L	<0.003
Ca^{2+}	mg/L	10～12
Mg^{2+}	mg/L	1.7～2.4
硬度（以 $CaCO_3$ 计）	mg/L	35～43

向滤柱水中投加 2.2mg/L 高锰酸钾，其量为氧化水中 Mn^{2+} 和 Fe^{2+} 的理论需药量。为了解投加高锰酸钾过程中石英砂滤层的成熟程度，每投药 7～8d，停止投药一次，测定停止投药期间滤柱出水锰浓度的变化，当出水锰浓度大于 0.1mg/L 即恢复投药，如图 9-9 所示。

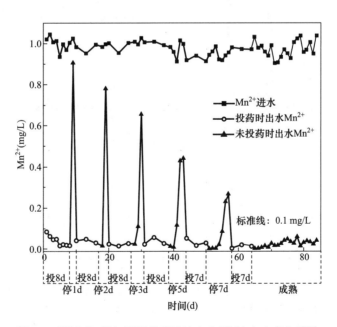

图 9-9　$KMnO_4$ 投加量不变时滤柱出水 Mn^{2+} 出水变化情况

由图 9-9 可知，在向水中投药时，水中的 Mn^{2+} 和 Fe^{2+} 皆被高锰酸钾氧化，所以出水锰浓度小于 0.1mg/L。当第一次停止投药时，由于新石英砂既无吸附作用也无接触氧化除锰作用，所以出水锰浓度超过 0.1mg/L。当第二次停止投药时，因投药时间增长，使石英砂表面开始有了少量锰质滤膜，所以对 Mn^{2+} 已有稍许接触氧化去除作用，出水锰浓度小于 0.1mg/L（除锰后出水）的时间段比第一次停药有所增长。随着投药时间增长，在石英砂表面生成的锰质活性滤膜越多，停药后除锰出水延续时间进一步增长。第六次停药后，出水锰浓度持续小于 0.1mg/L，表明这时石英砂滤层已经成熟，具有了吸附及接触氧化除锰能力。试验表明，向水中投加高锰酸钾确实能生成具有催化作用的锰质活性滤膜，在不向水中投加高锰酸钾的情况下，也能持续进行除锰。在以上试验中，从开始投加药剂到第六次停药，共经历了 67d，其中投药时间累积 46d。

试验发现，在保持滤柱出水锰浓度小于 0.1mg/L 情况下，逐渐减少高锰酸钾的投加量，可以节省高锰酸钾用量。试验的具体操作为：高锰酸钾投加量从开始 2.2mg/L，每 5d 降低 0.1～0.2mg/L，如图 9-10 所示。每连续投药 7～8d，停止投药一次，检测滤柱出水锰浓度变化，以了解滤层的成熟程度，当出水锰超过 0.1mg/L 时，恢复投加高锰酸钾。由图可见，在停药 5 次后，滤层成熟，出水锰浓度持续低于 0.1mg/L。试验从开始投药剂到第五次停药，共计经历 51d，其中投药时间累计为 39d，高锰酸钾减量投药总计比连续恒量投药要少，约为连续投药量的 67.39%。

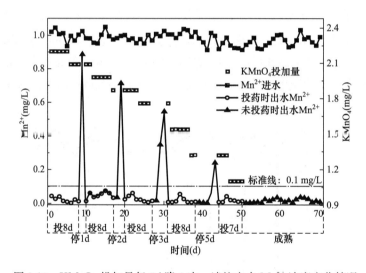

图 9-10　$KMnO_4$ 投加量每 5d 降 1 次，滤柱出水 Mn^{2+} 浓度变化情况

如高锰酸钾投加量从 2.2mg/L 开始，每 7d 降 0.1～0.2mg/L，则运行 67d 滤柱成熟，其中投药天数累计为 46d，高锰酸钾投加量累计约为连续投药的 82.82%。如投加量从 2.2mg/L 开始，每 3d 降 0.1～0.2mg/L，运行期间由于投加量下降过快，出现投药期间出水锰浓度超过 0.1mg/L 的现象。综上所述，在投加高锰酸钾一定时间后，滤层成熟，可以停止投加高锰酸钾，仅依靠生成的锰质活性滤膜的吸附及接触氧化作用除锰，并且用逐步适当减少高锰酸钾投加量的方法，还能节省药剂，所以有较大的技术经济价值。

下面列举国内高锰酸钾除锰工程实例以介绍其应用情况。

【实例 9-1】　邯郸市岳城水库原水除锰。

邯郸市铁西自来水厂以岳城水库水为水源，第一期日处理能力为 10 万 m^3/d。岳城水库位于太行山脉以东河北省磁县境内，为漳河干流的大型水库。水源水质在 7 月、8 月、9

月三个月锰的含量为 0.13～0.5mg/L。

水厂为常规处理工艺，当原水锰含量高时出水锰超标。水厂采用高锰酸钾除锰。

高锰酸钾氧化水中二价锰的反应很快，一般可在数分钟内完成。氧化生成的二氧化锰沉淀物在后续的混凝工艺中与浊度一起被去除。表 9-6 为投加 $KMnO_4$ 前净水厂的运行效果。

投加 $KMnO_4$ 前的运行效果　　　　　　　　　　　　　　表 9-6

原水中锰含量（mg/L）	0.017	0.028	0.190	0.230	0.237	0.329	0.230	0.218	0.305	0.241	0.196	0.134	0.083	0.062	0.042
滤后水中锰含量（mg/L）	0.005	0.015	0.091	0.192	0.199	0.218	0.190	0.189	0.268	0.172	0.160	0.087	0.056	0.037	0.016
原水色度（倍）	5	5	5	10	10	15	10	10	15	10	10	10	5	5	5
滤后水色度（倍）	<5	<5	<5	10	10	10	10	10	10	10	10	5	<5	<5	<5

由表 9-6 可以看出，不投加 $KMnO_4$，只经过混凝、反应、沉淀、过滤工艺处理，当原水中锰的含量小于等于 0.200mg/L 时，出水中锰的含量小于 0.1mg/L，符合《生活饮用水卫生标准》GB 5749-2006 的要求；当原水中锰的含量大于 0.200mg/L 时，出水中锰含量大于 0.1mg/L，不符合《生活饮用水卫生标准》。这时，根据原水中锰的含量，按原水中 Mn^{2+} 的 2 倍投加 $KMnO_4$。按照 $KMnO_4$ 最佳投加量与混凝剂聚合氯化铝最佳投加量，两者同时投加，不改变原水厂的净水工艺。由表 9-7 可以看出，尽管原水中的锰严重超标，甚至锰含量大于 0.500mg/L，投加 $KMnO_4$ 后，水中锰的含量小于 0.1mg/L，符合《饮用水卫生标准》，而且滤后水的色度也明显降低，除锰效果持续稳定。

投加 $KMnO_4$ 后的运行结果　　　　　　　　　　　　　表 9-7

原水中锰含量（mg/L）	0.466	0.461	0.515	0.459	0.492	0.439	0.503	0.496	0.418	0.312	0.353	0.337	0.216	0.095	0.069	0.060
滤后水中锰含量（mg/L）	0.048	0.045	0.061	0.005	0.059	0.061	0.063	0.079	0.087	0.019	0.028	0.025	0.012	<0.005	<0.005	<0.005
原水色度（倍）	15	15	25	15	15	15	20	20	20	15	15	15	15	10	10	10
滤后水色度（倍）	5	5	5	5	5	5	5	5	5	5	5	5	5	<5	<5	<5

运行还表明，水中投加 $KMnO_4$ 后，滤池的工作周期由原来的 24h 缩短为 16h，这是滤池滤料截留锰化合物使滤池水头损失增加所致。因此需要对滤池加强管理。

【**实例 9-2**】 湖州市溪水原水除锰。

湖州市城西水厂以东、西苕溪为水源，水中铁、锰含量超标，锰含量一般为 0.2mg/L 左右，最高时达 0.6mg/L，水厂采用常规处理工艺，除锰效果不佳。选择高锰酸钾法除锰，采用 $KMnO_4$ 和混凝剂 PAC 混合投加，投加点在静态混合器之前。表 9-8 为高锰酸钾的除锰效果，由表可见，沉后水锰浓度平均为 0.06mg/L，平均去除率达 85.7%。试验表明，投加高锰酸钾后，增强了混凝效果，可节省混凝剂 15％～20％，一次投氯量可省 40％。原水锰含量与高锰酸钾投加量关系见表 9-9。

PAC 与高锰酸钾混合投加对原水中锰的去除情况　　　　　　　　表 9-8

取样时间	原水锰（mg/L）	高锰酸钾投加量（mg/L）	沉淀池出水锰（mg/L）	锰去除率（％）
0：00	0.34	0.40	0.04	88.2
2：00	0.35	0.68	0.06	82.9
4：00	0.31	0.63	0.07	77.4
6：00	0.41	0.63	0.06	85.4
8：00	0.40	0.60	0.07	82.5
10：00	0.49	0.60	0.06	87.8
12：00	0.42	0.60	0.06	85.7
14：00	0.48	0.59	0.05	89.6
16：00	0.40	0.48	0.06	85.0
18：00	0.44	0.48	0.07	84.1
20：00	0.44	0.48	0.06	86.4
22：00	0.43	0.48	0.05	88.4

原水锰含量与高锰酸钾投加量对照表　　　　　　　　表 9-9

原水锰（mg/L）	高锰酸钾投加量（mg/L）
≤0.15	0.3
0.15～0.30	0.4
>0.3	0.5

【实例 9-3】 上海石化厂高有机物高色度原水除锰。

上海石化水厂原水取自黄浦江支流张泾河和紫石泾。近几年来水源受到一定程度的污染，紫石泾原水 COD 月平均值大于 7.00mg/L，最高月平均值达 11.52mg/L，色度年平均值大于 35 倍，最高月平均值达 54 倍。紫石泾、张泾河取水口的氨氮较高，锰的含量为 0.2～0.6mg/L。水厂取水口总锰含量随季节性变化幅度较大，每年 4 月开始升高，6～7 月为高峰期，9 月开始回落并趋于稳定，呈逐月上升趋势。

由于采用传统的给水处理工艺，出厂水的锰离子超标频率较高。运行表明，采用折点预加氯虽可有效降低出水锰含量，将出水中锰及色度控制在标准范围内，但会使制水成本提高，出水中氯离子含量增加明显，极端情况下达到 60～70mg/L，这将导致离子交换装置的有效交换容量大大降低。折点加氯因加氯量较大，对水的 pH 等指标影响较大，明显增大水体的腐蚀性，降低了运行的安全可靠性。在中试基础上，采用高锰酸钾除锰技术，并选用一组生产性滤池（8 万 m³/d）作为测试滤池。

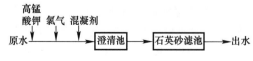

图 9-11　高锰酸钾预处理工艺流程

高锰酸钾预处理工艺流程如图 9-11 所示。

表 9-10 记录了高锰酸钾、混凝剂、氯不同投加量情况下出水水质试验结果。

高锰酸钾预处理试验结果　　　　　　　　　　　　表 9-10

试验号	高锰酸钾投加量(mg/L)	混凝剂的投加量(仪表的K值)	预加氯量(mg/L)	原水			7号滤池（新石英砂）		
				Mn²⁺(mg/L)	浊度(NTU)	氨氮(mg/L)	Mn²⁺(mg/L)	浊度(NTU)	氨氮(mg/L)
1	1.0	0.3	3.0	0.20~0.60	80~360	0.70~1.30	0.03	0.715	0.39
2	1.0	0.4	4.0	0.20~0.60	80~360	0.70~1.30	0.03	0.702	0.39
3	0.9	0.3	4.0	0.20~0.60	80~360	0.70~1.30	0.04	0.728	0.40
4	0.9	0.4	3.0	0.20~0.60	80~360	0.70~1.30	0.04	0.712	0.40
5	0.8	0.3	3.0	0.20~0.60	80~360	0.70~1.30	0.06	0.734	0.37
6	0.8	0.4	4.0	0.20~0.60	80~360	0.70~1.30	0.06	0.719	0.37
7	0.7	0.3	4.0	0.20~0.60	80~360	0.70~1.30	0.09	0.758	0.45
8	0.7	0.4	3.0	0.20~0.60	80~360	0.70~1.30	0.09	0.737	0.45

图 9-12 为高锰酸钾不同投加量下滤后水锰含量变化曲线，在此期间碱式氯化铝（PAC）投加量为 8mg/L（Al_2O_3）左右，滤池滤速为 8m/h，高锰酸钾投加 5min 后再投加混凝剂。

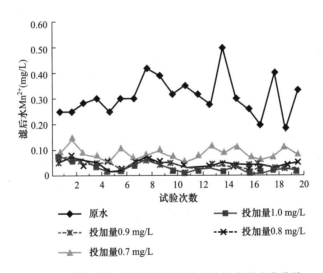

图 9-12　高锰酸钾不同投加量下滤后水锰含量变化曲线

投加高锰酸钾后，出水中的锰离子含量明显减少，在原水锰含量小于等于 0.32mg/L 的情况下，投加 0.7mg/L 的高锰酸钾，出水基本可以达标；而在原水锰含量小于等于 0.5mg/L 的情况下，投加 0.8mg/L 的高锰酸钾可使出水锰达标；在试验期间投加 1.0mg/L 的高锰酸钾，出水中锰离子的含量基本稳定在 0.05mg/L 以下。

原水在短时间甚至是同一天内的变化都很大，试验期间原水锰离子含量最高达 0.6mg/L，变幅达到 100% 以上，所以最终确定的最佳水平为高锰酸钾投加量为 0.8mg/L，混凝剂投加（仪表 K 值）为 0.4，氯投加量为 3mg/L。同一高锰酸钾投加量条件下，不同混凝剂投加量与加氯量对除锰效果基本没有影响。试验表明，投加高锰酸钾后，滤后水色度由原水的 25~35 度降至 9~12 度，浊度达 0.8NTU，PAC 投加量由 10mg/L 降至 7~8mg/L，氨氮在原水为 0.6~1.2mg/L 情况下由常规处理时 0.55~0.70mg/L 降至 0.25~0.45mg/L，水的 COD 在原水 6.5~9.6mg/L 情况下由常规处理的 4.95mg/L 左右降至

3.85mg/L，并取消了预氯化。

【实例9-4】 三亚金鸡岭水库水除锰。

三亚中法供水有限公司金鸡岭水厂的原水取自水源地水库（取水口位于水库底部），采用常规工艺：进厂水阀室→加氯→加药混合→配水井→反应池→平流沉淀池→滤池→加氯消毒→清水池→市区管网。在全年的大部分时间里水库的水质能够满足生活饮用水的水质要求，但是在每年的4~8月将出现水质恶化情况，即溶解性锰、铁、氨氮含量高（表9-11）。

原水超标物质含量（单位：mg/L）　　　　　　　　　　表9-11

项目	总锰	总铁	氨氮
实测峰值	1.28	1.18	1.17
标准值	≤0.1	≤0.3	≤0.5

水厂在原有加氯设施的基础上，增设了投加高锰酸钾的工艺，原水流入水厂后首先在输水管上投加高锰酸钾，再在其后5m处分别投加氯气和聚合氧化铝，经静态混合器混合后进入配水井。另外，在水库水进入原水输水管之前进行曝气，对降低溶解锰也有一定的作用。

在2007年4月初，当原水出现溶解性锰超标的情况后，溶解性锰小于0.2mg/L时，按进厂水中溶解性锰含量的1.0倍投加高锰酸钾，出厂水总锰能控制在0.05mg/L以内。但到了7月份，由于进入了暴雨季节，原水浊度从原来的50NTU左右增加到300NTU左右，有机物含量也增加。原水溶解性锰在大于0.2mg/L时，按1.5倍投加高锰酸钾，出厂水总锰有时会超标，按2.5倍投加，出厂水总锰就能控制在0.01mg/L左右。

表9-12为原水锰含量及各工艺节点处溶解性锰含量的变化情况。根据数年水厂运行试验，按原水溶解性锰含量的2~2.5倍投加高锰酸钾就能保证水厂出水锰含量稳定达标。

各工艺点水中总锰和溶解锰的变化（单位：mg/L）　　　　　　表9-12

高锰酸钾投加量/原水溶解性锰浓度	进厂水总锰	进厂水溶锰	反应池溶锰	滤后水总锰	出厂水总锰
1.0倍	0.25	0.15	0.03	0.02	<0.01
1.5倍	0.45	0.26	0.08	0.06	0.05
2.0倍	0.65	0.38	0.11	0.08	0.06
2.5倍	0.87	0.49	0.05	0.02	<0.01

$KMnO_4$氧化水中的二价锰反应很快。一般可在数分钟内完成。氧化生成的MnO_2沉淀物易于过滤除去，但因水质不同，有时也会凝聚困难，需要一定的絮凝时间，或投加药剂进行处理。提高水的pH，常有利于MnO_2胶体的絮凝。

除锰时，若投加高锰酸钾外，还投加其他药剂，投药顺序和间隔时间对处理过程有很大影响，宜用试验来确定。一般，使用高锰酸钾和氯时，宜先投氯后投高锰酸钾，或者两者同时投加，如还投加聚合氯化铝和石灰，投加顺序为先投氯，经5~10min反应后，再投加聚合氯化铝、石灰和高锰酸钾。

【实例9-5】 东莞东江水生产性除锰试验。

东莞东江原水中锰离子呈上升趋势，水厂为常规处理工艺，除锰效果有限，出厂水锰超标。为提高出水水质，水厂决定采用高锰酸钾法除锰。2004 年 8 月 31 日～11 月 8 日在东江水司第四水厂 30 万 m³/d 处理系统中进行生产性试验。

高锰酸钾预氧化，工艺流程如图 9-13 所示。

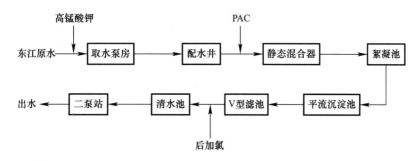

图 9-13　高锰酸钾预氧化除锰工艺

原水锰含量 0.004～0.26mg/L，平均 0.1mg/L。高锰酸钾投加量为 0.22mg/L。出厂水锰含量 0.0003～0.1mg/L，平均 0.01mg/L。水厂采用高锰酸钾除锰工艺前后除锰效果如图 9-14 所示。高锰酸钾法除锰，还提高了对水中有机物的去除率，见表 9-13。

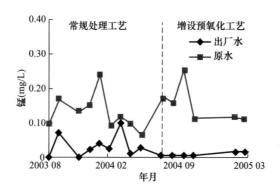

图 9-14　常规处理工艺及增设高锰酸钾预氧化工艺后除锰效果

常规处理、高锰酸钾预处理工艺对水中有机物污染指标的去除效果　　　　　　　　　　表 9-13

项目	常规处理			高锰酸钾预处理		
	原水	出厂水	去除率（%）	原水	出厂水	去除率（%）
COD_{Mn}(mg/L)	1.10～4.08 (2.07)	0.56～2.24 (1.01)	15.3～73.2 (48.9)	1.18～3.88 (2.68)	0.28～2.14 (1.22)	34.43～76.27 (54.6)
UV_{254}(cm⁻¹)	0.161～0.181 (0.165)	0.064～0.071 (0.04)	55.9～64.6 (70.1)	0.252～0.403 (0.313)	0.036～0.091 (0.05)	77.4～87.2 (84.2)
TOC(mg/L)	1.71～5.39 (2.88)	0.98～3.90 (1.88)	27.3～42.8 (37.8)	1.88～4.77 (3.61)	0.82～2.19 (1.42)	23.8～68.2 (59.8)
氨氮（mg/L）	0.06～2.96 (0.84)	0.02～0.53 (0.12)	53.3～97.0 (80.8)	0.05～2.80 (0.64)	0.05～1.09 (0.11)	16.7～98.2 (77.1)
氯仿（μg/L）	—	1.0～7.2	—	—	1.0～1.2	—

试验还表明，投加高锰酸钾对滤池反冲洗后出水浊度无显著影响，可见低剂量高锰酸钾的助凝作用不明显。

2004 年 12 月开始在东江沿岸水厂推广，至 2006 年 5 月的一年多运行表明，低剂量高锰酸钾除锰效果稳定，并且与常规工艺相比，高锰酸钾除锰还使得 TOC 去除率提高了 22%，对 UV_{254} 的去除率提高了 14.1%，对 COD_{Mn} 的去除率提高了 5.7%；低剂量高锰酸钾可取代预氯化，从而降低氯化消毒副产物的生成量，提高出水的化学安全性。

【实例 9-6】 四川汶川地震后涪江水除锰。

四川绵阳以涪江为水源，在汶川地震后地层构造发生变化，植被破坏，导致涪江水中锰含量过高，出水不达标。水厂原为常规净水工艺，采用了高锰酸钾法除锰，按原水含锰量 2.5 倍投加，沉淀池出水锰含量见表 9-14。

投加 KMnO₄ 沉后水锰含量　　　　　　　　　　表 9-14

日期	时间	原水 Mn（mg/L）	时间	沉淀池出水 Mn(mg/L)
2月3日	15：20	0.189	17：20	0.005
	19：30	0.165	21：30	0.002
2月4日	0：00	0.142	2：00	0.006
	11：30	0.120	13：30	0.005
	16：00	0.100	18：30	<0.001
	18：30	0.094	20：30	0.005
	20：30	0.088	22：30	<0.001
2月7日	9：20	0.051	11：30	0.001
2月8日	9：20	0.042	11：40	<0.001
2月9日	9：20	0.037	—	

水厂对出厂水在管网中的变化进行跟踪，发现出厂水锰含量低于 0.1mg/L，色度为 16 度时，仍有用户反映水黄。调研发现，分布在管网末端的用户，因水在管网中停留时间很长，水中余氯会继续氧化水中的二价锰，在管网中产生氧化锰沉淀，导致水的色度增高。当出厂水锰含量低于 0.04mg/L 时，便再无用户投诉。所以在此需将出厂水处理到锰含量低于 0.04mg/L。

表 9-15 为一组试验结果，将锰含量为 0.08mg/L 的水分两组，一组加氯，一组不加氯，静置数日，发现加氯组第 3 天便出现微黄，而不加氯组直到第 7 天才出现微黄。

试验结果　　　　　　　　　　表 9-15

Mn(mg/L)	加氯情况	密闭情况	感官描述				
			静置 1d	静置 3d	静置 5d	静置 7d	静置 1个月
0.080	加氯	加盖	无色、无沉淀	微黄	黄色略加深	有明显黄色胶体	水发黄并出现黄色絮凝物
		不加盖	无色、无沉淀	微黄	黄色略加深	有明显黄色胶体	水发黄并出现黄色絮凝物
	不加氯	加盖	无色、无沉淀	无色、无沉淀	无色、无沉淀	微黄	水发黄并出现黄色絮凝物
		不加盖	无色、无沉淀	无色、无沉淀	无色、无沉淀	微黄	水发黄并出现黄色絮凝物

【实例 9-7】 金沙江水除锰。

长江干流上游自青海玉树至四川宜宾称为金沙江，金沙江溪洛渡水电站河段水质指标铁、锰超标。原水中铁、锰含量较高，其主要原因为地表铁、锰矿物含量较高。丰水期大量雨水冲刷山体、土壤、植被后，附近地质结构中含量较高的铁、锰以及各类有机物、腐殖质和菌类随地表径流进入监测水体，造成总锰最高超标 6.3 倍，总铁最高超标 15.3 倍，而枯水期铁、锰含量要低得多，甚至不超标。

铁主要以络合物固态形式存在于悬浮物中。以锦屏水电站断面监测结果为例，原水中总铁为 2.065mg/L，而溶解性铁只有 0.412mg/L，同期悬浮物（悬移质泥沙）含量也较高，为 390mg/L。

金沙江溪洛渡水电施工期生活水厂采用加氯、高锰酸钾预氧化＋曝气沉砂＋絮凝沉淀＋石英砂 V 型滤池过滤的工艺流程。沉砂池沉淀时间为 15min 左右，预氧化氯投加点选择在沉淀池进水槽处，高锰酸钾投加点选择在沉砂池出水槽处，充分考虑到了两种预氧化剂的作用时间。该工艺取得了较好的处理效果。综合生活水厂 2005～2007 年水质监测结果：原水浊度为 651～1450NTU，溶解性铁为 0.171～4.78mg/L，锰为 0.44～1.326mg/L，混凝剂 PAC 投加量为 20mg/L，絮凝剂 PAM 投加量为 1.0mg/L 条件下，经处理后，折板絮凝池出水浊度为 2.97～14.9NTU，斜管沉淀池出水浊度为 4.3～9.1NTU，经石英砂 V 型滤池过滤后浊度为 0.28～0.8NTU。洪水期预氧化剂氯气投加量为 0.5mg/L、高锰酸钾投加量为 0.5mg/L 的条件下，沉淀池出水铁含量为 0.29mg/L，锰含量为 0.16mg/L；经石英砂 V 型滤池过滤后铁含量为 0.04mg/L，锰含量为 0.01 mg/L。出厂水余氯不低于 0.3mg/L，出厂水水质综合合格率为 100%。

虽然金沙江原水中铁、锰含量较高，但是主要存在于固相中，并且江水偏碱性，有利于铁、锰的去除。

金沙江原水中溶解氧非常丰富，沉砂池只截留较大颗粒泥沙，富集在悬移质上的铁、锰绝大部分随水流进入下一单元；絮凝沉淀池对铁、锰去除率较高；滤池是去除铁、锰的重要单元，水流经该单元后，几乎不含有铁、锰。运行初期，滤池对于铁、锰去除效果还未完全发挥作用，随着滤池滤料表面滤膜的形成，其去除作用得到显著提高。

【实例 9-8】 深圳水库水除锰生产性试验。

深圳盐田某水厂原水取自本地水库蓄水，原水锰含量的变化具有显著的季节性变化特点，即每年的 6 月至 9 月、1 月至 2 月锰含量有超标现象，夏季的超标现象尤为严重，总锰最高值可达 2mg/L，给水厂的正常运行带来严重困扰。水厂为常规处理工艺，设计流量为 1 万 m³/d。

水厂采用高锰酸钾进行预氧化除锰，为此进行了生产性试验。试验期间，检测水温范围为 24.5～26.5℃，COD_{Mn} 的范围为 1.57～1.76mg/L，通过投入石灰控制沉后水 pH 在 7.4～7.6 范围内。生产试验的结果见表 9-16。

高锰酸钾生产试验 表 9-16

检测项目	原水	沉后水				清水池入口			
		无预氧化	高锰酸钾投加量（mg/L）			无预氧化	高锰酸钾投加量（mg/L）		
			0.75	1	1.5		0.75	1	1.5
总锰（mg/L）	0.57±0.1	0.3	0.23	0.16	0.12	0.13	0.14	<0.05	<0.05
溶解锰（mg/L）	0.39±0.1	—	0.16	0.08	0.05	0.1	0.06	<0.05	<0.05

续表

检测项目	原水	沉后水				清水池入口			
		无预氧化	高锰酸钾投加量（mg/L）			无预氧化	高锰酸钾投加量（mg/L）		
			0.75	1	1.5		0.75	1	1.5
浊度（NTU）	7.2±1	1.42	2	2	2	1.44	1.18	0.6	0.5

由表9-16可以看出，在无预氧化剂投加的条件下，清水池入口的总锰含量、溶解锰含量、浊度三个指标均超标。投加高锰酸钾预氧化以后，清水池入口的水质得到明显改善。当高锰酸钾投加量为1mg/L时，沉后水检测的溶解锰含量已经低于国家标准，清水池入口的总锰含量也已经低于总锰的检测限值，且浊度下降明显，说明投加1mg/L的高锰酸钾可以达到除锰的目的。

【实例9-9】 盐城通榆河水除锰生产性试验。

盐城汇津水务有限公司诚东水厂以通榆河为水源，采用常规净水工艺。由于水环境污染，汛期水厂原水中锰含量一般为0.2mg/L左右，最高达0.5mg/L，持续时间2.5个月，造成出厂水锰含量超标。水厂采用高锰酸钾法除锰，高锰酸钾投于取水泵前，投加量为1.2mg/L。表9-17为生产与小试除锰效果比较。

高锰酸钾直接除锰小试与生产比较表（单位：mg/L） 表9-17

试验日期	原水锰含量	小样试验沉淀水锰含量	生产沉淀水锰含量	水厂出水锰含量
7月30日 9：00	0.23	0.07	0.09	0.08
7月30日 11：00	0.25	0.08	0.10	0.08
7月30日 13：00	0.21	0.08	0.08	0.00
7月31日 9：00	0.20	0.06	0.04	0.06
8月1日 9：00	0.23	0.07	0.04	0.06
8月2日 9：00	0.26	0.06	0.05	0.04
8月3日 9：00	0.25	0.05	0.05	0.03
8月4日 9：00	0.22	0.07	0.08	0.06

注：试验时间2011年7月30日～8月4日。

【实例9-10】 绍兴次坞镇石牛坞水库水除锰。

绍兴市次坞镇水厂设计供水能力为1500m³/d，水厂以该镇石牛坞水库作为水源，原水水质指标见表9-18。

原水水质 表9-18

指标	浊度（NTU）	铁（mg/L）	锰（mg/L）	pH	溶解氧（mg/L）
数值	3.9	0.68	2.1	6.7	2.3

水厂工艺流程如图9-15所示。

进水 → 水力循环澄清池 → 重力式无阀滤 → 清水 → 出水

图9-15 改造前次坞镇水厂工艺流程

次坞镇水厂自投产以来，出厂水浊度基本在0.5NTU以下，铁含量在0.1mg/L以下，而锰含量却始终大于 0.45mg/L，无法满足《生活饮用水卫生标准》GB 5749—2006 中 0.1mg/L 的限值要求。

从出厂水水质看，锰含量只能降至 0.45mg/L，而铁含量小于 0.1mg/L，说明该处理工艺能有效地去除铁，但除锰能力较差。为了提高除锰效果，在澄清池进水管上增设投加设备，向进水管中投加聚合氯化铝和高锰酸钾溶液。

次坞镇水厂除锰工艺改造后，经过 1 年的运行，出厂水浊度始终低于 0.3NTU，铁、锰含量分别降低至 0.1mg/L 和 0.05mg/L 以下，其他各项水质指标均达到《生活饮用水卫生标准》GB 5749—2006 中的限值要求。次坞镇水厂除锰工艺改造实践表明，通过向澄清池中投加混凝剂和催化剂，形成悬浮层，可以增强除锰效果，达到澄清池除锰的目的。

【例题 9-11】 绍兴河水除锰生产性试验。

绍兴柯桥滨海供水有限公司水厂于 2002 年 9 月建成投产，设计供水能力为 32.5 万 m³/d。水厂的原水水质达到《地表水环境质量标准》GB 3838-2002 中 Ⅲ 类水体要求，但当原水锰含量偏高时，现有处理工艺对锰的去除效果不佳，出厂水锰含量通常超出公司制定的《综合水水质标准》。结合水厂实际情况，选用高锰酸钾作为氧化剂。

选择高锰酸钾投加点在聚合氯化铝之前，并保证 5min 的间隔，当原水锰含量为 0.15～0.24mg/L，高锰酸钾投加量为 0.4mg/L 时，具有较好的除锰效果。因此，随后进行了 3 个月的高锰酸钾除锰的生产性试验，结果见表 9-19。生产运行结果表明，投加高锰酸钾后，锰合格率由原来的 84.4% 提高到 98.7%，除锰效果甚佳。

2012 年 11 月～2013 年 1 月高锰酸钾的除锰效果　　　　　　　表 9-19

时间	检测次数（次）	超标次数（次）	锰浓度最高值（mg/L）	合格率（%）	平均合格率（%）
2012 年 11 月	31	1	0.26	96.8	
2012 年 12 月	30	1	0.12	96.7	98.7
2013 年 1 月	30	0	0.10	100	

【例题 9-12】 珠海木头冲库水较高含锰水高锰酸钾＋混凝＋锰砂组合工艺除锰。

珠海三灶水厂以木头冲水库水为水源，原水中锰月平均浓度随季节变化较大，最高出现在 2012 年 8 月，月平均达 0.63mg/L，8 月 12 日最高达 1.19mg/L。原水中锰含量变化与季节有关，夏季暴雨频率较高，原水中锰含量较高的概率也较大。根据近 8 年来监测数据可知，水库原水中锰含量是随库区四周雨水冲刷使得外源性锰含量增加所致。水厂原工艺为单阀滤池直接过滤，除锰效果不佳，后采用高锰酸钾法除锰，并对处理工艺进行改造。改造后工艺为在原水中投加混凝剂和高锰酸钾，后续经网格絮凝池＋新型气浮-沉淀池＋锰砂滤料 V 型滤池工艺。设计处理规模为 2.0 万 m³/d。在运行沉淀工艺能保证出厂水锰含量稳定达标的前提下运行沉淀工艺，沉淀工艺不能达标时，切换运行气浮工艺。暴雨状况下，原水浊度突然升高，运行沉淀工艺概率较大。

沉淀工艺与锰砂滤料 V 型滤池组合在高锰酸钾不同投加量条件下对锰的去除效能不同，高锰酸钾投加量为 0.5mg/ 时，组合工艺的对锰的去除效能最好，其次是 0.8mg/L，再次是 0.2mg/L。2012 年 9 月 6 日～10 日期间，沉淀工艺对锰的去除效率为 32.56%～76.36%，经锰砂滤料 V 型滤池后，锰去除率达 84.6%～100%，稳定达到国标要求。

高锰酸钾＋新型气浮-沉淀池＋锰砂滤料 V 型滤池组合，不论运行溶气气浮工艺还是沉淀工艺，组合工艺对地表水中锰的去除效能均较高，2012 年 3 月～2014 年 4 月期间，浮沉池对锰的去除率为 46.15%～72.13%，经锰砂滤料 V 型滤池，滤后出水锰含量稳定在 0.1mg/L 以下。

生产性试验发现，pH 对絮凝反应和锰去除效果均有影响，锰的去除效果与絮凝效果存在正相关，原水 pH 介于 7.0～8.0 之间时，组合工艺对锰的去除高于 pH 在 7.0 以下和在 8.0 以上的去除效能。

气浮出水比沉淀出水水中溶解氧含量高 0.8～0.1mg/L，溶解氧和高锰酸钾对锰去除具有叠加效应，运行气浮工艺对锰去除效能优于运行沉淀工艺。气浮工艺与 V 型滤池组合时，V 型滤池过滤周期为 83h，过滤周期内滤后水中锰含量最高为 0.06mg/L。

【实例 9-13】 广东惠州风田水库水高锰酸钾、二氧化氯联合除锰。

某中心水厂的水源为风田水库，由东江引水补给，丰水期时依靠水库自身集雨。7 月、8 月和 9 月丰水期时，水库水体会出现中下层水锰含量偏高的现象。其间原水浊度在 1～5NTU，水温 22～37℃，pH6.5～7.5，锰含量 0～0.40mg/L。该中心水厂始建于 1992 年。

高锰酸钾除锰试验：原水浊度 1.28NTU，锰 0.12mg/L，聚铝投加量为 3mg/L，试验结果如图 9-16 所示，表明高锰酸钾具有很好的除锰效果。在保证高锰酸钾不过量的情况下，高锰酸钾的加入量达到原水锰含量的 2.5 倍时，除锰效果最好。

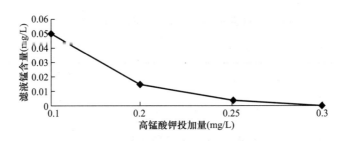

图 9-16　高锰酸钾除锰试验

该中心水厂原采用复合二氧化氯消毒，0.02mg/L 的锰就能使水的色度达到 10 度，所以需要将原水的锰含量降至 0.02mg/L 以下。二氧化氯也具有除锰效果，但产量不足以除去原水锰。

水厂净水工艺为常规处理工艺，采用聚合氯化铝和高锰酸钾联合使用方式，高锰酸钾投加量根据原水锰含量情况加入其值的 2～3 倍；聚合氯化铝投加量按原来实际生产情况投加，加入量 2～3mg/L；高锰酸钾溶解后在配水井与聚合氯化铝同时投加；二氧化氯在配水井少量投加，适量增加滤后加入量，清水池投加量控制在保证出厂水二氧化氯合格范围内。

聚合氯化铝和高锰酸钾配合使用后，对原水有很好的除锰效果，去除率均达到 90% 以上，平均值达 92.53%。投加高锰酸钾后，增强了聚合氯化铝的混凝效果，使生成的絮凝颗粒大而重，容易沉淀。在高锰酸钾投加一段时间后，在滤料表面形成了高价铁锰的混合氧化物，增强了滤池的除锰效果。

水厂采用二氧化氯消毒，二价锰会被二氧化氯氧化变为深褐色的二氧化锰，直接导致色度增高。2013年和2014年7月～9月应用高锰酸钾除锰后，这种情况得到改善。

高锰酸钾助凝依赖原水二价锰与之反应生成新生态水合二氧化锰，新生态二氧化锰有巨大的比表面积，具备一定的吸附性能，从而起到助凝作用。当投加高锰酸钾时滤池过滤水量有所减少，原因可能是二氧化锰附着在滤砂上所致。

【实例9-14】 山东省即墨市水库水两次投加高锰酸钾除锰（王玲等，2015）。

山东省即墨市北水厂以水库为水源，水厂采用常规处理工艺，2003年7月因水库放水使原水锰含量达2.06mg/L，滤池出水锰含量为1.75mg/L。水厂采用高锰酸钾法除锰，于水厂前15km处向原水中投加1mg/L高锰酸钾，在水厂前800m处按水中锰浓度二次投加高锰酸钾，水厂出水锰含量见表9-20，由表可见，高锰酸钾除锰获得良好效果，平均去除率达到94.4%，投加高锰酸钾后还增强了混凝效果，降低了沉淀池出水浊度。

二次投加运行去除锰效果　　　　　　　表9-20

时间	原水中锰含量（mg/L）	滤前水中锰含量（mg/L）	出厂水中锰含量（mg/L）
9：00	1.78	0.11	0.07
10：00	1.93	0.13	0.05
11：00	2.05	0.13	0.06
12：00	1.97	0.09	0.05
13：00	1.76	0.07	0.03
14：00	1.81	0.08	0.02
15：00	1.66	0.11	0.03
16：00	1.58	0.09	0.04
17：00	1.47	0.09	0.02
18：00	1.42	0.07	0.02

【实例9-15】 西北地区R水库水除锰（王文东等，2016）。

西北地区M水厂以R水库为水源，水厂为常规处理工艺，R水库为深水型水库，突发性锰超标事件时有发生。原水经预氯化后，只能将总锰由0.13mg/L降至0.1mg/L。当原水总锰浓度为0.28mg/L时，出水总锰浓度为0.21mg/L，去除率25%。采用高锰酸钾法除锰，进水总锰浓度为0.28mg/L时，出水总锰浓度可降至0.08mg/L，平均去除率为61.3%。图9-17为预氯化和高锰酸钾预处理除锰效果的对比。

【实例9-16】 高锰酸钾和混凝去除水中微囊藻毒素和锰。

Boyoung Jeong等人研究了采用高锰酸钾氧化和粉末活性炭吸附去除去离子水及其河水中的微囊藻毒素microcystin-LR（MC-LR）和溶解性锰，试验条件为中性条件，温度为23℃±2℃。在两种水源水情况下，去离子水和河水的二级氧化动力学常数分别是289.9M^{-1}·s^{-1}和285.5M^{-1}·s^{-1}，表明高锰酸钾氧化对天然水中微囊藻毒素有很好的去除效果。天然水中的腐殖酸和富里酸会减缓微囊藻毒素的去除效能，尤其富里酸的影响效果更为明显。在混凝前和混凝中控制微囊藻毒素和剩余性Mn^{2+}的方法是1mg/L的KMnO$_4$和5～20mg/L的PAC，结果表明60min的高锰酸钾预氧化结合混凝工艺可以有效地去除微囊藻毒素，使其含量达到WHO的最高浓度限值。

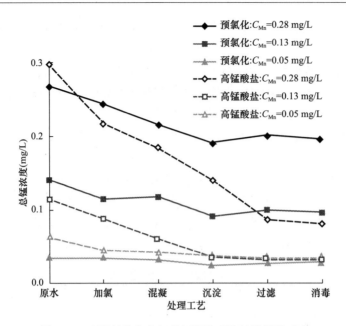

图 9-17　为预氯化和高锰酸钾预处理除锰效果的对比

9.3　氯、二氧化氯、臭氧氧化法除铁除锰

9.3.1　氯氧化法除铁除锰

氯是强氧化剂，投入水中能迅速地将二价铁氧化为三价铁：

$$2Fe^{2+} + Cl_2 \Longrightarrow 2Fe^{3+} + 2Cl^- \tag{9-3}$$

按此反应式计算，$\dfrac{Cl_2}{2\,Fe^{3+}} = \dfrac{2 \times 35.5}{2 \times 55.85} = 0.635 \approx 0.64$

即每氧化 1mg/L 的 Fe^{2+}，理论上约需 0.64mg/L 的 Cl_2。

但在实际上，为使氯能迅速地氧化水中的二价铁，所需投氯量要比理论值高，一般每氧化 1mg/L 的二价铁，约需 1mg/L 的氯。

氯对水中二价铁的氧化速度还与水的 pH 有关，如图 9-18 所示，由图可见，当水的 pH >5 时，氯对水中二价铁的氧化已足够迅速。由于天然地表水的 pH 一般都大于 5，所以氯氧化法除铁的应用实际上不受 pH 的限制。

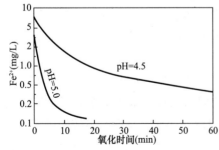

图 9-18　氯对二价铁的氧化速度与 pH 值的关系

当水中有铵盐或含氮的有机化合物时，氯能与之化合生成氯胺化合物或氯胺有机化合物，这些物质对水中二价铁的氧化速度甚慢。这时，需向水中投加过量的氯以氧化氯胺。水中每 1mg/L 的上述含氮化合物（以 N 计），约需 8~10mg/L 的氯来进行氧化。当投氯量超过氧化含氮化合物的需氯量时，水中便又重新出现游离态氯，能对水中二价铁起氧化作用。

此外，水中还可能有其他还原性物质，以及其他消耗氯的因素，所以除铁实际需氯量，应通过试验确定。

二价铁被氯氧化生成的三价铁由水中析出，能与浊度一起被水厂混凝工艺去除，从而获得除铁水。

用氯氧化法除锰，有氯自然氧化法除锰和氯接触氧化法除锰两种。氯能把水中的二价锰氧化为高价锰：

$$Mn^{2+} + Cl_2 + 4\,OH^- \Longrightarrow MnO_2 + 2\,Cl^- + 2H_2O \qquad (9\text{-}4)$$

按上式计算，每 1mg/L 的二价锰需氯 1.3mg/L。实际投氯量要比理论值大。当水中含有其他易于氧化的物质（如二价铁、硫化氢、铵盐、有机物等）时，投氯量就更大。

当水中有铵盐存在时，投氯量需要增加到铵盐全部氧化、水中出现游离态氯（折点以后），因为化合态氯不能氧化二价锰。

为了减少氯的投加量，常于投氯前使水曝气，以便用空气中的氧部分地氧化水中的二价铁和硫化氢。

用氯自然氧化二价锰时，在中性条件下，氧化速度很慢，投氯量要高达 5~10mg/L 时才奏效。当水的 pH 提高到 9.5 以上时，反应速度才比较快，但常需一定的反应时间。为使氧化生成的二氧化锰较好地絮凝，有时需要投加混凝剂。

氯自然氧化法除锰，由于处理流程复杂，要求水的 pH 过高，处理后水中残余氯量及 pH 过高而不符合用水水质要求，必须进行后处理。因制水成本很高，这种方法实际很少采用。

阳光能加速氯自然氧化二价锰的反应，这是由于紫外线能促进次氯酸的分解：

$$HOCl \Longrightarrow [O] + HCl \qquad (9\text{-}5)$$

新生态氧浓度增大，使反应加速。试验表明，光的波长在 4500Å 以下有效。此法又称为氯的光化学氧化法。

氯接触氧化法除锰：向含锰地表水投氯后，经石英砂滤层长期过滤，能在砂表面形成一层具有催化活性的锰质滤膜，滤膜物质的化学组成为水合二氧化锰，可表示为 $MnO_2 \cdot H_2O$，它首先离子交换吸附水中的二价锰离子：

$$Mn^{2+} + MnO_2 \cdot H_2O + H_2O \Longrightarrow MnO_2 \cdot MnO \cdot H_2O + 2H^+ \qquad (9\text{-}6)$$

被吸附的二价锰进一步被氯氧化为四价锰，从而使催化剂得到再生。

$$MnO_2 \cdot MnO \cdot H_2O + Cl_2 + 2H_2O \Longrightarrow 2MnO_2 \cdot H_2O + 2H^+ + 2Cl^- \qquad (9\text{-}7)$$

生成的 $MnO_2 \cdot H_2O$ 作为新的催化剂参加反应，所以上述反应又是一个自动催化反应过程。由于水中二价锰是在催化剂作用下被氧化的，氧化速度已大大加快，所以能在比较低的 pH 条件下顺利地除锰。试验表明，氯接触氧化法一般能在天然地表水的 pH 情况下除锰。

氯接触氧化法除锰，于投氯后常需一定的反应时间，且滤后水中应保持一定的残余氯量。

除锰所需投氯量，不仅要满足氧化水中二价锰以及其他易于氧化物质的要求，还应使滤后水残余氯量保持 0.5~1mg/L。投氯后的反应时间常需 0.5~1h。国外有的人认为，反应时间不一定是必要的。若用石英砂作滤料，滤层需要经过多日才能成熟，即形成具有催化活性的锰质熟砂。滤层成熟前，除锰效果不佳；滤层成熟后，滤后水含锰量可降至用水标准以下。

用哈尔滨市平房地区地下水进行试验，试验原水水质见表 5-1。向曝气后（水的 pH 升高至 7.2）的水中投加 $4 \sim 5 mg/L$ 的氯，经 45min 反应，通过石英砂滤层（石英砂粒径 $0.5 \sim 1.0mm$，滤层厚度 0.8m）过滤。开始，由于石英砂表面没有催化物质，所以除锰效果不好。试验进行至第 10 天，除锰效果开始好转，再经过 $3 \sim 4d$，滤后水含锰浓度便降至 $0.05mg/L$ 以下，石英砂已变成黑色的锰质熟砂。将水的 pH 提高到 8.0，投氯量可减低至 $2.5 \sim 3mg/L$。

当水的含铁浓度高时，砂表面能被铁质覆盖而致滤料的接触催化活性降低或丧失。所以，氯接触氧化法除锰适用于水中含铁量不高的情况。

【实例 9-17】 合肥大房郢水库大投加量氯除锰（张昌林等，2011）。

合肥市某水厂以大房郢水库为水源，2010 年夏突发污染，致原水和出水锰浓度超标。原水锰为 $0.37 \sim 1.88mg/L$，色度为 $20 \sim 30$ 度，氨氮为 $0.01 \sim 0.14mg/L$，臭味为Ⅰ～Ⅲ级，当投氯量为 $12.9mg/L$ 时，滤后水锰浓度小于 $0.05mg/L$，色度小于 5 度。该法可于突发性锰超标时使用。

【实例 9-18】 预氯化联合超滤去除湖水中的铁和锰（CHoo et al.，2005）。

Kwang-Ho Choo 等人研究了在线预氯化联合超滤工艺去除湖水中的铁和锰。当原水含有 $1.0mg/L$ 的铁和（或）$0.5mg/L$ 的锰时，溶解氧的氧化可以促进溶解性二价铁转换成低溶解性的氧化铁颗粒，此种情况下锰的去除效果非常有限。当 Cl_2 投加量为 $3mg/L$ 时，锰的去除率达到 80% 以上，且剩余性锰含量低于 $0.1mg/L$；当 Cl_2 投加量为 $5mg/L$ 时，铁的去除量没有明显的增加，但是膜污染严重。而且，氧化后的锰对膜污染的贡献很大。这种现象和锰的氧化动力学关系很大，主要是膜在反冲洗过程中，氧化后的锰会在膜孔沉积，而不是沉积在膜表面层。当水中存在铁和锰时，浊度和天然有机物 NOM 的去除效果增强，主要原因是氧化后的金属颗粒具有吸附作用。

9.3.2 二氧化氯氧化法除铁除锰

二氧化氯氧化水中二价铁的速度很快。二氧化氯与水中二价铁的反应分两步进行：第一步，二氧化氯氧化二价铁生成亚氯酸盐（ClO_2^-）；第二步，生成的亚氯酸盐继续氧化二价铁，最终生成三价铁化合物，其反应式如下：

$$ClO_2 + Fe^{2+} + 3OH^- \longrightarrow Fe(OH)_3(S) + ClO_2^- \qquad (9-8)$$

$$ClO_2^- + 4Fe^{2+} + 10H_2O \longrightarrow Cl^- + 4Fe(OH)_3(S) + 8H^+ \qquad (9-9)$$

按上式计算，第一步反应完成，所需二氧化氯投加量为：

$$\frac{ClO_2}{Fe} = \frac{35.55 + 2 \times 16}{55.85} = 1.21$$

即每氧化 1mg 二价铁需投 1.21mg 二氧化氯。第二步反应完成后，整个反应所需二氧化氯投加量为：

$$\frac{ClO_2}{5Fe} = \frac{35.55 + 2 \times 16}{5 \times 55.85} = 0.24$$

即每氧化 1mg 二价铁需投加 0.24mg 二氧化氯。

由式（9-8）、式（9-9）可知，如反应只进行到第一步，不仅所需二氧化氯投加量较大，并且还会生成对人体有害的亚氯酸盐；如第二步反应完成，不仅所需二氧化氯投加量较小，且不生成亚氯酸盐，是希望得到的结果。一则试验结果表明，该试验实际上每氧化 1mg 二价铁需投加 0.4mg 二氧化氯，即反应能进行到第二步，但尚未进行完全。

二氧化氯也能氧化水中的二价锰，氧化也是分两步进行，反应式如下：

$$2ClO_2 + Mn^{2+} + 4OH^- \Longrightarrow MnO_2 + 2ClO_2^- + 2H_2O \tag{9-10}$$

$$ClO_2^- + 2Mn^{2+} + 2OH \Longrightarrow 2MnO_2 + 2H^+ + Cl^- \tag{9-11}$$

在天然水条件下二氧化氯氧化二价锰的反应只进行到第一步。按第一步氧化反应计算，每氧化 1mg 二价锰理论上需要 2.46mg 的二氧化氯，同时会产生 2.46mg 的亚氯酸盐（ClO_2^-）。当有催化剂存在时，上述反应能进行到第二步，这时每氧化 1mg 二价锰只需 0.5mg 的二氧化氯，且没有亚氯酸盐生成。

氧化生成的二氧化锰（MnO_2）能吸附水中的二价锰，所以所需二氧化氯的量比理论数值要低。但水中的还原性物质会消耗一部分二氧化氯，所以实际所需二氧化氯量应由试验决定。二氧化氯氧化二价锰水的 pH 不低于 6.0，有的建议不低于 7.0，在这样 pH 条件下，氧化反应十分迅速，一般可在数分钟内完成。

二氧化氯反应能生成对人体有毒害作用的亚氯酸盐，国标中亚氯酸盐的浓度限值为 0.8mg/L。按转化率 70% 计算，二氧化氯的投加量不宜超过 1.0mg/L，能氧化去除约 0.3mg/L 的二价锰，所以二氧化氯只能于二价锰浓度较低时使用。

【实例 9-19】　胶南市铁山水库水二氧化氯接触氧化除锰。

山东省胶南市铁山水厂以铁山水库水为水源，夏季出现锰浓度季节性超标。水厂规模 3 万 m^3/d，常规处理除锰效果不佳。水厂采用二氧化氯除锰，当进厂原水锰浓度为 0.73mg/L 时，投加 1.0mg/L 二氧化氯，可使出厂水锰降至 0.2mg/L。水厂从他处置换来具有催化作用的成熟滤料，在滤池原砂层上增加 0.2m 厚成熟砂，经 20d 的运行，滤后水锰浓度便降至 0.01mg/L。水厂进一步将二氧化氯投加量降低到 0.4mg/L，出厂水仍然达标，除锰的效果良好，实现了在催化剂作用下使二氧化氯氧化锰进行到第二步反应的目的。

【实例 9-20】　绍兴上虞水库水二氧化氯和高锰酸钾联用除锰。

绍兴上虞自来水有限责任公司水厂以 s 水库为水源，取水口位于水库底部，6 月初水库间歇性开闸放水，水中铁锰含量超标，导致出厂水浊度和色度升高，且波动很大，水厂常规工艺无法去除。水厂采用二氧化氯预氧化，对低浓度锰有一定去除效果，但对较高浓度锰因二氧化氯最大投加量只有 0.6mg/L，故效果较差。水厂采用高锰酸钾和二氧化氯组合除锰，高锰酸钾利用投加混凝剂的管道，与混凝剂同时投加。原水铁含量比较稳定为 0.3~0.4mg/L，且易于氧化去除；原水锰含量为 0.2~0.9mg/L。实际运行中锰含量与高锰酸钾投加量之比按表 9-21，即水中锰含量越高，投加比越小。

原水含锰量与高锰酸钾投量比　　　　　　　　　　　　　　表 9-21

原水 Mn（mg/L）	锰含量与高锰酸钾投量之比
<0.3	约 1：2.5
0.3~0.5	1：2.5~1：2
>0.6	约 1：1.5

实际操作上，水厂控制二氧化氯投加量不变，然后按原水铁、锰含量调节高锰酸钾投加量。为了准确控制高锰酸钾投加量，水厂设置了锰离子在线检测仪。水厂采用上述组合除锰工艺后，出水铁、锰含量均能达到 0.05mg/L 以下，并且出水浊度为 0.15～0.3NTU，色度为 5 度左右，出水水质良好。

【实例 9-21】 江西某县城水库水二氧化氯除锰。

江西某县城以水库水为水源。水厂分三期建设，供水总规模为 3.5 万 m³/d，水厂从水库水面以下 10m 处取水，水中锰浓度每年 5～11 月有季度性超标现象。水厂原有水处理皆为常规处理，无法除锰，故水厂出水锰浓度超标。水厂采用二氧化氯除锰工艺，在静态混合器前向原水中投加石灰乳，将水的 pH 调至 8 左右，在反应池进口处投加二氧化氯，二氧化氯投加量为锰浓度的 6 倍。水厂除锰改造于 2015 年 5 月竣工，之后出厂水锰浓度低于 0.1mg/L，达到国家水质标准对锰的限值要求。表 9-22 为 2015 年 6 月 2 日～9 月 16 日期间水厂实际运行记录。

实际运行监测数据 表 9-22

时间	原水		ClO₂ 投加量 (mg/L)	调整原水 pH	滤后水		
	pH	Mn 含量 (mg/L)			pH	Mn 含量 (mg/L)	余氯 (mg/L)
2015 年 6 月 2 日	6.16	0.206	1.0	7.8	7.2	0.03	0.02
2015 年 6 月 23 日	6.18	0.255	1.1	7.6	7.1	0.04	0.04
2015 年 7 月 15 日	6.21	0.262	1.3	7.7	7.2	0.03	0.02
2015 年 8 月 2 日	6.35	0.285	1.5	8.0	7.2	0.04	0.05
2015 年 8 月 25 日	6.45	0.285	1.5	7.9	7.1	0.04	0.04
2015 年 9 月 5 日	6.46	0.288	1.5	8.0	7.1	0.03	0.03
2015 年 9 月 18 日	6.45	0.287	1.5	7.9	7.2	0.03	0.04
2016 年 7 月 8 日	6.31	0.282	1.5	7.8	7.1	0.04	0.04
2016 年 8 月 2 日	6.42	0.295	1.5	7.8	7.0	0.05	0.05
2016 年 9 月 16 日	6.44	0.321	1.7	8.0	6.9	0.05	0.04

【实例 9-22】 氧化剂除藻和除锰。

Jr-Lin Lin 等人研究了预氧化用于提高地表水厂混凝-沉淀工艺同时去除藻和高浓度溶解性锰的效能（图 9-19）。该研究主要关注几种氧化剂对藻和溶解性锰的同时去除的效果，而溶解性锰包括离子态的和络合态的。氧化剂包括 NaOCl、ClO₂ 和 KMnO₄。研究结果表明，NaOCl 可以有效除藻，但是对锰的去除效能很差。ClO₂ 具有很强的除藻能力，且可以氧化铁和络合态锰；而高锰酸钾可以氧化离子态和络合态的锰，但除藻能力却会下降。NaOCl 预氧化只能提高沉淀过程对藻类的去除效果，但是溶解性锰依然存在。然而，ClO₂ 预氧化可以在混凝-沉淀工艺中同时且充分地去除藻和溶解性锰。此外，KMnO₄ 预氧化确实能提高沉淀的去除效能，但在上清液中残留大量的溶解性锰。通过显微镜照片可以看出藻和锰氧化后形成絮体的形貌，表明氧化过程可以产生密实的絮体，容易通过沉淀去除。研究表明，有效的预氧化措施可以减少藻类数量，同时降低溶解性锰的浓度，是提高混凝-沉淀性能的重要措施。

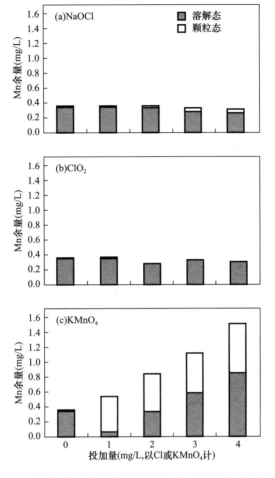

图 9-19　不同氧化剂投加量下 Mn 的去除效果（反应时间 60s）

9.3.3　臭氧氧化法除铁除锰

臭氧是一种很强的氧化剂，不仅能迅速地氧化水中的二价铁，并且在比较低的 pH（6.5）和无催化剂的条件下，也可使二价锰完全氧化：

$$2Fe^{2+} + O_3 + 5H_2O == 2Fe(OH)_3 + O_2 + 4H^+ \tag{9-12}$$

$$2Mn^{2+} + 2O_3 + 4H_2O == 2MnO(OH)_2 + 2O_2 + 4H^+ \tag{9-13}$$

按上式计算，每氧化 1mg/L Fe（Ⅱ），理论上需要 0.43mg/L 臭氧；每氧化 1mg/L Mn（Ⅱ），理论上需要 0.87mg/L 臭氧。但实际使用值要高数倍，所需最佳臭氧剂量应由试验确定。

臭氧与锰的反应时间很短，只需 30s。

臭氧投加量如超过最佳投加量，并不能特别提高锰的去除率，由于锰可被臭氧氧化成高锰酸盐，反而使出水略呈粉红色：

$$2Mn^{2+} + 5O_3 + 3H_2O == 2MnO_4^- + 5O_2 + 6H^+ \tag{9-14}$$

用砂滤料不能去色，臭氧氧化后的水可通过无烟煤层（单层或双层滤料滤池）或通过活性炭层去色，此时活性炭起还原作用：

$$4MnO_4^- + 3C + H_2O \longrightarrow 4MnO_2 + 2HCO_3^- + CO_3^{2-} \tag{9-15}$$

【实例 9-23】 德国莱茵河岸渗透水臭氧与活性炭联用除锰除臭去味。

德国杜塞尔多夫水厂日产水量 147000m³，原水取自莱茵河岸边渗透水，原水处理前含铁锰约 0.5mg/L，加臭氧 1.5mg/L，在除铁锰的同时还要除臭去味，臭氧处理后的水经两级活性炭过滤，锰和铁都能除去。第一级活性炭滤层（914mm 厚）起机械过滤的作用，除去二氧化锰和氢氧化铁，并对剩余臭氧和锰氧化时形成的高锰酸盐进行催化分解，滤层每隔 48～120h 反冲洗一次。第二级活性炭滤层（1828mm 厚）主要是用来除去产生臭味的化合物和除去未被臭氧降解的有机物质，第二级滤层每隔 4～8 星期反冲洗一次。活性炭可连续使用多年。

德国 Wittlaer 水厂水源用莱茵河岸边渗透水，原水先加臭氧再经双层压力滤池过滤，滤池上层用粒径为 0.5～2mm、厚 1m 的砂层，下层为活性炭。水中铁锰氧化后在滤池上层被除去。运行后 1970 年原水含锰量超过 1.0mg/L，上部滤层已不能有效地除锰，锰进入下部活性炭滤层而被除去。

9.4　接触氧化法除铁除锰

当水中含二价铁和二价锰时，有的滤池滤料会黑化，即滤料表面沉积一层锰质滤膜，在有的滤池中黑砂不具有接触氧化除锰作用，但有的黑砂则对水中溶解氧氧化二价铁和二价锰有接触催化作用，即具有接触氧化除铁除锰能力。此外，用人造锰砂也可对水中二价铁和二价锰起到接触氧化去除的作用。

【实例 9-24】 云南省曲靖市独木水库水人造锰砂除锰。

曲靖市第三水厂（6 万 m³/d）建成于 1997 年，原水引自 42km 外的独木水库水为水源。水源水锰超标，原水厂常规处理工艺除锰效果不佳，致使水厂多年没有正式投产运行。2007 年初，在使用复合锰砂对水源水进行除锰试验成功的基础上，将 V 型滤池中的石英砂全部换成复合锰砂进行除锰改造。该水厂现已正常全负荷运行，除锰效果好，水质稳定。

复合锰砂的应用，使曲靖市第三水厂收到了好效果：正式投产运行 7 个月以来，滤池进出水的检测数据表明，原水锰含量超标 4～6 倍的情况下，过滤水锰含量降低到 0.01～0.06mg/L。使用复合锰砂除锰，降低了氯的消耗量，节约了制水成本。复合锰砂的质量与石英砂基本相同，已经建成的滤池，原有设计参数大多是按照石英砂滤料来设计的，在需要进行除铁锰改造时，其反冲洗水的强度和反冲洗用水量难以有较大的改变，而采用复合锰砂其反冲洗强度与反冲洗用水量与原石英砂相同，所以比较适合老水厂的改造。

【实例 9-25】 深圳水库水接触氧化除锰。

深圳市许多水厂以水库为水源，水库水含铁量含锰量有季节性超标的现象，原水水质见表 9-23。S 水厂采用常规处理工艺，除铁效果较好，滤后水与出厂水中总铁含量均小于 0.3mg/L。S 水厂石英砂滤池虽有一定的除锰效果，但不稳定，偶有出水锰超标的现象，为了提高滤池除锰效果，必须对滤池进行改造。

滤柱试验期间原水水质　　　　　　　　　　　　　表 9-23

分析项目	单位	分析结果
水温	℃	24.5~28.0
色度	度	5~10
浑浊度	NTU	3.7~14
臭和味	级	无（0）
肉眼可见物	—	少量悬浮物
pH	—	6.90~7.45
总硬度	mg/L	8.0~10.4
总铁	mg/L	0.42~1.28
锰	mg/L	0.14~0.57
硫酸盐	mg/L	<5
氯化物	mg/L	1.9~3.0
氟化物	mg/L	0.20~0.30
铬（六价）	mg/L	0.004~0.009
硝酸盐氮	mg/L	<0.2
细菌总数	CFU/mL	180~440
总大肠菌群	CFU/100mL	7~140
耐热大肠菌群	CFU/100mL	3~50
总碱度	mg/L	16.3~19.4
氨氮	mg/L	0~0.07
亚硝酸盐氮	mg/L	0.002~0.004
耗氧量	mg/L	1.66~2.06

　　试验采用中试规模。试验安装了 4 根滤柱，4 根滤柱中装有 4 种不同的滤料。滤柱的进水为水厂的沉后水，滤柱反冲洗水为水厂出水。4 根滤柱中的滤砂如下：

　　A 柱：S 水厂滤池中滤料（石英砂），粒径 0.8~1.2mm，滤层厚 1000mm。

　　B 柱：未使用过的新石英砂滤料，粒径 0.8~1.2mm，滤层厚 1000mm。

　　C 柱：C 水厂滤池现有滤料（经过长期运行后除锰效果好，表面呈现黑化现象，具有"锰质熟砂"的特点，以下简称"C 厂熟砂"），粒径 0.8~1.2mm，滤层厚 1000mm。

　　D 柱：天然锰砂滤料，粒径 1.2~1.6mm，滤层厚 1000mm。

　　滤柱反冲洗采用单水冲，反冲洗强度 13~15L/(s·m²)。滤柱反冲洗周期为 36h。

　　试验滤柱运行了 34d，图 9-20 为滤柱运行过程中的除锰情况，由图可以看出，在滤柱运行初期，原水锰含量较高，B 柱新石英砂滤料的除锰效果较差，出水锰含量一直高于 0.1mg/L。A 柱滤池旧砂虽然有一定的除锰能力，但出水锰含量仍有超标现象。C 柱的 C 厂熟砂和 D 柱天然锰砂出水锰含量一直小于 0.1mg/L，且很稳定。在滤柱运行后期，原水锰含量下降，沉后水锰含量也随之下降，此时各滤柱出水均较好。

　　从整个试验滤柱除锰情况来看，滤砂起到两方面作用，一方面是过滤作用，另一方面则起到接触氧化除锰的作用。原水经混凝沉淀以后，沉后水中有一定的浊度，一般为 2~10NTU，其中的总锰含量包括二氧化锰和未被氧化的二价锰，新石英砂不具备除锰能力，在过滤过程中只起到截留二氧化锰的作用。滤池旧砂、C 厂熟砂及天然锰砂都具备一定的除锰能力。

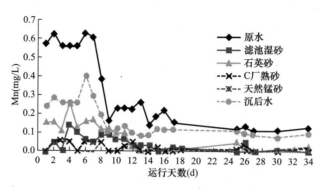

图 9-20　滤柱除锰情况

地表水质相比于地下水溶解氧含量较高，水质波动较大，且污染较重，不利于微生物的大量繁殖。运用 MPN 法对 S 水厂石英砂滤池表面的微生物总量进行了检测，通过三组平行样的检测得到滤砂表面微生物量为（2~4）$\times 10^3$ 个/g 湿砂。一般微生物量至少在 10^4 以上才能体现微生物作用，因此，S 水厂石英砂除锰主要为非生物作用。

9.5　生物处理法除铁除锰

当受污染地表水含有铁和锰时，可采用生物法除铁除锰，同时还可去除水中氨氮和有机物污染等。

9.5.1　曝气生物滤池

处理受污染的地表水，常采用曝气生物滤池。曝气生物滤池的池中装有一定粒径（如 5~15mm）的颗粒填料，使水由填料滤层上部向下经填料层过滤，将空气送到填料层下部对填料层进行曝气，水和空气逆向流动，使空气中氧溶于水中，以供氧化水中铁、锰、氨氮、有机物等污染物。当填料层被水中悬浮物及铁、锰沉淀物堵塞，便对填料层进行气水反冲洗，以恢复填料层的过滤和除污染能力。

【实例 9-26】　广州市某自来水厂曝气生物滤池＋常规工艺除锰除氨氮。

试验原水为广州市某大型自来水厂原水，水的浊度为 6.4~37.2NTU（平均11.9NTU），pH 为 6.9~7.6（平均 7.2），COD 为 1.1~2.7mg/L（平均 1.7mg/L），水温为 23.0~29.0℃（平均 25.2℃），锰含量为 0.449~0.556mg/L（平均 0.507mg/L），水中铁含量不高。

试验采用生物曝气滤池（BAF）＋常规处理工艺，由升流式曝气生物滤池（BAF）和常规处理装置组成。曝气生物滤池下层装填下部敷设 0.3m 厚粒径 3~5mm 粗砂垫层，上层装填 3m 厚粒径 3~5mm 陶粒；砂滤池装填的石英砂取自水厂砂滤池，滤砂粒径为 0.9~1.3mm，砂层厚 0.7m，下部敷设 0.1m 厚粒径 3~5mm 粗砂垫层。絮凝剂采用聚合氯化铝，投加量为 30mg/L，混凝反应时间为 8~16min。

试验研究了"BAF＋常规工艺"对于地表水锰污染的处理效果。在进水锰浓度

0.45～0.518mg/L，水温 25.0～29.0℃，DO 浓度为 5.34～6.30mg/L 的条件下进行试验。系统的启动过程中滤速从 8m/h 逐步增加到 16m/h。图 9-21 和图 9-22 为启动阶段除锰效果与锰去除率。

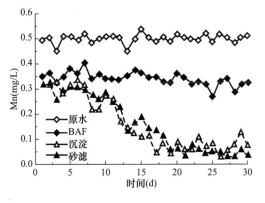

图 9-21　启动阶段除锰效果

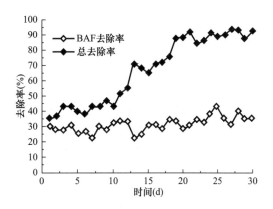

图 9-22　启动阶段锰去除率

由图 9-21 和图 9-22 可知曝气生物滤池＋常规工艺除锰的启动时间为 30d，整个启动过程先慢后快。启动成功以后"BAF＋常规工艺"对锰的去除率为 90%，去除量稳定在 0.46mg/L，出水锰浓度大部分时间在 0.05mg/L 以下。试验表明，该工艺可以很好地消除地表水锰污染。

从试验过程中可以看出，BAF 单独对于锰的去除量很小，从挂膜启动直至挂膜成功，去除率都维持在 30% 左右，但是总的去除效果逐步提高直至出水中锰达标。为了进一步验证 BAF 对于锰去除的贡献，进行一组对比试验，将原水直接越过 BAF 进入常规工艺运行 10d。试验结果如图 9-23 所示。

试验结果表明，进水锰平均浓度 0.496mg/L 时，常规工艺出水锰平均浓度为 0.444mg/L，去除率为 10.8%，"BAF＋常规工艺"去除率 90%。两者的去除效果对比表明 BAF 对于锰的处理起着重要作用。

相比地下水，地表水成分更复杂，BAF 和常规工艺流程更长，其生化及物理作用更复杂，因此尝试对 BAF 氧化锰的机理进行初步研究，进行了 BAF 灭活试验。停止滤池进水，利用浓度为 6g/L

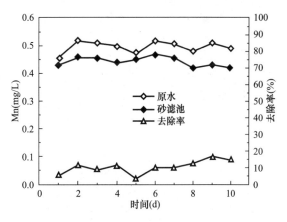

图 9-23　常规工艺除锰效果

的次氯酸钠溶液浸泡 BAF 滤柱，进行一定量曝气以使消毒药液在填料层中充分混合。24h 后，放空药液，利用自来水反复浸泡和冲洗滤池数次，直至冲洗出水余氯低于 0.3mg/L 后再通原水运行，测量灭菌后的"BAF＋常规处理工艺"对原水中锰的去除效果。

试验期间原水水温为 22.0～25.5℃，生物滤池滤速为 16m/h，气水体积比为 0.2，反冲洗周期为 7d。进行灭菌处理后，"BAF＋常规工艺"对于锰保持 0.27mg/L 的去除量，去除率为54%，相比灭菌前降低了36%。经过10d之后去除效果逐渐上升，25d后该工艺对锰的总去除率就上升至90%并保持稳定，出水锰浓度下降到0.1mg/L以下，达到了杀菌前的水平，总的锰去除量为0.46mg/L，如图9-24所示。因此，BAF对于锰的去除是生物作用和非生物作用叠加的结果。

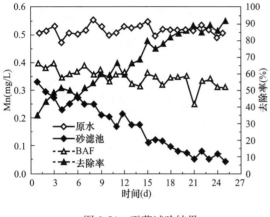

图9-24　灭菌试验结果

【实例9-27】 曝气生物滤池去除锰及氨氮。

Hassimi Abu Hasan 等人研究了曝气生物滤池（BAF）对 COD、NH_4^+-N 和 Mn^{2+} 同时去除的能力（图9-25、图9-26）。原水中 COD 含量为100mg/L，氨氮为5mg/L，磷为2.5mg/L，镁为8mg/L，铁为0.3mg/L，锰为1.45mg/L。研究通过响应曲面方法优化了运行参数，具体包括 COD 负荷、曝气强度和水力停留时间。在 COD、NH_4^+-N 和 Mn^{2+} 同时去除最大效能前提下，优化后的条件是 COD 负荷为0.90kg/m³，曝气强度是0.30L/min，水力停留时间7.47h，对应的 COD、NH_4^+-N 和 Mn^{2+} 的去除率分别是95.5%、93.9%和94.8%（图9-27）。

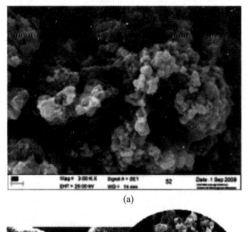

(a)

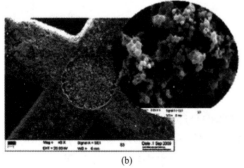

(b)

图9-25　BAF中塑料填充物SAS（a）和降解的生物层（b）的扫描电镜图

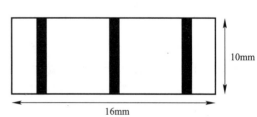

10mm

16mm

图9-26　BAF滤柱中塑料填充物示意图

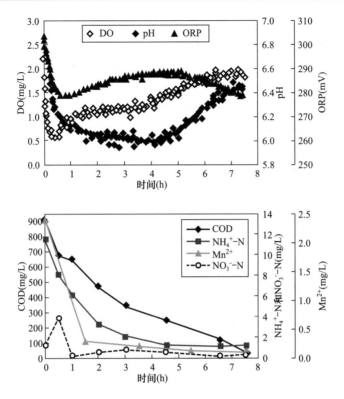

图 9-27 FC-CCD 建模的最优条件下 DO、pH 和 ORP

9.5.2 慢滤池

利用铁细菌除铁的滤池一般为慢滤池。慢滤池的构造与普通重力式快滤池相似，在池底部设集水系统，由于慢滤池靠重力过滤并不进行反冲洗，所以集水系统的作用主要就是收集滤过水。集水系统一般由带孔眼的或缝隙的混凝土管或陶土管组成，集水系统上设卵石承托层，厚约 0.4m；卵石承托层上为砂滤层，滤料粒径为 0.4~1.0mm，厚约 1.0m；滤层上的水层厚约为 0.5~1.0m。图 9-28 为一慢滤池的构造示意。含铁水进入滤池，

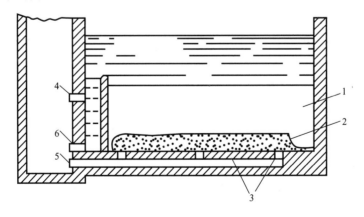

图 9-28 铁细菌除铁慢滤池

1—砂滤层；2—承托层；3—集水系统；4—进水管；5—滤后水管；6—放空管

自上而下以 0.5～1.5m/h 的滤速过滤，经过数周，铁细菌便在滤层的表层大量繁殖，可将含铁水的铁浓度降至 0.1mg/L 以下。在设备刚投产时，若向水中投加菌种可加速铁细菌的繁殖。当滤层被堵塞时，可从滤层表面刮去一层菌膜以清除铁泥，这时会同时刮去少量滤砂，刮砂后铁细菌会继续迅速繁殖，所以除铁水的水质一般不至恶化。刮下来的滤砂可用水清洗干净备用。滤层经多次刮砂后便逐渐变薄，当滤层厚度减小至已不足以保证除铁效果时，便需将剩余滤砂全部取出，更换洗净的滤砂。

铁细菌除铁法设备简单，运行管理方便，适用于农村的小型除铁水厂。

铁细菌以及某些藻类，体内含有催化活性的生物酶，能大大加速水中溶解氧氧化二价锰的反应，从而能在水的 pH 比较低的情况下除锰。

可用于水除锰的细菌有细枝发铁菌（*Clonothrix*）、多孢铁细菌（*Crenothrix fusca*）、纤发铁菌（*Leptothrix*）、嘉氏铁柄杆菌（*Gallionella*）等。除锰藻和绿藻类中的丝藻和仙掌藻，也可用于除锰。

适于各种微生物除锰的条件并不相同，这些条件主要有水的含铁量、含锰量、溶解氧含量、水温、水的 pH、是否含有机物等。一般微生物除锰时，水的含铁量要低，否则效果不佳。用铁细菌除锰时，不要求水中含大量溶解氧，溶解氧浓度过高，对铁细菌繁殖不利；但有的除锰藻类则要求充足的溶解氧。水的 pH 在 6.5～7.3 范围内，对微生物除锰比较有利。

微生物除锰一般都在滤池中进行。当含锰水经滤层过滤时，除锰微生物能在滤料上繁殖。但若水中微生物含量很少时，繁殖速度很慢。为了加速微生物的繁殖，可于滤前向水中投加其他除锰滤池反冲洗水中的沉泥。微生物除锰滤池多为慢滤池，滤速为 20～40m/d。但也有不少滤速较高的微生物除锰快滤池，滤速最高可达 20～25m/h。

【实例 9-28】 慢滤池除锰除氨氮。

Fuzieah Subari 等人采用慢滤池处理含锰含氨氮的湖水，主要作用为生物过程。当原水 NH_4^+-N 和 Mn^{2+} 的浓度分别为 2.01mg/L 和 3mg/L 时，试验过程中通过响应曲面法获得了慢滤运行的优化条件，具体是曝气量和水力停留时间分别为 6L/min 和 9.45h，在此条件下 NH_4^+-N 和 Mn^{2+} 的去除率分别为 89% 和 98%。通过 PCR-DGGE 方法鉴定了慢滤池中的生物种群，主要包括 *Clostridium* sp.，*Desnuesiella* sp.，*Aeromonas* sp.，*Pseudoalteromonas* sp.，*Romboutsia* sp.，和 *Plasticicumulans* sp.。其中，*Aeromonas* sp. 是氨氧化菌，*Pseudoalteromonas* sp. 是锰氧化菌。

9.5.3 滴滤池（干滤池）

在欧洲常用干滤池（dry filter）作为微生物除锰用的滤池。干滤池是一种不浸水的滤池，像生物滤池一样把水喷淋在砂面上。

【实例 9-29】 干滤池除铁除锰除氨氮。

A. G. Tekerlekopoulou 等人采用中试系统研究了滴滤池中生物作用对氨氮、铁和锰的去除效果，如图 9-29 所示。填料的粒径对硝化作用的影响较为明显，而且碎石的比表面积对硝化作用的影响至关重要。在前期的研究中建立了一个稳态模型来预测滴滤池的性能，这个模型可以准确地预测砾石尺寸达到的最大硝化作用。运行条件对物化作用联合生物作用对铁的去除都有研究。研究表明生物氧化作用非常明显，使滤池的效率提高 6％，而且滤层的深度可以减少 40％。采用粒径小、比表面积大的砾石，4.0mg/L 的锰可以完全去除。最终试验模拟研究去除铁、锰和氨氮的水源水。试验结果表明，以上提及的污染物都可以通过单级过滤去除。其中填料粒径为 3.9mm，空隙率为 0.38。

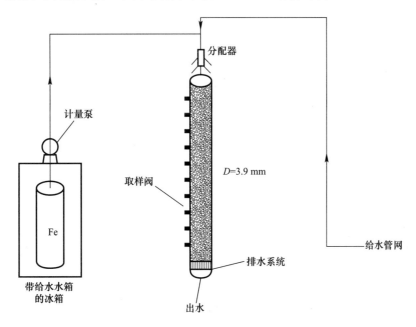

图 9-29　中试滴滤池处理系统

本章参考文献

［1］　白晓峰. 高铁酸钾预氧化去除天然水体中二价锰的研究［D］. 成都：西南交通大学，2018.

［2］　白筱莉. 复合锰氧化膜同步去除地表水氨氮和锰的动力学及中试研究［D］. 西安：西安建筑科技大学，2018.

［3］　曾庆仕，耿安朝. 锰砂滤床-超滤组合工艺净化含锰地表水研究［J］. 山东工业技术，2018（16）：8.

［4］　陈运东. 藻渡河水铁锰来源研究［C］//2016 年全国工程地质学术年会论文集. 2016.

［5］　崔恒，郑西来，陈蕾，等. 二氧化氯-接触催化氧化联合去除水中铁和锰［J］. 环境工程学报，2014（6）：2478～2484.

［6］　董玉帅，马洁，李殿茂. 水厂除锰工艺措施的应用［J］. 城镇供水，2011（3）：40～41.

［7］　杜凌楠. 某市水厂水库水源锰超标的原因分析及应急处理措施［J］. 城镇供水，2019（3）：32～37.

［8］　高文奎，李运杰. V 型滤池除铁锰改造的成功样板——曲靖市三水厂［J］. 西南给水排水，2009（1）：4～5.

［9］　郭建敏. 地表水中突发性、季节性超标锰的去除［J］. 城镇供水，2007（6）：23～24.

［10］　郭星庚，佘伟鸣. 二氧化氯（电解法）除锰工艺在富兴堡水厂的运用［J］. 城镇供水，2001（4）：12～13，25.

[11] 胡伟. 氧化—吸附法去除地表水中的锰及其机理研究 [D]. 合肥：安徽建筑大学，2017.

[12] 胡文华，吴慧芳，孙士权. 过氧化氢预氧化去除受污染地下水中铁、锰的试验研究 [J]. 水处理技术，2011，37 (1)：73～75.

[13] 胡文佳，黄丽梅. 高锰酸钾复合盐投加除锰试验研究 [J]. 中国高新技术企业，2015 (8)：44～46.

[14] 黄玲琴. 高锰酸钾法去除地表水地下水混合水样锰的技术及应用 [J]. 科技信息，2011 (16)：385～386.

[15] 黄敏，钟永光. 强化混凝除锰处理低浊水的研究 [J]. 城镇供水，2015 (4)：30～34.

[16] 蒋立新，文永林. 浅谈药剂氧化法在除铁锰水中的应用 [J]. 四川水泥，2018 (7)：313.

[17] 金占红，曾东宝. 高锰酸钾预处理技术的地表水除锰效果试验研究 [J]. 东莞理工学院学报，2007 (3)：84～87.

[18] 康建雄，马毅妹，杨建军. 高锰酸钾氧化法地表水除锰工艺试验 [J]. 中国农村水利水电，2003 (7)：41～42.

[19] 李圭白，刘超. 地下水除铁除锰 [M]. 第 2 版. 北京：中国建筑工业出版社，1989.

[20] 李俊，夏龙兴，申海兵. 某地表水除锰方案的探讨 [J]. 广州化工，2011，39 (14)：128～129.

[21] 李倩倩，陈金楠，张隆基，等. 二氧化氯预氧化除锰副产物亚氯酸根作用的影响 [J]. 辽宁化工，2018，47 (2)：93～96.

[22] 李晓梅，陆少鸣，张菊萍，等. 升流式曝气生物滤池除锰的影响因素的研究 [J]. 水处理技术，2014 (4)：67～69.

[23] 李志竑，王万民，陈雄波. 金沙江原水中铁锰去除研究 [J]. 人民黄河，2010，32 (1)：44～45.

[24] 郦丹，余健，张浩江. 氯接触氧化过滤去除原水中锰的试验研究 [J]. 工业水处理，2013，33 (10)：23～26.

[25] 林技. 高锰酸钾法除锰的技术运用 [J]. 城镇供水，2011 (1)：34～35，28.

[26] 孟兴晖，柳兵兵. 次氯酸钠预氧化除锰试验研究 [J]. 中小企业管理与科技（中旬刊），2016 (5)：269～271.

[27] 强昌林，孙玉华. 水源水质突发性锰污染的应急处理 [J]. 给水排水，2011 (10)：23～25.

[28] 沈志余，江锐，王颖，等. 高锰酸钾除锰方法在水厂生产中的运用 [J]. 供水技术，2014，8 (4)：18～21.

[29] 孙成超. 高锰酸钾快速启动接触氧化除锰滤池及其处理效能 [D]. 哈尔滨：哈尔滨工业大学，2019.

[30] 孙士权，马军，黄晓东，等. 高锰酸盐预氧化去除太湖原水中稳定性铁、锰 [J]. 中国给水排水，2006 (21)：6～8，13.

[31] 孙霞. 预氧化应急除锰的试验研究 [D]. 长沙：湖南大学，2016.

[32] 孙志民，刘万里，刘国祥. 新型气浮—沉淀池与锰砂滤料 V 型滤池组合除锰 [J]. 中国给水排水，2014，30 (22)：34～36，41.

[33] 唐铭，丁亮，颜亮，等. 高锰酸钾法降低自来水锰含量的技术运用 [J]. 给水排水，2003 (2)：30～32.

[34] 万毅锋，李春森. 预投加高锰酸钾工艺用于工业用水除锰 [J]. 中国给水排水，2007 (20)：25～27.

[35] 王建蓉，马铃，唐文勇，等. 投加高锰酸钾去除水中溶解性锰——5.12 地震后水源水遭受锰微污染应急处理方法研究 [J]. 城镇供水，2011 (1)：29～31.

[36] 王菊，潘孝楼. 高锰酸钾在水处理中的应用 [J]. 科技资讯，2009 (34)：115，117.

[37] 王亮. 二氧化氯和高锰酸钾组合预氧化工艺在原水除铁除锰中的应用 [J]. 科技与企业，2013 (19)：264～265.

[38] 王玲，吴永娣，隋爱妮. $KMnO_4$ 二次投加法去除水中 Mn 的技术应用 [J]. 能源与节能，2015 (11)：107～108.

[39] 王文东，岳强，刘国旗，等. 传统饮用水净化工艺对锰的去除特性 [J]. 环境工程学报，2016 (9)：4733～4736.

[40] 翁国永，叶素红. 长潭水库铁锰超标原因分析及防治对策 [J]. 科技信息（科学教研），2007 (18)：509，506.

[41] 吴雪军，李益飞，许秋海，等. 二氧化氯除锰技术在某县城地表水厂改造中的应用 [J]. 中国给水排水，2018，34 (10)：71～76.

[42] 徐满天，唐玉朝，胡伟，等. $KMnO_4$ 预氧化与混凝联合作用去除湖泊源水中 Mn^{2+} 的研究 [J]. 水处理技术，2018 (6)：46～51.

[43] 徐满天. 源水化学氧化与排泥水生物氧化除锰技术研究 [D]. 合肥：安徽建筑大学，2017.

[44] 徐学，孙士权，吴方同. 高锰酸盐预氧化强化去除藕池河原水中稳定性铁锰 [J]. 长沙理工大学学报（自然科学版），2008，5 (4)：91～95.

[45] 许友芹，李金成，王娟，等. 二氧化氯预氧化处理含锰地下水的试验研究 [J]. 西南给排水，2006，28 (6)：24～27.

[46] 杨开，李春森，莫孝翠，等. 高锰酸钾氧化法去除地表水中的锰 [J]. 中国给水排水，2003 (8)：61～62.

[47] 杨政义，严忠. 高锰酸钾直接除锰技术及应用 [J]. 城镇供水，2012 (3)：16～18.

[48] 姚健，姚璐，杨度晖. 舞水河锰污染的应急处理技术研究 [J]. 农业与技术，2016，36 (3)：65～66.

[49] 佚名. 上海自来水闵行公司除锰生产性试验获得成功 [J]. 上海水务，2002 (4)：15.

[50] 尹超，陆少鸣，付斌，等. 曝气生物滤池—常规工艺处理原水锰污染 [J]. 水处理技术，2015，41 (7)：99～102.

[51] 俞文正，杨艳玲，孙敏，等. 水质应急全自动微型试验台及在高有机物锰污染事故中的应用 [J]. 给水排水，2009，45 (10)：18～21.

[52] 张建锋，王晓昌. 东莞市东江原水高锰酸钾预氧化除锰技术及应用 [J]. 给水排水，2007 (5)：139～141.

[53] 张立岩. 深圳市供水水源铁锰含量调查及去除方法研究 [D]. 哈尔滨：哈尔滨工业大学，2013.

[54] 张晓健，林朋飞，陈超，等. 自来水厂应急除锰净水技术研究 [J]. 给水排水，2013，49 (12)：27～31.

[55] 赵园园. 给水管网中氧化剂对 Mn^{2+} 的动力学反应机理研究 [D]. 呼和浩特：内蒙古工业大学，2016.

[56] 周荣斌，郑晨，袁琪. 在线总锰分析仪在水厂除锰工艺中的应用 [J]. 城镇供水，2016 (3)：64～67.

[57] 朱荣凯. 生物膜法除铁除锰研究 [J]. 应用科技，2003 (9)：44～46.

[58] 朱勇. 小型水厂除锰工艺改造实践 [J]. 供水技术，2012，6 (3)：55～57.

[59] ABU HASAN H, ABDULLAH S R S, KAMARUDIN S K, et al. Response surface methodology for optimization of simultaneous COD, $NH_4^+ - N$ and Mn^{2+} removal from drinking water by biological aerated filter [J]. Desalination, 2011, 275 (1)：50～61.

[60] CHOO K H, LEE H, CHOI S J. Iron and manganese removal and membrane fouling during UF in

conjunction with prechlorination for drinking water treatment [J]. Journal of Membrane Science, 2005, 267 (1): 18~26.

[61] GUO Y M, HUANG T L, WEN G, et al. The simultaneous removal of ammonium and manganese from groundwater by iron-manganese co-oxide filter film: the role of chemical catalytic oxidation for ammonium removal [J]. Chemical Engineering Journal, 2017, 308: 322~329.

[62] JEONG B, OH M S, PARK H M, et al. Elimination of microcystin-lr and residual mn species using permanganate and powdered activated carbon: oxidation products and pathways [J]. Water Res, 2017, 114: 189~199.

[63] LIN J-L, HUA L-C, WU Y, et al. Pretreatment of algae-laden and manganese-containing waters by oxidation-assisted coagulation: Effects of oxidation on algal cell viability and manganese precipitation [J]. Water Res, 2016, 89: 261~269.

[64] TEKERLEKOPOULOU A G, VAYENAS D V. Ammonia, iron and manganese removal from potable water using trickling filters [J]. Desalination, 2007, 210 (1): 225~235.

第 10 章

天然水的其他除铁除锰方法

10.1 地层处理法

10.1.1 地层除铁除锰及其相关工程问题

1. 概论

地层除铁除锰工艺，是将含氧水周期性地灌入井周围的地层中，使之由还原状态转变为氧化状态，并形成封闭性的氧化性地层；当由井中抽水时，地下水必须先流经氧化性地层然后才能流入井中，这时水中的二价铁和二价锰被氧化性地层吸附除去，由井中抽出来的水便不再含有铁和锰，从而达到除铁除锰的目的，如图 10-1 所示。

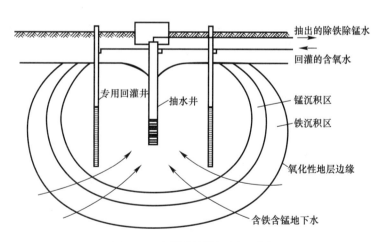

图 10-1　地层除铁除锰原理示意

20 世纪 60 年代芬兰首创地层除铁除锰技术，以后在北欧诸国得到推广应用，近年来已为许多国家所重视。

地层除铁除锰是一种全新的地下水除铁除锰工艺，与传统的地面除铁除锰工艺相比，可大大减少建设费用，减少占地面积，运行管理也比较方便，是具有很大经济价值的新技术，它的推广应用必将带来重大经济效益。

表 10-1 为国内外部分地层除铁除锰试验一览。

部分地层降铁除锰试验一览表

表10-1

大类	参数	1	2	3	4	5	6	7	8	9	10	11
编号		1	2	3	4	5	6	7	8	9	10	11
国家及地区		中国	中国	中国	中国	中国	苏联	苏联	苏联	西德	丹麦	丹麦
		大庆	哈尔滨	哈尔滨	盘石	伊通						
地下水水质	Fe(mg/L)	2.7	6.1	1.4	3.2	20	2.0	0.5	<7	10	0.75~1.2	0.73
	Mn(mg/L)	0.4	1.3	0.4	1.2	1.0	—	3.6	≥0.013	—	0.2~0.26	0.07
	碱度(mmol/L)	0.104	0.092	0.069	0.046	0.015	8.2	7.4	—	—	0.029~0.033	—
	pH	7.3	7.1	7.1	6.1	6.0	6.9	—	≥6.8	—	7.4~7.7	7.2
	水温(℃)	8	10	—	8	8	—	—	—	—	—	—
含水层	组成	砂岩	粗砂	粗砂砾石	含砾粗砂及中粗砂	中粗砂砾石	中砂夹砾	—	—	—	粗砂卵石	中砂
	厚度(m)	51	30	16	20	21	6	—	—	—	8	16
	埋深(m)	119~170	19~59	25~48	32	32	—	—	—	80	66	60
抽水井	井深(m)	160	65	52	—	—	—	—	—	—	—	—
	井管直径(mm)	300	400	400	300	300	—	—	—	—	315	225
	过滤器长度(m)	27	19	17	21	24	—	—	—	14	—	—
	井数(个)	1	1	1	1	1	—	—	—	1	3	4
地层除铁除锰	回灌方式	井内	井内	井内	井内外结合	井外	井内	井内	井内外结合	井内外结合	井内外结合	井内外结合
	回灌井数(个)	0	0	0	3	3	0	0	一至数口	0	3	3
	回灌流量(m³/h)	40~50	—	—	30~36	72.5	3.5	—	4~6	50	—	—
	回灌时间(h)	28~51	—	—	12~13	3	18	—	—	48	—	—
	回灌水量(m³)	1575	480	383	450	217~265	63	—	—	—	1000~1370	—
	抽水流量(m³/h)	60~70	36	80	36	40	16	60	—	—	—	—
	抽水时间(h)	288	120	87	55	40	16	20	—	—	—	—
	抽水水量(m³)	13000	4320	6960	1980	1600	258	1200	<800m³/d	—	9000~11000	—
	抽灌比	8.3:1	9:1	18.2:1	4.4:1	9.3:1	4.1:1	10:1	10:1~12:1	3:1	8:1~9:1	—
地层除铁	抽水平均Fe(mg/L)	0.38	0.29	0.24	0.26	13~14	<0.3	<0.3	—	—	<0.05	<0.05
除锰	抽水平均Mn(mg/L)		1.23	—	0.4~0.6	—	—	—	—	—	<0.02	<0.02
	试验周期数	10	48	21	11	>20	3	6	>12~15 地层成熟	6	长期运行	—
附注		用除铁水回灌	用城市自来水回灌	双井互灌	—	—	—	—	试验研究结论	—	—	—

地层除铁除锰的回灌方式，有井内回灌和井外回灌两种。井内回灌方式，就是利用抽水井本身作为回灌井，周期性地向地层灌入含氧水，从而在井周围形成封闭性氧化性地层。井外回灌方式，就是在抽水井四周布置数口专用回灌井，周期性地向地层灌入含氧水，从而在抽水井周围形成封闭性氧化地层。

地层除铁除锰早期多采用井外回灌方式，后来开始采用井内回灌和井内、井外结合的回灌方式。

图 10-2 为井内井外结合的地层除铁除锰回灌方式。在一口抽水井周围设置四口灌水井，其中三口均匀地布置在抽水井周围，互成 120°交角，距抽水井的距离约为 5～10m；另一口灌水井设在抽水井旁，位于地下水流向的上游。当一组井需要回灌时，抽水井停止工作，由另一口抽水井送水至射流泵，经曝气充氧后，流入气水分离箱，经气水分离后的充氧水由水泵送至专用回灌井和抽水井进行回灌，回灌结束后，启动抽水泵抽出除铁水送往用户；当抽出水中含铁量或含锰量超过标准时，停止抽水，重新进行回灌。

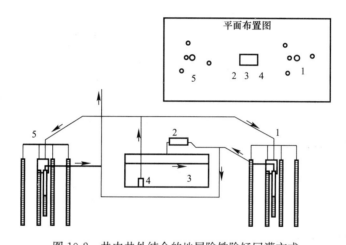

图 10-2　井内井外结合的地层除铁除锰回灌方式

1、5—抽水井和专用回灌井；2—射流泵曝气充氧装置；3—气水分离箱；4—回灌水泵

有的在抽水井周围只设三口灌水井，取消了井旁的灌水井；也有的只在抽水井旁设一口灌水井。所以，井内井外结合的回灌方式，回灌井数及其布置有多种方案可供选择。

井外回灌方式，就是只向专用回灌井中灌水，而不向抽水井中灌水。回灌井的布置与上述井内井外结合回灌方式类似。

图 10-3 为地层除铁除锰井内回灌装置。水井回灌时，水泵停止工作，由出水管上接出回灌水管自外部管道引水进行回灌，回灌水经过滤罐除去颗粒杂质，经射流泵曝气充氧，再流入水泵压水管或水井井管；曝气水在井管中进行气水分离，然后向下经过滤器流进地层。回灌结束后，启动水泵抽水，由于抽水初期出水较浑，故在压水管上接有排污管。

图 10-4 为适用于单井井内自灌的地层除铁除锰装置。抽水井先将水抽送到一个贮水池，并由贮水池向用户供水。当需要回灌时，由贮水池引水，经射流泵曝气充氧，然后流入抽水井井管进行气水分离，最后经过滤器进入地层。回灌结束后，重新启动水泵向贮水池送水。

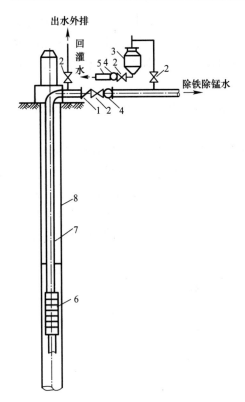

图 10-3 地层除铁除锰井内回灌装置
1—逆止阀；2—阀门；3—过滤罐；
4—水表；5—水气射流泵；6—深井水泵；
7—水泵压水管；8—井管

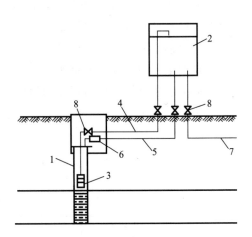

图 10-4 单井井内自灌的地层除铁除锰装置
1—抽水井；2—贮水池；3—水泵；4—向贮水池送水的管道；
5—由贮水池向水井回灌的管道；6—射流泵曝气装置；
7—向用户供水管道；8—阀门

2. 关于地层的堵塞问题

人们对地层除铁除锰技术最担心的一个问题，就是是否会由于铁和锰不断被截留于地层中而致地层堵塞。但是，若能增大地层贮存铁和锰沉积物的体积，使其在水井寿命期限内不产生严重堵塞，则对水井产水量应该不会有大的影响。若地层孔隙有 50% 被铁和锰沉积物占据，便认为地层已被堵塞，则地层堵塞期限可按下式计算：

$$T = \frac{0.5 m V_0 C_*}{365 Q_d C \times 10^{-6}} \qquad (10-1)$$

式中　T——地层堵塞期限（年）；

　　　V_0——参与除铁除锰的地层体积（m^3）；

　　　C——地下水的含铁含锰浓度（mg/L）；

　　　m——地层的孔隙度，一般取 0.2～0.25；

　　　Q_d——水井的产水量（m^3/d）；

　　　365——一年的日数；

　　　C_*——地层中铁锰沉积物的铁锰含量（t/m^3），参考锈砂资料，可取 0.6～0.7t/m^3；

　　　10^{-6}——单位换算系数。

一次向地层灌入的含氧水体积为 V，含氧水由井向四周扩散，并充满四周地层空隙，

将氧分布到它所接触的地层，若此地层体积为 V_0，则应有

$$V = m V_0 \tag{10-2}$$

将一次灌水量 V 用井日出水量 Q_d 的倍率表示，则有：

$$V = N Q_d \tag{10-3}$$

式中，N 称为一次回灌率。将式（10-2）、式（10-3）及有关数据代入式（10-1），得：

$$T = \frac{0.5 \times N Q_d \times 0.6}{365 \times Q_d C \times 10^{-6}} = 822 N/C \tag{10-4}$$

表 10-2 为按式（10-4）计算得到的地层堵塞期限。由表 10-2 可见，即使对于含铁含锰量较高的地下水，只要选取较大的 N 值，即增大一次灌水量，便能使地层堵塞期限延长到 50 年以上，即远大于水井的寿命（5～20 年），在水井使用年限内不致出现地层严重堵塞的现象。

地层堵塞期限（年） 表 10-2

地下水含铁含锰量 C（mg/L）	一次回灌率 N				
	0.2	0.5	1.0	1.5	2.0
2	82.2	206	411	617	822
5	32.9	82.2	164	247	329
10	16.4	41.1	82.2	123	164
15	11.0	27.4	54.8	82.2	110
20	8.2	20.6	41.1	61.7	82.2

此外，对于井外回灌方式，在抽水井周围形成封闭的氧化性地层，是地层除铁除锰获得良好效果的前提。所以一次回灌水量应能在各个专用回灌井周围形成足够大的氧化带，使各回灌井的氧化带相互交联，从而形成一个封闭的氧化性地层，如图 10-5 所示。假定地下含水层的厚度为 H，抽水井自含水层的整个深度上取水，回灌井至抽水井的距离为 R，回灌水在每个回灌井周围都形成半径为 R 的圆柱形氧化带，则抽水井周围的氧化性地层可以得到很好的封闭。这时，一次回灌量（按三口回灌井计算）应为：

$$V = 3\pi R^2 H m \tag{10-5}$$

按式（10-5）计算得到的一次回灌量，应不小于为获得足够长的地层堵塞期限所必需的一次回灌量。

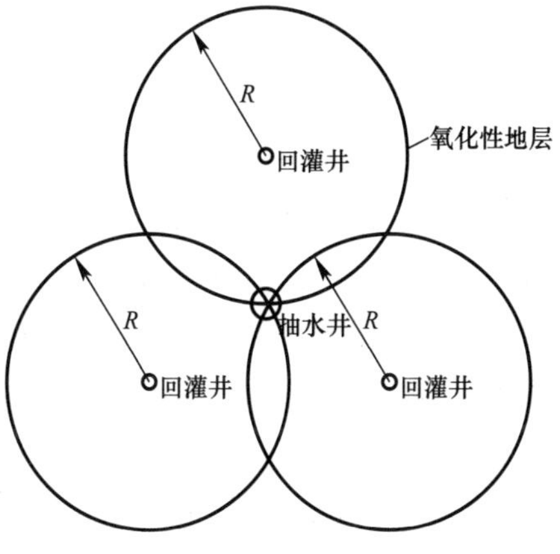

图 10-5 井外回灌方式形成的封闭性氧化性地层

3. 地层除铁除锰的抽灌比

设回灌水中溶解氧的浓度为 $[O_2]$（mg/L），回灌水中氧的总量为 $V[O_2]$，1g 氧可氧化 7g 二价铁或 3.5g 二价锰。一般地下水中含铁量比含锰量高得多，按 1:7 计算，回灌水中的氧可氧化二价铁锰的总量为 $7V[O_2]$。

在地层除铁除锰中，每一周期由地层抽出的水量与回灌水量之比，称为抽灌比 n。由地层抽出的水量为 nV，其中含铁锰的总量为 nVC，如果这些铁质全被地层氧化截

留，则：

$$7V[O_2] = nVC$$

整理得：

$$n = \frac{7[O_2]}{C} \qquad (10\text{-}6)$$

由式（10-6）可见，地层除铁除锰的抽灌比只与水中溶解氧对铁锰浓度的比值有关。

用式（10-6）得出的抽灌比，是假定灌入地层的氧全部用于除铁除锰的情况，所以是理论抽灌比。但事实上回灌水中的氧只部分地用于除铁除锰，实际抽灌比要比上述理论值小。

表10-3 为按式（10-6）计算得到的理论抽灌比。

由表10-3 可见，在正常大气压下对水进行曝气，在水中溶解氧浓度达到饱和的条件下，当地下水的含铁含锰量高至 10mg/L，理论抽灌比便降至 10 以下。所以从经济观点看，地层除铁除锰可能在地下水含铁含锰量不超过 10mg/L 时比较适宜。

地层除铁除锰的理论抽灌比 n　　　　　　　　　　　　表 10-3

温度 (℃)	水中饱和溶解氧浓度 (mg/L)	地下水含铁含锰量 (mg/L)				
		2	5	10	15	20
0	14.6	51.1	20.4	10.2	6.8	5.1
5	12.8	44.8	17.9	9.0	6.0	4.5
10	11.3	39.6	15.8	7.9	5.3	4.0
15	10.2	35.7	14.3	7.1	4.8	3.6
20	9.2	32.2	12.9	6.4	4.3	3.2
30	7.6	26.6	10.6	5.3	3.6	2.7

注：水中饱和溶解氧浓度为在正常大气压下的数值。

当地层除铁除锰采用井内回灌方式时，向地层回灌的含氧水是沿着与出水基本相同的路径（但方向相反）进入地层的，所以在井周围的地层中形成的氧化带，对于含铁含锰地下水而言，是自动封闭的。这种自动封闭过程，不论对深井还是浅井，不论对厚的含水层还是薄的含水层，都是相同的。特别是，当水井由数层透水性能不同的含水层取水时，透水性能好、出水量大的含水层，回灌时回灌水量也多；透水性能差、出水量小的含水层，回灌水量也少。所以井内回灌方式可以在各含水层中形成与其透水性能相适应的氧化带，使各含水层氧化带的容量与其出水量成比例，即在氧化带形成容量上具有自动调节功能，从而能比较有效地利用回灌水中的氧，获得比较高的抽灌比，提高了地层除铁除锰的经济性。

例如，在哈尔滨进行的地层除铁试验（表10-1 中 2 号），地下水的含铁量 $C = 6.1mg/L$，回灌水中的溶解氧浓度 $[O_2] = 10mg/L$，按式（10-6）计算，理论抽灌比为：

$$n = \frac{7[O_2]}{C} = \frac{7 \times 10}{6.1} = 11.5$$

该井经 30 多个周期的回灌和抽水，地层已充分成熟，在井出水平均含铁量不超过 0.3mg/L 的条件下，抽灌比可提高到 9：1，已比较接近理论值。这表明，采取井内回灌方式，氧的利用率确实比较高。

相反，当地层除铁采用井外回灌方式时，在抽水井四周形成的氧化性地层的封闭性较差。若抽水井同时由两个透水性能不同的含水层取水，当经三口专用回灌井向地层注入含氧水时（见图 10-5），透水性能好的含水层回灌的水量较多，氧化带的半径较大，而透水性能差的地层回灌水量较少，氧化带的半径也较小。当三口回灌井形成的氧化带在透水性好的地层中开始相互交联封闭时，在透水性差的地层中氧化带则远没有封闭。这时，如果由井中抽水，含铁含锰地下水就会通过氧化带之间没有封闭的地层流入井中，影响出水水质。为了在透水性差的地层中使氧化带也交联封闭，需要灌入更多的含氧水，这对透水性好的地层已是多余的了，从而降低了回灌水中氧的利用率，使抽灌比减小。对单一含水层，如果不同层位的透水性不同，也会出现上述情况。

为了克服井外回灌方式形成的氧化性地层封闭性较差的缺点，有的人采用了井内井外结合的回灌方式。显然，井内回灌可以弥补井外回灌时的某些含水层氧化带不封闭或封闭不良等缺陷，但对提高井外回灌方式的氧利用率和抽灌比的作用是有限的。

4. 地层的成熟期

当第一次向含水地层中回灌含氧水后，抽出水中的含铁量只比原水略有降低，为使出水中的含铁量降至 0.3mg/L 以下，必须经历数个回灌周期，称为地层的成熟期。

图 10-6 为各个回灌周期水井出水中含铁量的变化情况，由图可见，水井回灌后出水水质较好，并且好的水质可以持续一定时间，随后出水水质逐渐恶化，水中含铁量逐渐升高。随着回灌次数的增多，井水出水含铁量变化过程线逐次下移，出水水质一个周期比一个周期改善。

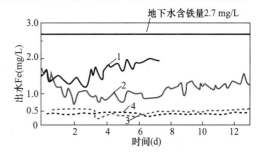

图 10-6　除铁井内回灌后出水含铁量的变化

1—第 2 周期变化曲线；2—第 4 周期变化曲线；3—第 8 周期变化曲线；4—第 14 周期变化曲线

表 10-4 为表 10-1 中 2 号试验的水井出水平均含铁量及抽灌比随回灌次数增加而变化的情况。表中水井出水平均含铁量有时呈忽高忽低的变动情况，这是由于对同一水井出水含铁量过程线而言，抽水量愈多，或抽灌比愈大，出水平均含铁量便愈高，只有在抽灌比不变的情况下，出水平均含铁量才会随回灌次数增加而持续地降低。由表 10-4 可见，从第 16 周期开始，抽灌比稳定在 7.2：1，水井出水平均含铁量已降至 0.3mg/L 左右，表明地层已接近成熟。从第 25 周期开始，抽灌比稳定在 9：1，出水平均含铁量一直低于 0.3mg/L，表明地层已充分成熟。

水井出水平均含铁量及抽灌比随回灌次数增加而变化的情况　　　　　表 10-4

试验周期和编号	回灌水量（m³）	抽水		抽灌比
		水量（m³）	平均含铁量（mg/L）	
1	210	936	—	4.46：1
2	250	990	0.81	3.96：1
3	230	936	0.47	4.07：1
4	250	918	0.44	3.67：1

试验周期和编号	回灌水量（m³）	抽水		抽灌比
		水量（m³）	平均含铁量（mg/L）	
5	270	774	—	2.87：1
6	240	1800	0.39	7.05：1
7	260	1818	0.50	6.99：1
8	240	1800	0.50	7.50：1
9	250	1728	0.33	6.91：1
10	240	2592	0.45	10.8：1
11	240	2592	0.71	10.8：1
12	240	1728	0.36	7.20：1
13	240	2592	0.44	10.8：1
14	240	1440	—	6.00：1
15	240	2592	0.44	10.3：1
16	240	1728	0.32	7.20：1
17	480	3456	0.33	7.20：1
18	480	3456	0.32	7.20：1
19	480	3456	0.31	7.20：1
20	480	2592	0.21	5.40：1
21	480	3456	0.24	7.20：1
22	480	4248	0.28	8.85：1
23	480	4320	0.32	9.00：1
24	480	4680	0.45	9.75：1
25	480	4320	0.27	9.00：1
26	480	4320	0.29	9.00：1
27	480	4320	0.29	9.00：1
28	480	4320	0.30	9.00：1
29	480	4320	0.23	9.00：1
30	480	4320	0.23	9.00：1
31	480	4320	0.27	9.00：1
32	480	4320	0.30	9.00：1

地层成熟期的长短，与地下水的含铁量、回灌水的溶解氧浓度、一次回灌水量和回灌时间等因素有关。表 10-5 为部分试验的成熟期。郦丹、余健、张浩江指出，一般地层的成熟期为 10～15 周期。白筱莉指出，地层成熟期为 12～15 周期。这些数据与表 10-4 中大多数试验结果是一致的。

部分试验的成熟期　　　　　　　　　　表 10-5

编号	1	2	3-1	3-2	4	7	10
地下水含铁量（mg/L）	2.7	6.1	1.4	1.24	3.2	0.5	0.75～1.2
回灌水量（m³）	1575	960	383	365	450	—	1000～1370
地层成熟期（周期）	8～10	12～15	12～14	11～13	8	6	3

注：表中编号为表 10-1 中的试验编号。

地下含水层中的砂砾都具有吸附水中二价铁的能力。以粒径为 0.75～1.0mm 的河砂进行试验，以含铁量为 3～5mg/L 的无氧地下水经砂层过滤，可测得砂层的饱和吸附容量约为 300mg（Fe）/L（砂层）。不同性质的砂，对二价铁的吸附容量也不同。对于含铁地下水，地层砂砾因与水长期接触，对水中二价铁的吸附应达饱和状态。

当向地层灌入含氧水时，水中溶解氧能将吸附于砂砾表面的二价铁氧化成三价铁，并进而水解生成三价铁的氢氧化物，即铁质滤膜。铁质滤膜具有离子交换吸附水中二价铁的能力，当由井中抽水时，地下水流过有铁质滤膜的地层，水中二价铁便被铁质滤膜吸附而由水中除去。

地层中铁质滤膜的离子交换吸附除铁能力是有限度的。当吸附接近饱和时，地层除铁能力便开始衰竭，这时向地层灌入含氧水，水中溶解氧能将被滤膜吸附的二价铁氧化为三价铁，从而使其离子交换吸附除铁能力得到恢复。

地层砂砾表面吸附的二价铁数量是比较多的。回灌一次进入地层的氧量远不能将其全部氧化。例如，地层砂砾的吸附容量按 300mg（Fe）/L 计算，假定地层孔隙度为 0.3（其值偏大），回灌水溶解氧含量取为 10mg/L，1mg 氧可氧化 7mg 二价铁，则 $300/(7×10×0.3)≈14$，即为了将吸附于砂砾表面的二价铁全部氧化，需要向地层回灌 14 次含氧水。随着回灌次数的增加，地层的除铁能力也愈来愈高，即地层逐渐成熟。地层的成熟过程，实质上就是铁质滤膜在地层中不断积累的过程。所以要使地层充分成熟，需要多次回灌才行。

迄今，尚未见有关地层除锰的成熟期的报道，但估计要比地层除铁成熟期长得多。

5. 回灌对水井工作的影响

地层除铁除锰井内回灌方式，与常规水井相比，由于过滤器周围地层有相反方向的水流交替流动，会使抽水时形成的反滤层构造受到扰动，从而增加了地下水流进水井的阻力，使水头损失增大，动水位下降。试验表明这个过程是有限度的，即原来抽水时形成的反滤层被扰动以后，在相反水流交替作用下，必然会逐渐形成新的地层构造，从而使阻力增大的过程停顿下来，水井的水位也会逐渐趋于稳定。

图 10-7 是表 10-1 的 3 号试验双井井内互灌时，井内水位降（动水位和静水位之差）变化的情况。由图可见，井中水位降在前 6～7 周期变化较大，以后各周期便趋于稳定。两口井动水位下降值不同，与许多因素有关：Ⅰ号井含水层厚度较大，过滤器较长，填砾粒径较大；Ⅱ号井含水层厚度较

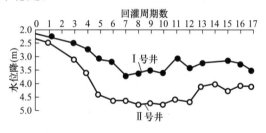

图 10-7　水井水位降变化曲线

小，过滤器较短，填砾较细；Ⅰ号井成井时有洗井工艺，而Ⅱ号井则没有洗井工艺；Ⅰ号井已抽水运行三年，出水含沙量很少；Ⅱ号井抽水运行一年半，出水含沙量较多；Ⅰ号井回灌流量与抽水流量之比较小，而Ⅱ号井则较大；Ⅰ号井回灌水的含铁量较高，Ⅱ号井则较低。以上诸因素的综合作用，结果使Ⅰ号井的动水位下降值较小，而Ⅱ号井较大。

图 10-8 为表 10-1 的 2 号试验井中动水位稳定以后的情况。可能是回灌水中含铁量偏高，使井内动水位随时间略有下降。

水井动水位由于抽灌交替而略有下降，会使抽水电耗略有增大。

试验表明，回灌流量过大，对保持水井及井周围地层构造的稳定是不利的。例如，表 10-1 的 1 号试验中水井出水流量为 60～70m³/h，当回灌流量达 70～100m³/h 时，

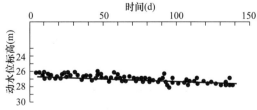

图 10-8　井中动水位的变化

回灌结束开始抽水时，出砂现象加重。当回灌流量小于 70m³/h 时，出砂情况恢复正常。所以，采用的回灌流量不宜过大是很重要的。

但是，若回灌流量过小，则回灌时间就会过长，这不仅会降低井的利用率，并且还会降低回灌效果。一般地下水皆按一定的方向流动，特别是在井群抽水的情况下，进入抽水漏斗的地下水流动得更快。回灌时，注入地层的含氧水在地层水头作用下，将随地下水一起运动，致使含氧水扩散的范围向下游偏移。当地下水流动很慢时，这种影响较小，但当地下水流动较快而回灌时间又很长时，含氧扩散范围便可能会有较多的偏移。由于抽水时上游地下水进入水井的数量较多，而含氧水的扩散范围又向下游偏移，结果会使地层除铁能力降低，因此，不使回灌流量过小也是十分必要的。

地层除铁除锰井内回灌方式，如采用无缠丝的过滤器构造可避免地层出沙堵塞过滤器等缺点，可获得更好的效果。

6. 回灌水水质的影响

地层除铁除锰应该用不含铁锰的清澈含氧水进行回灌。如水中含铁含锰量或悬浮物含量过高，当井外回灌时，能导致地层堵塞，使回灌阻力增大；当井内回灌时，还能导致水井动水位下降，出水量减少。

在表 10-1 的 2 号试验中，用地面水为主的城市自来水进行回灌。地面水的水质与地下水有很大差别，例如，地面水的色度较高，碱度和含盐量较低，水的 pH 常有变化，而水温在试验期间的变化范围则在 0～20℃ 之间等，但是未观察到对地层除铁效果有不利影响。

如果没有无铁锰的水可供回灌，而含铁含锰水在回灌前要经处理，这无疑会增加地层除铁除锰的费用，所以是一个值得探讨的问题。李圭白在表 10-1 的 3 号试验中进行的双井互灌试验，就是试图探寻一条解决途径。由表 10-1 可知，试验的两口井出水含铁量分别为 1.4mg/L 和 1.24mg/L。开始先由Ⅰ号井抽含铁水回灌Ⅱ号井；之后，当由Ⅱ号井抽水回灌Ⅰ号井时，Ⅱ号井出水的含铁量已较原水显著降低；在第 2 周期，Ⅰ号井再抽水回灌Ⅱ号井时，回灌水中含铁量便降至 0.5mg/L 以下，Ⅱ号井的出水含铁量在第 4 周期降至 0.5mg/L 以下。所以，这种双井互灌形式，事实上只是在前几个周期短时间内用含铁水回灌，试验表明对水井的长期工作没有大的影响。

双井互灌时，回灌后刚开始抽水，一般水质较差（表 10-6），不仅悬浮物含量高，并且含铁量也很高，这是由于回灌水中的铁质被截在邻近井四周的地层，抽水时被带出所致。此外，水泵停后重新启动，开始出水水质也不好。初期出水水质不佳一般延续 15～30min。之后，出水水质便显著好转。但随着时间的延长，出水含铁量会逐渐升高，如图 10-9 所示。所以，应选择水井出水水质最好的时段，用来进行回灌。

回灌后刚抽水时出水含铁量的变化（Ⅱ号井）　　　　　　　表 10-6

抽水时间（min）	2	4	6	8	10
出水含铁量（mg/L）	10.38	3.06	1.9	1.42	1.26

回灌水中有时含有细砂或大粒杂物，所以在回灌管道上设置如图 10-3 所示的小过滤罐是有益的。试验表明，一般回灌水中细砂及杂物不多，经数十个周期回灌仍未发现滤罐有显著

堵塞现象，所以一般不必经常清洗滤层。

7. 回灌周期

在地层除铁除锰抽灌比确定的情况下，一个周期内由地层抽出的总水量为 nV，若井的日出水量为 Q_d，则连续抽水日数为：

$$t_0 = \frac{nV}{Q_d} \qquad (10\text{-}7)$$

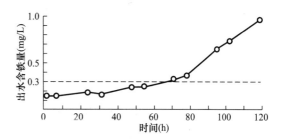

图 10-9　水井出水含铁量的变化

（表 10-1 的 2 号试验）

式中　t_0——回灌周期（d）。

将式（10-3）代入式（10-7），得：

$$t_0 = \frac{n \cdot N Q_d}{Q_d} = nN \qquad (10\text{-}8)$$

由式（10-8）可见，回灌周期与一次回灌率成正比。回灌周期过短水泵的启闭就比较频繁，不仅操作麻烦，对井的影响也较大，增大一次回灌率，即增大一次回灌水量，可以增长回灌周期，有利于减少不利影响。但是，一次回灌率的增大是有限度的，因为一次回灌率过大，虽可大大加长回灌周期，但同时也加长了回灌时间，若回灌时间过长有可能使灌入地层的含氧水扩散范围向下游偏移，结果从另一方面降低了地层除铁能力。此外，回灌时间过长，会使回灌阻力过大，也会对井的产水量有影响。所以，一次回灌率与回灌周期的最优值，应在生产实践基础上选定。

8. 曝气充氧方法和气水分离

在地层除铁除锰中，回灌水多采用射流曝气溶氧的方法。射流泵体积小，溶氧效率高，在射流泵自由出流（出口为正常大气压）情况下，只要泵前压力不小于 1.0atm（0.1MPa），就能使出水溶解氧浓度达到饱和值的 $80\%\sim90\%$。目前，国内已设计出按泵前压力调节曝气效果的射流泵。

曝气后的水中含有大量空气泡，在回灌入地层以前应进行气水分离，以免气泡进入地层，产生气阻现象。当采用井外回灌方式时，一般都设置专用气水分离箱，曝气水经气水分离后，用泵抽送至回灌井灌入地层(图 10-2)。当采用井内回灌方式时，除可采用专用气水分离箱外，还可利用井管进行气水分离。回灌水在井管中的流速不大于 0.1m/s，可分离出直径大于 $1\sim2$mm 的气泡。未溶于水的空气大部分在井管内被分离逸出，少部分空气以微气泡形式被水带往井管深部。随着水深增大，水的压力亦相应升高，空气在水中的溶解度也随之增大。水深每增加 10m，压力将增加 1atm，所以空气在水中的溶解度可按下式近似计算：

$$A = A_0 \cdot (1 + H/10) \qquad (10\text{-}9)$$

式中　A——空气在水中的溶解度（mg/L）；

　　　A_0——在正常大气压力下，空气在水中的溶解度（mg/L），其值与温度有关；

　　　H——水深（m）。

所以随水下流的少量细微空气泡将会大部分溶于水中。并且由于细微气泡溶于水中，使水中的溶解氧浓度增高，有时甚至高于饱和值。例如表 10-1 的 1 号试验中，井的过滤器位于回灌水位以下约 80m，空气在水中的溶解度可达 180mg/L 以上，回灌水中溶解氧浓度高达 $15\sim16$mg/L，比在正常大气压下的饱和值高 30%。这种气水分离方法，在表 10-1 的 1 号、2 号、3 号试验的四口井中进行了试验，证明效果良好，未发现有气阻现象产生。

当用无压水进行井内回灌时，可采用三通引流曝气充氧方法。这种方法在表 10-1 的 1 号试验中试验成功。如图 10-3 所示，将回灌水接入水泵压水管，并用加气三通代替图中的射流泵。回灌水经过加气三通后直接进入水泵扬水管，再经过水泵叶轮及泵管进入井管。三通的加气量可按下式计算：

$$Q = 0.001 dv (8.5 + 2 B_{max}) \left(1 - \frac{B}{B_{max}}\right) \tag{10-10}$$

式中　Q——三通的加气量（L/s），对应空气压力为 1atm；

　　　d——三通的内径（mm）；

　　　v——三通中水的流速（m/s）；

　　　B——三通抽气时的真空值（m）；

　　B_{max}——三通不抽气时的最大真空值（m）。

在本试验中，三通抽气时直接与大气接通，所以可近似地取 $B=0$，这时式（10-10）便为：

$$Q = 0.001 dv (8.5 + 2 B_{max}) \tag{10-11}$$

在表 10-1 的 1 号试验中，当回灌流量约为 50m³/h，三通处 $B_{max} \approx 7m$，实测三通加气量约为 15m³/h（计算值为 13.9m³/h），可达回灌流量的 30% 左右，所以三通加气是一种效率很高的曝气工艺。

由于增大回灌水的压力，可以提高水中溶解氧的浓度，从而可以提高地层除铁的抽灌比和经济性，所以采用压力曝气溶氧装置和压力回灌工艺，有可能获得更好的效果。

为了提高回灌水的溶解氧浓度，目前国外已开始采用纯氧曝气技术，这对提高地层除铁除锰的效益，无疑是一个途径。

9. 回灌方式

地层除铁除锰最早是采用井外回灌方式，以后发展为井外井内结合的回灌方式，后来又有了井内回灌方式，使地层除铁锰的设备不断简化，效益不断提高。单独的井外回灌方式，由于形成的氧化性地层封闭性不好已很少采用。

井内井外结合的回灌方式，每个周期除了进行井外回灌外，还要进行井内回灌，只是回灌的水量要比单独进行井内回灌时少。所以，井内井外结合的回灌方式，除了存在井外回灌带来的问题外，也存在井内回灌带来的问题，在技术上比单独井内回灌更复杂。

井内回灌技术，在地层回灌防止地面沉降、冬灌夏用地层贮冷等方面，积累了丰富的经验，成为一项成熟的技术。所以，这些经验在地层除铁除锰井内回灌中是可以借鉴的，也是有利于地层除铁除锰技术推广的。

10. 地层除锰及除硫化氢的效果

国外报道，地层处理方法兼有除铁和除锰两种效果，如图 10-1 所示。含铁含锰地下水流经成熟的氧化性地层时，水中的二价铁首先被外围的氧化性地层所吸附，故外围地层为除铁带。除铁后的地下水再流经氧化性地层的内部，水中二价锰被地层吸附除去，故内部地层为除锰带，仍符合先除铁后除锰的规律。

例如，在丹麦（表 10-1 中 10 号试验）地层处理可将地下水含铁量由原来 0.75～1.2mg/L 降至 0.05mg/L 以下，含锰量由原来 0.2～0.26mg/L 降至 0.02mg/L 以下；在

表 10-1 的 11 号试验中，可将地下水含铁量由原来 0.73mg/L 降至 0.05mg/L 以下，含锰量由原来 0.07mg/L 降至 0.02mg/L 以下。

但是，在国内，只在盘石的试验中（表 10-1 中 4 号）观察到地层处理有除锰效果，即将地下水含铁量由原来的 3.2mg/L 降至 0.26mg/L，含锰量由原来的 1.2mg/L 降至 0.4～0.6mg/L。而在其他的试验中，在试验期限内，均未观察到地层处理有明显的除锰效果。所以，关于实现地层除锰的水质条件和工艺条件，有待进一步的探讨。

表 10-1 的 2 号试验井水，具有强烈的硫化氢臭味。但是，当地层成熟以后，地层中截留了大量三价铁沉积物，具有吸附硫化氢的作用，从而将硫化氢由水中去除。所以，对于 2 号试验井水，地层处理兼有除铁和除硫化氢两种作用，由井中抽出的水，便不再具有硫化氢的臭味。地层除铁兼有除硫化氢的作用，在表 10-1 的 10 号试验中也观察到。

11. 地层除铁除锰的机理

在"地层的成熟期"部分中阐述的地层除铁原理：地层砂粒表面的三价铁质滤膜，通过离子交换吸附水中二价铁离子而将铁质由地下水中除去，当铁膜的吸附容量耗尽后，向地层回灌含氧水，氧化被吸附的二价铁，使铁膜的吸附能力得到再生。这个理论，可以称为无机铁质滤膜地层除铁机理。此外，还有铁细菌地层除铁机理，这种理论认为，将含氧水灌入含铁地下水地层，能使铁细菌在其中大量繁殖。抽水时，含铁地下水流过有铁细菌的地层，水中二价铁在铁细菌作用下被氧化为三价铁，并沉积于地层中而被除去。

李圭白进行的地层除铁生产试验，有若干现象是铁细菌除铁机理无法解释的：

（1）以含氧水进行第一次回灌时，地层中尚无铁细菌，但回灌后地层便具有了一定的除铁能力。以表 10-1 的 1 号试验为例，第一次回灌后，地层除铁率约为 10%；4d 后进行第二次回灌，除铁率升高至 25%。在地层尚无铁细菌和铁细菌尚来不及繁殖的情况下，地层能够具有一定的除铁能力，这是铁细菌机理无法说明的。

（2）试验井因故停运近 8d，又重新恢复抽水。按照铁细菌机理，地层中的铁细菌在长期停运期间因断绝了二价铁和氧的来源，生命活动受到抑制，重新抽水时，地层除铁效果应该降低。但实际情况不是这样。试验发现，重新抽水时地层仍保持良好除铁能力，即地层的除铁效果并未受到长期停运的影响，这也是铁细菌除铁理论无法说明的。

（3）铁细菌是一种好氧性细菌，它只在水中同时有二价铁和溶解氧时才能生存和繁殖。但是，井内回灌地层除铁的情况是，当进行回灌时，水中只有溶解氧而无二价铁；当抽水时，水中只有二价铁而无溶解氧。不论是回灌还是抽水，水在地层中一般皆为层流。当进行回灌时，开始灌入地层的含氧水，以推流方式排挤地层中的含铁水，在层流情况下含氧水和含铁水交界面上产生的混杂是有限的。抽水时的情况也类似。这种混杂地带将随时间不断移动，对地层某一点而言，处于混杂地带的时间是很短的。由上可见，对于井内回灌除铁，地层中并不具有铁细菌大量繁殖的条件，但地层却能不断成熟并具有很好的除铁能力，这是铁细菌理论所无法说明的。

（4）对于井内回灌地层除铁，由井中抽水时，开始抽出的水应为回灌下去的水，只是当灌入的水全被抽出后，出水才是地层中的地下水。如果铁细菌确是地层除铁的主要原因，由于回灌水中只含溶解氧不含二价铁，水中氧是无法被地层铁细菌利用的，所以抽出的回灌水中的溶解氧含量应与回灌水基本相同。但事实并非如此。实际上抽出的回灌水中的溶解氧绝大部分已被地层吸收，这也是铁细菌除铁理论无法说明的。表10-7为抽水中溶解氧变化的情况。

抽水中溶解氧含量 表 10-7

回灌次数	回灌水溶解氧含量（mg/L）	抽出水溶解氧含量（mg/L）		
		抽水 2h	抽水 4h	抽水 6h
第 2 次	15	2.5	1.8	1.1
第 5 次	15	3.8	2.9	1.8

综上所述，铁细菌地层除铁机理的正确性是值得怀疑的。

相反，无机铁质滤膜地层除铁机理却能对这些现象作出完美解释。首先，含氧水灌入地层后，水中溶解氧会因氧化砂砾表面和滤膜上的二价铁而消耗掉，所以抽出的回灌水中溶解氧含量会大大减少。第一次向地层灌入含氧水，地层中由于生成了三价铁质滤膜，便具有了一定的除铁能力。随着回灌次数的增加，地层中积累的铁膜也不断增多，并具有相应的离子交换吸附除铁能力，这时若停止抽水，地层的除铁能力显然不会消耗，恢复抽水，地层的除铁能力应该不会降低。所以可以认为，无机铁质滤膜地层除铁机理要比铁细菌机理更完善。铁细菌在地层除铁过程中可能有一定的作用，但不是主要的。

10.1.2 关于地层除铁除锰的研究

本书对地层除铁除锰技术进行了系统的试验研究，试验内容包括静态小试、动态试验与生产性试验。

1. 模型试验设置与结果分析

模型试验的重点是研究地层除锰的可行性与影响因素，分为静态小试与动态试验两部分。静态小试是在图10-10所示的1000mL三角烧瓶内进行的，烧瓶内装入不同粒径、不同品质的砂样，底部及上部分别敷设粒径为2~3mm的砾石层以便均匀布水。动态试验分别在5个滤柱内进行，如图10-11所示，其中1~4号滤柱砂样填充高度1.3m，5号滤柱1.8m。

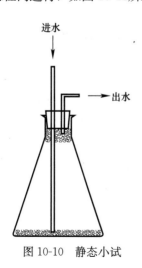

图 10-10 静态小试

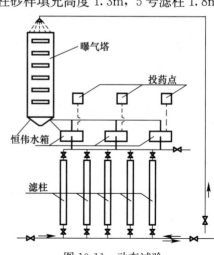

图 10-11 动态试验

静态小试分作 2 个阶段进行，第 1 阶段累计运行了 3 个月，第 2 阶段累计运行了 6 个多月。

按正交试验原理，第 1 阶段的静态小试重点研究地层除锰的可行性及回灌周期（简称因素 A，下同）、原水 pH（因素 B）、砂样粒径（因素 C）、原水含锰量（因素 D）对成熟周期和成熟前处理效果的影响，每一因素取 3 个水平，见表 10-8。

正交试验　　　　　　　　　　　　　　　表 10-8

因素 水平	回灌周期 A (d)	pH B	砂样粒径 C (mm)	原水含锰量 D (mg/L)
1	2	6.8	1～2	0.20
2	4	7.1	0.25～0.5	0.40
3	10	7.5	0.5～1.0	0.80

原水利用哈尔滨市自来水配制（在自来水中定量加入 $MnSO_4$ 溶液，配制成不同浓度的含锰试验原水，并用 $NaHCO_3$ 调整 pH），模拟回灌水则直接利用经过静置、曝气的自来水，溶解氧含量约为 7.0mg/L。

首先将回灌水由进水口缓慢注入三角烧瓶内至溢流，静置一日（约 24h）模拟接触反应。反应完成后，将配置的含锰试验原水由进水口缓慢注入至溢流并置换出回灌水，按回灌周期继续静置完成一个周期的模拟回灌，每个周期分析出水含锰量。

利用 $L_9(3^4)$ 正交表进行不同因素、不同水平的组合分组试验，为了减少偶然因素的影响，每一组次设置 2 个平行试验，共计 9 组 18 个试验，表 10-9 为分组情况。

分组情况　　　　　　　　　　　　　　　表 10-9

组次		J-1-1	J-1-2	J-1-3	J-1-4	J-1-5	J-1-6	J-1-7	J-1-8
因素	A	1	1	1	2	2	2	3	3
	B	1	2	3	1	2	3	1	2
	C	1	2	3	2	3	1	3	1
	D	1	2	3	3	1	2	2	3

在整个试验过程中，烧瓶出水锰含量均不稳定，且无规律性变化。为消除分析误差等偶然因素的影响，以试验期内最后 4 次的平均相对出水含锰浓度（$\bar{C}_r$）作为处理效果指标对试验结果进行分析，表 10-10 为平均相对浓度值。

平均相对浓度　　　　　　　　　　　　　表 10-10

组次	J-1-1	J-1-2	J-1-3	J-1-4	J-1-5	J-1-6	J-1-7	J-1-8	J-1-9
$\bar{C}_r$	0.84	0.92	0.91	0.96	1.02	0.91	0.92	0.99	0.88

由表可见，这一阶段的静态试验虽然运行了 3 个月之久，但处理效果仍不明显，说明在这样的水质条件下如果可以实现地层除锰，其成熟周期应大于 3 个月。

以 Ⅰ、Ⅱ、Ⅲ 分别表示诸因素的第 1、2、3 水平所对应的平均相对浓度之和，R 表示极差，应用极差分析法对数据进行整理分析，见表 10-11。

极差分析　　　　　　　　　　　　　　　表 10-11

因素	A	B	C	D
Ⅰ	2.67	2.72	2.74	2.74
Ⅱ	2.89	2.93	2.76	2.75
Ⅲ	2.79	2.70	2.85	2.86
R	2.22	0.23	0.11	0.12

由表可见，各因素的极差均不是很大，因而水平变化时对总体效果的影响不是很强烈。相对而言，极差最大的是RB，其次是RA，RC、RD则较小，因此从定性角度讲，因素B（pH）、A（周期）对试验结果的影响较因素C（砂样粒径）、D（含锰量）的因素要大。A因素对应的较优值为AⅠ，B因素为BⅡ，因此采用频繁回灌的运行方式，提高原水的pH有利于提高处理效果，缩短地层除锰的成熟周期。

应当指出，第1阶段的静态试验条件与生产井的工作条件尚有许多差异，例如试验原水虽经静置，但仍含有微量的游离氯，试验结果未考虑游离氯对试验结果的影响。另外在整个试验期内未见明显的滤层成熟迹象，从一开始试验其出水含锰量即有一定的波动，误差肯定存在，因而这一阶段的结果只能在一定程度上定性说明问题。

第2阶段的静态小试是在沈阳市ZS水源进行的，砂样粒径0.25～0.5mm。原水和回灌水是利用ZS水源1号管井出水制备，原水水质见表10-12。

静态小试原水水质 表10-12

项目	pH	总铁	锰	氯化物	耗氧量	总硬度	总碱度
含量	6.5	0.00	0.76	88.0	0.86	342.6	8.8
项目	溶解氧	硝酸氮	硫酸盐	溶解固体	硫化氢	二氧化硅	
含量	1.80	8.48	138.0	655.0	0.018	30.0	

注：碱度单位为mgN/L，其余除pH外为mg/L。

在此水质基础上，再分别定量注入$FeCl_2$、$MnCl_2$、Na_2SO_4、Na_2SiO_3溶液调整水质，用NaOH调整pH。为避免原水与空气直接接触导致溶解氧增加，采用了将管井出水直接导入各试样的烧瓶内、在进入烧瓶前用压力滴注法将各种药液分别注入进水管中。回灌水采用接触法曝气、然后用NaOH调整水质，曝气后溶解氧含量一般在5～7mg/L之间。每一周期原水和回灌水注入量为5000～10000mL，回灌水与砂样接触反应时间为1d，原水2～4d，各试验水质条件见表10-13。

各组次试验水质 表10-13

组次	原水					回灌水 pH
	Mn^{2+} (mg/L)	Fe^{2+} (mg/L)	pH	SO_4^{2-} (mg/L)	SiO_2 (mg/L)	
J-2-1	0.76	0.00	6.5	138.0	30.0	7.0
J-2-2	0.76	0.00	7.0	138.0	30.0	7.0
J-2-3	0.76	0.00	7.0	238.0	30.0	8.0
J-2-4	0.76	1.00	7.0	138.0	30.0	8.0
J-2-5	1.76	0.00	7.0	138.0	30.0	8.0
J-2-6	0.76	0.00	7.0	138.0	50.0	8.0

以运行了60d以后的平均相对浓度$\bar{C}_r$表示其处理效果，见表10-14。

运行60d后的平均相对浓度 表10-14

组次	J-2-1	J-2-2	J-2-3	J-2-4	J-2-5	J-2-6
$\bar{C}_r$	0.99	0.81	0.79	0.85	0.85	0.79

由表可见以下几点：

（1）J-2-1与J-2-2号试验其条件不同处仅是原水与回灌水的pH，而试验结果却有很大的差异，J-2-2 号的去除率已达 19%，而 J-2-1 的去除率仅为 1%，表明 pH 对除锰效果确有影响，提高 pH 有利于除锰。

（2）J-2-2、J-2-3、J-2-6 三者的结果接近，说明在原水中加入 $100mg/L$ 的 SO_4^{2-} 或者加入 $20mg/L$ 的 SiO_2 对试验结果的影响均不大。

（3）J-2-4 的去除率为 15% 小于 J-2-2 的 19%，表明 Fe^{2+} 对除锰效果有一定的干扰。

（4）J-2-5 的去除率为 15%，与 J-2-2 号相比，它的试验原水含锰量提高至 $1.76mg/L$，尽管绝对去除量增加了，但相对去除率却有所下降。

动态试验装置如图 10-11 所示，滤料砂样取自河砂并经筛分，填充高度 1.3m。D-1 至 D-3 号滤柱砂样粒径 $0.25\sim0.5mm$（中砂），D-4 滤柱砂样粒径 $0.5\sim1.0mm$（粗砂）。试验原水为不做任何调节的 ZS 水源 1 号井出水，回灌水经接触曝气后用 NaOH 调整 pH，见表 10-15。

回灌水 pH　　　　　　　　　　　　　　　　　　表 10-15

编号	D-1	D-2	D-3	D-4
回灌水 pH	7.0	7.5	8.0	7.0

试验采用模拟抽水 $2\sim4d$、回灌 1d 的方式，抽水滤速为 $2\sim3cm/min$，回灌水滤速为 $1\sim2cm/min$，各滤柱运行了 64d 以后的总平均相对出水浓度见表 10-16。

运行 64d 后总平均相对出水浓度　　　　　　　　　表 10-16

编号	D-1	D-2	D-3	D-4
$\bar{C}_r$	0.88	0.76	0.74	0.87

由表 10-15 和表 10-16 可见，提高回灌水 pH 可以提高锰的去除率。对于 D-1、D-2、D-3 号滤柱，在其他条件相同，仅是依次提高 pH 的条件下，其去除率依次提高，如 D-3 号滤柱，在回灌水 pH 达 8.0 时，其锰的去除率已达 26%；但尽管试验持续运行 6 个多月，锰的去除率未再提高。

D-4 号滤柱砂样的粒径较 D-1 号为粗，但两者的去除率却接近，这表明在这段试验期内粒径的微小差异对试验结果影响不大。

在试验中我们发现，滤速对出水水质有很大的影响，特别是对于填充着粗砂砂样的 D-4 号滤样，当滤速较高时，出水含锰量将会大幅度提高。

为进一步考察回灌水 pH 对处理效果的影响，我们又设置了另外一组动态试验，滤柱直径 400mm，滤料高度 1.3m，粒径 $0.25\sim0.5mm$。将回灌水 pH 提高至 10，以回灌 $40\sim60h$、抽水 $4\sim24h$ 的工作方式运行，结果仅经 1 个多月的运行即有了较好的除锰效果，可将含锰量为 $0.76mg/L$ 的原水降至 $0.1mg/L$ 以下，将回灌水 pH 恢复至 7.0，出水含锰量开始回升，约为 $0.2mg/L$，去除率达 74%，试验结果表明回灌水 pH 对地层除锰确有影响。

2. 生产性试验与结果分析

生产性试验分别设在沈阳市的 JS 水源 6 号管井和 YJ 水源 13 号管井。

JS 试验井的基本情况是：开孔与终孔直径分别为 900mm、880mm，井管口径 500mm；过滤器为非均匀填砾过滤器，穿孔孔眼直径 12mm，总长 25.09m；管井深度 47.00m。试验井开采的地层以中、粗砂含少量黏土为主，原水水质见表 10-17。

JS 试验井原水水质 表 10-17

项目	pH	氨氮 (mg/L)	亚硝酸氮 (mg/L)	硝酸氮 (mg/L)	硫酸盐 (mg/L)	氯化物 (mg/L)	耗氧量 (mg/L)	总硬度 (mg/L)	总铁 (mg/L)	锰 (mg/L)
含量	6.4	0.12	未检出	0.70	67.0	25.0	0.65	72.8	0.50	0.48

YJ 试验井的基本情况是：开孔与终孔直径分别是 1000mm、980mm，井管口径 500mm；过滤器为缠丝包网过滤器，总长 28.27m；管井深度 59.28m。试验井开采的地层以中细砂、中粗砂为主，原水水质见表 10-18。

YJ 试验井原水水质 表 10-18

项目	pH	氨氮 (mg/L)	亚硝酸氮 (mg/L)	硫酸盐 (mg/L)	HCO_3^- (mg/L)	游离 CO_2 (mg/L)	耗氧量 (mg/L)	总硬度 (mg/L)	总铁 (mg/L)	锰 (mg/L)
含量	6.85	0.24	未检出	2.0	221.43	9.19	0.72	140.1	1.67	0.24

试验利用各自水源输水管路中的原水作为回灌水源，经过滤装置过滤防止杂质堵塞地层，利用射流泵充氧曝气，在井壁管内进行气水分离，最后穿过管井滤管进入地层。回灌水铁、锰含量视井群开井组合而变化，JS 试验点回灌水含铁量约 0.4~1.0mg/L，含锰量约 0.4~1.0mg/L，pH 为 6.5，溶解氧含量 5~8mg/L；YJ 试验点回灌水有些时段含铁较高，特别是试验后期，曝气后可见水色明显加深，经分析含铁量大于 3mg/L，含锰量约 0.2mg/L，pH 约为 6.7，溶解氧含量为 5~7mg/L。

JS 试验点分 3 个阶段进行试验，第 1 阶段为除铁可行性试验，第 2 阶段为除锰可行性试验，第 3 阶段为抽灌比测定。

第 1 阶段的试验历时 2 个月，进行了 9 个周期的回灌。结合水源生产情况，为便于管理，以 7d 为一个周期，其中回灌 1d、接触约 4h，抽水 6d。为减小回灌水对过滤器及地层的扰动，采用逐周期渐次加大回灌流量的方式，至第四周期加大到约 100m³/h 的正常回灌流量，而后便转入正常运行，该值约为试验井出水量（1240m³/h）的 42%。

第 1 阶段的数据主要见表 10-19，因回灌后第一天取的水样距开泵时间较短，受回灌水影响，故弃之，表中所列为后五天的平均值。

JS 试验点第 1 阶段试验数据 表 10-19

周期编号	回灌流量 (m³/h)	回灌水量 (m³)	抽水 水量 (m³)	抽水 平均 Fe(mg/L)	抽水 平均 Mn(mg/L)	抽灌比
1	50	366	31356	0.48	0.41	8.5
2	69.7	1276	31498	0.50	0.40	24.7
3	82.7	1603	30716	0.37	0.37	20.4
4	约 100	1876	30094	0.40	0.32	18.9
5	100	1621	30193	0.24	0.34	18.6
6	100	1601	35952	0.35	0.30	18.8
7	100	1641	35114	0.21	0.33	21.9
8	100	1641	36185	0.22	0.35	21.4
9	100	1524	65988	0.26	0.35	23.7

注：1. 第 8 周期含锰量，抽水第二天测得为 0.86mg/L，较原水、回灌水含锰量高出很多，疑为操作误差，弃之。
2. 第 9 周期为抽水第二、三两天水质结果，第四天以后未测。

由表 10-19 可见，从第 3 周期开始，出水铁锰含量均有下降的趋势，从第 5 周期开始含铁量明显下降，至第 7 周期已降至 0.21mg/L，符合生活饮用水水质标准，因而可以说地层已基本具备了除铁能力。地层的除锰能力从第 4 周期开始不再增加，出水含锰量达不到水质标准。

图 10-12 为第 1 阶段试验中 4 个周期的出水含铁量逐日变化曲线，由图可见，第一次回灌后，由于地层尚不具备催化氧化能力，出水含铁量没有丝毫下降的趋势，以后随着回灌次数的增加，地层的催化氧化能力逐渐累积，出水含铁量逐渐下降，条件抽灌比则逐渐一次比一次增加，形成了一条更低的下凹型曲线。至第 7 周期，6d 的出水已全部达到水质标准对铁的要求。因我们是固定回灌与抽水时间的工作方式，故在这种运行条件下可以认为地层对除铁来讲已成熟了。

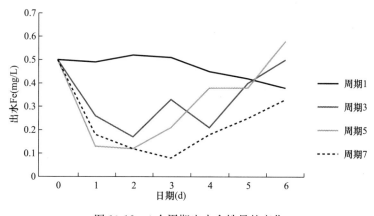

图 10-12　4 个周期出水含铁量的变化

图 10-13 为 4 个周期的出水含锰量的变化，与图 10-12 相比形成了鲜明的差异。虽然回灌后出水含锰量也有减小，但不明显，因此形成了一条条平缓的曲线，这表明在这一阶段里地层对锰的氧化催化能力还未形成。

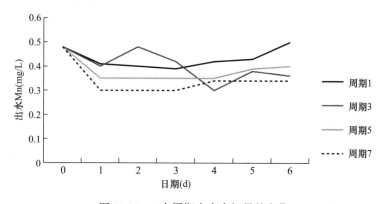

图 10-13　4 个周期出水含锰量的变化

第 2 阶段的试验历时 40d，进行了 5 个周期的试验。

由于前一阶段的试验除锰效果不很明显，疑为一次回灌水量小、成熟带偏窄，因而除铁带压缩除锰带所致。在第 2 阶段的试验中，我们通过延长回灌时间来增加一次回灌水量，这一措施使除锰效果有所增加，主要数据见表 10-20。

第 2 阶段试验结果 表 10-20

周期编号	回灌流量 (m³/h)	回灌水量 (m³)	抽水			抽灌比
			水量 (m³)	平均 Fe(mg/L)	平均 Mn(mg/L)	
10	约 100	2488	47688	0.16	0.27	32.0
11	约 100	2868	46768	0.14	0.25	16.3
12	约 100	2457	45435	0.22	0.26	18.5
13	约 100	3132	45435	0.28	0.25	14.5
14	约 100	3024	94248	未测	未测	31.2

由表 10-20 可见，在这一阶段的试验中，地层的除铁能力非常稳定，除锰也有了较明显的效果，一般出水含锰量在 0.25mg/L 左右，去除率约为 50%。

图 10-14 为第 12 周期的出水含锰量的变化曲线。由图可见，在地层具有了一定的除锰能力后，出水含锰的变化曲线也具有了下凹的特性，但仍较铁曲线平缓。

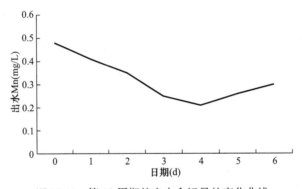

图 10-14 第 12 周期的出水含锰量的变化曲线

在完成了两个阶段的试验后，由于生产及设备等原因，试验开始间断运行，抽灌的周期被打乱，有时连续抽水二十多天才回灌一次，致使地层的除铁除锰能力大幅度下降，出水的铁锰含量接近处理前的水平，这种情况一直延续了 2 个多月才开始恢复正常试验。

在第 3 阶段的试验中，延长了抽水时间，并用变换回灌水量与抽水量的方法调整抽灌比，以含铁量达标（Fe<0.3mg/L）为基准，测定合适的抽灌比，试验结果见表 10-21。

第 3 阶段试验结果 表 10-21

周期编号	回灌		抽水			抽灌比	实际抽灌比
	水量 (m³)	流量 (m³/h)	水量 (m³)	平均 Fe (mg/L)	平均 Mn (mg/L)		
15	—	—		0.59	0.39	0	—
16	3699	100	83968	0.48	0.36	6.2	22.7
17	2375	78.0	63930	0.42	0.39	14.6	26.9
18	2437	83	72864	0.24	0.36	11.8	29.9
19	2174	102	—	—	—	—	—
20	—	—	—	—	—	—	—
21	2880	80.0		0.13	0.18		

在这一阶段的试验中，地层经过 3 个周期的回灌即恢复了除铁能力，而除锰能力的恢复则需要 6 个周期。

JS 试验点总的结果可概括为：在试验井的水质、水文地质条件下，可使铁的含量降至 0.3mg/L 以下。若以 Fe＜0.3mg/L 为标准考察条件抽灌比，则抽灌比可达 12～14，而锰去除率仅为 50％，达不到水质标准。

YJ 试验点的试验分 2 个阶段进行，第 1 阶段采用回灌 2d、抽水 5d 的方式运行，第 2 阶段则采用变换抽灌历时的方式运行。

第 1 阶段的试验历时 1 个多月，进行了 4 个周期的回灌试验，主要数据见表 10-22。

第 1 阶段试验　　　　　　　　　　　　　　　　　表 10-22

周期编号	回　灌		抽　水			抽灌比
	水量（m³）	流量（m³/h）	水量（m³）	平均 Fe（mg/L）	平均 Mn（mg/L）	
1	968	24.0	约 14000	—	—	—
2	920	23.2	—	0.93	0.25	—
3	893	21.2	—	0.16	0.16	—
4	1277	26.6	—	0.27	0.15	—

由表 10-22 可见，从第 3 周期开始，出水铁锰含量就有了明显下降，特别是铁的含量已达到了水质标准，但效果尚不稳定。

第 2 阶段的结果见表 10-23。

第 2 阶段试验　　　　　　　　　　　　　　　　　表 10-23

周期编号	回　灌		抽　水			抽灌比
	水量（m³）	流量（m³/h）	水量（m³）	平均 Fe（mg/L）	平均 Mn（mg/L）	
5	405	15.6	约 14000	0.67	0.29	—
6	1398	29.2	—	1.38	0.30	—
7	610	25.4	—	1.32	0.29	—
8	667	27.8	—	—	—	—
9	1405	29.3	—	1.30	0.29	—
10	519	21.6	—	—	—	—
11	595	24.8	—	—	—	—

由表 10-23 可见，这一阶段的处理效果明显下降，这是由于回灌水含铁量过高所致，回灌水中的铁质对地层氧化能力的再生有某种阻碍作用致使处理效果下降。

3. 地层除铁除锰影响因素分析

结合一些辅助性试验测试，对地层除铁除锰的影响因素作进一步分析。

1）回灌水水质的影响

环境的 pH 对除铁除锰效果有较大影响已在室内动态试验中得到了充分的证实。特别是将回灌水 pH 提高至 10 时，只经过 1 个月的回灌砂样就有了明显的除锰效果（这一阶段回灌总水量相当于其他滤柱运行约 3 个月的回灌总水量），证明大幅度提高 pH 可以缩短成熟周期。

原水中含有一定量的硅酸对去除效果影响不大已在 J-2-6 号试验中得到了证实。在成熟的 D-5 号滤柱上我们还曾做过一组试验，在原水中加注了约 10mg/L 的硅酸使其通过滤柱，结果也未发现不良影响，但是当我们向回灌水中加注了 30mg/L 的硅酸时，溶解氧的穿透时间明显提前，表明回灌水中溶解氧的被利用速率下降，因而说明硅酸可能会干扰溶解氧对地层的再生反应。

2）原水含锰量与反应带宽度的影响

图 10-15 为在成熟滤柱上所做的不同的原水含锰量的出水含锰量随时间的变化关系，由图可见，当提高原水含锰量时，虽然可提高绝对去除量，但相对去除率却明显下降，出水锰的含量大大提高。

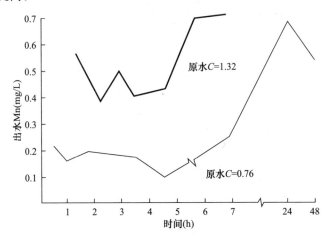

图 10-15　成熟滤柱上不同原水含锰量的出水含锰量随时间的变化关系

利用除锰滤池中成熟的锰砂滤料模拟含水层进行地层除锰试验，在原水含锰量为 0.76mg/L 时，接触反应时间仅约 7min 出水含锰量即可达到水质标准，表明反应速率较快，而应用普通河砂进行的除锰试验要求的反应时间却很长。在地层除锰条件下，由于砂样的工作环境不佳，其催化性能更难形成，甚至可能很难达到滤池中成熟的接触氧化滤料的水平。在 D-5 号滤柱上虽然有了较稳定的除锰效果，但经过 5 个月的运行，砂样表面的颜色也只是略为加深，并未达到"变黑"的水平，所需的接触反应时间仍很长。

3）利用 $KMnO_4$ 引发地层除锰作用

利用含 $KMnO_4$ 浓度为 0.01％ 的水代替充氧水进行静态回灌试验，以期利用 $KMnO_4$ 的强氧化性来促进地层砂样的成熟。试验用砂样粒径 0.5～1.0mm，回灌水与砂样接触时间为 1d，结果发现砂样表面颜色很快加深。分析化验出水水质，得到其每一周期的处理能力约为 5800mL。

用 $KMnO_4$ 水回灌了 10 个周期后，恢复用经曝气的含氧水回灌，结果砂样不再具有除锰作用，证明在这种试验条件下用 $KMnO_4$ 氧化 Mn^{2+}，在滤料表面形成的 MnO_2 膜对溶解氧与 Mn^{2+} 的反应不具有催化作用。

4）回灌水分布的影响

（1）回灌水的垂直分布

当抽水井开采数个含水层时，利用单井回灌的方式运行可以形成与含水层相适应的氧化带。透水性能好、出水量大的含水层，回灌时回灌的水量多，形成的氧化带宽度大，反之则较小，因而回灌水的利用程度较高。但当抽水井开采的是厚度较大的均匀含水层时，回灌水在垂直方向上量的分布会出现差异，距水泵吸水口越近，滤管进水量越大。因吸水口多安装在管井上部，因此上部进水量较大。而回灌时滤管下部泄水量较大，上部则较小，抽水与回灌形成的三维流差别造成抽灌水量比例相反，在水泵吸水口附近，回灌水量较小，所形成的氧化带半径较小，恰好在这一部位滤管的集水量又较大，这就使得在上部氧化带的氧化能力消耗完毕后，下部的仍有一定的富余，其催化容量得不到充分的利用，达不到理想的抽灌比，影响地层除铁除锰的经济性。为解决这一问题，应降低水泵吸水口的安装位置，使之到达滤管的中部，这样即可减小抽灌时的滤流在垂直方向上的分布差异。

（2）回灌水的水平分布

由于地下水的流动，回灌水在地层中的推移锋面在水平方向上是一向下游偏移的椭圆。当含水层渗透性能好，自然坡度较大时偏移程度非常明显。而抽水时地下水向水源井汇集的锋面则是一向上游偏移的椭圆，与回灌形成的氧化带偏移方向恰好相反，这样就使得在上游地层的氧化能力消耗殆尽、出水铁锰含量开始增加的时候，下游地层上尚有部分剩余的氧化能力未得以充分利用。

如果假定含水层为各向同性的承压含水层，顶板与底板平行，回灌井为完整井，垂直方向上水的滤流分布不计，回灌水与地下水不混溶驱替，利用地下水动力学原理可绘出回灌水偏移程度，如图 10-16 所示。

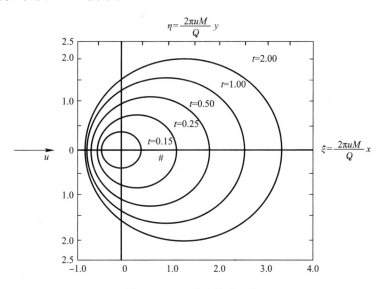

图 10-16　回灌水偏移程度

图中：M—含水层厚度；ξ—含水层有效孔隙率；

Q—回灌流量；u—地下水天然滤速

如果无限延长回灌时间，在 ξ 轴（即 x 轴）上，回灌水可推移至井的上游 $\xi=-1$，下游 $\xi=+\infty$ 点；在 η 轴（y 方向）上，回灌水推进不会超过 $\eta=\pm\pi$。τ 值越大，回灌水向下游偏移的程度越大。

事实上，回灌水锋面的推移具有一定的极限。这一点是容易理解的。由于回灌水在地层中为径向流，流速随着与回灌井距离的增加而减小，当向上游推移的速度减至与地下水天然流速相等时，回灌水就不会再向上游推移了，形成了固定的界限。

在一定的水文地质条件下，如果保持一定的回灌流量 Q，则回灌历时 t 越长，τ 值越大，因而流失率也越大；而若在一定的回灌历时 t 内采用较大的流量 Q，则可相应减小 τ 值，即可减小回灌水的流失。因此在实际工作中，为减少回灌水的流失，应在水文地质条件、井的构造条件允许并满足一次回灌水量条件下，尽量加大流量 Q、减小回灌历时 t。

5）回灌参数的影响

回灌参数的选择受着各种条件的制约。

加大回灌流量可减小回灌水流失，在确定的一次回灌水量条件下可减少回灌历时，提高井的利用率（回灌需要停井），但回灌流量过大则又会影响地层的渗透稳定性，影响抽水井过滤器；回灌流量还受着水源出水能力储备的制约，如储备能力不足，显然无法采用过大的回灌流量。

加大一次回灌水量可以增加地层氧化带宽度，保证处理效果，在一定的抽灌比条件下可以延长抽水时间，减少水泵的开停次数，减少因频繁启动对水泵、电机的影响，也便于生产人员管理。但增加一次回灌水量不能靠无限制地延长回灌历时来取得，这样会增加回灌水的流失率，因此在确定的回灌流量条件下就不能取过大的一次回灌水量。

回灌参数的选择可按下列程序进行：

（1）根据水文地质状况、井的结构及水源供水能力储备情况并参考抽水时的渗流速度选择回灌流量，在可能的条件下应尽量采用较大值，但不宜大于抽水渗流速度。

（2）根据一次回灌水量与地层淤塞年限的关系，在保证抽水井寿命期限内不产生较严重的淤塞和获得良好处理效果条件下确定一次回灌水量。

（3）一次回灌水量与回灌流量之比即为回灌历时，如果回灌历时较小（例如小于8h），在地下水流速较小的条件下可作适当调整以减少水泵开停次数。

6）回灌对地层的影响

回灌对地层的影响表现在两个方面，一方面是逆向水流的扰动使含水层的构造发生变化，另一方面是铁锰在地层内的沉积而造成的淤塞。由于抽水、回灌交替水流的扰动与洗井的扰动相比还是很小，回灌对地层的影响一般不会很大，而且这种扰动会促使地层最终形成新的稳定的地层构造，这样动水位就不会再变化。

试验前后的 $Q\sim S$ 曲线对比。

由表 10-24、图 10-17 可见，JS 水源试验点在经过 20 多个周期的运行后，动水位有了下降，单位出水量由试验前的 $90\mathrm{m}^3/(\mathrm{h}\cdot\mathrm{m})$ 降至 $64\mathrm{m}^3/(\mathrm{h}\cdot\mathrm{m})$，而 YJ 为试验点的动水位却略有回升，单位出水量有增加的趋势。结合成井验收的单位出水量［JS 为 $77.7\mathrm{m}^3/(\mathrm{h}\cdot\mathrm{m})$，YJ 为 $58.3\mathrm{m}^3/(\mathrm{h}\cdot\mathrm{m})$］，我们认为回灌对地层的扰动具有两重性，一方面它可使较为疏通的地层趋于密实，另一方面又可使较为密实的地层趋于疏通。YJ 试验井在成井后经 5 年的运行，单位出水量大幅度下降，表明大量杂质被堵塞于滤管外围包括填砂砾层的地层之内，经逆向水流的扰动后可被抽出地层，地层被疏通了，起到了洗井的作用，YJ 试验井在回灌后抽水初期水质混浊（延续时间近 1h）也说明了这一问题。JS 试验井在成井后单位出水量却上升了，表明地层尚处于逐渐疏通的状态，逆向水流的扰动则使其密实。由于水流强度很有限，所以扰动程度不会很大，且会自动达到平衡状态。在井正常运行条件下，地层一般都是较疏通的，因而回灌对地层的影响多为使地层密实，使动水位下降。

生产试验前后测定的水源井 $Q \sim S$ 关系数据　　表 10-24

试验地点	抽降次数	静水位（m）		动水位（m）		水位降 S（m）		出水量 Q $[m^3/(h \cdot m)]$		单位出水量 $[m^3/(h \cdot m)]$	
		试验前	试验后	试验前	试验后	试验前	试验后	试验前	试验后	试验前	试验后
JS	1	7.60	7.22	9.96	11.0	2.36	3.78	210	244	89.0	64.5
	2			9.64	10.3	2.06	3.08	186	198	91.2	64.3
	3			8.76	9.00	1.16	1.78	106	113	91.3	63.5
	4			8.17	7.85	0.57	0.63	57	39	100	61.9
YJ	1	1.56	3.17	10.93	11.9	9.37	8.74	135	1294	14.4	14.8
	2			8.36	9.13	6.80	5.96	96	898	14.1	15.1
	3			3.84	4.84	2.27	1.67	33	25.8	14.5	15.4

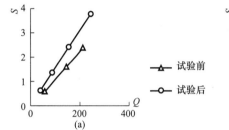 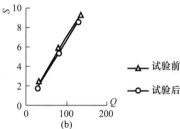

图 10-17　试验前后的 $Q \sim S$ 曲线对比

（a）JS 水源；（b）YJ 水源

7）地层的成熟期限与抽灌比

地层除铁除锰是利用在回灌中形成的地层氧化能力完成的，这种除铁除锰能力要在每次的回灌中逐渐生成、积累，最后达到具有较强催化氧化能力的状态。在它的生成积累过程中，抽灌比逐渐增加，最后达到一个稳定的状态，此时便称之为地层成熟了。表 10-25 为我们对除铁成熟周期的观测结果，图 10-18 为 JS 回灌次数与抽水平均含铁量关系曲线。

除铁成熟周期观测结果　　表 10-25

试验地点	原水含铁量（mg/L）	成熟周期	累计回灌水量（m³）
JS 水源	0.50	7	9984
YJ 水源	1.67	3	2781

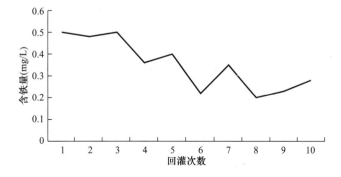

图 10-18　回灌次数与抽水平均含铁量关系曲线

由图 10-18 可见，在 JS 的试验中，随着回灌次数的增加，出水含铁量也日趋下降，至第七周期出水铁的含量趋于稳定，因此可以认为地层已基本成熟了。

若假定水中的二价铁、二价锰分别被氧化成三价铁、四价锰，从氧化还原当量计算可知，1g 溶解氧可以氧化 7g 二价铁或 3.4g 二价锰，设水中溶解氧浓度为 C（mg/L），并且回灌水中的全部溶解氧均用于铁锰的氧化，则该系统的理论抽灌比为：

$$n = \frac{C}{\frac{1}{7}[Fe^{2+}] + \frac{1}{3.4}[Mn^{2+}]} = \frac{7C}{[Fe^{2+}] + 2.06[Mn^{2+}]}$$

考虑到地层的溶解氧利用率，则地层除铁除锰系统的抽灌比为：

$$n = \frac{7aC}{[Fe^{2+}] + 2.06[Mn^{2+}]}$$

式中　a——溶解氧的利用率。

影响 a 值的因素有：

回灌水流失率 ε：显然，流失了的回灌水中的溶解氧被无谓损耗了，因此，流失率越大，a 值越小。原水与回灌水的水质：当原水中含有除铁、锰外其他的还原物质、回灌水中含有还原物质时，这些还原物质的氧化都要消耗溶解氧而使 a 值减小。溶解氧的反应率：由于靠近井壁部分的地层总是先与回灌水接触，氧化再生程度较高，回灌后期注入地层的水恰好滞留于这部分地层中，因此地层对这部分溶解氧的综合吸附利用率一定很低，致使部分溶解氧未被利用就被重新抽回地面。

在 JS 生产试验点，理论抽灌比约为 28，而实际条件抽灌比为 12～15，所以 a 值约为 0.4～0.5。YI 试验点理论抽灌比为 19，而实际条件抽灌比为 14 左右，a 值约为 0.7。

10.1.3　工程实例

【实例 10-1】 鞍山首山水源单井回灌除铁除锰。

首山试验井投产于 1962 年，管径 600mm，井深 80.2m，涌水量 9840m/d。试验前该井进行了水位降抽水试验，结果见表 10-26。试验井水含铁量是 2.8mg/L，含锰量为 1.0mg/L。回灌水来自首山井群集水管道，回灌水中含铁量为 2.6mg/L，含锰量为 1.0mg/L。井群集水管中压力为 0.15～0.18MPa。试验井回灌装置由回灌管道、闸阀、流量计量表、水射器等组成。回灌时停止抽水，开启回灌阀门，回灌水经水射器曝气后自由跌落于井内，在井管内进行汽水分离，曝气后水中溶解氧浓度平均约为 10.6mg/L。回灌水气水分离后经过滤器渗入井四周的地层中。试验确定回灌水量为 130m³/d 左右。

回灌前的水位降抽水试验结果

表 10-26

抽降次数	动水位埋深（m）	静水位埋深（m）	水位降（m）	涌水量（m³/d）	单位涌水量 [m³/(d·m)]
第一次	22.00	11.14	10.86	410	37.75
第二次	20.48	—	9.46	373	39.94
第三次	19.00	—	7.86	370	47.07

回灌第 1 阶段从 1998 年 8 月 25 日至 1999 年 4 月 2 日，共进行 41 个回灌周期，历时

7个月。回灌水量开始由小到大，并于前三个回灌周期采用减小回灌速度以增加回灌历时，从第四回灌周期开始回灌水量达到130m³/d，约为日产水量的25%。采用回灌1d抽水3d（3：1）的工作方式。在试验初期地层便具有了一定的除铁能力。为获得更好的效果，从第7周期开始采用6：1的抽灌方式，即抽6d回灌1d，经过4个周期的运行，效果不理想，又改为3：1的抽灌方式。运行至第11周期，地层已逐渐成熟，运行至第16周期地层充分成熟，抽水铁含量已持续小于0.3mg/L。在地层除锰方面，运行至前34个周期，出水量的除锰率达到70%。随后增加了一次回灌率，除锰率达到80%，效果显著。

本试验井按式（10-4）计算地层堵塞年限：

$$T = 822 \cdot N/[Fe] = 822 \times 0.259/3.8 = 56 \text{ 年}$$

式中，T 为该井地层的堵塞年限；N 为一次回灌率，$N=0.259$；$[Fe]$ 为水中铁和锰的总含量，$[Fe]=3.8mg/L$。由计算可知，该井地层的堵塞年限超过水井的使用寿命，故在水井使用期间不会发生地层严重堵塞现象。按式（10-6）计算井的抽灌比：

$$n = 7[O_2]/[Fe] = 7 \times 10.1/3.8 = 18.6$$

式中，n 为抽灌比；$[O_2]$ 为回灌水的溶解氧浓度，$[O_2]=10.1mg/L$；$[Fe]$ 为铁锰总含量，$[Fe]=3.8mg/L$。该井的抽灌比为18.6，与试验数据比较接近。试验表明，在该井试验条件下，经过14周期运行可获得达标的除铁水，经过34周期运行，可获得70%除锰水，但出水锰浓度未达标。预计对于含锰量比较低的井水，有望获得达标的除锰水。

表10-27为试验井运行情况的实测记录。

试验参数一览表　　　　　　　　　　表10-27

回灌周期	一次回灌水量（m³）	一次抽水量（m³）	抽水平均Fe(mg/L)	抽水平均Mn(mg/L)	抽灌比	回灌时间：抽水时间
1	1920	24205	0.9	0.75	12.8：1	3：1
2	4320	24720	0.4	0.5	5.7：1	3：1
3	6000	24960	0.28	0.5	4：1	3：1
4	2952	37584	0.3	0.48	12.7：1	3：1
5	3120	27872	0.42	0.85	12.1：1	3：1
6	3072	37440	0.51	0.58	12：1	3：1
7	3120	73728	0.83	0.6	23.6：1	8：1
8	3380	74180	1.16	0.8	22：1	8：1
9	3240	73152	0.58	0.53	22：1	6：1
10	3372	74304	1.67	0.3	24：1	6：1
11	2952	37368	0.5	0.55	12.6：1	3：1
12	2880	38016	0.39	0.43	13.2：1	3：1
13	2888	37800	0.3	0.43	13：1	3：1
14	2700	37658	0.3	0.2	13.6：1	3：1
15	2332	37728	0.3	0.4	13.4：1	3：1
16	2880	37400	0.2	0.35	13：1	3：1
17	2920	37190	0.3	0.2	12.7：1	3：1
18	2832	37512	0.45	0.3	13：1	3：1
19	3000	38088	0.3	0.3	13：1	3：1
20	3240	49152	0.3	0.3	15：1	4：1

续表

回灌周期	一次回灌水量（m³）	一次抽水量（m³）	抽水平均Fe(mg/L)	抽水平均Mn(mg/L)	抽灌比	回灌时间：抽水时间
21	3120	48900	0.25	0.3	15.6：1	4：1
22	3072	48763	0.24	0.23	15.8：1	4：1
23	3000	48960	0.32	0.29	16：1	4：1
24	3240	49152	0.3	0.32	15：1	4：1
25	3120	49249	0.18	0.27	15.7：1	4：1
26	3240	48738	0.2	0.1	15：1	4：1
27	3218	48480	0.17	0.2	15：1	4：1
28	2784	43968	0.35	0.275	19：1	4：1
29	2772	43200	0.29	0.235	15.5：1	4：1
30	2808	43392	0.125	0.268	15.5：1	4：1
31	2832	44160	0.335	0.25	15.6：1	4：1
32	2880	43488	0.215	0.225	15：1	4：1
33	2952	44190	0.27	0.265	15：1	4：1
34	2790	44004	0.3	0.225	15.7：1	4：1
35			因泵管脱落，空一周期			
36	5316	43968	0.32	0.186	7.3：1	4：2
37	5780	43200	0.13	0.16	7.5：1	4：2
38	5904	44016	0.1	0.2	7.5：1	4：2
39	5712	44352	0.1	0.19	7.8：1	4：2
40	5772	44020	0.12	0.19	7.6：1	4：2
41	5818	44170	0.2	0.19		

注：（1）在第18周期中，由于深井电机故障，致使停止运行5天；在春节期间，由于供水紧张，试验暂停半个月。这都对水质变化有影响。

（2）由于试验工作进入冬季，个别水样的采取没有按操作规程进行，个别有误差值在本表中没有删掉。

10.2 铁细菌处理法

铁细菌具有一种特殊的生物酶，能在水中二价铁被溶解氧氧化的反应中起催化作用，而铁细菌能够利用这个氧化反应所释放出来的能量，以满足自己生命活动的需要。但由于二价铁的氧化反应释放出来的能量很少，所以铁细菌必须具有强大的催化作用，以迅速地氧化大量的二价铁，才能获得足够的能量。据测定，铁细菌大约每氧化224g的二价铁，才能合成1g有机碳（细胞物质），两者之比为224：1。铁细菌的这种催化特性，可以被用来除铁。

铁细菌可分为自营性的、兼营性的和异营性的，自营性的铁细菌只能利用水中的二氧化碳作碳源，所以能在几乎是纯矿质的含铁水中繁殖；异营性的铁细菌则只能利用有机物质作碳源；兼营性的铁细菌既可利用二氧化碳作碳源，又可利用有机物质作碳源。

铁细菌的种类很多，可用来除铁的有含铁嘉氏铁柄杆菌（*Gallionella ferruginea*）、多孢铁细菌（*Crenothrix polyspora*）、赭色纤发细菌（*Leptothrix ochracea*）、发式纤发细菌（*Leptothrix trichogenes*）等。

嘉氏铁柄杆菌属自营性的铁细菌，其细菌细胞具有短螺形成弧菌形态，呈腰形或豆形，宽度为 0.5～0.6μm，长度不超过 1.5μm，可以区别出凸起的前端与下凹的后端；在其体内氧化生成的三价铁的氢氧化物，由下凹的后端分泌出来，并形成螺旋状的小茎；细胞每次分裂后便出现一个双歧分枝的小枝，所以在若干次一个接一个地分裂之后，便形成很多双歧分枝的小树；小树的单个长度可达 200μm；小树以其基部固着于物体表面。图 10-19 为其双歧分枝的小树。

多孢铁细菌的线体是由十分巨大的圆柱形细胞组成，细胞长度变动很大，有的可达几毫米，宽度为 2～5μm，线体顶端的皮鞘薄而无色，基部常较厚并成赭黄色；线体以基部固着于物体上；有时发现有分枝类型。图 10-20 为多孢铁细菌的细胞。

赭色纤发细菌的细胞常成相当长的小链或线体，圆柱状，宽约为 1μm，长为 2～5μm，它能向其周围分泌铁质沉淀物而形成皮鞘，皮鞘多为宽 2～3μm 的圆柱状小管，小管壁厚约为 0.5～1μm，内径约为 1μm，长度可达 10mm，皮鞘表面光滑，从不分歧。图 10-21 为细菌细胞及其皮鞘。

发式纤发细菌是一种线状铁细菌，细菌细胞的宽度不超过 0.5μm，长度变动范围很大。细菌线体所分泌的铁质皮鞘是由极多的细而长的细毛或纤维组成，它们共同组成相当密集的近乎圆柱状的小带，但其中有些地方可以找到宽的弧状线圈，细毛在这里相互分开以保持相当大的距离。图 10-22 为细菌细胞及其皮鞘的形状。

图 10-19　嘉氏铁柄杆菌形成的双歧分
枝的小树（放大约 1000 倍）

1—细菌细胞；2—螺旋式的铁质小茎

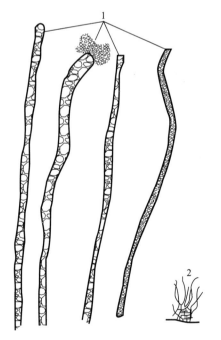

图 10-20　多孢铁细菌

1—带有小分生孢子和大分生孢子体（放大约
2000 倍）；2—菌丛的一部分（放大约 100 倍）

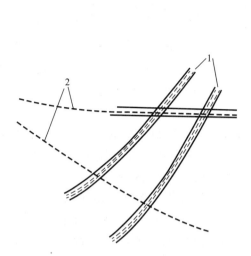

图 10-21　赭色纤发细菌（放大约 2000 倍）
1—细菌的皮鞘；2—细菌的线体

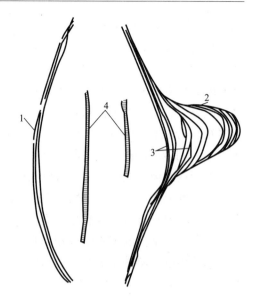

图 10-22　发式纤发细菌（放大约 2000 倍）
1—由细毛组成的小带；2—弧状线圈；
3—相互分开的细毛；4—细菌的线体

适合铁细菌繁殖的条件为：

（1）水中二价铁的浓度，一般不应低于 0.2mg/L。

（2）铁细菌的种类不同，对水温的要求也不同：

嘉氏铁柄杆菌要求 3～26℃，最佳为 6℃；

多孢铁细菌要求 15℃；

赭色纤发细菌要求 5～40℃，最佳为 23～25℃；

发式纤发细菌要求 16～20.5℃。

（3）水的 pH。铁细菌的种类不同对水的 pH 要求也不同，大体在 pH 为 5～7.5 范围的微酸性和中性的水里发育较好，在碱性水中发育不佳（碱性水中很少含有铁质）。

（4）铁细菌皆为好氧菌，只在含有溶解氧的水中繁殖，所以水中溶解氧的浓度不应低于 3mg/L，但溶解氧也不能过多，因溶解氧过多会加速二价铁的化学氧化，对铁细菌的繁殖不利。

（5）水中二氧化碳的含量高，对铁细菌的繁殖是有利的。

（6）水中的有机物，对异营性和兼营性铁细菌有利，对自营性铁细菌可能是有害的。

慢滤池利用铁细菌除铁的原理见本书 9.5.2 节，此处不再赘述。

例如，原民主德国德累斯登市水厂用微生物除锰，能蓄积锰的微生物有褐色细枝发铁菌（*Clonothrix fusca*）、含锰锈铁菌（*Crenothrix manganifera*）和鞘铁细菌（*Siderocapsa*），吸附在粒径约 3mm、厚 1.4m 的砂层上进行压力过滤，滤速 25m/h，有时反冲洗以除去多余的含锰污泥。

地下水的氧化还原电位是生物法除锰的一个重要参数，它在很大程度上取决于水中的含氧量，即使加入极少量的氧也能改变氧化还原电位。例如在原联邦德国华波卢用生物法进行地下水除锰，水的氧化还原电位为 214mV（pH＝7.2）时，不能除锰（滤池滤速 20m/h），但以 $0.06L/m^3$ 的速率加入空气（相当于 $20\mu g/L$ O_2），使氧化还原电位增加 16mV 即达 230mV 时（pH＝7.2），锰就立即除掉，出水中含氧 $24\mu g/L$。原联邦德国的研究证实，在纤发铁细菌聚集处的附近具有较高的氧化还原电位。生物法除锰要准确测定和控制氧的投加量，在滤前加含氧的清水供氧，可准确地控制充氧量，也可在滤前进行简单曝气充氧。

在欧洲常用干滤池（dry filter）作为微生物除锰用的滤池。干滤池是一种不浸水的滤池，像生物滤池一样把水喷淋在砂面上。干滤池在荷兰用于处理含锰和氨氮的地下水。有时用空气泵或喷射泵把空气从滤池下部送入，以加速通过砂层的空气循环。砂层中有硝化细菌生长时，把氨氮变成硝酸盐氮。锰通常以 MnO_2 形态在砂表面沉积。由于氨氮可能促进氧化细菌的生长，氨氮的存在有可能是必需的。除锰如有困难，可在滤前加少量高锰酸钾使之易于除锰。当砂面形成水坑，空气不能进入滤层时，锰和氨氮的氧化就不能进行，干滤池逐渐阻塞，必须进行冲洗。为了得到良好的除锰结果，水中含铁量要低，水中不宜含有机物。荷兰的现有单级过滤池滤速为 4～6m/h，铁和锰的沉积分离以及硝化的效果很好。在原联邦德国有几处干滤池，当原水中含铁量不超过 2～3mg/L 时，也能很好地除锰。与荷兰的干滤池相反，运行时滤速达 10～12m/h，干滤池滤料粒径用 0.7～1.5mm 的细滤料，较为成功。一般地下水水质变化很小，用微生物法除锰很稳定，运行管理简单，而且此法不用药剂，能充分利用滤池容积，负荷高，是一种较经济的除锰方法。水中同时含铁、锰和氨时，用此法更为有利。

10.3　农村简易除铁方法

在含铁地下水地区，农村使用的井水中常含有大量铁质，有碍生活饮用。我国劳动人民很早以前就开始使用各种方法进行除铁，目前在我国农村应用最广的是慢滤除铁法。

图 10-23 为一种简易的过滤设备。用直径为 150～200mm 的陶土管（或其他管材）置于缸中，管端用穿孔木板堵紧，其上设 50mm 厚的粒径为 2～10mm 的卵石层，再上面设中砂或粗砂滤层，厚约为 0.3～0.5m。将含铁井水倒入陶土管中由上向下过滤，滤后的除铁水贮于缸中备用。这种简易的过滤管视水中含铁浓度的多寡，每天可滤水数十升，足够一家使用。

这种方法因不需另设滤缸，易于推广。

随着农村的发展，在村屯以及小城镇兴办起不少集体使用的除铁滤槽，滤槽面积为一至数平方米不等，每日滤水数千升，可供学校、食堂用。图 10-24 为一慢滤除铁滤槽，长 2m，宽 1m，高 1m，槽底用砖砌成透水集水系统，其上设厚为 15～20cm 的碎木炭层，木炭层上再设 60～70cm 厚的砂滤层，木炭层和砂滤层之间用席隔开。此滤槽常置于手压（或用电机带动）管井下，可直接将水抽入槽中。含铁地下水由井口落入槽中时经跌水曝气，然后经滤槽慢滤除铁。此滤槽不仅能去除地下水中的铁质，并且还能去除水中的锰质，滤后水质良好。滤槽每小时能滤水 60 桶（约 900L），滤速约为 0.5m/h。滤砂每年更换一次，并补充木炭约 50kg。换新砂后，最初一个月过滤水质不太好；若换砂时在表层保留 20cm 旧砂，则可避免换砂初期过滤水质恶化的现象。

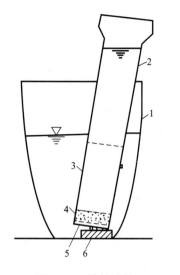

图 10-23　除铁滤管

1—缸；2—滤管；3—砂滤层；

4—卵石承托层；5—穿孔堵板；

6—垫木

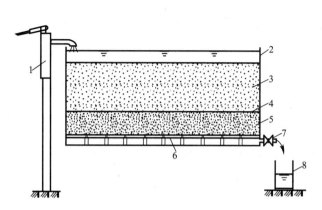

图 10-24　农村集体使用的除铁滤槽

1—手压管井；2—除铁滤槽；3—河砂滤层；

4—席；5—碎木炭层；6—砖砌集水系统；

7—出水管；8—水桶

此外，在农村家庭中使用的除铁方法还有：

（1）沉淀法：将含铁井水置于缸中静置沉淀一夜，次日水中铁质已大部氧化沉于缸底，水缸上层即为除铁水。

（2）碱化法：向含铁井水中加碱（石灰或食用碱），待水中铁质氧化沉淀后使用。

（3）煮沸法：将水烧开后静置一定时间，待水中铁质沉淀后使用。

这些除铁方法，一般只在必要时（如洗涤白色衣物时）才使用。

10.4　锰离子交换法

以硫酸锰（或氯化锰）和高锰酸钾溶液处理阳离子交换剂（一般用钠型），可在离子交换剂的表面附着一层高价锰的氧化物，即为锰离子交换剂：

$$Na_2 \cdot Z + MnSO_4 = Mn \cdot Z + Na_2SO_4$$

$$Mn \cdot Z + 2KMnO_4 = K_2 \cdot Z \cdot MnO \cdot Mn_2O_7$$

当含铁地下水通过锰离子交换剂层时，二价铁便被氧化除去：

$$4Fe^{2+} + K_2 \cdot Z \cdot MnO \cdot Mn_2O_7 + 2H_2O =$$

$$4Fe^{3+} + K_2 \cdot Z + 3MnO_2 + 4OH^-$$

锰离子交换剂滤层的氧化能力消耗以后，可用高锰酸钾溶液再生。

锰离子交换剂，一般每升约能氧化去除水中二价铁 1.0～1.5g。高锰酸钾再生剂的用量，每升锰离子交换剂约需 2.5～3g。再生的方法，可用高锰酸钾溶液（浓度 0.5%）将滤层浸泡数小时即可。

上述锰离子交换剂的除铁过程，形式上与离子交换法相似，实质上仍为高锰酸钾氧化的方法。

锰离子交换法除铁设备与普通压力式滤池相似，但需设有再生装置。锰离子交换剂层的厚度不宜小于 0.9～1.0m，滤速不超过 7.5m/h，每天反冲洗一次。视地下水含铁浓度的高低，每月约需再生数次。

锰离子交换法，要求水的含铁浓度一般不超过 10mg/L，但对 2～3mg/L 以下的含铁水效果较好。此法要求水的 pH 不要过低，并且水中不得含有硫化氢。经此法处理的含铁地下水，其含铁浓度一般可降至 0～0.3mg/L。

锰离子交接法更适宜于除锰。锰离子交换剂表面附着的二氧化锰有吸附水中二价锰的能力。含锰地下水经锰离子交换剂滤层过滤时，水中二价锰被吸附而从水中去除：

$$Z \cdot MnO_2 + Mn^{2+} + H_2O == Z \cdot MnO_2 \cdot MnO + 2H^+ \tag{10-12}$$

锰离子交换剂可用高锰酸钾氧化再生，以恢复其吸附能力：

$$3Z \cdot MnO_2 \cdot MnO + 2KMnO_4 + 2H^+ == 3Z \cdot MnO_2 + 2K^+ + H_2O + 5MnO_2 \tag{10-13}$$

再生锰离子交换剂有间歇再生和连续再生两种方法。锰离子交换剂间歇再生时，需要过量的高锰酸钾，所以费用较贵。锰离子交换剂的连续再生，就是在锰离子交换剂过滤除锰过程中，将高锰酸钾连续地加入滤前水中。当高锰酸钾投加量不足以氧化水中锰时，锰离子交换剂可吸附水中的二价锰，当高锰酸钾投加量超过了氧化所需量时，多余的剂量可用于再生锰离子交换剂。所以，在这种除锰工艺中，锰离子交换剂滤池还具有缓冲和调节作用。实际上，对于同一水厂，各个地下水井的含锰量并不相同，由于启闭井泵，常会引起原水含锰量的变动，从而使高锰酸钾投加量的控制感到困难。而对锰离子交换剂法除锰工艺，由于锰离子交换剂滤池具有缓冲和调节作用，所以能稳定可靠地运行。

10.5　离子交换法

地下水中的二价铁离子，可用离子交换法直接除去。用钠离子交换剂除铁时：

$$Fe^{2+} + Na_2 \cdot Z == Fe \cdot Z + 2Na^+$$

二价铁饱和的离子交换剂，可用食盐溶液再生：

$$Fe \cdot Z + 2NaCl == Na_2 \cdot Z + FeCl_2$$

用氢离子交换剂除铁时：

$$Fe^{2+} + H_2 \cdot Z == Fe \cdot Z + 2H^+$$

为二价铁饱和的离子交换剂，可用硫酸或盐酸溶液再生：

$$Fe \cdot Z + H_2SO_4 == H_2 \cdot Z + FeSO_4 \tag{10-14}$$

用离子交换法除铁时，水中的硬度也被一起去除。但是，一般离子交换剂都首先吸附二价铁离子，然后再吸附钙、镁离子，所以当离子交换剂层为钙、镁离子所饱和时，对二价铁离子仍有交换能力，故仍可继续工作至出水含铁浓度增高时为止。

当水中含有胶体状铁质时，这种铁质能覆盖于离子交换剂的表面，使其性能显著降低，所以地下水中不应含有除二价铁离子以外的其他形态的铁质。

当水中有溶解氧时，水中的二价铁将部分地被氧化并覆盖于离子交换剂的表面上，所以也同样是十分有害的。因此，应尽可能防止含铁地下水在离子交换处理以前被曝气，特别要注意不使深井泵吸入空气。但实际上，含铁地下水遭到某种程度的曝气是常有的，所以三价铁质覆盖于离子交换剂表面的情况是不可避免的。这时，可定期用稀盐酸洗涤离子交换剂以溶去覆盖的铁质。有人发现，若于再生的食盐溶液中加入一些硫酸氢钠（NaHSO$_4$）（1m^3 离子交换剂约需 16～24kg），亦可防止离子交换剂被铁质覆盖。当然，用氢离子交换法除铁，因经常用酸再生，所以离子交换剂便不会被铁质覆盖。

离子交换法除铁一般不单独使用，常与离子交换软化法结合起来运用，并且还对水中铁质浓度有一定的限制：水中每含有 0.01mmol/L 的总硬度，允许水中含有不超过 1.5mg/L 的二价铁。

当地下水的含铁浓度高时，以及水中含有二价铁离子以外的其他形态的铁质时，此法不宜应用，而需另设专门的除铁设备。

离子交换法除锰的情况与除铁类似，存在的问题及适用条件也相同。

10.6 混凝法

当少数含铁地下水含有有机铁时，便不能用一般氧化的方法将铁质除去，这时向水中投加混凝剂，有时能获得良好的除铁效果，通常都向水中投加铝盐混凝剂，铝盐混凝剂能将水中有机物去除，从而同时也将有机铁去除。混凝法除铁工艺，与一般混凝法去除水中色度的处理工艺相同。下面是两则实例。

一井水的水质如下：含铁浓度为 3.5mg/L，pH 为 6.6，色度为 35 度，游离二氧化碳为 10mg/L，碱度为 0.004mmol/L，总硬度为 0.0024mmol/L，钠离子为 7.4mg/L，氯离子为 2.1mg/L，硫酸根离子为 2.9mg/L。将水曝气，并投加石灰，使水的 pH 提高至 8.3，反应 1h，然后过滤，滤后水含铁浓度为 2.6mg/L。若将反应时间增长至 48h，滤后水含铁浓度为 1.8mg/L，这时向水中投氯氧化，对有机铁也无效。然而，使水曝气后，向水中投加铝盐混凝剂 17mg/L（按铝计算）及 8.5mg/L 的碳酸钠，使水的 pH 升至 6.7，再沉淀 10min，然后过滤，滤后水中含铁浓度可降至 0.1mg/L。

一色度甚高的井水的水质如下：含铁浓度为 12mg/L，pH 为 6.65，色度为 450 度，碱度为 0.0188mmol/L，总硬度为 0.0356mmol/L。使水曝气，反应 5d，仍不能去除水中的铁质。当向水中投氯 48mg/L，然后过滤，滤后水含铁浓度仍高达 9.5mg/L。然而，向水中投加硫酸铝 136mg/L，水的 pH 为 6.2，这时能生成沉淀甚快的絮凝体，滤后水含铁浓度降至 0.3mg/L，色度降至 30 度。

混凝法也能去除水中的有机锰。

电解混凝法是另一种形式的除铁除锰方法。使原水在金属铝电极之间通过，由于水电解产生的新生态氧把水中的二价铁氧化，同时从电极溶出的铝离子生成氢氧化物，把悬浮的氧化铁凝聚吸附，再沉淀过滤除去：

$$H_2O \xrightarrow{电解} H_2 \uparrow + \frac{1}{2}O_2 (新生态氧)$$

$$2Fe(HCO_3)_2 + \frac{1}{2}O_2 + H_2O \longrightarrow 2Fe(OH)_3 + 4CO_2 \uparrow$$

$$2Al^{3+} + 6H_2O \longrightarrow 2Al(OH)_3 + 3H_2 \uparrow$$

如提高 pH，电解混凝法也能除锰：

$$2Mn(HCO_3)_2 + \frac{1}{2}O_2 + H_2O \longrightarrow 2Mn(OH)_3 + 3CO_2$$

$$2Mn(OH)_3 + \frac{1}{2}O_2 \longrightarrow 2MnO_2 + 3H_2O$$

电解混凝法除铁除锰装置由下列设施构成：电解控制装置、电解槽、沉淀槽、过滤槽及其他附属设备。由于要用较大的设备和较高的投资，所以此法不宜用于大量水的处理。

10.7　稳定处理法

10.7.1　聚合磷酸盐处理法

有的生产用水，只要求水中的铁质不致引起沉淀，就不一定将铁质由水中除去。这时，向水中投加稳定剂以防止水中铁质的沉淀，常常是经济有效的方法。生产中常用的稳定剂为聚合磷酸盐。例如，六偏磷酸钠 $Na_2[Na_4(PO_3)_6]$ 与水中二价铁离子能进行下列络合反应：

$$2Fe^{2+} + Na_2[Na_4(PO_3)_6] = Na_2[Fe_2(PO_3)_6] + 4Na^+$$

上述反应生成铁的络合物十分稳定，并易溶于水，从而能防止水中二价铁的氧化和沉淀。

六偏磷酸钠还能与水中的三价铁发生络合反应：

$$Fe^{3+} + Na_2[Na_4(PO_3)_6] = Na_3[Fe(PO_3)_6] + 3Na^+$$

当投加的六偏磷酸钠的量不足时，会生成难溶于水的铁的络合物：

$$3Fe^{2+} + Na_2[Na_4(PO_3)_6] = Fe[Fe_2(PO_3)_6]\downarrow + 6Na^+$$

所以六偏磷酸钠的投加量应随水的含铁浓度的增高而增大，一般不少于含铁浓度（当水中含有锰时，应为铁、锰的总浓度）的 4～5 倍。此外，药剂投加量还与水温、水的 pH、水的碱度、溶解性固体含量等因素有关，所以应由试验来确定。

稳定剂应在水与空气接触以前投加。

除了聚合磷酸盐以外，还可使用其他的无机或有机的稳定剂。

向水中投加六偏磷酸钠，对含铁浓度较低、硬度不高的地下水，效果比较好。

水中的二价锰在中性条件下一般不易氧化和沉淀，但是用氯消毒时，氯能使锰氧化，生成不溶性氧化锰而使水带色，或沉积于管中，被水流冲刷泛起时出现"黑水"现象。为了防止因加氯而使锰氧化，可用偏磷酸钠来稳定锰。偏磷酸钠能和金属离子，特别是二价金属离子形成可溶性的络合物，所以利用此性质来封闭锰离子的活动。

采用稳定法时，药剂应在加氯前投入，而且必须进行充分混合。影响加药量的因素有：①加氯量；②水中能与偏磷酸钠形成络合物的金属离子总量；③处理水量。最初加药时加入必要量的 2～3 倍，迅速记录在管末端检出的量，如果在管道末梢检出约 1mg/L 的偏磷酸盐，这样的加药量就不会出现"黑水"现象。聚磷酸盐的投配量要低于 10mg/L，因为磷酸盐是细菌生长繁殖的主要养料。由于磷酸盐的存在，配水系统中的铁细菌加速对锰的氧化而使锰在管道中沉积。用聚磷酸盐稳定锰时，水中必须有充分的余氯，才能控制细菌的繁殖。

加药浓度采用 5%～10%，制备约 1d 的用量。由于药剂效果是根据其聚合度确定的，所以稀溶液如长期放置，药剂效果就会下降。此外，浓溶液对金属有腐蚀，因此溶解槽要适当涂防腐层。

用稳定法处理锰时，pH 要维持在 7 左右。

实例：日本九州市曾发生超过标准的高色度，原因是原水中有锰盐存在。该市原水中含锰量低于 0.3mg/L。净水厂在滤后水（含锰 0.05mg/L，碱度 0.022mmol/L，pH7.2）中加 2mg/L 聚偏磷酸盐，搅拌 4～5min 后加氯，效果良好。

10.7.2 硅酸钠处理法

另一种稳定剂是硅酸钠。在本书 1.2 节中已述及，水中的溶解性硅酸对二价铁氧化生成的三价铁氢氧化物胶体的凝聚过程有很大影响，使三价铁等电点向酸性方向移动，且最佳凝聚范围变窄。当曝气后水的 pH 高出最佳凝聚范围，将导致三价铁氢氧化物胶体凝聚效果恶化而难以由水中沉淀过滤除去。如果向含铁地下水中加入硅酸钠，能有效地防止铁质在给水管道中沉积，从而成为一种新的稳定处理法。这个方法适用于地下水含铁量小于 1mg/L 的情况，稳定处理后水的物理化学性质符合饮用水标准。

硅酸钠稳定处理法首创于美国，现已在一些城市中得到应用。表 10-28 为使用这种方法的几个城市的水质情况。

使用硫酸钠稳定处理法的几个城市水质情况　　　　　　　　　表 10-28

项目	单位	城市名称		
		Markham 城	Markham 镇	Gravenhurst
Fe^{2+}	mg/L	0.5	0.2～0.7	1.45
pH	—	7.6～8.0	7.7～7.8	7.1
总硬度	mmol/L	0.03	0.06	0.0192
钙硬度	mmol/L	0.0196	0.044	0.0110
碱度	mmol/L	0.04	—	1.12
总氮（N）	mg/L	1.4	0.54	—
氨氮（N）	mg/L	0.99	0.02	—
溶解性固体	mg/L	220	460	180
Na^+	mg/L	24	22	12
Cl^-	mg/L	15	55	—
SiO_2	mg/L	19	20	19
CO_2	mg/L	14	—	—
硅酸钠投加量（以 SiO_2 计）	mg/L	3.5	4.6	6.0

这种方法及硅酸钠最佳投加量与下列因素有关：

（1）这种方法最好用于 pH 较高的地下水，当 pH>7.5 时更有效。

（2）硅酸钠投加量随含铁量增高而增大，但两者之间并不具有直线关系。

（3）硬度愈高，所需硅酸钠投加量也愈大。当水的硬度由 0 增大到 0.20mmol/L 时，硅酸钠的投加量约增大 5 倍。

（4）投加新鲜的浓的硅酸钠效果最好。活化硅酸、部分中和的硅酸钠、过度稀释的硅酸钠，都不如新鲜的浓的效果好。

（5）投加硅酸钠最好与氯化或氧化同时进行。二价铁氧化以前（约 15s）投加或以后投加都会使效果降低。立即使水中二价铁全部氧化是取得好效果的前提。

（6）快速混合和低温能提高稳定效果。

（7）温度达到 80℃以上，能完全破坏铁的稳定性。

（8）对锰的稳定效果比对铁还好。

综上所述可知，硅酸钠稳定处理法适用于低硬度、高 pH（＞7.5）以及含溶解性硅酸多的地下水的处理。

10.7.3　氯氨消毒法

为了防止氯消毒使锰氧化沉淀，可以采用氯胺消毒法。这种方法是利用氯和氨起作用成为氧化能力较弱的氯胺形态，氯胺几乎不使水中的二价锰氧化，所以能防止锰的氧化沉淀和水的色度上升。同时向水中加入氯和氨，氯在水中生成次氯酸，又和氨反应，根据 pH 条件生成下列形态的氯胺：

$$HOCl + NH_3 \longrightarrow H_2O + NH_2Cl(一氯胺)$$
$$2HOCl + NH_3 \longrightarrow 2H_2O + NHCl_2(二氯胺)$$
$$3HOCl + NH_3 \longrightarrow 3H_2O + NCl_3(三氯胺)$$

这些氯胺对细菌的消毒效果，二氯胺最强，一氯胺次之，三氯胺几乎没有效果。虽然氯氨的杀菌能力比游离氯弱，但仍可用氯胺处理含锰的深井水。

向水中加氨，可用氨水或胺盐。按上述第一个反应式，氯氨比（Cl_2 和 NH_3 的重量比）约为 4.2。为了避免氯过量而致氯胺被氧化，一般宜控制氯氨比不超过 4.0。计算氨的投加量时，应考虑原水中含的氨量。

实例：日本三鹰市从深度为 180m 的深井取水用氯消毒后供市内用水。以后发现从水龙头流出的水有色度，色度都在 20°～25°。调查结果发现，有一口井水中含锰约 0.17mg/L，用氯消毒使锰氧化为不溶性氧化锰而使水带色。色度大致是含锰量的 300 倍（0.1mg/L 锰产生的色度约 30 度）。于是在加氯前先加入适量的氨与氯生成氯胺，进行试验取得了良好的效果。2 天内在 2 口井水中加氨 0.4mg/L，加氯 1mg/L，并在蓄水池内停留。1 周后，市内给水龙头流出的水无色透明。试验后该市就采用了氯氨消毒法。

10.8　膜处理法

膜法水处理工艺近年发展迅速，随着制膜工艺及膜改性技术的快速发展，膜过滤技术已被广泛地应用于饮用水及污水处理工艺中。针对地下水铁锰超标问题，近年来也出现了一些采用膜过滤技术进行铁锰去除的研究。

采用膜过滤技术去除水中的二价锰研究，主要采用纳滤膜过滤或超滤膜过滤结合其他预处理进行。纳滤膜的孔径为几个纳米，截留分子量约为几百道尔顿，其能够有效截留大分子有机物及部分二价离子和多价离子。Maryam Haddad 等人报道纳滤膜主要通过电荷排斥作用截留二价锰离子，向进水中加入硬度（即钙镁离子）会降低纳滤膜对二价锰离子的截留率，主要是因为钙镁离子会与纳滤膜表面的硫酸基结合从而减弱了静电斥力对二价锰离子的截留。而进水中的硬度对溶解性有机物的去除没有影响，这主要是因为溶解性有机物主要通过体积排阻作用被纳滤膜截留。

此外，学者们考察了采用超滤工艺去除水中的二价锰离子。超滤膜的孔径一般为 10～20nm，截留分子量约为 10 万道尔顿，其只能截留水中颗粒物、微生物、病毒及胶体物质，对溶解性离子的去除效果有限。因此，超滤膜工艺不能截留二价锰离子，但将二价锰离子通过氧化或其他方法转变为二氧化锰颗粒或其他胶体形式后，便很容易被超滤膜截留去除。学者们研究了氯氧化及高锰酸钾氧化结合超滤工艺对水中二价锰离子的去除，并取得了较好的效果。另一方面，学者们采用了吸附螯合的方法，采用聚丙烯酸螯合或者粉末活性炭吸附形成自催化微系统，以改变水中二价锰存在形式达到超滤截留去除的效果。这些研究普遍能够获得较好的二价锰去除效果，但需要向系统中连续投加药剂，从而提高了工艺的运行成本。

膜工艺除锰的优势是出水质量稳定、优异，膜工艺较为紧凑占地更少，且自动化控制程度更高。但其造价及运行费用较高，且工艺较为复杂，此外膜污染问题一直是膜过滤工艺的关键阻碍因素，采用膜过滤工艺去除水中二价锰同样面临着膜污染问题。B. A. M. Al-Rashdi 等人报道重金属造成纳滤膜污染的严重程度顺序为 $Cu^{2+} > Cd^{2+} \approx Mn^{2+} > Pb^{2+} \approx As^{3+}$。在超滤工艺中，由于前端采用了预氧化，将溶解性的二价锰氧化为二氧化锰颗粒，其会造成更严重的膜污染。Choo Kwang-Ho 等人报道预氯化氧化二价锰会造成更严重的膜污染，且氯投加量越大膜污染越严重。Du Xing 等人报道在粉末活性炭＋超滤除锰工艺中，膜污染的主要原因是粉末活性炭以及锰的氧化物在膜表面的沉积（表 10-29）。因此，如何协调平衡二价锰的去除及膜污染是膜工艺除锰技术的关键。随着膜材料制备工艺的不断进步，膜污染问题在未来可能得到一定的缓解，届时基于膜工艺的除锰技术将会有更大的应用空间。

膜工艺除锰的研究

表 10-29

膜技术	初始 Mn^{2+} 浓度	去除率	跨膜压差/膜通量	参考文献
纳滤 NF270 商品膜（唐氏 Dow，美国），截留分子量约 600Da	1000mg/L	89%	400kPa	AL-RASHDI et al.，2013
纳滤中空纤维膜，截留分子量约 200Da	0.25～1mg/L	>90%	100kPa	HADDAD et al.，2018
聚丙烯酸螯合＋超滤	1mg/L	100%	70kPa	HAN et al.，2006
预氯化＋超滤	0.5mg/L	>80%	100kPa	CHOO et al.，2005
高锰酸钾预氧化＋微滤	2mg/L	95%	6～100kPa	ELLIS et al.，2000
粉末活性炭＋微滤	0.31mg/L	100%	—	SUZUKI et al.，1998
粉末活性炭＋超滤	0.8～1.4mg/L	约93%	5 L/(m² · h)	DU et al.，2017

本章参考文献

[1] 陈心凤，邵卫云，叶苗苗. 钛酸盐纳米线对水中 Fe（Ⅱ）和 Mn（Ⅱ）的吸附 [J]. 浙江大学学报

（工学版），2012，46（5）：818~823.

[2] 仇恩容. 羟基氧化铁复合物去除饮用水中铁锰试验研究 [D]. 成都：西南交通大学，2016.

[3] 桂开金，邱铭芳. 充氧水回灌含水层除铁 [J]. 工程勘察，1988（6）：45~47.

[4] 哈尔滨建筑工程学院，大庆油田. 单井充氧回灌地层除铁试验研究 [J]. 建筑技术通讯（给水排水），1982（2）：16~21.

[5] 哈尔滨建筑工程学院，等. 单井抽灌地层除铁 [J]. 中国给水排水，1986（2）：48~50，6.

[6] 贾国东，李东艳，钟佐燊，等. 充氧水回灌治理含铁和硫化物的地下水 [J]. 中国给水排水，2000（7）：50~52.

[7] 李福勤，王锦，秦宇，等. 改性滤料强化接触氧化法处理高锰矿井水的研究 [J]. 中国给水排水，2008（13）：31~33.

[8] 李圭白，刘超. 地下水除铁除锰 [M]. 第 2 版. 北京：中国建筑工业出版社，1989.

[9] 李圭白，朱启光，柏蔚华. 充氧回灌地层除铁机理探讨 [J]. 哈尔滨建筑工程学院学报，1984（1）：59~62.

[10] 李圭白，朱启光，刘尚军，等. 双井互灌地层除铁试验研究 [J]. 哈尔滨建筑工程学院学报，1987（3）：38~45.

[11] 刘保卫，张俊洁，肖利萍. Fenton 接触氧化法强化石英砂-锰砂滤料处理铁锰矿井废水 [J]. 水资源与水工程学报，2011，22（5）：96~99.

[12] 刘超，陶自顺，高书怀. 充氧回灌地层除铁的探索性研究 [J]. 城市供水，1983（4）.

[13] 裴中文，沙兆光，王孝军，等. 单井充氧回灌地层除铁除锰研究 [J]. 轻金属，2001（1）：62~64.

[14] 任文辉，余健，郭照光，等. 低 pH 下饮用水生物除铁试验研究 [J]. 工业水处理，2007（1）：55~57，86.

[15] 阮登洋，郭玉润. 地下水除铁锰和有害气体 [J]. 中国给水排水，1993（1）：55~58.

[16] 王建兵，蒋雯婷，李亚男，等. 改性锰砂滤料处理高铁锰煤矿矿井水 [J]. 环境工程学报，2012，6（11）：3843~3848.

[17] 王晓娜，杨艳玲，陈志和，等. 地下水除铁除锰-超滤组合工艺的膜污染特性 [J]. 水处理技术，2016，42（8）：115~119.

[18] 王晓娜. 地下水除铁除锰-超滤组合工艺效能及膜污染控制试验研究 [D]. 北京：北京工业大学，2016.

[19] 肖利萍，张志静，张运波，等. Fenton 试剂对含锰矿井废水处理试验 [J]. 辽宁工程技术大学学报：自然科学版，2011（2）：229~232.

[20] 熊斌，李星，杨艳玲，等. 接触氧化/超滤除铁除锰组合工艺的净化效能 [J]. 中国给水排水，2014，30（1）：30~33.

[21] 徐正本，张可兰，顾筱蓉. 絮凝沉淀法除铁、锰 [J]. 环境与健康杂志，1994（4）：158~160.

[22] 杨庆一，李道静. 双氧水氧化处理低浓度含锰废水的研究 [J]. 环保科技，2013，19（2）：30~32.

[23] 杨维，李倩倩，张隆基. 二氧化氯-锰砂联合处理低铁高锰地下水的试验研究 [C]//Proceedings of Conference on Environmental Pollution and Public Health (CEPPH2011), Scientific Research Publishing, USA, 2011：628~632.

[24] 尹飞，王振文，阮书峰，等. 低钴溶液用 SO_2/O_2 氧化中和法除铁、锰试验研究 [J]. 矿冶，2011，20（4）：60~64，69.

[25] 禹丽娥，何川. 地下水除铁滤池的成熟及其生物研究 [J]. 哈尔滨商业大学学报（自然科学版），

2005 (3)：286～287，291.

[26] 张吉库，宋鑫，孟建军，等. 锰砂和硅碳素联合处理低铁高锰地下水 [J]. 沈阳建筑大学学报（自然科学版），2011，27 (4)：751～754.

[27] 张寄明. 运用单井回灌地层处理含硫化氢低铁地下水的实践 [J]. 给水排水，1993 (7)：12～15，2.

[28] 张亚峰. 关于地层除铁除锰的研究 [D]. 哈尔滨：哈尔滨建筑工程学院，1988.

[29] 赵昕，栾成梅. 高锰酸钾活性炭在生活饮用水处理除铁除锰中的应用 [J]. 给水排水，2018，54 (S2)：12～14.

[30] 赵玉华，陈芳，李艳凤，等. 化学氧化法处理高铁锰微污染地下水的试验 [J]. 沈阳建筑大学学报（自然科学版），2012，28 (6)：1098～1102.

[31] 郑怀礼，闫正乾，唐晓旻，等. 铝酸钠对水源水中锰的去除 [C] //2016 中国水处理技术研讨会暨第 36 届年会论文集. 2016：51～57.

[32] 郑鹏举，张奎，周光元. 含铁锰地下水曝气微滤处理装置 [J]. 江汉石油科技，2006，16 (3)：58～60.

[33] 钟志文. 浅谈地下水联合除铁、除锰、除砷及其原理 [J]. 广东化工，2014，41 (5)：103，105.

[34] AL-RASHDI A M B, JOHNSON D J, HILAL N. Removal of heavy metal ions by nanofiltration [J]. Desalination, 2013, 315：2～17.

[35] CHOO K H, LEE H, CHOI S J. Iron and manganese removal and membrane fouling during UF in conjunction with prechlorination for drinking water treatment [J]. Journal of Membrane Science, 2005, 267 (1)：18～26.

[36] DU X, LIU G Y, QU F S, et al. Removal of iron, manganese and ammonia from groundwater using a PAC-MBR system: The anti-pollution ability, microbial population and membrane fouling [J]. Desalination, 2017, 403：97～106.

[37] ELLIS D, BOUCHARD C, LANTAGNE G. Removal of iron and manganese from groundwater by oxidation and microfiltration [J]. Desalination, 2000, 130 (3)：255～264.

[38] HADDAD M, OHKAME T, BÉRUBÉ P R, et al. Performance of thin-film composite hollow fiber nanofiltration for the removal of dissolved Mn, Fe and NOM from domestic groundwater supplies [J]. Water Research, 2018, 145：408～417.

[39] HALLBARY R O, MARTINELL R. Vyredox-in situ purification of ground water [J]. Ground water, 1976, 14 (2).

[40] HAN S C, CHOO K H, CHOI S J, et al. Modeling manganese removal in chelating polymer-assisted membrane separation systems for water treatment [J]. Journal of Membrane Science, 2006, 290 (1)：55～61.

[41] SUZUKI T, WATANABE Y, OZAWA G, et al. Removal of soluble organics and manganese by a hybrid MF hollow fiber membrane system [J]. Desalination, 1998, 117 (1)：119～129.

第 11 章
除铁除锰水厂废水的回收和利用

11.1 佳木斯和大庆除铁滤池反冲洗废水的处理与回收

一般含铁含锰地下水，含铁量远高于含锰量，所以滤池反冲洗废水中主要含三价铁化合物。本章主要介绍滤池反冲洗废水中三价铁化合物的处理去除经验。

1. 佳木斯静水自然沉淀回收反冲洗废水

佳木斯市除铁水厂中，天然锰砂滤池的反冲洗用水量约为产水量的 2%，反冲洗废水中的含铁浓度平均约为 500mg/L。过去，滤池的反冲洗废水都排入河道，不仅淤塞了河床，而且还污染了水环境。现在，将废水全部回收，不仅避免了淤塞河道、污染环境，而且还增加了产水量、为工业生产提供了新原料，基本做到了"化害为利"。

除铁滤池的反冲洗废水中含铁浓度极高，将反冲洗废水置于桶中静置沉淀，每隔一定时间由水面下 10cm 处取样测定含铁浓度，得如图 11-1 所示的含铁浓度变化曲线，试验观察到铁质悬浮物的沉淀很慢，去除比较困难。但在实际生产中，反冲洗废水排入回收池时，将原来沉淀的铁泥冲起并相互混合，水中铁泥有明显的自然絮凝现象，大大加速了铁泥的沉淀。表 11-1 为在回收池中实测的不同深度处水中铁质浓度的变化情况。佳木斯自来水公司，是将滤池反冲洗废水收集于回收池中静置沉淀 8～10h，然后用泵自水面以下 1.5m 处抽水，可得含铁浓度为 30～50mg/L 的沉淀水，送回滤池再行过滤。

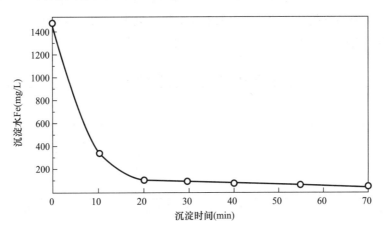

图 11-1 除铁滤池反冲洗废水静置沉淀曲线

回收池中含铁废水静水沉淀时水中铁质浓度（mg/L）的变化情况　　　表 11-1

沉淀时间 (min)	取样点距水面距离（m）		
	0.0	0.5	1.0
0	440	480	480
10	140	250	280
20	100	110	150
30	60	70	90
60	40	70	70

2. 大庆用聚丙烯酰胺混凝沉淀回收除铁滤池反冲洗废水的试验

大庆地区除铁滤站的反冲洗废水，铁质浓度一般为 $100\sim150mg/L$，水温为 8℃，水的 pH 为 7.3～7.5，自然沉淀速度很慢。为了加速废水中铁质的沉淀，用数种药剂对废水进行混凝试验，试验发现聚丙烯酰胺具有特别优异的混凝效果。

试验用的聚丙烯酰胺为甘肃省白银选矿药剂厂的产品，产品含纯质聚丙烯酰胺约 8%。试验时，将聚丙烯酰胺溶于水中，配制成浓度为 5%（按产品重量计算）的溶液，于试验前稀释至 0.1% 浓度（1mg/L）进行投加。

试验发现，只需向废水中投加少量的聚丙烯酰胺，就能获得极其迅速的混凝反应。用量筒进行混凝试验时，向量筒内的废水投药后，将量筒来回翻倒 10 次（时间约 30s）进行水与药剂的混合，然后对水进行搅拌以促进混凝反应。试验发现，水与药剂混合完毕以后，大片的絮凝体就迅速形成，并在搅拌过程中沉淀下来。将混合后进行搅拌反应与不进行搅拌反应的混凝效果进行对比，发现前者仅较后者略优，这说明省略专门的絮凝反应构筑物，仍可获得良好混凝效果。

聚丙烯酰胺可加碱进行水解。聚丙烯酰胺加碱水解反应如下：

$$\left[\begin{array}{c}-CH_2-CH-\\ |\\ CONH_2\end{array}\right]+NaOH=\left[\begin{array}{c}-CH_2-CH-\\ |\\ COO\end{array}\right]+Na^++NH_3$$

按上式计算，1mol 聚丙烯酰胺（分子量 71g）水解，需氢氧化钠 40g（1mol）；1kg 聚丙烯酰胺产品（纯度 8%）全部水解，约需氢氧化钠 45g。当加碱量不足时，只进行部分水解，称为部分水解的聚丙烯酰胺。被水解的部分，在产品中所占的比例，称为水解度。不同水解度的聚丙烯酰胺对反冲洗废水的混凝效果，见表 11-2。由表可见，水解的聚丙烯酰胺，较不水解者的混凝效果略有提高，但差别不甚显著。

不同水解度的聚丙烯酰胺的混凝效果（mg/L）　　　表 11-2

水解度（%）	投加量（mg/L）				
	1	2	3	4	5
0	28	13	12	8	6
30	32	15	14	6.5	3.5
60	13.5	12.8	9	6	4.4
100	11	9	8	7.9	7.8

注：试验废水含铁浓度为 1000mg/L，水温为 10℃，投加药剂后混合 30s，沉淀 20min，测表层水中残余的铁质浓度，以 mg/L 计。

表 11-3 为废水铁质浓度不同时的混凝效果，可见当投药量为 2mg/L 时，聚丙烯酰胺对铁质浓度高的废水和铁质浓度低的废水都有效，即同一投药量可适应很大的浓度范围。聚丙烯酰胺的这一特点有很大实际意义，在实际操作时，可不必随反冲洗废水铁质浓度的变化（滤池反冲洗时，反冲洗废水中铁质浓度的变化极大，开始可达千余毫克/升，冲洗结束时降至数十毫克/升）而改变药剂投加量，从而使操作大大简化。

废水铁质浓度对混凝效果的影响表　　　　　　　　　　　　表 11-3

水解度（%）	废水的铁质浓度（mg/L）				
	30	60	120	250	500
10	4.1	2.7	3.7	6	1.3
30	3.9	4.7	4.5	6.5	4.6
60	4.2	4.1	5.3	1.5	1.8

注：聚丙烯酰胺投加量2mg/L，混合30s，沉淀20min，测表层水中残留的铁质浓度，以mg/L计。

表 11-4 为药剂投加量对混凝效果的影响。由表可见，当投药量高达 25～30mg/L 时混凝效果才开始恶化。

聚丙烯酰胺投加量对混凝效果的影响　　　　　　　　　　　　表 11-4

药剂投加量（mg/L）	1	2	3	4	6	8	10	15	20	25	30
残留铁质浓度（mg/L）	10	7.7	7.4	7.3	8.0	7.9	6.9	8.9	8.6	12	20

注：废水铁质浓度140mg/L，水温10.5℃，投加药剂后混合30s，沉淀20min，测定表层水中残留铁质浓度。

在上述小型试验的基础上，又进行了生产性试验。在生产试验中，使用不水解的聚丙烯酰胺，以简化药剂制备过程，聚丙烯酰胺投加量采用 2mg/L。在处理工艺上，不设置专门的混凝反应构筑物，以简化工艺系统。经过试验和改革以后，形成如下的反冲洗废水处理回收工艺系统，如图 11-2 所示。

在除铁滤池反冲洗废水流进沉淀罐以前，用水射器向废水管道中投加聚丙烯酰胺，投加量为 2mg/L，废水与药剂在管道中混合 15～20s，然后沿切线方向流进圆形的旋流反应静水沉淀罐，进水流速约为 1.4m/s，能驱动罐内废水做旋转运动，有利于混凝过程的完善。除铁滤池反冲洗完毕后，反冲洗废水全部流入沉淀罐，并在罐内静置沉淀。

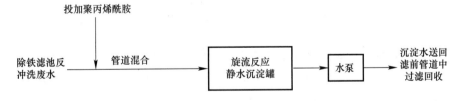

图 11-2　除铁滤池反冲洗废水处理回收工艺系统

反应沉淀罐的容积为 200m³，尺寸和构造如图 11-3 所示。混凝废水中的铁质在罐内沉淀十分迅速，由水面下 2m 深度处取样测定水中铁质浓度。含铁浓度变化情况如图 11-4 所示。由图可见，只需 20min 的沉淀时间，沉淀水中的残留铁质浓度便降至 7mg/L。图中还绘出了废水自然沉淀的浓度变化情况，以便对比。

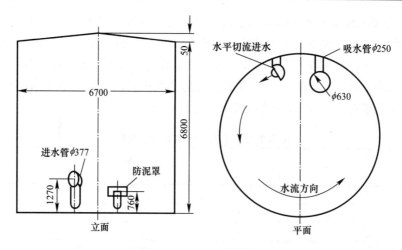

图 11-3　反应沉淀罐构造

反冲洗废水混凝后，经 40min 静置沉淀，用泵抽回滤池前的管道，沉淀水中残留的铁质浓度为 4～7mg/L。为了避免将罐底沉泥抽出，水泵吸水口位于罐底以上 0.8m，管口上有防泥罩，兼起阻止吸入空气的作用。罐底沉积的铁泥，定期经穿孔排泥管排出。

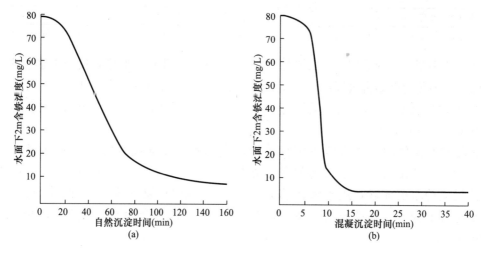

图 11-4　反冲洗废水在罐中静水沉淀效果
（a）废水自然沉淀的效果；（b）废水混凝沉淀的效果

3. 佳木斯除铁水厂用聚丙烯酰胺混凝回收滤池反冲洗废水

佳木斯除铁滤池反冲洗废水用聚丙烯酰胺混凝，混凝效果不如大庆地区那样优异。向佳木斯的反冲洗废水中投加聚丙烯酰胺 2mg/L，混合 30s，并经过 15min 的搅拌反应，可生成大颗粒的絮凝体，沉淀速度较快。但若不进行搅拌反应，则混凝效果不佳。这说明，聚丙烯酰胺对除铁滤池反冲洗废水的混凝效果，受水质的影响十分显著。在佳木斯水厂曾进行过用聚丙烯酰胺混凝，用斜管沉淀来处理反冲洗废水的半生产性试验。当废水含铁浓度为 100～400mg/L，药剂投加量 2mg/L，搅拌反应 20min，经斜管沉淀装置沉淀，当斜管上升流速为 2～4mm/s 时，沉淀水中残留的铁质浓度为 20～40mg/L，这个效果较自然沉淀有明显提高。

11.2　汉寿县地下水除铁除锰水厂滤池反冲洗废水的回收利用

1. 试验反冲洗废水的水质

湖南省常德市汉寿县地下水除铁除锰水厂采用自然空气曝气法除铁,其工艺流程如图 11-5 所示。

图 11-5　汉寿水厂的生产工艺流程图

从地下抽取的水用泵直接送到曝气塔进行曝气,利用空气接触氧化后,曝气后变成了浑浊的铁溶液,经过一个很短的反应池进行反应后,进入滤池,反应池中不投加任何混凝剂,滤后水就达到了饮用水标准直接进入管网。水厂采用曝气塔进行曝气,滤池为无阀滤池,滤池的运行周期为 24～32h。滤池反冲洗的时间持续 7～8min。

通过现场对无阀滤池反冲洗过程水样的连续取样分析,得到反冲洗废水铁含量随时间变化曲线(图 11-6)。反冲洗开始前 20s 的出水含铁量比较低,经 20 多秒突然上升,含铁量达到 800mg/L 以上。然后反冲洗出水峰值大约持续 60s。到 2min 的时候,出水含铁量就差不多完全降低到 10mg/L 以下了。后面的出水含铁量随着时间逐步降低。

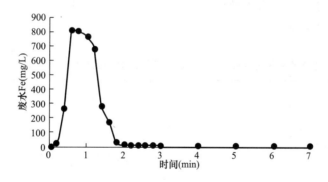

图 11-6　反冲洗废水含铁量随时间变化图

反冲洗废水的平均铁含量约为 100mg/L,pH 为 7.5～7.8,平均锰含量 0.55mg/L,COD_{cr} 为 22.829mg/L。

现场取水样作静置沉淀试验发现:滤池反冲洗废水本身有一定的絮凝、沉降性能。并且发现,反冲洗废水的铁含量越高,其絮凝、沉降性能越好。对于含铁低的滤池反冲洗废水,其沉淀速度比含铁量高的要快,但上清液的浊度和铁含量都较高。铁含量为 800mg/L 的滤池反冲洗废水静置沉降曲线如图 11-7 所示。

由图可知,800mg/L 的滤池反冲洗废水出现成层沉降,泥水界面非常清晰。沉降 2h 后,取上清液测其浊度和铁含量,浊度为 42NTU,铁含量为 4.23mg/L。但加入铁含量较低的水样稀释至铁含量为 400mg/L 左右后,沉淀速度有所加快,但上清液变得浑浊。经过 1h 的沉淀，泥水界面下降了 20cm。之后的沉降速度加快，直到泥层被压实。

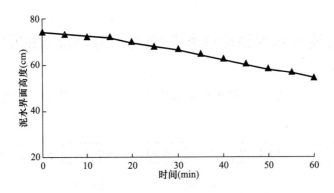

图 11-7　含铁量为 800mg/L 原水样沉降曲线

本试验主要考察混凝剂对去除废水中的浊度和铁的效果：同一种原水采用不同混凝剂的混凝效果；混凝剂的不同投加量的混凝效果；同一种混凝剂随沉淀时间的改变，混凝效果的变化和不同原水浓度情况下的混凝效果。

2. 不同混凝剂的混凝效果

含铁废水的沉淀较慢，为加快其沉淀速度，可向水中投加混凝药剂。

试验条件：原水浊度为 1500~1800NTU，含铁量为 100~110mg/L，水温为常温，压强为一个大气压，pH 为 7.5。硫酸铝、聚合氯化铝、硫酸铁、CPF、聚丙烯酰胺（PAM）等混凝剂的不同投加量对原水的处理效果见表 11-5。其中 CPF 是由甲基丙烯酰氧乙基三甲基氯化铵与丙烯酰胺聚合而成。

原水含铁量为 100~110mg/L 时不同混凝剂混凝后的沉后水质　　　　　　　表 11-5

		投加量（mg/L）	10	20	30	40	50	60	—	—
$Al_2(SO_4)_3$	上清液	含铁量（mg/L）	26.82	13.96	13.62	13.18	11.86	10.42	—	—
		浊度（NTU）	325	183	168	171	146	124	—	—
		投加量（mg/L）	3	5	10	15	20	30	40	50
聚铝	上清液	含铁量（mg/L）	12.77	12.60	12.16	11.34	8.88	8.76	4.69	1.19
		浊度（NTU）	196	172	103	89	68	56	35	14
		投加量（mg/L）	5	10	20	30	40	50	—	—
氯化铁	上清液	含铁量（mg/L）	6.28	5.14	4.28	3.78	3.78	3.75	—	—
		浊度（NTU）	196	96	70	42	39	33	—	—
		投加量（mg/L）	1	2	5	10	20	30	—	—
PAM	上清液	含铁量（mg/L）	2.78	1.62	1.17	2.04	2.40	2.80	—	—
		浊度（NTU）	26	15.6	10.8	19.5	22	26	—	—
		投加量（mg/L）	0.25	0.5	1	2	3	5	10	—
CPF	上清液	含铁量（mg/L）	3.28	2.98	0.83	1.21	1.44	3.29	3.33	—
		浊度（NTU）	20	18	5.6	8.5	13.5	24	36	—

由表 11-5 可见，PAM 和 CPF 的处理效果最好，而且投加量最少，但是 PAM 含有对人体有害的单体，不适合大量使用。CPF 是新生产出来的一种混凝剂，有着和 PAM 一样

的甚至比 PAM 还好的处理效果，故后面将重点考察 CPF。表 11-6 是对比不同含铁量的原水在不同 CPF 投加量下的处理效果。

不同含铁量原水的 CPF 的处理效果　　　　　　　　表 11-6

100mg/L 含铁量	CPF 投加量（mg/L）	0.25	0.5	1	2	3	5	10
	上清液　含铁量（mg/L）	3.28	2.98	0.83	1.21	1.44	3.29	3.33
	浊度（NTU）	20	18	5.6	8.5	13.5	24	36
300mg/L 含铁量	CPF 投加量（mg/L）	0.5	1	2	3	5	8	10
	上清液　含铁量（mg/L）	3.20	2.21	0.91	0.72	2.28	4.25	4.78
	浊度（NTU）	21	18	7.5	5	16.2	35	39
600mg/L 含铁量	CPF 投加量（mg/L）	0.5	1	2	3	5	8	10
	上清液　含铁量（mg/L）	3.35	2.21	1.70	1.10	1.03	2.42	2.44
	浊度（NTU）	24	14.2	11.5	6.3	5	15	17

由表 11-6 可知，CPF 处理废水的效果很好，少量的投加即可以得到很好的出水效果。通过试验观察到，CPF 的反应速度很快，快速搅拌完成，慢速搅拌开始不到 30s 絮凝颗粒差不多就已经沉淀完毕。

使沉淀后上清液含铁量最低的投加量，称为最佳投加量。对于不同含铁的原水水样，CPF 的最佳投加量是不同的。随着原水的含铁量的增加，CPF 的最佳投药量随之增加（含铁量为 100mg/L 的原水的投加量为 1mg/L，含铁量为 300mg/L 的原水的投加量为 3mg/L；含铁量为 600mg/L 的原水的投加量为 5mg/L）分析从 100mg/L 到 600mg/L 的不同含铁的原水的最佳 CPF 的投加量，可以发现，CPF 的投加量从 1mg/L 到 4mg/L 时，上清液的含铁量并没有改变很多，而且出水效果都比较理想。说明这个投加量范围对原水水质的适应范围比较广。这对于在生产应用，有很大的意义。对于出水水质不连续的生产过程，可以在一定范围内保持投加量的稳定而不影响出水水质，可简化生产程序。

考察不同投加量的聚铝对不同原水的处理效果。原水的含铁量分别为 100~110mg/L，300~320mg/L，595~610mg/L。聚铝是水厂最常用的混凝剂之一。表 11-7 是聚铝对不同含铁量的原水的混凝去除情况。

不同含铁量原水的聚铝的处理效果　　　　　　　　表 11-7

100mg/L 含铁量	聚铝投加量	3	5	10	15	20	30	40	50	60
	上清液　含铁量	12.77	12.60	12.16	11.34	8.88	8.76	4.69	1.19	1.84
	浊度	196	172	103	89	68	56	35	14	19.4
300mg/L 含铁量	聚铝投加量	10	20	30	40	50	70	80	90	
	上清液　含铁量	22.31	10.00	6.47	5.80	3.62	3.51	4.09	3.68	
	浊度	270	100	67	56	41	33	54	45	
600mg/L 含铁量	聚铝投加量	5	15	20	30	40	50	60	70	
	上清液　含铁量	35.41	20.52	23.58	16.78	12.71	10.96	9.49	9.40	
	浊度	4690	190	220	150	117	105	74	70	

由表 11-7 可知，对于含铁量为 100mg/L 的原水，聚铝混凝剂的效果比较好，随着投加量的增加，上清液含铁量降低。

对于含铁量为 300mg/L 的原水，聚铝混凝剂处理后的上清液的含铁量比浓度低的原水的要高一点，但随着投加量的增加，上清液含铁量迅速下降，但在 70~80mg/L 之间会出现返浑的现象。

对于含铁量为 600mg/L 的原水，随着混凝剂投加量的增加上清液含铁量呈明显的降低趋势。

图 11-8 为不同聚铝投加量条件下，对含铁量为 700mg/L 原水上清液含铁量随时间的变化情况。

试验条件：取含铁量为 700mg/L 的原水 1L，投加不同量的混凝剂后，快速搅拌 2min，然后慢速搅拌 10min，沉淀 10min、30min、60min、90min、120min 和 180min，取上清液，测浊度和含铁量。

由图可见，即使投加少量聚铝混凝剂，只要沉淀时间足够长，也能获得含铁量很低的上清液。如要求缩短沉淀时间，可适当增加投药量。

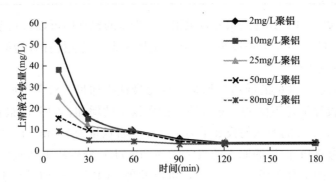

图 11-8　不同聚铝投加量上清液含铁量随时间的变化

3. 铁泥的浓缩和脱水

试验铁泥有两种：一为滤池反冲洗废水加混凝剂沉淀后收集的铁泥，这种铁泥含有混凝剂（PAC）；一为滤池反冲洗废水自然沉淀后收集的铁泥，这种铁泥不含任何混凝剂，本文称原铁泥。

不同浓度铁泥在 2h 内的沉降过程曲线如图 11-9 所示。

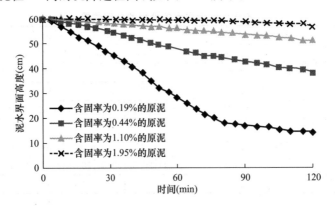

图 11-9　不同初始浓度的铁泥沉降曲线

不同铁泥含固率与含铁量的关系，见表 11-8。

铁泥的含固率和其所对应的铁含量　　　　表 11-8

含固率（%）	0.19	0.44	1.10	1.95
铁含量（mg/L）	350.8	812.3	2030.8	3600.0

从图 11-9 可知，随着初始浓度的增大，铁泥的沉降界面下降速度逐渐变慢。含固率为 1.95% 的铁泥几乎不沉降，2h 仅沉降了 3cm。观察不同浓度的铁泥在沉降筒中的沉降过程，可以发现：当铁泥浓度很小时，铁泥沉降筒中不再有非常清晰的泥水界面，但经过一段时间的沉降后，慢慢出现了清晰的泥水界面。当铁泥增大到一定程度后，才开始形成明显的成层沉淀，具有清晰的泥水界面。含固率为 0.19% 的铁泥在 2h 内达到了压缩段，其等速沉淀段的直线比较陡，大概在 80min 的时候到了成层沉淀临界点，也就是压密点。而含固率为 1.10% 和 1.95% 的铁泥的沉降曲线则非常平缓，特别是含固率为 1.95% 的铁泥的沉降曲线几乎为一水平线，在 2h 内，铁泥还在等速沉淀段，其沉淀的速度非常慢。

通过投加絮凝剂能够显著改善铁泥脱水性能，使泥水中的悬浮固体形成粗大颗粒，改善铁泥的脱水性能。同时，投加絮凝剂以后，还可以明显降低分离水浊度，对于上清液的回收利用有很大意义。

本试验采用了 PAC 混凝剂，分别对不含混凝剂的原铁泥和含有 PAC 混凝剂的铁泥进行了试验，考察铁泥沉降性能的改善效果。

对于不含混凝剂的原铁泥，投加 PAC 后，铁泥的沉降性能改善效果不显著。在 5～30mg/L 的投加范围内，最佳的投加量为 10mg/L，次之为 5mg/L 投加量，投加量进一步增加后，沉降性能反而有所下降，如图 11-10 所示。

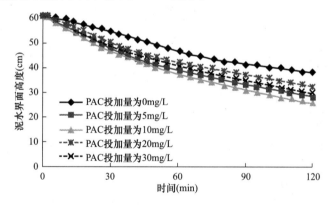

图 11-10　不同 PAC 投加量对含固率为 1.01% 原铁泥沉降性能的影响

投加 PAC 后，铁泥的上清液也不理想，表 11-9 为 PAC 的处理效果。

不同 PAC 投加量处理效果对比　　　　表 11-9

项目投加量	0mg/L	5mg/L	10mg/L	20mg/L	30mg/L
上清液浊度（NTU）	160	235	164	92	98
上清液铁含量（mg/L）	13.6	16.8	14.0	8.6	9.4
成层沉淀后含固率	1.82%	1.89%	1.98%	2.02%	2.13%
2h 内沉降性能改善	—	24.7%	32.4%	14.3%	23.1%

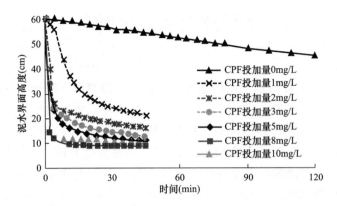

图 11-11　不同 CPF 投加量对含固率为 0.61％的铁泥沉降性能的影响

对于含 PAC 混凝剂铁泥试验投加了 10mg/L 的 PAC，结果表明，投加 10mg/L PAC 和不投加混凝剂的效果几乎是一样的，铁泥的沉降性能并没有得到改善。

试验采用 CPF 为混凝剂。对于不含混凝剂的原铁泥投加 CPF 后，铁泥的沉降速度非常快。不同投加量的 CPF 均对铁泥的沉降性能有不同程度的改善，投加量增加到 10mg/L 后，沉降性能反而有所下降。投加量达到 3mg/L 后，进一步增加投加量，其沉降性能的改善程度并不大，所以 CPF 的经济投加量为 3mg/L 左右，如图 11-11 所示。从沉淀上清液来看，投加 CPF 后，上清液浊度也得到明显的降低。表 11-10 为不同 CPF 投加量时，上清液的剩余浊度、剩余铁含量以及沉降性能改善的效果对比。

不同投加量 CPF 处理效果对比　　　　　　　　　　　　　　表 11-10

项目投加量	0mg/L	1mg/L	2mg/L	3mg/L	5mg/L	8mg/L	10mg/L
上清液浊度（NTU）	98	78	131	134	75	25	15
上清液铁含量（mg/L）	8.96	5.42	9.66	9.94	7.28	3.13	2.06
成层沉淀后含固率	1.76％	2.73％	3.17％	3.61％	3.44％	3.31％	3.35％
45min 内沉降性能改善 ＊	—	53.8％	53.8％	53.8％	53.6％	53.8％	53.7％

＊（无混凝剂作用的泥水界面高度-混凝剂投加后泥水界面高度）/无混凝剂作用的泥水界面高度×100％

对于含 CPF 混凝剂的铁泥投加 8mg/L 的 CPF，铁泥沉降过程曲线如图 11-12 所示。

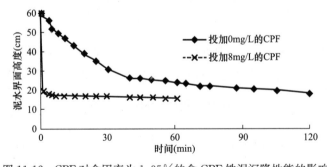

图 11-12　CPF 对含固率为 1.35％的含 CPF 铁泥沉降性能的影响

试验表明，投加 8mg/L 的 CPF 对铁泥沉降性能有极大的改善，而且其沉降速度非常快，2min 就到了压密段。含 CPF 铁泥本身也有一定的沉降性能，在 2h 内下降了 41cm，仔细观察铁泥颗粒可以发现，含 CPF 铁泥的颗粒比原铁泥的颗粒要大，这也是其沉降性能良好的原因之一。

不同处理方式对铁泥脱水性能的影响,可以铁泥的比阻来表示,污泥比阻越大,其脱水性能越差。

对含固率为 1.04% 的铁泥进行加酸处理后,可以提高铁泥的脱水性能,但效果不明显。对铁泥进行加碱处理后,铁泥变得难以脱水。这可能是加碱处理后,铁泥难于凝聚,颗粒较小,脱水时阻力较大的原因。

温度降低,铁泥的黏滞度升高,意味着脱水时铁泥的阻力增大。但试验结果表明,温度降低,铁泥的脱水性能反而有所提高。对于含水率为 1.65% 的铁泥,温度为 25℃ 时,比阻为 $1.44×1011 \ s^2/g$,温度为 5℃ 时,比阻为 $1.09×1011 \ s^2/g$。

本章参考文献

[1] 葛绍阳. 净水工艺对锰离子的去除效果分析及污泥处置对策研究 [D]. 合肥:安徽建筑大学,2017.

[2] 黄廷林,刘加强,邰传民,等. 接触氧化法除铁锰滤柱反冲洗废水高效处理的试验研究 [J]. 水处理技术,2014,40(4):79~82.

[3] 李丹,何绪文,王春荣,等. 高浊高铁锰矿井水回用处理试验研究 [J]. 中国矿业大学学报,2008(1).

[4] 李圭白,刘超. 地下水除铁除锰 [M]. 第 2 版. 北京:中国建筑工业出版社,1989.

[5] 王浪. 地下水除铁除锰水厂冲洗废水与铁泥处理试验研究 [D]. 长沙:湖南大学,2006.

[6] 余健,姚志强,任文辉,等. 地下水除铁除锰水厂铁泥处理试验研究 [J]. 给水排水,2005,31(4):38~41.

[7] 张吉库,胡立锋,何钟琦. 结团絮凝-膜过滤组合工艺处理除铁锰反冲废水试验研究 [J]. 环境工程,2016,34(S1):151~154,214.